山东省航空航天学会 2022 学术年会论文集

崔 岩 编

北京航空航天大学出版社

内 容 简 介

《山东省航空航天学会 2022 学术年会论文集》共收录论文 57 篇,论文涉及航空航天设计技术、工艺技术、测试技术、检测技术、仿真技术、无人机技术和管理技术等专业领域,内容丰富,具有一定的理论性、实用性和参考价值。

图书在版编目(CIP)数据

山东省航空航天学会 2022 学术年会论文集 / 崔岩编
. -- 北京 : 北京航空航天大学出版社,2022.12
　ISBN 978 - 7 - 5124 - 3929 - 0

　Ⅰ.①山… Ⅱ.①崔… Ⅲ.①航空工程－学术会议－文集②航天工程－学术会议－文集 Ⅳ.①Ⅴ-53

中国版本图书馆 CIP 数据核字(2022)第 199765 号

山东省航空航天学会 2022 学术年会论文集
崔 岩 编
策划编辑 董瑞 责任编辑 董瑞
*
北京航空航天大学出版社出版发行
北京市海淀区学院路 37 号(邮编 100191)　http://www.buaapress.com.cn
发行部电话:(010)82317024　传真:(010)82328026
读者信箱:goodtextbook@126.com　邮购电话:(010)82316936
北京建宏印刷有限公司印装　各地书店经销
*
开本:787×1 092　1/16　印张:25.5　字数:669 千字
2022 年 12 月第 1 版　2022 年 12 月第 1 次印刷
ISBN 978 - 7 - 5124 - 3929 - 0　定价:99.00 元

前　言

　　《山东省航空航天学会 2022 学术年会论文集》是山东省航空航天学会 2022 年学术年会交流论文的汇编。山东省航空航天学会 2022 年学术年会的主题为"航空航天科技的创新与持续发展",重点关注山东省航空航天企事业单位在新旧动能转换、智能制造、军民融合及相关领域的科学研究进展和技术创新成果,搭建各单位科技创新交流和产业发展合作平台,促进山东省航空航天科学技术和产业发展,为山东强省战略实施做出贡献。本年度学术年会由山东省航空航天学会主办,威海光威复合材料股份有限公司承办,集中展示交流山东省航空航天领域科研院所、高等院校和企业的科研创新成果和工程实践,突出新产品、新技术、新结构、新材料、新工艺、新试验测试技术等方面的科技研究及工程应用。

　　本论文集共收录:学术年会主旨报告 1 篇,特邀报告 3 篇,以及设计技术、工艺技术、测试技术、检测技术、仿真技术、无人机技术及管理技术方面的论文 53 篇,论文集内容丰富,具有一定的理论性、实用性和参考价值。

　　衷心感谢各位论文作者付出的辛勤劳动,愿山东省航空航天业界从事科学理论和工程技术研究的学者、同仁共同努力,为发展我国航空航天科学技术而不懈奋斗,为实现中华民族伟大复兴的中国梦贡献智慧和力量!

崔　岩

2022 年 10 月

目　　录

工艺技术

测试技术

检测技术

仿真技术

无人机技术

管理技术

2022

主旨报告

下一代战斗机电磁功能结构发展分析

崔岩　傅艺祥　庞晓宇　王慧

（中国航空工业集团公司济南特种结构研究所·高性能电磁窗

航空科技重点实验室,山东·济南,250023）

摘要：近年来,第五代战机陆续服役,各航空大国也加速推进六代机的概念论证与研发,综合各国研究现状分析,第六代战机的主要发展方向为远航久航、高隐身、高智能化等方向。以此为基础,本文论述了下一代电磁功能结构发展的主要方向和关键技术,包括更高的材料性能、更高的隐身性能和电磁功能结构智能化,并做了简要分析。

关键词：第六代战斗机;电磁功能结构;远航久航;隐身;智能蒙皮

夺得制空权对于现代战争的胜负具有决定性意义,因此,各航空大国无一不将先进战机列为本国航空工业的重中之重,是航空工业先进技术的集中体现。在五代机陆续服役的当下,各国已开始加紧下一代战机的概念研究与开发。在六代机开发的同时,电磁功能结构作为飞机结构的重要组成部分,起到保证机体结构强度、保障雷达系统与通信系统正常工作、提升隐身性能等重要作用,其设计研发过程是材料科学、结构力学、电磁学等多学科交叉的过程,且随着战机性能的不断提高,越来越成为提升战机作战性能的关键,本文将从六代机概念研究现状出发,探讨下一代电磁功能结构的发展方向和关键技术。

1　六代机研究现状

目前,美国、英国、德国、法国、日本、俄罗斯等国都对六代机的开发进行了规划,并发布一系列概念方案。包括美、俄等拥有五代机国家的迭代发展,以及英、德、法、日等国家的跨代开发。虽然各个国家的研发阶段各不相同,总体都处于概念研究阶段,但相较于其他国家来说,美国六代机技术较为领先,方案较多,且较为成熟,并在2020年宣布其"下一代空优战机"项目原型机已成功首飞,虽并未透露任何该战机的性能、特征等信息,但仍可以从其早期的概念方案中了解美军对六代机的性能要求。

波音公司是最早开展六代机概念研究的公司之一,2008年1月提出了F/A-XX概念机,并于2013年4月公布了概念图。该战机采用双发无垂尾前置鸭翼的外形布局,采用薄后掠翼、DSI进气道。该设计可兼顾全向高隐身特性,具有超声速巡航以及全域高速机动能力。

诺格公司在2016年展示了其六代机概念设计,飞机从外形看同样取消了垂尾,采用全飞翼构型,并将发动机进气口与尾喷口都集中在机身上表面,以获得全向隐身能力。每侧机翼各有4片复杂的大型后退副襟翼,机背可能设置有可开合垂尾,通过变形能力实现高隐身突防状态和高机动状态的转换。

洛克希德·马丁公司的臭鼬工厂2017年公布了其最新的NGAD(下一代空中主宰)设计方案,是一种双发、无尾、折线三角翼设计的翼身融合体飞机,该飞机采用了大外倾角尾翼,发动机进气道位于三角翼折线与翼根连接处,以获得更好的隐身特性与高速度下的敏捷性。

纵观美国六代机的各类概念方案,可发现其方案的共同点——高隐身气动布局(包括飞翼式布局、无垂尾、背负式进气道),这也符合美国空军对于六代机的性能需求,即六代机隐身性能比 F-22 高 1~2 个数量级,以适应其提出的"穿透型制空(PCA)"作战概念:新一代战机通过超越以往战斗机的高速远航久航能力、多武器、高密度挂载带来的高杀伤力、全向极低隐身以及自防御弹末端硬杀伤防御等系列能力,使其能够快速突入全球任意地区的高烈度对抗的"反介入/区域拒止"环境中打击重要目标。简单来说就是利用长续航能力将攻击范围覆盖全球,通过高速高隐身能力穿透对方防空体系,并利用高挂载力带来的高杀伤力,直接打击对方各个重要目标。其主要性能包括高隐身能力、超远距离作战以及自防御能力。

俄罗斯展示的六代机概念图像颇为科幻,展示了结构变体、激光武器、高超声速、跨域飞行等特点,其主要性能追求为隐身与高速的结合,但相关技术成熟度还不高。

英国提出的暴风(Tempest)战机项目已公布概念模型,采用双发、后缘锯齿三角翼、V 形垂尾,预计将搭载激光武器与高超声速武器。具备低可探测性、超声速巡航、信息交互融合等功能。今年 7 月,英国宣布将与日本联合开展下一代战机的研制工作。日本防卫省早先提出的未来战机研究构想中,强调通过发展云射击及先进吊舱技术、定向能武器、光传操纵系统、无人机群控制系统、综合火控系统等先进电子系统,构建战机的信息化、智能化与快速反应能力。两国的联合可将英研战机平台与日研电子系统结合,实现强强联合。

法、德也选择了合作开发新一代"未来作战航空系统"(FCAS),FCAS 采用双发、双后掠三角翼、外倾双垂尾布局,旨在通过数据融合和智能化等技术手段,构建一个有人战机、无人机和其他多种武器装备互联并协同作战的"系统簇",利用低可探测性、高生存力,保障其执行前线指挥控制等任务。

2 下一代战机关键能力

纵观各国六代机的概念设计方案可发现不同国家对下一代战机的性能要求不尽相同,这与其国家战略息息相关。战机跨代发展不是能力的全面跃升,而是适应未来需求的合理选择,有跨越,有继承,也有舍弃。

美国飞行员约翰·博伊德在 20 世纪 60 年代提出具有普适性的包含观察、判断、决策、行动的 OODA 环描述空战过程,以此为基础指导飞行员提高空中格斗技能,把握格斗策略,并深刻影响了第四代战斗机的设计。

后来随着先进空空导弹的出现,超视距空战成为空战的主流形势,信息领域的能力逐渐比机动性显得更为重要,2017 年洛克希德·马丁公司的托德·舒克和美国空军研究实验室的埃里克提出了 OODA2.0 概念,该概念加入了信息权和信息机动性在模拟对抗中的重要作用。其中"信息优势是指收集、处理和不间断传输的信息流,同时利用或阻止对手实施同类行为的能力",包括增强自身信息获取能力的有源相控阵雷达、光电瞄准系统、分布式孔径系统等,以及削弱对手信息获取能力的雷达隐身、红外隐身、电子干扰等。这也是五代机研究开发时重点关注的部分。

随着机载平台信息获取的不断丰富,对多元信息的融合和处理,逐渐成为提高作战效能的又一个关键。现代战机能够获得各种探测雷达、传感器获取的信息以及作战体系中其他作战平台传输来的信息,庞大的信息流充斥在复杂战场电磁环境中,如何将不同来源、精度、置信度、更新率的信息进行融合并处理,对 OODA2.0 提出了新的挑战。随着人工智能算法的发展,智能化的 OODA3.0 成为 OODA 环发展的一个新的跨越,OODA3.0 在 2.0 的信息化的基础上,引入了智能体的影响,即人工智能算法如何帮助驾驶员分析战场的复杂环形,辅助驾驶员做出决策。OODA3.0 的决策对象将超越战术级交战,上升到任务决策级,同时在空间、时间、行动端进行拓展。空间上将从以武器射程为约束的交战范围扩展到以目标纵深为约束的任务范围;时间上针对态势的理解与预测时段将从分钟级扩展到小时级;而行动端的核心将聚焦以对手不能连续观察和理解的速度,使任务决策转化为机动和杀伤,创造出己方可利用的"零域"作战空间。这就要求下一代战机朝着强感知、智能化发展。

总而言之,战斗机的机械化是信息化的前提,信息化又是智能化的基础,对于下一代智能化战机共性需求,可归纳为以下五个方面:

(1) 超飞行,包括高速巡航能力、超远距航程与超长时航行能力;需要更先进的发动机,以及更优异的气动外形,并且长时间高速巡航,也对机身耐温隔热能力提出了更高的要求。

(2) 超隐身,相比于五代机隐身效果提升 1～2 个量级,并且具备全向隐身能力。除了需要设计更好的隐身外形外,还需要发展吸波、漫散与截止等隐身结构、材料技术。

(3) 超感知,具备极强的态势感知与数据融合能力,为飞行员提供更有效的行动判决依据;除了对机载雷达系统提出更高的要求外,还亟待发展智能蒙皮技术,以实现全方位的战场环境感知能力。

(4) 超打击,安装定向能武器等新一代武器,实现超高速打击和持续作战能力。

(5) 超协同,六代机平台既可以有人驾驶,又可以无人驾驶,通过有人机和无人机体系联合作战,实现无缝协同作战。

根据对下一代战机关键能力的分析,为了满足超飞行、超隐身、超感知、超打击、超协同的五大需求,可以总结出未来战机研制过程中亟待发展的六类关键技术。

2.1　远航久航技术

远航久航技术主要包括发动机技术和耐高温材料技术。为了满足高速下远航久航能力,需要发展自适应变循环发动机技术,以兼顾低速模式与高速模式,提高热效率。其次,长时间高速巡航时,机体表面与空气摩擦会积蓄大量热量,并且在该状态下,机身载荷也大大高于低速飞行状态,因此需要开发在高温下强度高、性能稳定的复合材料。此外,在满足高速远航久航能力的温度、强度要求之上,还要综合考虑电性能与隐身性能对材料介电性能的需求。

2.2　高隐身技术

第六代战斗机的隐身能力将在五代机的基础上提升 1～2 个数量级,主要实现窄带隐身到宽带隐身乃至全频段隐身,从单方向隐身向全向隐身、从单一隐身措施向综合隐身方向发展。

下一代战斗机面临的探测频段包括雷达、红外、可见光等多种频谱,其中雷达探测频段覆盖 P 波段到 Ka 波段的超宽频段。传统隐身技术无法满足如此宽的频谱需求,需要从隐身机理出发丰富隐身技术手段,发展多频谱兼容的隐身电磁功能结构。

同时多站雷达网、各种探测平台的迅速发展,对六代机提出了全方位隐身的需求。目前来看,采用无尾布局、新式吸波材料和超材料等手段,提高侧向及前向隐身能力是必然发展趋势。其次,利用二维单边膨胀喷灌技术、推力矢量代替控制面等先进推进技术,可以大幅提升飞机的后向隐身能力,实现 360 度全方位隐身。

2.3 自适应可重构技术

自适应可重构是第六代战斗机气动布局的一个潜在发展方向,通过一系列可重构部件,实现不同飞行状态下的最佳气动性能。并且伴随着柔性材料与智能材料的发展,实现自适应的变形功能。

2.4 智能蒙皮技术

智能蒙皮是指利用智能材料对外界环境变化进行感知并自主反应,一般来说包括控制器、驱动器和信息传感器。加载智能蒙皮后,可取消瞄准吊舱及外部设施,提高飞机隐身能力。机身上的传感器也可以快速感知到飞机的大小故障,比如结构裂纹、蒙皮破损等,不再局限于地面检测,提高安全性。

2.5 人工智能技术

下一代战机将利用智能蒙皮等机身传感器,以及机身上的各种共形天线,敏锐地感知周边战场环境。再通过人工智能算法对数据进行自主分析,计算出最佳行动方案,帮助机组人员进行决策。可降低机组人员的信息处理负担,可实现更高效的决策与指挥,为有人机-无人机混合编队等复杂作战提供基础。

2.6 定向能武器加载与防护

定向能武器也是下一代战机武器平台研究的重点,主要包括机载激光武器和大功率微波武器,战时不仅可以作为近距自卫火力,还可以用来应对来袭导弹,通过大功率微波或激光破坏其内部电子元件。与此同时,如何在敌方定向能武器的照射下,保护飞机内部电子器件或维持我方导弹作战功能,是亟待开展研究的课题,开发能够抵抗大功率微波照射的高反低吸低透电磁功能结构迫在眉睫。

3 下一代电磁功能结构

电磁功能结构包括透波/隐身一体化结构、电磁隐身结构、综合天线功能隐身结构三类,电磁功能结构设计综合了电性能设计、隐身功能设计、结构强度设计与空气动力学设计,是高性能隐身战机研发的重要组成部分。六代机论证阶段需求的高性能也对电磁功能结构提出了新的需求和发展方向,主要包括优异的材料特性、更高的隐身性能和电磁功能结构智能化发展。

3.1 耐高温电磁功能结构

第六代战斗机在执行远航任务时,长时间高速飞行过程中飞机表面与空气摩擦会积蓄大量热量。除了蒙皮本身需要耐受高温外,还需要保护机体内部的各种电子元件,其正常工作温度一般均低于 100 ℃,这就要求战机表面的电磁功能结构有更优异的耐温性能和隔热性能。根据已有相关研究可知,目前满足战机性能需求的耐高温复合材料主要有硼纤维材料、碳纤维材料、钛基材料以及陶瓷基材料等,比较成熟的是陶瓷基纤维材料,其纤维强度高,内部多孔的结构既提高了耐温性,还减轻了结构重量,并且具有很高的结构强度,制备工艺较为成熟,介电性能也能够满足电磁透波窗口的电性能设计需求。为获得更优异的耐温隔热性能,未来隔热纤维材料将向着多孔化、复合化发展,如图1所示,通过在纤维内部增加通孔并填充低热导率材料,实现更高的隔热效果,但此类纤维目前还没有大规模经济性的制备方法,即要继续开展相关研究。

3.2　可变形柔性电磁功能结构

自适应可重构技术作为下一代战机的潜在发展方向,可变形柔性电磁功能结构是其重要组成部分。通过在柔性材料上加载各类传感器和自主控制系统,实现结构自主变形。目前,一批新型功能结构材料涌现出来,如形状记忆结构材料、自诊断修复结构材料、超导结构材料、纳米材料、梯度功能结构材料以及模量可变结构材料等,都可能应用于飞机结构变体设计,还可在易损伤结构自修复、结构表面减阻、结构防除冰和高温耐热防护等方面发挥重要作用,但该类材料主要为实验室制备,工程应用还需要一段时间的发展。如图2所示是一种加载可变形柔性机翼的飞机概念设计图。

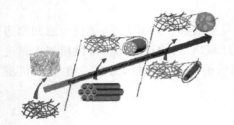
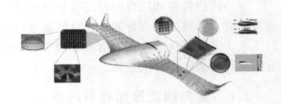

图1　未来隔热纤维材料发展方向　　　　　　　　图2　可变形柔性机翼

3.3　全频谱全向隐身电磁功能结构

电磁功能结构是实现战机隐身功能的重要组成部分。五代机的隐身武器装备主要依赖隐身外形设计,将电磁波反射到非重点空域以实现对雷达的隐身效果,但对低频雷达、多站雷达网隐身效果较差。下一代隐身电磁功能结构将是多技术复合的隐身设计,除去无垂尾、DSI进气道等全向隐身外形设计外,还需要表面控制、吸波材料、电磁屏蔽多手段提高隐身性能,如图3所示。表面控制主要指对机身表面接缝等不连续结构的处理,包括平滑处理和阻抗渐变等方式,以快速衰减表面行波的传播,防止行波散射;吸波材料包括传统吸波涂料和吸波结构设计,通过电损耗或磁损耗手段,将电磁波转化为热能耗散掉,实现全向隐身;电磁屏蔽主要用来屏蔽机身内部的电子系统和雷达系统等高散射目标对外界的辐射泄露。多种技术手段并用,实现飞机全向隐身。

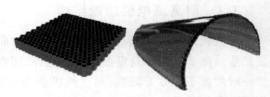

图3　隐身技术手段

其中超材料隐身结构研究是在保障飞机正常通信的同时实现隐身功能的关键。超材料通过在普通材料中设计一系列周期排列的亚波长微结构,改变电磁波在其内部的传输规律,使超材料结构对不同频段的电磁波有不同的吸收、透射、漫散特性。如图4所示,通过多种模式的超材料综合,实现透隐一体,保障正常通信的同时,实现全向宽带的隐身效果。

图 4　超材料对电磁波的调控作用

此外,针对红外、光学等其他频谱的侦测系统,还需要开展多频谱隐身涂料设计研究,以应对红外、光学制导系统的探测与追踪,从而实现全频谱隐身效果。

3.4　智能蒙皮技术

智能蒙皮也是下一代电磁功能结构的重要发展方向,智能蒙皮将天线阵列与传统机身蒙皮结合,连接后部的射频功能件和微处理系统,实现天线阵列与机身外形的共形设计,采用高密度集成设计技术和结构功能一体化成型制造技术,使其既可作为武器平台结构的力学承载功能件,也可以作为机身传感器和收发电磁波的电磁功能件。

智能蒙皮作用主要包括两方面,一是作为机身传感器,实时感知大气环境参数、机身载荷、蒙皮内部损伤等信息,无需地勤检测即可发现机身内部缺陷;二是在不增大战机体积的前提下增加战机的电磁口径,使战机能够接收各个方向的电磁信号,再通过人工智能算法对数据进行筛选、分析,从而灵敏地、全方位地感知战场态势,为实现人工智能辅助决策和有人机无人机混合编队作战提供基础。

3.5　自适应可重构电磁功能结构

由于未来战场环境复杂多变,要求下一代战机具有能够灵活适应不同场景的能力。因此,电磁功能结构在朝着自适应智能结构方向发展,基于各类可重构技术,随着光敏、热敏传感器的发展,通过光控、温控以及添加偏置电路层电控等手段实现电磁功能结构工作频率、极化、散射方向图、吸波率、透波率等性能的自适应控制。改变传统电磁功能结构工作模式固定的缺点,实现透波状态和隐身状态的灵活可变,大大提升下一代战机作战灵活性和战术欺骗性。其关键技术包括可调型隐身结构设计技术、开关型隐身结构设计技术、隐身蒙皮散射/辐射特性综合优化技术、一体化集成与制备技术等。目前各类可重构电磁功能结构的设计模型已趋于成熟,有很多性能满足实际需求的设计方案。未来发展的难点在于该类包含有源器件、金属、介质的混合阵列结构的大规模制备工艺研究。

3.6　抗大功率电磁功能结构

定向能武器也是下一代战机武器平台研究的重点。定向能武器主要通过大功率激光或微波照射损伤敌方武器装备表面或破坏其内部的电子系统。数十千瓦级的定向能武器可破坏导弹传感器,一百千瓦级的激光武器在中距离已可以损伤对方战机。对于下一代电磁功能结构,应当考虑大功率照射下的性能稳定性,以及对相关频段电磁波和激光的屏蔽能力,但现有定向能武器具体工作频段较模糊,因此相关的抗大功率电磁功能结构主要为理论研究,即设计各类高反低吸低透的电磁功能结构将该频段能量反射,防止损毁电磁功能结构本身或内部电子系统。

4　总　结

下一代战斗机的概念研究基本确定了未来战机超飞行、超隐身、超感知、超打击、超协同的五大能力,但飞机整体设计还处于概念研究和技术探索过程。同时,六代机的预先研究对下一代电磁功能结构提出了更高的要求,电磁功能结构将在耐高温、隐身、智能化、可重构等方面发挥重要作用。不仅需要加强相关概念的分析与探索,也要开展各项支撑技术的预研工作,助力我国新一代战机的早日腾飞。

参考文献

[1] 闫晓婧,杨涛,药红红. 国外第六代战斗机概念方案与关键技术[J]. 航空科学技术,2018,29(4):18-26.

[2] 邹卫国. F/A-XX未来空战"多面手"[Z]. 科技日报,2013-7-16(12).

[3] 王锴,丁宇,何大龙. 第六代战斗机发展动向及能力分析[J]. 光电技术应用,2019,34(5):1-6.

[4] 刘海卓. 信息化、智能化、敏捷化——日本开发第六代战斗机概念[J]. 国防科技,2012(6):19-21.

[5] 高劲松,陈哨东. 对国外六代机主要特征的看法[J]. 国际航空,2013(3):29-33.

[6] 孙隆和. 第六代战斗机的竞争[J]. 电光与控制,2012(10):1-7.

[7] Airbus. Demonstrator phase launched:future combat air system takes major step forward[R]. 2020.

[8] 杨伟. 关于未来战斗机发展的若干讨论[J]. 航空学报,2020,41(6):524377.

[9] BOYD J R. The essence of winning and losing[EB/OL]. (2016-03-13)[2020-06-07].

[10] STILLION J,PERDUE S. Air combatpast,present and future [EB/OL]. (2008-12-10)[2020-04-17].

[11] SCHUCK T. OODA loop 2.0 information,not agility,is life [J]. Alumni Magazine,2017(8):55-58.

[12] BLASCH E,HANSELMAN P. Information fusion for information superiority [C] // Proceedings of the IEEE 2000 National Aerospace and Electronics Conference. Poscataway:IEEE Press,2000:290-297.

[13] RUTH D,PAUL N. Summer study on autonomy[R]. Washington D. C. ;Defense Science Board,2016

[14] 李金梁,涂泽中,刘振庭. 美第六代战斗机研究进展情况[J]. 电光与控制,2014,21(6):9-12.

[15] 晏武英. 美国发布六代机自适应发动机发展计划[J]. 航空制造技术,2014(20):76-79.

[16] Konstantions Z,Alexions S,Charisions T. Low observable principles,stealth aircraft and anti-stealth technologies[J]. Journal of Computations & Modelling,2014,4(1):129-165.

[17] 周金柱,宋立伟. 动载荷对结构功能一体化天线力电性能的影响[J]. 机械工程学报,2016:105-118.

[18] 何庆强,王秉中. 新兴智能蒙皮天线技术[J]. 微波学报,2014:287-290.

[19] 何庆强. 智能蒙皮天线的体系构架与关键技术[J]. 电讯技术,2014,54(8):1039-1045.

[20] KENDALL F. Next Generation Air Dominance(NGAD) memorandum[Z]. The US Bloombery News Network,2012.

[21] John A T. The sixth generation fighter[J]. Air Force Magazine,2009,92(10):38-42.

[22] 张晓山,王兵,吴楠. 高温隔热用微纳陶瓷纤维研究进展[J]. 无机材料学报,2021,36(3):245-256.

[23] YONG A H,CHEN Z,WEN N X. Flexible smart sensing skin for "Fly-by-Feel" morphing aircraft[J]. Journal of Science China Technological Sciences,2022,65(1):1-29.

2022
特邀报告

星载智能计算平台研究进展及体系框架设计

沙金良　杨宁　王允森　刘志远　伍攀峰

（山东航天电子技术研究所,山东·烟台,264670）

摘要：未来星上处理将朝着实时处理与智能服务的趋势发展。与地面支撑硬件平台不同,星载智能计算平台在平台架构、传输速度、存储容量、高效散热等方面都存在诸多限制。本文对星载智能计算平台国内外研究进展进行梳理,总结星载智能计算平台当前面临的技术问题,进行星载智能计算平台技术体系设计；同时,考虑星载智能计算平台软硬件协同工作,构建星载智能计算平台数据处理框架,实现上层应用软件与底层平台硬件的隔离,提升软件通用性,降低开发难度,为更高效的卫星系统应用提供技术支撑。

关键词：星上处理；人工智能；计算平台；技术体系；处理框架

1　引　言

早期星上数据处理主要指星务管理、设备控制等。随着应用的需要,各国开始在卫星上对数据进行压缩等简单处理,然后再将获取的信息下传地面后进一步处理分析,提取有用的信息。随着载荷分辨率的提高和多/高光谱相机等传感器的出现,卫星获得的遥感数据量迅速增长。为了减轻星地数据传输的压力,提高信息利用的时效性,星上数据处理的需求日益增加。近年来,人工智能技术快速发展,使得利用人工智能技术实现遥感目标的自动检测和识别成为可能。因此,未来星上处理将朝着实时处理与智能服务的方向发展,依据用户需求,星上直接对获取数据进行智能实时处理,生成用户所需数据信息,从而避免资源浪费,实现端到端的实时传输。

人工智能技术是赋予空间无人系统智能化属性的关键技术。人工智能技术在现有各类航天器系统的应用与融合,将有效提升航天器的智能化和自主化水平,大幅提升现有航天器系统的效能。航天与人工智能的结合,除软件层面智能算法设计可能不同之外,最为显著的区别要属对于人工智能支撑的硬件平台的差别。星载智能计算平台通常是集成了嵌入式处理器、DSP、大规模 FPGA、智能芯片等一种或几种处理单元的异构系统,支持可重构和信息共享,具备智能处理和加速处理功能,并采用标准化接口及协议,具有可扩展性、可测试性和兼容性等特点。与地面支撑硬件平台不同,星载智能计算平台在平台架构、传输速度、存储容量、高效散热方面都存在诸多限制,亟须开展星载智能计算平台技术体系研究,构建星载智能计算平台数据处理框架,为卫星系统高效应用提供技术支撑。

2 国内外研究进展

2.1 国外研究进展

从 20 世纪 90 年代初开始,国外的一些大学、研究机构和商业卫星公司便意识到卫星在轨信息快速处理计算平台的重要性,逐步展开了相关方面的研究工作,并取得了一定的成果。

(1) TacSat-3 卫星应用自主处理器(AIP)

近几年美国开展了"战术星(TacSat)"计划,已发射的 TacSat-3 卫星加装了星上应用自主处理器(Application Independent Processor, AIP)(见图 1)来实现目标区小范围遥感数据的高光谱遥感图像处理。AIP 具有实时高光谱图像处理、图像存储、有效载荷控制和电源切换等功能。每个 AIP 由一个可重构计算机(RA-RCC)和基于第四代 PowerPC 的单板计算机(G4-SBC)组成。RA-RCC 是 SEAKR 公司的第四代可重构计算机,其处理单元(Processing Elements, PE)采用 Xilinx 公司的高性能 FPGA 组成。第四代单板计算机(G4-SBC)采用了飞思卡尔公司的第四代 PowerPC,它作为控制器和图像处理器使用。

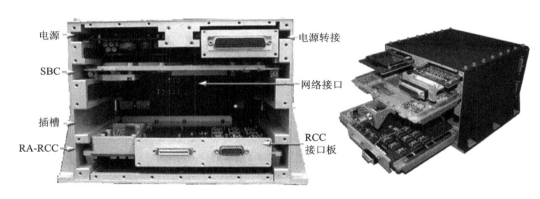

图 1 星上应用自主处理器 AIP 实物图

(2) NASA 的 SpaceCube 数据处理器(见图 2)

2009 年 3 月在 NASA Hubble4 的维修任务中使用的 NASA 戈达德航天中心(GSFC)的 SpaceCube1.0 数据处理设备采用了 SoC 技术,运行速度达到 3000MIPS。SpaceCube2.0 设备在 SpaceCube1.0 基础上加入 Spacewire、CPCI 等接口,在 2 只"软件抗辐射加固"的 Xilinx Virtex5 FPGA 中集成了 4 个 PowerPC440 微处理器硬核,处理速度达到 5000MIPS。SpaceCube3.0 集成了 Xilinx Kintex UltraScale (20nm FPGA)和 Xilinx Zynq MPSoC (四核 64-bit ARM Cortex-A53,双核 Cortex-R5, 16 nm FinFET+ FPGA),与 SpaceCube2.0 相比处理能力大幅提升。

(3) NASA 的 GPU 加速处理器

随着星上数据量的不断增长,为了缓解对地数传的压力,NASA 也在积极开展基于 GPU 的星上数据处理研究,充分利用 GPU 的并行计算特点,提高星上数据自主智能处理能力。截至 2019 年 7 月,NVIDIA 的 TX2(见图 3)已经在国际空间站正常运行超过 6 个月,主要用于超光谱图像处理。NASA 的一个团队应用 H.264 算法,使用 TX2 对在国际空间站上采集的 3.3GB 大小的视频数据进行压缩,压缩比达到了 200∶1,压缩后文件大小为 5.3 MB,大大降低了下传链路的压力。

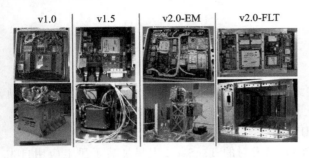

v1.0　　v1.5　　v2.0-EM　　v2.0-FLT

图 2　NASA 的 SpaceCube 系列产品

图 3　TX2 在国际空间站上的应用

（4）ESA 的星上数据处理器

ESA 从 2017 年开始对 Intel 的 VPU（Vision Processing Unit，VPU）Myriad2（见图 4）开展了相应的空间应用研究，该芯片的核心是 2 个 Leon4 内核加上一个神经网络加速器。ESA 将 Myriad2 用于星载成像仪 Hyperscout-2 的在轨图像数据处理，该成像仪搭载于 Phisat-1 卫星，已于 2020 年 9 月 2 日发射升空。该卫星位于 530 km 同步轨道，对地球水灾、森林火灾等进行监测，据报道这可使成像仪对传输带宽的要求降低 60%。Phisat-2 正在研发，所使用的 AI 系统将更加先进，用于监测水面船只、冰川等。

图 4　装入成像仪中的 Myriad2 处理板

2.2　国内研究进展

当前国内星上处理平台主流计算架构为 FPGA 或 FPGA＋DSP，并广泛应用于星上电子侦察、SAR 及光学等载荷数据处理平台。下面以星上光学载荷数据处理平台为例对其组成架构进行介绍。

基于对星载嵌入式并行处理架构的分析，在对 VPX 规范研究的基础上，依据星载信息处理系统特点及功能需求，按照通用化、标准化、可扩展、可重构的设计思想，设计星载 VPX 高性能实时处理硬件平台架构，平台主要由 I/O 模块、处理模块、主控模块、交换模块组成。

● I/O 模块主要负责外部待处理数据的接入与存储；

● 处理模块主要负责运行处理算法对数据进行实时处理，处理模块内含有多个处理单元以实现并行高性能流水计算；

● 交换模块负责系统内各单元之间数据的高速无阻塞实时交换，单机内由交换模块构建多个数据总线；

- 主控模块则主要负责系统内测控管理服务,通过系统内总线对各单元工作状态进行监控和管理,但不直接参与系统实时信息处理活动。

为提高处理性能,处理模块单块处理板采用 2 个 DSP 作为主要计算单元,并辅以高性能 FPGA 作为协处理器,负责数据预处理。单板内 SRIO、测控等总线接口均通过 FPGA 对外连接,从而支持数据在进入 DSP 前由 FPGA 完成部分预处理功能。此外,单板内除数据处理单元外,需要有主控单元协调缓存读写和各处理单元之间的并行处理工作,以实现高效流水处理。考虑到数据处理的实时性要求和在轨计算可靠性需求,选取高性能处理 FPGA 作为处理主控单元对两个 DSP 及缓存单元进行运行管理控制,并额外采用一片高可靠的反熔丝 FPGA 作为管控 FPGA 对板内其他处理器进行抗辐照加固,如图 5 所示。

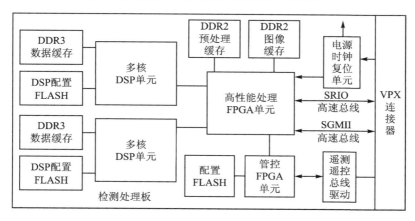

图 5　星上光学载荷数据处理平台单处理板原理框图

与此同时,随着近年来深度学习技术的快速发展,北京理工大学、北京航空航天大学、武汉大学、山东航天电子技术研究所、中科院自动化所等单位都开展了相关技术论证和研究工作,已经形成了一系列基于 GPU、NPU 等智能处理单元的星上智能计算平台,支持可重构和信息共享,具备智能处理和加速处理功能,并采用标准化接口及协议,具有可扩展性、可测试性和兼容性等系统功能。

在智能处理单元领域,华为在 2018 年 10 月 10 日正式发布两款 AI 芯片:昇腾 910 和昇腾 310,推出基于昇腾 AI 芯片的 Atlas 人工智能计算平台,并提出了智能加速架构 CANN,支持 Caffe、TensorFlow、Pytorch 等智能处理架构;寒武纪推出的 MLU 系列智能处理芯片,面向智能手机、可穿戴设备、无人机和智能驾驶等各类终端设备,MLU 芯片同样支持 Caffe、TensorFlow、Pytorch、Mxnet 等处理架构;景嘉微推出的 JM 系列芯片满足机载、舰载、车载环境下图形系统的功能与性能要求,目前已知景嘉微芯片采用 OpenCL 加速,支持主流智能处理框架。

3　星载智能计算平台技术体系

为有效提升航天器的智能化和自主化水平,满足不同智能任务需求,在进行星载智能计算平台设计时需解决以下问题:平台架构不完善;接口不统一,速率低;存储空间不足;软件通用性差,移植开发难度大;散热能力不足,制约设备功耗。针对上述问题,星载智能计算平台技术体系主要包括平台架构及可靠性设计、高速总线互联技术、高速大容量存储技术、深度学习框架及中间件技术、高效散热技术等几个方面。

（1）平台架构及可靠性设计

平台架构采用标准化硬件架构、标准化软硬件接口设计，通过分区保护、安全隔离、任务迁移和 COTS 器件加固等手段完善平台架构，提升平台的可靠性。

为提供高性能的计算服务，满足高集成度及自主可控的要求，利用嵌入式异构计算资源 FPGA、DSP 和 AI SOC 及片间网络化高速互连等方式搭建基础通用化硬件平台，如图 6 所示。计算中心采用国产 DSP＋FPGA＋AI SOC 的多元混合异构计算架构。多核 DSP 处理单元支撑大规模浮点运算及矩阵运算，高性能 FPGA 处理单元实现专用加速计算以及接口逻辑控制等功能，高性能 AI 计算单元实现深度学习模型应用、智能和加速处理功能，实现图像、视频等多种数据分析与推理计算。

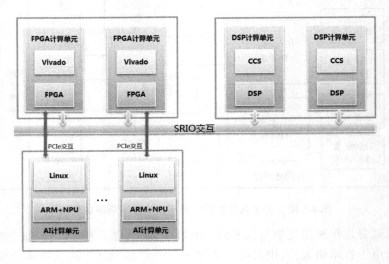

图 6　高性能通用星载智能计算平台架构

（2）高速总线互联技术

通过设计高速交互网络和多层级自适应接入等内容实现智能计算平台的高速总线互联，如图 7 所示。为了实现数据交互的网络化，设计统一的、标准的双控制总线交换网络和双数据总线交互网络。同时，多层级自适应接入技术提供统一的接口和协议，支撑各设备传输不同速率、不同种类、不同传输服务质量要求的数据，支持设备灵活添加和移除，而不用改变现有平台软件或硬件。

（3）高速大容量存储技术

星上存储器不同于一般的星上设备，在工作中不仅要保证各种功能的正确性，还要保证保存在其中的海量数据的准确性。通过系统级容错设计、数据级容错设计等手段实现星上高速大容量存储。另外，NAND FLASH 芯片存在固有的失效单元，而且随着芯片的使用失效单元有增加的可能性，因此需要同时考虑 NAND FLASH 失效单元的容错设计。

面向空间应用的数据高可靠存储系统考虑全面的容错设计，为使得存储器的失效不至于影响整星的任务，采用双机冷备份的结构；同时，每个单机内部通过多级容错、多钟容错，使整个系统能够将存储的单位错纠正，或者某个部件失效自动剔除，提高产品可靠性。

（4）深度学习框架及中间件技术

通过深度学习模型优化、资源虚拟化、通信中间件等手段实现星载资源的透明化访问，提

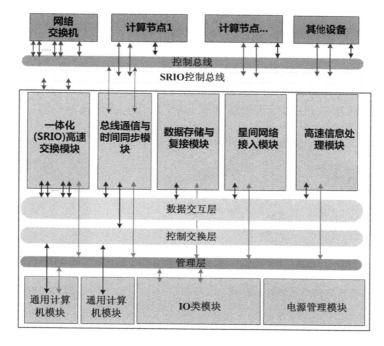

图7 一体化高速数据交互网络

升软件通用性,降低开发难度。为实现计算虚拟化与存储虚拟化(见图8),采用容器化的虚拟机引擎进行星载智能应用程序管理,容器化运行的软件的计算环境完全隔离,但又可以通过标准 API 接口互相通信。通信中间件立足于为高性能信息处理系统硬件和算法提供一个软件中间件,算法可基于此中间件的接口实现,以实现算法不依赖平台硬件。

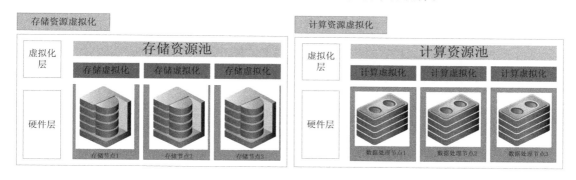

图8 计算虚拟化与存储虚拟化

(5)高效散热技术

星载智能计算平台各模块的热耗较大,热应力集中,单板和整机散热难度较大,需要进行高效散热设计,在不增加质量成本的条件下,满足在轨应用要求。

- 优化布局缩短散热路径:将计算模块靠近两侧盖板放置,以缩短散热路径;同时,将各板中热耗较高的器件布局在 PCB 边缘靠近热管理区的位置,缩短元器件的散热路径。
- 机壳设计散热凸台(见图9),增加散热路径:在热耗较大元器件对应机壳部位设计散热凸台,散热凸台与元器件之间通过导热垫填充减少接触热阻,元器件的散热一方面通过 PCB 传至热交换区,另一方面通过机壳散热凸台传至热交换区,最终通过机箱侧壁传导至设备安装面。

● 采用热管散热设计,增加热导率:热管是一种在航天器热控系统中应用的高效的传热元件,具有极高的导热效果,一般由管壳、管芯和工作介质组成。机壳热交换区域的侧壁嵌入 L 热管,将机壳侧壁的热快速传导至整机机壳安装面。如图 10 所示,热管采用一体焊接技术嵌入机壳,增大接触面积,减少热管与机壳接触热阻。

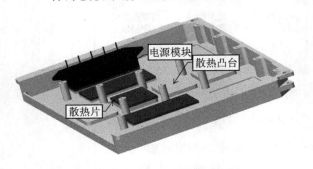

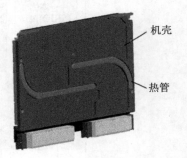

图 9　机壳散热凸台设计示意图　　　　　　　图 10　热管散热示意图

4　星载智能计算平台数据处理框架

星载智能计算平台的硬件实现只是一方面,软件与硬件的协同工作也十分关键。因此,应对星载智能计算平台数据处理框架进行构建。星载智能计算平台数据处理框架采用分层架构,分为平台层、通用算法库、数据预处理算法层、应用层,如图 11 所示。

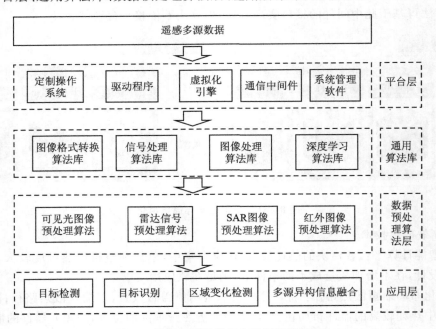

图 11　星载智能计算平台数据处理框架

（1）平台层

平台层对应于平台基础软件，主要包括定制的 Linux 操作系统、驱动程序、虚拟机引擎、通信中间件、系统管理软件。平台层是对各种软硬件资源调用进行基本抽象的方法合集。而对于某一资源的使用一般可分为初始化资源、参数设置、调用资源、进行互操作以及关闭资源等步骤。平台层接口一般不直接被上层应用所调用，而是主要用它来封装各种更高一级的功能模块团，为了提高效率，平台层被编译成内核驱动模块进行使用。

（2）通用算法库

通用算法库包括 Python、OpenCV 等基础算法库，也提供诸如 TensorFlow、Caffe 等人工智能深度学习软件框架，同时包含常用的信号处理、数学运算等第三方组件库。功能组件库会被应用执行引擎调用封装成开放式公共接口或者直接用于开发平台基础应用。

（3）数据预处理算法层

数据预处理算法层对数据进行预先处理，可根据具体需求部署相应的第三方处理库。星载数据预处理算法层包括可见光图像预处理算法、红外图像预处理算法、高光谱图像预处理算法、SAR 图像预处理算法、雷达信号预处理算法等，主要实现数据质量提升、去噪去斑、滤波等功能。

（4）应用层

应用层主要实现重点目标的检测与识别、重点区域的变化检测、多源异构信息动态融合及情报生成等应用。此外，用户可根据卫星应用需求，重新上注新的应用程序 APP，应用开发者在不需要知道终端平台具体底层细节的情况下按照一个统一开放的接口标准即可完成开发。

5 结 论

人工智能技术在现有各类航天器系统的应用与融合，将有效提升航天器的智能化和自主化水平，大幅提升现有航天器系统的效能。然而与地面支撑硬件平台不同，星载智能计算平台在平台架构、传输速度、存储容量、高效散热等方面都存在诸多限制。因此，应对星载智能计算平台国内外研究进展进行梳理，总结星载智能计算平台当前面临的技术问题，进行星载智能计算平台技术体系设计，主要包括平台架构及可靠性设计、高速总线互联技术、高速大容量存储技术、深度学习框架及中间件技术、高效散热技术等几个方面。同时，考虑星载智能计算平台软硬件协同工作，构建星载智能计算平台数据处理框架，分为平台层、通用算法库、数据预处理算法层、应用层，实现上层应用软件与底层平台硬件的隔离，提升软件通用性，降低开发难度，为更高效的卫星系统应用提供技术支撑。

参 考 文 献

[1] Sullivan G J，Ohm J R，Han W J，et al. Overview of the High Efficiency Video Coding（HEVC）Standard[J]. IEEE Transactions on Circuits and Systems for Video Technology，2012，22(12)：1649-1668.

[2] 乔凯，智喜洋，王达伟，等. 星上智能信息处理技术发展趋势分析与若干思考[J]. 航天返回与遥感，2021，42(1)：21-27.

[3] Straight S D，Doolittle C，Cooley T，et al. Tactical Satellite-3 Mission Overview and Initial Lessons Learned[C]. Proceedings of Annual AIAA/USU Conference on Small Satellites，USA，2010.

[4] Alessandro G，Cody B，Milton D，et al. SpaceCube v3.0 NASA Next-Generation High-Performance Processor for Science Applications[C]// Proceedings of Annual AIAA/USU Conference on Small Satellites，

USA，2019.

[5] 何举文. 星载侦察处理平台设计与实现[D]. 西安：西安电子科技大学，2017.

[6] 陈烨翀. 星载 SAR 实时成像平台研究[D]. 西安：西安电子科技大学，2018.

[7] 卞春江. 光学遥感图像有效区域在轨实时检测与压缩技术研究[D]. 哈尔滨：哈尔滨工业大学，2018.

[8] 华为技术有限公司. 华为基于 Atlas 500 的智能边缘小站解决方案[J]. 自动化博览，2020，(5)：52.

[9] 孙永杰. 寒武纪：独创 AI 指令集 云、端战略并行[J]. 通信世界，2018，(13)：27.

[10] 符鹤，谢永芳. 基于国产化图形芯片 JM5400 的座舱显示系统设计[J]. 计算机工程与科学，2016，38 (10)：2083-2090.

[11] Hannu L. Current use of Linux in spacecraft flight software[J]. IEEE Aerospace and Electronic Systems Magazine，2017，32(10)：4-13.

[12] 王密，杨芳. 智能遥感卫星与遥感影像实时服务[J]. 测绘学报，2019，48(12)：1586-1594.

低介电石英纤维/氰酸酯高频覆铜板制备及性能研究

门薇薇　黄信佐　周凯运　苏韬

（航空工业济南特种结构研究所·高性能电磁窗航空科技重点实验室，山东·济南，250023）

摘要： 本文以石英纤维作为增强材料，以低介电双酚 A 型氰酸酯树脂作为树脂基体，通过热压罐工艺制备了低介电石英纤维/氰酸酯单层及双层覆铜板。研究了铜箔种类对覆铜板性能影响规律，对覆铜板的耐热性、耐焊性及致密性等性能进行了测试。结果表明在 10 GHz 下石英纤维/氰酸酯复合基体的介电常数为 3.2，介电损耗为 0.008，具有优异的高频介电性能。单层和双层覆铜板的铜箔剥离强度均 ≥1.0 N/mm，满足 GJB 2142A—2011 要求。在经历 10 s/288 ℃ 热应力循环后，单层和双层覆铜板均没有发生分层、起泡现象，满足电子元器件回流焊工艺对覆铜板的耐焊性要求。在 288 ℃ 下恒温 60 min 后，单层和双层覆铜板热变形量均符合 IPC - 4101C 规范要求，具有优异热稳定性及耐焊性。此外，在单层覆铜板基础上制备了双层覆铜板，微纳米 CT 测试表明单层及双层覆铜板均无超过 7 μm 的孔隙缺陷，具有较高的致密性，且满足机械制孔、孔金属化及垂直互联工艺要求。

关键词： 热压罐工艺；覆铜箔层压板；氰酸酯；复合材料

1　引　言

覆铜箔层压板（Copper Clad Laminate，CCL，简称覆铜板）是现代电子行业中的基础材料之一，目前已经成为绝大多数电子产品不可缺少的主要组成部件，其高频应用产品加工工艺及性能的升级是电子设备更新迭代的基础。覆铜板具有低介电、高剥离强度、低吸水率、耐高温、耐焊等性质，主要用于印制电路板（Printed Circuit Board，PCB）的制造，对印制电路板起互联导通、绝缘和支撑的作用。覆铜板主要由粘结剂、增强材料、铜箔三部分组成。粘结剂的作用是将铜箔与增强材料粘结在一起，其中粘结剂分为树脂基和陶瓷基两种，常用的树脂粘结剂包括环氧、聚四氟乙烯、聚苯醚、氰酸酯树脂等。增强材料的作用是赋予覆铜板足够的刚度和强度等力学性能，常用增强材料包括玻璃纤维织物、玻璃纤维纸、纤维素纸、合成纤维无纺布及各类无机填料等。铜箔经过蚀刻等工艺可以制成特定的导电线路，起到互联导通的作用，常用铜箔分为压延铜箔和电解铜箔两种。

随着 5G 通信技术的飞速发展，信息处理、信号传输的高速化和高频化，要求覆铜板基体材料具有低介电常数、低介电损耗，从而减少信号传输损失，提高信号传播速率和传输效率。氰酸酯树脂具有高度对称的三嗪环结构，这种结构使得氰酸酯分子偶极矩趋向于平衡，进而使得分子极性降低；又因为整个分子呈现交联网络结构，使得其分子运动能力下降，使得氰酸酯树脂在介电性能方面表现突出，而且其介电性能对频率变化不敏感，在高频下仍能保持低介电性能。因此本文选择氰酸酯树脂作为覆铜板基体材料。石英玻璃纤维主要是由 99.5% 的二氧化硅组成，使其成为玻璃纤维中介电常数和介电损耗最低的，同时具有抗腐蚀性好、耐热性强、吸水率低等优点,因此本文选择石英纤维作为覆铜板增强体材料。

传统树脂基覆铜板的制造过程如下:首先将增强材料和树脂或预聚体溶液浸渍到一起,经过干燥后得到半固化片,然后将一张或数张半固化片层叠在一起,一面或两面覆以铜箔,通过平板热压机进行高温热压,固化后得到覆铜板。但是,上述平板热压工艺不适用于复杂曲面结构成型,极大限制了其在航空武器装备中的应用。因此,本文选择低介电氰酸酯树脂和石英玻璃纤维作为原材料,通过热压罐工艺制备了单层及双层覆铜板,完成了相关工艺研究及性能验证。

2 试验材料及方法

2.1 试验原材料

双酚 A 型氰酸酯树脂(自制)。B 型石英纤维布,厚度 0.2 mm,斜纹,湖北菲利华石英玻璃股份有限公司。电解铜箔和压延铜箔,厚度均为 0.035 mm,深圳慧儒电子科技有限公司。

2.2 单层覆铜板制备

将裁剪后的石英纤维/氰酸酯预浸料铺放到模具表面,在预浸料表面铺放电解铜箔,然后在铜箔光面上放置不锈钢镜面板作为辅助工装,最后铺放隔离膜、毛毡等辅材,封入真空袋。使用热压罐完成覆铜板固化成型,固化温度为 200 ℃,压力为 0.3~0.4 MPa。

2.3 双层覆铜板制备

采用 PCB 行业中常用的化学刻蚀工艺,通过丝网印刷、曝光、显影、化学刻蚀及沉积镍金保护层等步骤,将单层覆铜板进行金属单元图案化。作为双层覆铜板的基材,依次铺贴石英纤维/氰酸酯预浸料、电解铜箔、不锈钢镜面板及其他辅材,封入真空袋后,按照 1.2 所述的固化工艺进行热压罐固化成型。

2.4 性能表征

介电性能测试采用波导短路法,测试频率为 10 GHz。热应力测试采用浮焊法和 TMA法,其中浮焊法按照《GJB 2142A—2011:印制电路板用覆金属箔层压板通用规范》进行测试,TMA 法按照美国印制电路协会颁布的《IPC-4101C:刚性及多层印制电路板用基材规范》进行测试。参照 GJB 2142A—2011,采用剥离强度测试仪对单层及多层覆铜板的铜箔剥离强度进行测试。覆铜板内部缺陷采用金相法和微纳米 CT 法进行表征,金相法参照《GB/T 3365—2008:碳纤维增强塑料孔隙含量和纤维体积分数试验方法》进行。微纳米 CT 采用上海恩迪检测公司的 Diondo d2 高分辨率全能型微纳米焦点 CT 检测系统,样品尺寸为 20 mm×10 mm,扫描切片精度为 7 μm。

3 结果与讨论

3.1 单层覆铜板性能研究

首先采用波导短路法对覆铜板基体介电性能进行测试,结果表明在 10 GHz 下石英纤维/

氰酸酯基体的介电常数为 3.2,介电损耗为 0.008,具有优异的高频介电性能。铜箔剥离强度是覆铜板的关键性能指标,若剥离强度不合格,后续在铜箔表面贴装的元器件等电子部件有焊点断裂或脱落的风险。覆铜板在进行剥离强度测试时,分为初始状态和热应力状态两种,其中热应力状态是将覆铜板置于 288 ℃ 烘箱中加热 30 s 后的状态,剥离强度合格标准是 ≥ 1.0 N/mm。研究了铜箔种类对单层覆铜板的性能影响规律,分别采用压延铜箔和电解铜箔制备了 0.2 mm 厚的氰酸酯单层覆铜板。

两种覆铜板剥离强度的测试结果如表 1 所列,由压延铜箔制备的单层覆铜板无论是初始态还是热应力后的剥离强度均不满足标准要求,而由电解铜箔制备的单层覆铜板的初始态剥离强度平均值为 1.28 N/mm,经历一次热应力循环后的平均剥离强度降至 1.06 N/mm,均符合标准要求。造成这种现象的原因是压延铜箔两面均为光面,表面粗糙度较小($Ra = 0.3 \sim 0.5~\mu m$),导致铜箔和复合材料之间的结合力偏低,而电解铜箔是单面毛面的,毛面的表面粗糙度较大($Ra = 1.5 \sim 2~\mu m$),可以和基材形成较强的机械啮合作用,提高了铜箔和复合材料之间的结合力。

表 1 不同种类铜箔的剥离强度测试结果

铜箔种类	样品状态	样品编号	线宽/mm	拉力值/N	剥离强度/(N·mm^{-1})	测试结论
压延铜箔	初始态	1	3.5	0.57	0.163	不合格
		2	3.0	0.50	0.167	不合格
		3	1.5	0.31	0.206	不合格
	热应力	1	3.5	0.13	0.037	不合格
		2	3.0	0.11	0.036	不合格
		3	2.5	0.12	0.048	不合格
电解铜箔	初始态	1	3.5	5.02	1.43	合格
		2	3.0	3.65	1.22	合格
		3	2.5	3.03	1.21	合格
	热应力	1	3.5	4.04	1.15	合格
		2	3.0	3.06	1.02	合格
		3	2.5	2.54	1.02	合格

元器件、传感器等电子部件均需要通过高温回流焊工艺进行表面贴装和集成互联,因此要求覆铜板具有良好的耐热性和耐焊性。覆铜板耐焊性主要通过热应力测试来判定,浮焊法热应力测试要求:经历 ≥ 10 s 的 288 ℃ 热应力循环后,覆铜板不出现分层或起泡现象为合格。采用浮焊法对不同种类铜箔的覆铜板进行热应力测试,结果如图 1(a)所示,压延铜箔覆铜板在经历 10 s 的热应力循环后,表面发生严重分层、起泡现象,不满足元器件回流焊工艺对覆铜板的耐焊性要求。如图 1(b)所示,电解铜箔覆铜板表面没有发生分层、起泡、裂缝现象,满足元器件回流焊工艺对基板的耐焊性要求。浮焊法测试结果与剥离强度测试结果是一致的,因此选择电解铜箔来制备氰酸酯覆铜板。

为了进一步表征单层覆铜板的耐焊性,参考美国印制电路协会颁布的《IPC - 4101C:刚性及多层印制电路板用基材规范》,采用 TMA 法对单层板进行热应力测试:要求在 288 ℃ 下恒温 ≥ 60 min,覆铜板在玻璃化转变温度之前的变形量 $\alpha_1 \leq 60$ ppm/℃,玻璃化转变温度之后的

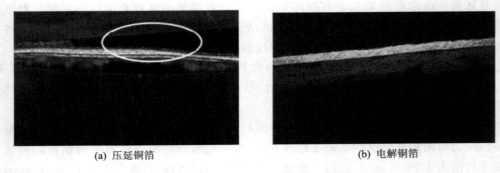

(a) 压延铜箔   (b) 电解铜箔

图 1　浮焊法热应力测试后的覆铜板切片照片

变形量 $\alpha_2 \leqslant 300$ ppm/℃为合格。对电解铜箔制备的单层覆铜板进行 TMA 测试,结果如图 2 所示,氰酸酯覆铜板在玻璃化转变温度之前的变形量 α_1 为 47.1 ppm/℃,玻璃化转变温度之后的变形量 α_2 为 122.2 ppm/℃,均满足规范要求,充分说明单层覆铜板在高温环境中没有出现剧烈形变,具有优异热稳定性及耐焊性。

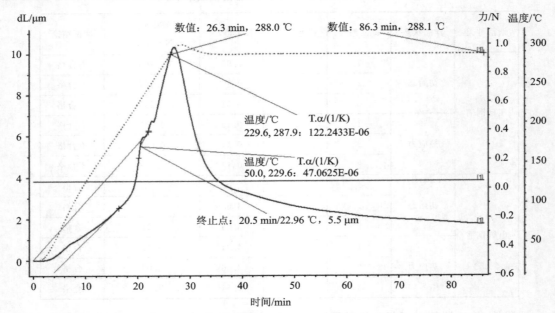

图 2　电解铜箔单层覆铜板的 TMA 测试曲线

　　采用微纳米焦点 CT 扫描系统对电解铜箔单层覆铜板的致密性及缺陷分布进行了表征。图 3(a)是样品整体扫描三维图,图 3(b)是样品中夹杂缺陷的截面分布图,夹杂物缺陷尺寸均为 0.05～0.07 mm,且都分布在铜箔和基材的界面处,说明这些夹杂物是在铜箔铺层过程中引入的。除此之外,发现样品内部没有超过 7 μm 的孔隙缺陷,说明电解铜箔单层覆铜板具有较高的致密性,满足 GJB 2142A—2011 对覆铜板层间孔隙尺寸 $\leqslant 30$ μm 的要求。

　　通过对覆铜板进行切片制样、打磨抛光,得到如图 3(c)所示的金相显微照片,放大倍数为 500 倍,图中未发现孔隙缺陷,进一步佐证了电解铜箔单层覆铜板的高致密性。此外,还可以看出铜箔毛面的表面形貌呈现锯齿状,微观上与树脂基体形成了良好的机械啮合作用,从而保证了覆铜板的高剥离强度。

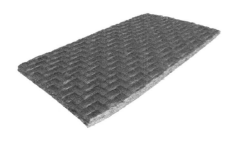

(a) CT扫描整体三维图

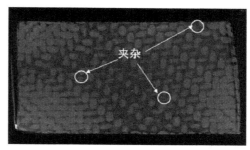

(b) 夹杂缺陷截面分布图

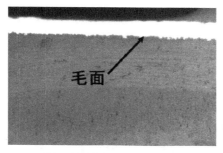

(c) 单层覆铜板的500倍金相显微照片

图 3　单层覆铜板的缺陷测试结果

3.2　双层覆铜板性能研究

本文首先以 0.2 mm 电解铜箔单层覆铜板作为基板材料,经过清洗、丝网印刷、曝光、显影及化学刻蚀、沉积镍金保护层等工序,将单层覆铜板进行金属单元图案化,制备得到如图 4 所示的无源 FSS 屏(220 mm×220 mm),可以看出方环阵子均无明显缺损,表面质量较高。对双层覆铜板进行剥离强度测试,结果如表 2 所列。初始态的双层覆铜板平均剥离强度为 1.69 N/mm,经历一次热应力循环(288 ℃,10 s)后平均剥离强度降至 1.26 N/mm,均满足标准要求(≥1.0 N/mm)。

图 4　基于单层覆铜板的无源 FSS 屏

表 2　双层覆铜板剥离强度测试结果

样品状态	编　号	线宽/mm	拉力/N	剥离强度/(N·mm^{-1})	测试结论
初始态	1	3.0	4.53	1.51	合格
	2	2.0	3.39	1.69	合格
	3	1.0	1.88	1.88	合格
热应力	1	3.0	3.94	1.31	合格
	2	2.0	2.47	1.23	合格
	3	1.0	1.24	1.24	合格

　　浮焊法测试结果如图 5(a)所示,结果表明双层覆铜板在浮焊法测试后,均没有出现分层、起泡、裂缝现象,满足元器件回流焊工艺对基板的耐焊性要求。TMA 法测试结果如图 5(b)所示,双层覆铜板在玻璃化转变温度之前的变形量 α_1 为 24.6 ppm/℃,玻璃化转变温度之后的变形量 α_2 为 172.5 ppm/℃,均满足规范要求。上述热应力测试结果表明双层覆铜板具有优异的热稳定性及耐焊性。

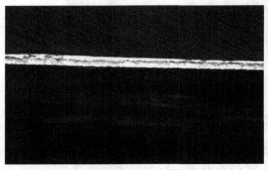

(a) 浮焊法热应力测试后的双层覆铜板切片照片

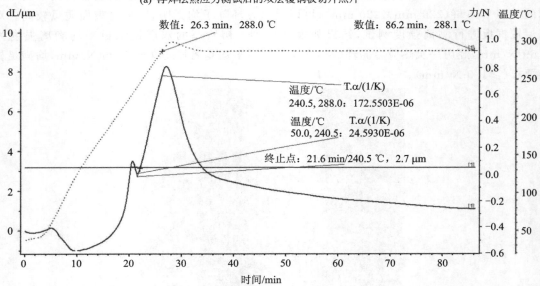

(b) 双层覆铜板的TMA测试曲线

图 5　双层覆铜板的耐焊性测试结果

采用微纳米焦点 CT 扫描系统对双层覆铜板缺陷分布进行了表征。在图 6(a)所示的横截面切片图中可以看到嵌入在双层覆铜板中间的金属铜方环。如图 6(b)所示的夹杂缺陷截面分布图,夹杂物尺寸为 0.09～0.18 mm,主要分布在铜箔和基材的界面处以及无源 FSS 屏界面处。图 6(b)中条状阴影是金属铜导致的测试伪影。除此之外,样品内部未发现 7 μm 及以上的孔隙缺陷,说明双层覆铜板具有较高的致密性。

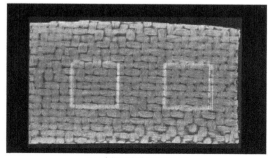

(a) 样品横截面切片图

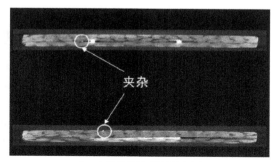

(b) 夹杂缺陷的截面分布图

图 6　双层覆铜板的微纳米 CT 测试结果

本文还对双层覆铜板的制孔、孔金属化及垂直互联工艺性进行了研究。如图 7(a)所示,采用机械制孔工艺,在双层覆铜板上加工出一系列不同尺寸的通孔。通过化学沉铜实现孔壁金属化及垂直互联,如图 7(b)所示的通孔截面形貌照片,表明孔壁内平均铜厚约为 42 μm,没有出现镀层空洞、层间分层以及结瘤等金属化孔壁缺陷,除外层铜箔垂直边缘外,孔壁导体界面无分离或污染,而且无源 FSS 屏的方环阵子即内层铜箔与孔壁镀铜是相互接触的,充分验证了双层覆铜板满足机械制孔及垂直互联的工艺要求。

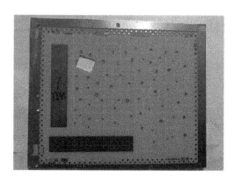

(a) 机械制孔及孔金属化后的双层覆铜板照片

(b) 垂直互联通孔截面的切片照片

图 7　双层覆铜板的垂直互联工艺试验结果

4　总　结

本文以石英纤维/氰酸酯预浸料和电解铜箔为原材料,通过热压罐工艺制备了氰酸酯单层和双层覆铜板,并进行了相关性能测试及表征。研究表明在 10 GHz 下石英纤维/氰酸酯复合基体的介电常数为 3.2,介电损耗为 0.008,具有优异的高频介电性能。由电解铜箔制备得到的覆铜板具有更高的剥离强度和耐焊性。单层和双层覆铜板的铜箔剥离强度均≥1.0 N/mm,满足 GJB 2142A—2011 要求。在经历 10 s 的 288 ℃热应力循环后,单层和双层覆铜板均没有发生分层、起泡现象,满足元器件回流焊工艺对覆铜板的耐焊性要求。在 288 ℃下恒温 60 min 后,单层和双层覆铜板热变形量均符合规范要求,具有优异热稳定性及耐焊性。微纳米 CT 测试表明单层和双层覆铜板均具有较高的致密性。双层覆铜板同时满足机械制孔、孔金属化及垂直互联工艺要求。

参考文献

[1] 杨盟辉. 高频 PCB 基材介电常数与介电损耗的特性与改性进展[J]. 印制电路信息,2009(4):27-31.

[2] Fang K . High performance epoxy copper clad laminate[J]. Circuit World, 2004, 30(4):16-19.

[3] 辜信实. 印制电路用覆铜箔层压板[M]. 北京:化学工业出版社,2012.

[4] Chen C C, Chen C H, Chen M L . Study of naphthalene epoxy resin for low CTE copper clad laminate [C]//Microsystems, Packaging, Assembly & Circuits Technology Conference, Impact International. IEEE, 2010.

[5] 秦伟峰,陈长浩,刘俊秀,等. 一种含氮酚醛树脂的制备及其在无卤低损耗覆铜板的应用[J]. 印制电路信息,2022,30(6):5.

[6] 田勇. 高性能覆铜板用热固性树脂[J]. 热固性树脂,2004(06):26-29.

[7] 张挺. 无溶剂法制备环氧玻纤布覆铜板的研究[D]. 西安:西安科技大学,2017.

[8] 祝大同. 高频高速 PCB 用铜箔技术与品种的新发展[J]. 覆铜板资讯,2019,1:68-75.

[9] 刘影帆,孙斌. 5G 移动通信技术及发展探究[J]. 通信技术,2017(2):287-291.

[10] Zhang X Y, Gu A J, Liang G Z, et al. Liquid crystalline epoxy resin modified cyanate ester for high performance electronic packaging[J]. Journal of Polymer Research, 2011,18(6): 1441-1450.

[11] Fang T, Shimp D A. Polycyanate esters: science and applications[J]. Progress in Polymer Science, 1995,20(1): 61-118

[12] Liu J, Ding N D, Xu R F, et al. Cyanate ester resin modified by hydroxyl-terminated polybutadiene: morphology, thermal, and mechanical properties[J]. Polymer Engineering and Science,2011,51(7): 1404-1408

[13] 高岩立,冀克俭,邓卫华,等. 高性能玻璃纤维发展研究进展[J]. 山东化工,2020,49:375(5):86-89.

[14] Dai S, Gao R, Gu, A, et al. Properties and origins of high-performance poly(phenylene oxide)/cyanate ester resins for high-frequency copper-clad laminates[J]. Journal of Applied Polymer Science, 2011, 121 (3): 1675-1683.

疫情后航空紧固件市场发展趋势及启示

王肇宇　甄洁　胡付红　连业江

(东方蓝天钛金科技有限公司,山东·烟台,264003)

摘要： 2020 年新冠疫情以来,全球民用航空市场发生了巨大的变化,为了应对疫情带来的各种危机,国外各航空紧固件制造巨头纷纷采取各种措施,一方面加强新产品的设计和开发,布局未来民用航空领域新的技术大飞跃的需求;另一方面转变经营模式和经营理念,创造新的利润增长点。对于国内航空紧固件制造企业来说,同样面临疫情的冲击,需要加快高端紧固件的国产化步伐,强化对外合作交流,提高自主创新能力,实现国产航空紧固件良性发展,为全球航空紧固件市场注入新动能。

关键词： 国产化;航空紧固件;轻量化;新型紧固件

1　综　述

2020 年初,突如其来的疫情中断了自 2009 年以来民用航空市场持续十余年的繁荣期,全球航空业深受打击。2021 年年底以来,航空业开始有复苏的迹象,但根据国际航协的预测,"真正的复苏将出现在 2024 年之后,欧洲和北美地区领先于其他区域"。但在复杂多变的政治、经济环境影响下,航空业始终是机遇与挑战并存。

根据波音公司近期发布的《民用航空市场展望》(CMO),预计未来 20 年,全球将需要超过 41 000 架新飞机。但在 2022 年 7 月的范堡罗航展中,波音和空客双方斩获的订单平平,没有赢家。尽管空客获得了中国 292 架次飞机订单,但目前订单量仍然达不到疫情前商用飞机市场订单量的一半。

在国内,国产大飞机 C919 适航认证已经完成取证试飞,适航取证工作进入收尾阶段,待取得国家民航局颁发的型号合格证后投入运营。作为高端制造业的历史性突破项目,自诞生以来,C919 项目就广受国内外各方的重点关注,但我们要充分地认识到,国产大飞机距离真正成熟并形成竞争力仍有相当长的路要走。

面临复杂多变的国内外形势及地缘政治的影响,航空供应链问题凸显。波音公司负责商用飞机供应链的副总裁 Cory Gionet 表示:"我们在供应链方面的工作比以往任何时候更加深入,以帮助我们的供应商解决问题。"航空供应商面临原材料或零部件的交货时间不断延迟,影响了飞机制造商提高产能的计划。"在高度监管的行业中,更换自己的供应商几乎是不可能的,因为任何更改都必须经过严格的审批流程。"

作为占据现代商用飞机的"最大物料清单"的航空紧固件,其发展与航空航天工业兴衰息息相关。2020 年以来,国际航空紧固件行业受到较大影响,各航空紧固件制造巨头纷纷采取各种措施,一方面加强新产品的设计和开发,布局未来民用航空领域新的技术大飞跃的需求;另一方面转变经营模式和经营理念,创造新的利润增长点。

2 航空紧固件的发展趋势

2.1 航空紧固件综述

紧固件作为复杂机械连接的部件,其作用就是将两个或多个子部件固定在一起,并在不同子部件之间抵抗和传递载荷力,保证部件之间可靠的连接。紧固件在飞机总装过程中将各种零件进行可靠的组装,作用重大。受航空产业安全和重量要求的影响,制造飞机所用的紧固件质量、可靠性要求高,适航要求苛刻。由于紧固件承受巨大的重力压力以及满足飞机全寿命周期的内的运行和维修需要,因此紧固件是影响飞机整体安全和效率的关键部件。航空紧固件最主要的特性包括:高剪切、疲劳和抗拉强度;高耐腐蚀性和抗氧化性;适应恶劣环境;自封和自锁功能。航空紧固件主要有表 1 所列的几类。

表 1 航空紧固件主要分类

类　型	介　绍	图　片
飞机螺栓	飞机常用的螺栓有 MS 螺栓、紧公差螺栓、NAS 内扳手和 AN 螺栓	
飞机螺母	与匹配的螺栓或螺钉一起使用,飞机螺母有两种基本类型:非锁定和自锁定	
飞机螺钉	是最常见的螺纹紧固方法,带有螺旋脊,称为外螺纹。它们通常由强度低于螺栓的材料组成,并插入松配合的螺纹	
高锁螺栓、螺母	航空高锁产品与锁紧螺栓铆钉配合,为将螺栓连接到相关物体提供支持。航空高锁产品具有兼容的金属合金的性质	
飞机铆钉	用作永久性的剪切用的轻量紧固件,铆钉的抗剪强度较低	

2.2 航空紧固件发展趋势介绍

紧固件作为传统的机械连接部件虽然是20世纪的科技产品,但是随着飞机复合材料的大量应用,紧固件的创新发展不但没有停止,反而经过多次技术革新、历久弥新,顺应航空科技发展潮流,有了更大的发展空间。

2.2.1 轻量化设计

为了顺应节能减排趋势、提升飞机的整体性能,巩固航空制造企业竞争力,飞机轻量化设计已成为航空工业的主流趋势。除了重量轻的设计外,紧固件本身的强度还必须符合航空安

图 1   LoMas 螺栓
(来源:Click Bond 公司官网)

全标准。因此,对使用高强度紧固件的轻量化设计的需求将在未来一段时间迎来一个热潮。

图 1 所示为一种新的螺栓设计,为航空制造商提供了一种减轻飞机重量的新方法。Click Bond 开发的 LoMas 螺栓由 A286 材料制成,比普通钢轻 50%,比钛制成的螺栓轻 17%。这种螺栓是中空的,通过特殊的深拉制造工艺完成的。该螺栓具有独特的固定垫圈,可减少零件数量并将异物碎片的风险降至最低。

2.2.2 微型紧固件结构设计

就紧固技术进步而言,微型化将是最大的趋势之一。今后,飞机设计会变得越来越紧凑,需要的空间越来越小,从而对放置和安装硬件的布局提出了更高的要求,进而促进了微型紧固件设计的发展。这些微型紧固件设计对电子、航空航天等行业帮助巨大,在某些应用中,涉及到需要螺纹连接的超薄金属板,在这种情况下,微型铆接紧固件就会起到巨大的作用。

LISI AEROSPACE 宣称提供全方位的锁定技术解决方案,专门用于飞机关键关节部位,例如直升机旋翼、机轮和刹车组件或喷气发动机桅杆,这种新装置是对传统技术的革新,在强烈振动时也能防止松动。这种紧固件设计紧凑轻巧、阻力水平高,见图 2。

图 2   LISI 飞机关键连接处的锁定解决方案
(来源:LISI AEROSPACE 官网)

2.2.3 用于连接复合材料的新型紧固件

航空用复合材料的兴起,对飞机紧固系统构成了巨大的挑战,直接关系到飞机的轻量化设计。对于原有的轻质金属,如铝、钛等,可使用现有的金属紧固件;但涉及复合材料时,必须设计新型紧固件。例如,飞机上采用复合结构的最大系统之一是雷电防护,航空紧固件行业领导者 HOWMET 紧固系统应用工程经理鲍勃·古罗拉(Bob Gurrola)说,"在飞机紧固系统领域,最大的挑战是从金属材料向复合材料的转变。"飞机上采用复合材料结构的雷电防护系统不是导体,在飞机传统行业,特别是在连接金属结构时,传导的主要路径是金属,而不是紧固系统。但在复合结构上,紧固件成为主要的传导路径,因此紧固件导电性能设计对新型复合材料用紧固件设计至关重要。

3 航空紧固件企业的应对措施及策略

航空市场是世界经济情况的直接反应,由于航空行业的全球化性质,航空运输生态系统成为受疫情影响最大的行业之一,直接导致了整个飞机制造业大幅度下降。航空紧固件行业,身处航空产业链的关键,对技术创新及经济变化反应异常敏感。为了应对这场疫情危机及响应未来飞机创新的需要,国内外航空紧固件生产厂商纷纷采取各种措施,创造新的利润增长点。

3.1 国外紧固件龙头企业应对措施

目前国外紧固件行业最主要的三家供应商为美国 HOWMET 航空公司、美国 PCC 集团和法国 LISI 集团。面对目前复杂市场环境,三家紧固件巨头采取各种措施调整组织结构、节约成本、提高核心竞争力。

3.1.1 美铝紧固件

美铝集团(ALCOA)将其紧固件业务全部划归到 HOWMET 航空公司,2021 年 HOWMET 的销售额为 49.72 亿美元,比 2020 年下降了 2.87 亿美元,下降 5%。下降主要是由于疫情和波音 787 生产减少的影响使得商业航空市场的销售量降低。但是随着新冠疫情影响的逐步减少,HOWMET 航空公司采取聚焦主业,重视新产品创新研发,在行业内部的标杆性作用更加突出。

3.1.2 LISI 集团

LISI 集团是欧洲最大的航空航天紧固件制造商,其特点是高附加值装配解决方案的设计与制造。2021 年,LISI 集团销售额达到 11.64 亿欧元,比 2020 年下降 5.4%。销售数据也直接反映了航空业受疫情的负面影响。但从其 2022 年上半年的经营结果来看,航空航天、医疗和汽车在新产品的支持下恢复有机增长,运营盈利能力逐步恢复。这主要受益于 LISI 集团一直采用的航空航天、汽车、医疗紧固件产品三驾马车均衡发展的战略,在疫情期间,LISI 旗下的医疗板块发展突出,以 10% 以上的年增长速度发展。

3.1.3 PCC 集团

PCC 集团是生产制造航空应用的大型复杂的熔模铸件、机翼铸件、锻件、航空关键紧固件的制造企业,PCC 旗下紧固件专业生产企业——SPS 科技有限公司专注于高强、高韧、耐高温、耐腐蚀性特种金属材料紧固件产品的研发与制造,是高强、高韧紧固件,特别是钛合金和高温合金紧固件的科研生产在全球市场具有较强的竞争力。其旗下公司生产的高强钛合金、高温合金抽芯铆钉一直是航空航天紧固件铆钉市场中的热销产品,产品特别适用于狭小空间或者封闭空间安装使用。疫情大流行的影响在 2020 年和 2021 年对 PCC 航空业务产生了重大不利影响,其中 2020 年该公司裁员达 40%。

3.2 国内紧固件企业应对措施

面对复杂的国际形势及"国产化"的迫切要求,以东方蓝天钛金科技有限公司(以下简称"钛金科技")为代表的国内航空紧固件及结构件重点企业,积极响应国家号召,致力于航空航天用钛合金、高温合金、铝合金及钢类紧固件与小型精密结构件的设计、生产,积极参与国际竞争,坚持自主可控,不断提高产品的性能质量。

3.2.1　加强国际化交流

钛金科技致力于发展成为国际一流高端紧固件及结构件综合研发生产企业,主动参与国际竞争。多年来,一直积极参与空客、波音在国内的紧固件产品供应商评审及研发制造全流程能力的评估。在参与全球报价的过程中,深入了解空客、波音等主机制造商对紧固件产品质量要求,进一步总结了目前生产制造过程中的不足及差距,取他人之长、努力促进公司产品的质量水平提升。同时公司积极发展走出去战略,通过参加国际航空航天及紧固件类展会,了解国外紧固件相关行业最先进的技术及行业信息,并将相关信息应用在新产品研发上。

3.2.2　强化供应链管理

受国际形势的影响,进口及国产钛合金及高温合金材料均出现价格上涨及供应困难的情况,原材料的供求矛盾凸显。为了应对这一危机,在国产材料方面,钛金科技积极通过签订长期合作的框架协议方式委托供应商进行材料储备,锁定价格,缩短原材料交期,稳定供应保障;在进口材料方面,扩大进口原材料的储备力度。同时,积极与国内各大设计院所联合研发,共同推进进口材料的国产化替代项目,逐步降低对进口材料的依赖程度,确保供应链安全。

3.2.3　紧跟商用飞机紧固件国产化项目步伐

钛金科技承载高端紧固件国产化使命,成立之初即承担了商用飞机钛合金紧固件国产化项目,早在 2013 年钛金科技能够按照适航当局适航审定要求完成产品规范符合性验证试验,并能够为国内商用飞机提供配套产品。

经过第一阶段的努力,针对主流的外螺纹类紧固件产品,钛金科技在技术上实现了较大突破,经中国民航局适航审查,目前公司能够为国内商用飞机型号配套产品近千个件号,且承担了型号急、难、重的产品保障任务,对商用飞机型号的研制提供了强有力的支撑。商用飞机紧固件国产化一期项目部分紧固件见图 3。

图 3　商用飞机紧固件国产化一期项目部分紧固件

为进一步开展商用飞机紧固件国产化工作,积极响应国家新材料创新发展略,紧抓国家制造业和新材料产业转型升级机遇,推进民机标准件产业的供需匹配和动态均衡发展,钛金科技积极参与商用飞机紧固件产品研制;目前,钛金科技需研制的紧固件标准近百项,当前部分产品关键技术已突破,项目进展有序推进,项目达标后,会进一步实现商用飞机用紧固件自主保障能力。商用飞机紧固件国产化二期项目部分紧固件见图 4。

未来,钛金科技将紧跟商用飞机紧固件国产化需求,投入更多研发力量,加快推进商用飞机紧固件国产化进程,解决"卡脖子"问题,填补我国基础关键零部件技术空白,保障型号研制及生产交付需求。

图 4　商用飞机紧固件国产化二期项目部分紧固件

4　结　论

　　疫情带来的影响仍在持续,国际环境的不确定因素、不稳定性日渐增强,但航空业日渐复苏,我们应充分认识到风险与机遇并存的发展规律。国内航空紧固件企业应借鉴国外航空紧固件巨头的发展方向及经营策略,顺应航空技术发展趋势,投入更多研发力量,提高自主创新的能力,紧跟世界技术发展的潮流,实现国产航空紧固件的技术突破和市场突破,为航空业发展贡献力量。

参考文献

[1] IATA 国际航协:2024 年全球航空客运量有望复苏. https://www.iata.org > contentassets.

[2] Commercial Market Outlook 2022-2041. https://www.boeing.com/commercial/market/commercial-market-outlook.

[3] Reuters Analysis:Supply chain snags threaten to slow air industry take-off. https://www.reuters.com/business/aerospace-defense/supply-chain-snags-threaten-slow-air-industry-take-off-2022-07-21/.

[4] Click Bond Company. https://www.clickbond.com/;LISI Group:https://www.lisi-group.com/.

[5] Alcoa Fastening Systems & Rings:https://www.howmet.com/global/en/products/.

[6] Proceedings of the Royal Aeronautical Society 2016 Annual Meeting,1-224-15.

[7] The impact of COVID-19 on the airport business and the path to recovery,November 1,2021,Airports Council International(ACI).

集成电路引线搭接长度
对航天电子产品可靠性影响

王启正 王晓辉 李数数 姜义博 王雷

(山东航天电子技术研究所,山东省·烟台,264000)

摘要:航天电子产品中集成电路引线搭接长度影响焊点的可靠性,本文通过实验验证不同引线搭接长度的焊点寿命,归纳得出引线搭接长度需大于 1.5 mm 才能保证焊点能经受服役环境的力、热的变化,实现航天电子产品可靠性服役;通过焊点加速试验计算公式得出焊点在近地轨道工作环境中可以服役 60 年,满足卫星设计寿命要求。

关键词:引线搭接长度;焊点可靠性;焊点加速寿命计算

1 引 言

航天电子产品在火箭发射和太空服役过程中需要经历交变载荷和高低温变化,对产品的可靠性提出较高的要求。为防止不同材料在服役期间热失配造成产品失效问题,通过加固、抬高焊接等方式增加焊点可靠性。

常见集成电路包括有引线和无引线之分,航天电子产品中常用有引线器件。器件引线可以将器件本体抬高,较少印制板与器件本体之间不同热膨胀系数引起的变形对焊点影响,同时,引线的成型形状可以在产品振动过程中起到弱化振动幅值的作用,有效地提高焊点抗力学性能。但是对于引线无应力释放且本体距印制板较小的器件,引线抗力学性能被弱化,只能通过引线焊端和印制板搭接面积来增加焊点的可靠性。

本文基于以上问题,针对无应力释放、本体距印制板较小的器件,通过控制引线搭接长度分析焊点可靠性,总结出最短引线搭接长度要求。

2 试验方案

2.1 试验流程

本次试验产品经过样件制作、力学试验和温度循环试验。产品力学实验后检查焊点状态,温度循环实验过程中前 300 循环每 100 个循环进行焊点检查,300 循环后每 50 个循环进行一次焊点检查,直至完成 500 个温度循环,具体试验流程如图 1 所示。焊点检查主要通过显微镜观察焊点的前、后润湿角及焊点底部外观状态,实验后对焊点进行金相剖切和微观检查,并对可靠性进行评估。

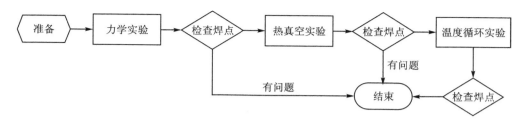

图 1 试验流程图

2.2 样件制作

2.2.1 器件选取

选取国产常用 FP 器件 JFM29LV160 作为实验对象,该器件引线从器件本体底部引出,无应力泄放的梁长,且器件引线布局在引脚短边,抗力学性能较差,为验证器件极限,最大化的包络所有器件,因此选取该器件作为研究对象。

选取三块相同印制板,每块印制板上各焊接 2 只 29LV160 芯片,共计 6 只。样件 A 分别焊接 A1 和 A2 器件,引线搭接长度为 1.8 mm;样件 B 分别焊接 B1 和 B2,引线搭接长度为 1.5 mm。样件 C 分别焊接 C1 和 C2,引线搭接长度 1 mm。

样件具体状态如表 1 所列。

表 1 样件状态

样件	器件	引线搭接长度/mm	器件底部距印制板距离/mm	三防	点封
样件 A	A1	1.8			
	A2	1.8			
样件 B	B1	1.5	0.07	器件引线跟部有三防漆	器件本体两端底部无 GD414 渗入
	B2	1.5			
样件 C	C1	1.0			
	C2	1.0			

2.2.2 引线处理

利用专用剪切工装对器件引线进行剪切,引线与焊盘搭接部分长度分别为 1.8 mm、1.5 mm、1.0 mm,剪切完成后对引线长度进行测量,具体测量结果见表 2,满足使用要求。引线剪切后依据实物焊盘对器件引线平整性、共面性进行检查确认,器件本体和焊盘之间的间距进行检查。

表 2 引线剪切后测量

样件	1~24 引线均值/mm	25~48 引线均值/mm
A1	1.83(1.71~1.93)	1.81(1.69~1.82)
A2	1.84(1.75~1.88)	1.82(1.80~1.85)
B1	1.51(1.50~1.52)	1.54(1.51~1.58)
B2	1.53(1.47~1.55)	1.54(1.52~1.57)
C1	1.01(0.99~1.06)	1.05(1.01~1.08)
C2	1.02(1.00~1.05)	1.04(0.98~1.08)

2.2.3　焊　装

选取相同的焊锡膏和网板进行印刷(见图 2),并对印刷后的锡膏量进行 SPI 检查,保证每个器件引脚焊盘焊锡量一致,无短路、桥联、漏印等情况。

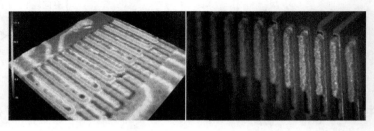

图 2　印　刷

按照贴装程序将器件贴装到对应位号上,贴装后检查芯片是否在正中位置、是否有偏移等问题,样件的贴装芯片压力保持一致。

调整回流参数,三个样件选择相同曲线,待温度升到设置值时将产品放入回流炉轨道上,回流曲线如图 3 所示,回流后的产品进行自然降温冷却。

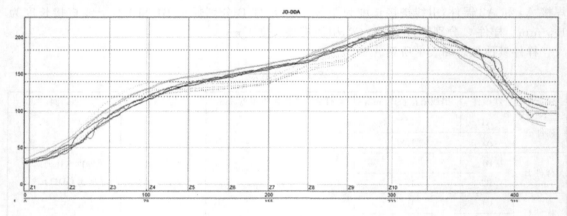

图 3　回流曲线

2.2.4　三　防

先对样件三防前进行 3M 胶带进行防护按照图 4 所示区域刷涂三防漆,刷涂后见图 5。

待三防漆固化后去除样件两端防护胶带,利用放大镜确认引线跟部三防漆状态、器件底部无三防漆流入,用 0.07 mm 厚度聚酰亚胺薄膜能顺利插入 Flash 芯片 29LV160 底部与印制板之间的空间,说明无三防漆侵入器件底部,留有应力释放的空间。

图 4　防护位置

2.2.5　点　封

由于样件本体较重,为提高抗力学性能需要对器件进行点封处理,采用 GD414 环氧胶进行加固。为了防止胶液流入器件本体底部,分两次进行点封、首次点封高度为器件与印制板间间隙高度(约 0.1 mm),静置约 2 小时后确认器件底部无多余胶液进入后进行后续点封。

点封后室温静置固化 24 小时才能进行后续操作。

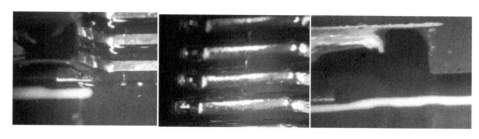

图 5 刷涂三防漆后

2.2.6 总 装

将各个模块进行装壳,对并个螺纹副进行点胶加固,防止实验过程中振动松脱,装配后状态如图 6 所示。

图 6 装配状态

2.3 试验条件

航天产品工艺验证需要经过工艺验证级试验,包括力学试验和温度循环试验等,样件试验条件如表 3 所列。产品鉴定级力学试验后、产品鉴定级温度循环试验后开盖检查焊点状态并拍照,温度循环试验在 100、200、300、350、400、450、500 循环后分别开盖焊点检查并拍照,主要检查引线底部、趾部和跟部焊点状态。

表 3 样件试验条件

类 型	样 件
力学试验	加速度试验:XYZ 三方向,加速度 10g,保持 5 分钟,做 2 次
	冲击试验条件见表 4,做 2 次
	振动试验条件见表 5,做 2 次
热真空试验	−35~75 ℃,高低温保持 15 min,变化速率 10 ℃/min,共计 13 次
温度循环试验	−55~100 ℃,高低温保持 15 min,变化速率 10 ℃/min,共计 500 次

冲击试验条件见表 4。

表 4 冲击试验条件

频率/Hz	鉴定级
100~1 500	+6 dB/oct
1 500~4 000	1 600g
试验次数	3 次
试验方向	正交的三个方向

振动试验条件见表 5。

表 5　振动试验鉴定条件

项　目	垂直安装面方向		平行安装面方向		扫描速率或试验时间
	频率/Hz	量级(o-p)	频率/Hz	量级(o-p)	
正弦	5～17	112.9 mm	5～17	12.9 mm	2 oct/min
	17～100	15g	17～100	15g	
随机	10～100	+6 dB/oct	10～200	+6 dB/oct	2 min/轴向
	100～350	00.5 g²/Hz	200～1 500	0.16 g²/Hz	
	350～400	−21 dB/oct	1 500～2 000	−12 dB/oct	
	400～1 500	0.2 g²/Hz			
	15 00～2 000	−12 dB/oct			
	总均方根加速度	20.9g	总均方根加速度	16.1g	

3　实验结果

产品经过力学实验后焊点光亮无问题,样件 C 在 100 温度循环时产生焊点疲劳纹,表面发污,在 200 循环时发生引线跟部润湿角产生清晰可见的焊点开裂,未进行后续的温度循环实验;样件 A 和样件 B 在 200 温度循环时产生疲劳纹,并随着温度循环实验,疲劳纹进一步加深,在 450 循环时发现引线跟部在温度循环时发生开裂问题,具体状态如表 6 所列。

表 6　焊点外观检查

样件	温度循环次数	焊点照片	裂纹位置	样件	温度循环次数	焊点照片	裂纹位置
A1	450		引线跟部	B2	450		引线跟部
A2	450		引线跟部	C1	200		引线跟部
B1	450		引线跟部	C2	200		引线跟部

分别对样件进行金相剖切分析。由于器件最外侧焊点在试验过程中受力最大,最容易产生焊点开裂,且通过隐藏式焊点检测仪也能清晰可见裂纹,因此对每个器件最外侧焊点进行剖切,具体结果见表 7。

共剖切 3 个样件共 12 个焊点,依据航天产品焊点可靠性要求,焊点产生裂纹长度需小于引线搭接关键部位长度的 25%。通过金相照片可以看出：样件 A 和 B 焊点裂纹均满足要求，且裂纹主要集中在引线跟部；样件 C 裂纹长度约占搭接关键部位长度的 30%，裂纹长度超过标准要求，不满足要求。选取每个样件最严重的焊点开裂情况，具体如表 7 所列。

表 7　焊点金相分析

样件	焊点照片	样件焊点状态	裂纹占比/%	样件	焊点照片	样件焊点状态	裂纹占比/%
A1	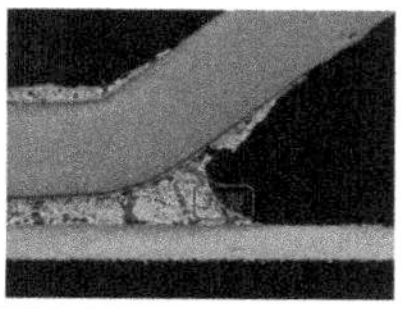	引线跟部发生开裂，开裂长度约 163 μm	9.05	B2	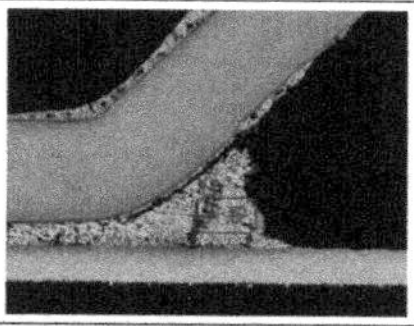	引线跟部发生开裂，开裂长度约 234 μm	15.6
A2	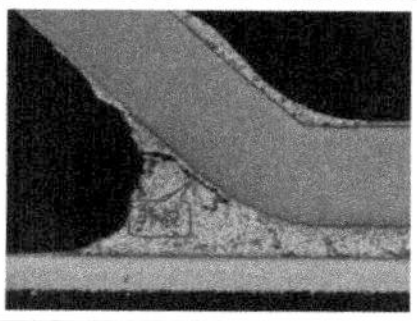	引线跟部发生开裂，开裂长度约 136 μm	7.56	C1	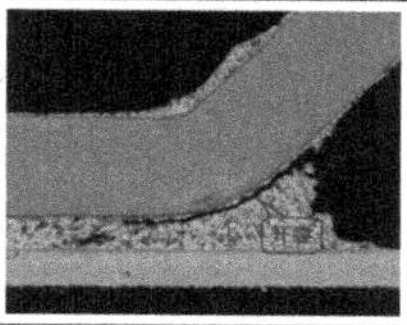	引线跟部发生开裂，开裂长度约 275 μm	27.5
B1	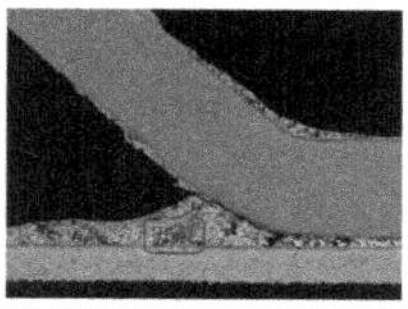	引线跟部发生开裂，开裂长度约 185 μm	12.3	C2	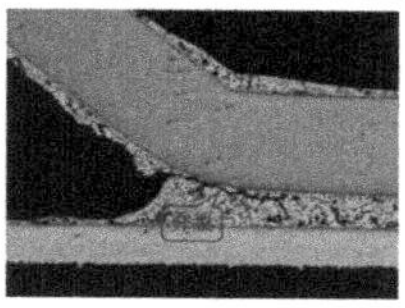	引线跟部发生开裂，开裂长度约 301 μm	30.1

4　可靠性计算

以某型号近地轨道卫星为例，产品在轨工作过程中温度波动和变化周期的描述，见表 8。

表 8　产品在轨运行状态

序　号	时间段(以发射时刻为 0 时刻)	温度变化范围/℃	温度变化周期
1	第 0～3 天	5～30	每 3 小时变化一次
2	第 3 天～8 个月	10～20	每 10 小时变化一次
3	第 8 个月～10 年	10～40	每 1 天变化一次
4	第 10 年～15 年	20～50	每 1 天变化一次

样件在经过产品力学试验和温度循环试验后，样件 A 和 B 焊点状态满足可靠性标准要求，样件 C 由于引线搭接长度不足，焊点提前发生开裂且裂纹长度大于可靠性焊点标准要求。

依据 IPC-SM-785《表面贴装焊接加速可靠性试验指南》和《电子设备热循环和振动故障预防》中的焊点加速试验寿命计算公式，将温度循环次数等效为产品使用环境温度下对应循环次数(为方便计算，在轨状态等效为第四阶段的运动状况，15 年，共 5 830 个循环)。

在部存在蠕变的快速热循环器件，63/37 锡铅焊料的典型双对数 S-N 疲劳寿命曲线，如图 7 所示，b 指数斜率为 2.5。

焊点疲劳曲线斜率 b 能够用于温度变化为热循环疲劳条件下的激励力情况，式中 N 标识

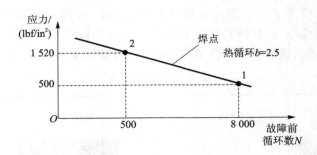

图 7　疲劳曲线斜率指数

故障前的热循环数,而 Δt 表示成为激励力的温度变化

$$N_1 \Delta t_1^b = N_2 \Delta t^b$$

以近地轨道卫星为例,通过等效计算,工艺试验条件循环次数(500 次)可等效为近地轨道卫星在轨温度(20～50 ℃)条件下 21 845 个循环,等效寿命约 60 年,满足产品工作 15 年的寿命要求。

5　结　论

通过试验验证和理论计算,航天电子产品在选用成型芯片时需要充分考虑引脚的搭接长度,其对装联可靠性起到重要影响引线搭接长度小于 1 mm 时,由于器件本身缺少应力释放,加之搭接面积不足,造成焊后焊点容易产生疲劳开裂,无法承受宇航级工艺验证条件要求。

引线搭接长度需要大于 1.5 mm 才能保证在产品焊接后能经受历交变载荷和高低温变化,经过宇航级工艺验证条件后,焊点状态满足要求,符合航天电子产品可靠性要求。

通过焊点加速试验寿命计算公式可以计算出焊点可以在近地轨道卫星运行 60 年,超过卫星本身的设计寿命。

参考文献

[1] IPC-SM-785 表面贴装焊接的加速可靠性试验指南[S].1992.

[2] 戴夫·S.斯坦伯格.电子设备热循环和振动故障预防[M].北京:中航出版传媒有限责任公司,2012.

微纳卫星欠驱动下的磁补偿控制

李明翔　　王菲　　徐影　　孙鹏　　张爽

（山东航天电子技术研究所,山东·烟台,264000）

摘要：针对卫星在单轴执行器故障情况下的欠驱动姿态控制问题,基于卫星平台配备用于动量轮卸载的磁力矩器,设计了不同轴向动量轮故障下的磁补偿控制算法,具有控制算法简单和可靠性高的特点,从而实现卫星在单动量轮故障下能够实现最高效能的卫星平台姿态控制,提升了卫星平台的可靠性和安全性。

关键词：姿态控制;磁补偿控制;欠驱动系统

1　引　言

近年来,微纳卫星在通信遥感、科研及军事等多方面所起的作用越来越重要。相比传统大卫星,它们具有体积小、重量轻、对用户需求反应迅速、研制周期短、成本低等特点。由于姿态控制精度、姿态机动能力、控制灵活性等需求,微纳卫通常配置的主动控制执行机构有磁力矩器、动量轮、和喷气系统等。而喷气系统常用的喷气系统有冷气、化学以及电推力等,作为动力装置可以进行卫星姿态和轨道控制,但相比其他姿控方式,用于小卫星上代价较高,因此对于微纳卫星喷气系统通常作为变轨动力,而不用于姿态控制。

为了实现微纳卫星平台的控制灵活性和姿态控制精度,微纳卫星一般采用微纳型动量轮加主动磁控的控制模式,动量轮采用角动量交换的方式,利用转速升高或降低来控制卫星姿态,动量轮的工作转速在零附近,通常采用三轴正交安装,同时增加一个斜装进行备份;磁力矩器利用与地球磁场的相互作用产生力矩,从而实现对动量轮转速进行卸载,具有体积小、重量轻、造价低等一系列优点,无活动部件从而可靠性高,近年来随着地磁模型精度大幅度提高,以及新的磁控算法不断出现,磁测、磁控在微小卫星上大量应用。

对于微纳卫星配置三轴正交动量轮作为主要控制执行器且没有斜装备份轮的情况下,在轨一旦出现某个动量轮出现故障,卫星的执行机构所能提供的独立控制变量个数将小于系统自由度,卫星姿控系统将变成欠驱动系统,近年来对于欠驱动卫星姿态控制技术的研究越来越多。对于 X 轴动量轮和 Y 轴动量轮可控下的欠驱动系统,文献[4]通过对星本体某一视线轴惯性指向作约束,得到卫星可达到的某一稳定状态,并设计非线性奇异控制器,使系统从任意初始状态渐近稳定至目标点。考虑低轨微小卫星的实际轨道环境,文献[5]采用定常增益状态调节器设计实现全磁控下的姿态稳定控制。文献[6]提出一种基于喷气系统的欠驱动的消旋和进动控制方法,解决了卫星从高速自旋异常状态恢复到正常姿态的欠驱动问题。针对偏置动量轮加磁力矩器配置模式,文献[7]提出了 B－DOT 磁控加动量轮常值起旋、主动磁控加常值动量轮进行姿态捕获和稳定控制的方法,设计了限制姿态反馈控制律进行捕获和稳定控制。

针对微纳卫星三轴动量轮和三轴磁力矩器配置模式,为了提高卫星平台的可靠性,本文从工程实际应用角度,研究任意轴动量轮故障下欠驱动系统卫星姿态控制,提出一种易于工程实现的控制算法和故障处置策略,实现在欠驱动系统下的卫星平台稳定可控。

2　微纳卫星姿态动力学模型

考虑刚性微纳卫星,采用动量轮作为姿态控制执行器,根据动量守恒原理可以得到在机体参考坐标系下,微纳卫星动力学方程如下:

$$\dot{H} + \Omega(\omega)H = T_d \tag{1}$$

$$H = J\omega + CJ_w\Omega_w \tag{2}$$

$$\dot{\Omega}_w = J_w^{-1}u_w - C^{-1}\dot{\omega} \tag{3}$$

其中,H 表示总角动量,J、J_w 分别表示微纳卫星和动量轮的转动惯量矩阵,ω、Ω_w 是相应的角速度,C 从动量轮坐标系到机体系的传递矩阵,C^{-1} 表示广义逆,u_w 是动量轮的输出力矩,T_d 是外部环境干扰力矩,包含卫星剩磁与地磁场作用产生的干扰力矩、太阳光压力矩、重力梯度力矩、磁力矩器与地磁场相互作用产生的控制力矩等,对于 $x = [x_1, x_1, x_3]^T$,$\Omega(x)$ 表示叉乘矩阵,定义为

$$\Omega(x) = \begin{pmatrix} 0 & -x_3 & x_2 \\ x_3 & 0 & -x_1 \\ -x_2 & x_1 & 0 \end{pmatrix} \tag{4}$$

动量轮的输出力矩 u_w 与微纳卫星控制输入 u 之间的关系如下:

$$u = Cu_w \tag{5}$$

考虑反作用轮转动惯量远远小于微纳卫星转动惯量,将式(2)、式(5)和式(3)代入式(1)中可以得到简化后的姿态动力学方程:

$$J\dot{\omega} + \Omega(\omega)(J\omega + CJ_w\Omega_w) = T_d - u \tag{6}$$

在微纳卫星姿态运动学描述上采用四元数描述来避免奇异值问题,设本体相对于惯性系的姿态四元数为 $\bar{q}(t) = (q_0(t), q(t))$,四元数元素之间满足 $q_0^2 + q_1^2 + q_2^2 + q_3^2 = 1$。在惯性坐标系下,基于四元数描述的微纳卫星非线性姿态运动学方程可以表示如下:

$$\dot{q} = T\omega \tag{7}$$

$$\dot{q}_0 = -\frac{1}{2}q^T\omega \tag{8}$$

其中 $T(q, q_0) \in \Re^{3 \times 3}$ 定义如下:

$$T = \frac{1}{2}(\Omega(q) + q_0 I)$$

设期望四元数为 $\bar{q}_d(t) = (q_{d0}(t), q_d(t))$,则与当前四元数 $\bar{q}(t) = (q_0(t), q(t))$ 之间的四元数误差 $\bar{q}_e(t) = (q_{e0}(t), q_e(t))$ 定义为

$$\bar{q}_e = \bar{q}_d \otimes \bar{q}^{-1} = \begin{bmatrix} q_{d0}q_0 + q_d^T q \\ -q_{d0}q + q_0 q_d + q_d^\times q \end{bmatrix} \tag{9}$$

3　姿态控制器设计

依据卫星姿态控制非欠驱动情况下配置,采用反馈线性化控制律,然后对欠驱动下,任意

单轴故障给出相应轴向磁补偿控制方案。

针对单轴动量轮故障下的姿态控制问题,系统设置该轴向动量轮指令转带为零,引用欧拉角误差 PD 控制率作为故障动量轮轴向的姿态误差控制率。

3.1 控制器设计

设卫星当前的姿态四元数为 $\boldsymbol{q}(t)=(q_0(t),\boldsymbol{q}(t))$,期望四元数为 $\bar{\boldsymbol{q}}_c$,误差四元数为 $\bar{\boldsymbol{q}}_e(t)=(q_{e0}(t),\boldsymbol{q}_e(t))$,根据四元数运算,则四元数误差定义为

$$\bar{\boldsymbol{q}}_e=\bar{\boldsymbol{q}}_c^{-1}\otimes\bar{\boldsymbol{q}} \tag{10}$$

设卫星当前角速度为 $\boldsymbol{\omega}$,期望角速度为 $\boldsymbol{\omega}_c$,则误差角速度为

$$\boldsymbol{\omega}_e=\boldsymbol{\omega}-\boldsymbol{\omega}_c \tag{11}$$

利用反馈线性化方法将非线性控制中的非线性项抵消,使闭环动态特性变成线性形式,反馈线性化控制律可设计如下:

$$\boldsymbol{u}=-k_d\boldsymbol{\omega}_e-\mathrm{sgn}(\boldsymbol{q}_e)k_p\boldsymbol{q}_e \tag{12}$$

其中,k_p,k_d 为控制系数,此控制律只与姿态测量值有关,不需要知道精确的系统模型和整星惯量矩阵,因此对模型误差和参数不确定性具有鲁棒性,并且易于工程实现。能够提供更有效和更短路径的旋转机动。

在实际应用中,反作用轮输出力矩是有限的,对于控制器输出命令 $\boldsymbol{u}$,动量轮输出力矩向量定义为

$$\boldsymbol{u}_w=\mathrm{Sat}_\sigma(\boldsymbol{\tau}_c)=\begin{cases}\boldsymbol{\tau}_c, & \sigma\leqslant 1\\ \dfrac{\boldsymbol{\tau}_c}{\sigma}, & \sigma>1\end{cases} \tag{13}$$

其中 $\boldsymbol{\tau}_c=\boldsymbol{\Phi}\boldsymbol{u}_c$,$\boldsymbol{\Phi}=\boldsymbol{C}^\mathrm{T}(\boldsymbol{C}\boldsymbol{C}^\mathrm{T})^{-1}$ 是广义逆矩阵。对于理想动量轮,其输出力矩和控制力矩向量相等,即 $\boldsymbol{u}_w=\boldsymbol{\tau}_c$,微纳卫星将在控制命令 $\boldsymbol{u}_c$ 的控制下运动,当有一个动量轮出现控制力矩饱和情况时,将出现 $\boldsymbol{u}_w\neq\boldsymbol{\tau}_c$,使得微纳卫星运动并非完全受控,动量轮输入饱和规范化函数定义见文献[8]。

3.2 动量轮故障下磁补偿算法

动量轮对卫星姿态控制的原理是基于角动量交换原理,作为卫星上具有转动特性的执行器,受空间环境影响,动量轮可能出现反作用力矩减少、对控制信号无响应、转子驱动电路故障等问题,造成动量轮不可用,对于三轴正交模式,卫星将丧失一个轴向的控制能力,由式分配的控制力矩将无法得到控制。磁力矩器虽然依据常规用于对卫星动量轮转速卸载,但也可用在必要时刻用于对卫星轴向姿态的误差的控制,对于磁补偿控制则采用欧拉角误差控制方式,通过 321 转序将姿态误差四元数转成欧拉角误差:

$$\begin{aligned}\phi_e&=a\sin[2(q_{e2}q_{e3}+q_{e0}q_{e1})]\\ \theta_e&=a\tan\frac{2(q_{e0}q_{e2}-q_{e1}q_{e3})}{1-2(q_{e1}^2+q_{e2}^2)}\\ \psi_e&=a\tan\frac{2(q_{e0}q_{e3}-q_{e1}q_{e2})}{1-2(q_{e1}^2+q_{e3}^2)}\end{aligned} \tag{14}$$

3.2.1 X 轴动量轮故障下磁补偿

磁补偿采用欧拉角误差作为控制器输入,依据公式,X 轴姿态误差磁力矩器期望控制力

矩计算公式如下：

$$T_{cx} = -K_{pmag}\phi_e - K_{dmag}\omega_{ex} \tag{15}$$

其中，K_{pmag}，K_{dmag} 为磁补偿比例和微分控制系数，由于磁力矩器仅在磁矩垂直方向产生控制力矩，因此 X 轴姿态控制力矩仅能够通过 Y 轴和 Z 轴磁力矩器进行补偿控制，Y 轴和 Z 轴磁矩计算如下：

$$M_y = \frac{B_z}{\sqrt{B_y^2 + B_z^2}}T_{cx}, \quad M_z = -\frac{B_y}{\sqrt{B_y^2 + B_z^2}}T_{cx} \tag{16}$$

其中 M_y 和 M_z 分别表示磁补偿对 Y 轴和 Z 轴磁力矩器的控制量。

3.2.2 Y 轴动量轮故障下磁补偿

磁补偿采用欧拉角误差作为控制器输入，依据公式，Y 轴姿态误差磁力矩器期望控制力矩计算公式如下：

$$T_{cy} = -K_{pmag}\theta_e - K_{dmag}\omega_{ey} \tag{17}$$

X 轴和 Z 轴磁矩计算如下：

$$M_x = -\frac{B_z}{\sqrt{B_x^2 + B_z^2}}T_{cy}, \quad M_z = \frac{B_x}{\sqrt{B_x^2 + B_z^2}}T_{cy} \tag{18}$$

其中 M_x 和 M_z 分别表示磁补偿对 X 轴和 Z 轴磁力矩器的控制量。

3.2.3 Z 轴动量轮故障下磁补偿

磁补偿采用欧拉角误差作为控制器输入，依据公式，Z 轴姿态误差磁力矩器期望控制力矩计算公式如下：

$$T_{cz} = -K_{pmag}\psi_e - K_{dmag}\omega_{ez} \tag{19}$$

X 轴和 Y 轴磁矩计算如下：

$$M_x = \frac{B_y}{\sqrt{B_x^2 + B_y^2}}T_{cz}, \quad M_y = -\frac{B_x}{\sqrt{B_x^2 + B_y^2}}T_{cz} \tag{20}$$

其中 M_x 和 M_y 分别表示磁补偿对 X 轴和 Y 轴磁力矩器的控制量。

3.3 磁力矩器控制量合成

为避免动量轮接近饱和转速区域失去控制能力而导致卫星姿态的混乱，因此采用连续的加/卸载策略对动量轮转速进行控制。假定动量轮卸载磁矩为 $\boldsymbol{M}_{bunload}$，卫星磁补偿需要的控制磁矩为 $\boldsymbol{M}_{bcom}$，则合成磁力矩器控制力矩为：

$$\boldsymbol{M}_b = \boldsymbol{M}_{bcom} + \boldsymbol{M}_{bunload} \tag{21}$$

依据磁力矩器限幅对，磁矩控制量进行限制，生产磁力矩器控制指令：

$$\boldsymbol{M}_c = \text{Sat}(\boldsymbol{M}_b, \boldsymbol{M}_{max}) \tag{22}$$

$\text{Sat}(s, s_{max})$ 定义为

$$\text{Sat}(s, s_{max}) = \begin{cases} s_{max}, & s_i > s_{max} \\ s_i, & |s_i| \leqslant s_{max} \\ -s_{max}, & s_i < -s_{max} \end{cases} \tag{23}$$

4 数值仿真

为了验证前面所设计的磁补偿控制律的有效性，针对一个刚体微纳卫星转动惯量变化下

的姿态稳定性控制进行了仿真分析。设微纳卫星运行在轨道高度为 500 km 的太阳同步轨道上,降交点为 6:00 pm,轨道倾角为 97.62°。

（1）卫星初始姿态角设置:卫星 XYZ 轴向相对于轨道系姿态角设置为[20°,30°,-40°];

（2）卫星初始角速度设置:卫星 XYZ 轴向相对于轨道系姿态角速度设置为[0.6,-0.6,0.6](°)/s;

（3）卫星配置参数:卫星三个轴向动量轮标称角动量 80 mNms@7500 rpm,最大输出力矩 2.5 mNm,磁力矩器控制力矩最大控制力矩为 2.5 Am^2。

（4）控制系数设置: $k_p=0.05, k_d=0.1, K_{pmag}=0.05, K_{dmag}=0.6$

（5）卫星转动惯量设置如下:

$$\boldsymbol{J} = \begin{bmatrix} 2.48 & -0.028 & 0.009 \\ -0.028 & 3.402 & -0.025 \\ 0.009 & -0.025 & 4.3 \end{bmatrix} \text{kg} \cdot \text{m}^2 \qquad (24)$$

设置 $X/Y/Z$ 轴向动量轮单独故障三种工况,情况下的仿真结果如图 1～图 3 所示,从图中可以得到以下结论:

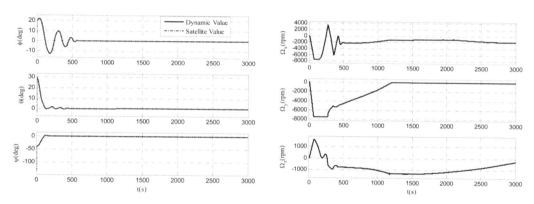

图 1 Y 轮在 1 000 s 时故障下的对地三轴稳定控制

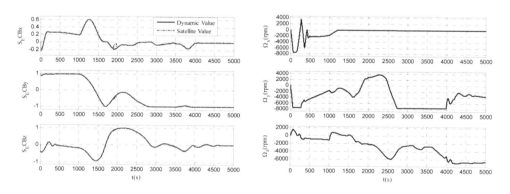

图 2 X 轮在 1 000 s 时故障下的对日三轴稳定控制

① 在 Y 轮故障后,由于 Y 轮安装方向同轨道面法向,因此不存在与其他两个轴角动量交换,仅需要抵消卫星空间干扰力矩,因此可以实现卫星对地定向下的姿态控制。

② 在 X 或 Z 轮故障后,由于 X 和 Z 动量轮在轨道面内,卫星绕地球飞行,每轨 X 和 Z 轴动量轮都需要进行角动量交换,而磁补偿提供的控制力矩相比动量轮非常小,不能实现对地三

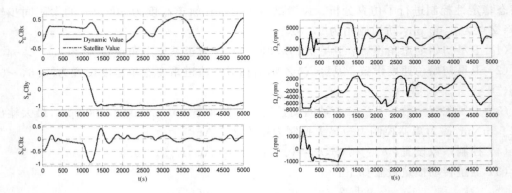

图 3　Z 轮在 1 000 s 时故障下的对日三轴稳定控制

轴稳定控制,但可以实现惯性系期望姿态指向或者对日定向姿态跟踪。

综上,可以得出,基于磁补偿控制下的卫星姿态控制能够实现卫星对于对日定向姿态控制需求,而 Y 轮故障下的磁补偿还能够实现卫星三轴对地姿态控制需求。

5　结　论

本文以微纳卫星常用执行机构动量轮故障下卫星姿态控制为研究对象,针单动量轮故障下的姿控欠驱动系统设计相应的轴向磁补偿控制律,从而实现卫星在单动量轮故障下能够实现最高效能的卫星平台姿态控制,相比纯磁姿态控制具有更高的稳定性和快速性,能够使得卫星在 Y 轮故障下仍可以实现对地和对日姿态控制,而 X 或 Z 动量轮故障下实现对日姿态稳定控制。

参考文献

[1] 张利宾.基于磁控和轮控的微小卫星姿态控制算法研究[D].哈尔滨:哈尔滨工业大学,2007

[2] 郝东.微小卫星姿态确定与磁控技术研究[D].长沙:国防科学技术大学,2011.

[3] 耿云海.轮控式欠驱动卫星视线轴稳定控制[J].宇航学报,2017,38(1):57-65.

[4] 袁勤,寇义民,季艳波,等.微小卫星三轴稳定磁控算法工程应用[J].中国空间科学技术,2017,37(04):28-33.

[5] 王新民.欠驱动三轴稳定卫星的消旋和进动控制技术[J].空间控制技术与应用,2014,40(3):14-18.

[6] 刘海颖,王惠南,程月华.主动磁控微卫星姿态控制[J].应用科学学报,2007(04):377-381.

[7] 李明翔,姜连祥,徐滨贵,等.微纳卫星饱和约束下的鲁棒姿态控制[C].2018.

[8] Huo X, Hu Q, Xiao B. Finite-time fault tolerant attitude stabilization control for rigid spacecraft[J], ISA transactions, 2014,53(2):241-250.

一种双冗余电磁解锁立方星弹射装置

李文彬　郝建伟　张爽　王磊　高泽运

（山东航天电子技术研究所,山东·烟台,264670）

摘要： 为实现立方星在轨高可靠高精度分离,本文提出了一种采用新型双冗余电磁解锁机构的 POD 装置。首先从解锁机构、机箱主体、舱门组件、推出组件四个方面介绍了 POD 装置的设计方案,给出了 POD 装置的设计参数;其次用 ABAQUS 软件建立了有限元模型进行了模态、正弦、随机力学分析,用 ADAMS 软件建立了运动学模型进行了动力学耦合分析,立方星分离速度、分离角速度分析。设计和分析结果显示该 POD 装置具有承载能力强、可靠性高,冲击量级低,解锁时间短、分离姿态精度高的优点,能够很好地满足立方星发射、在轨解锁和弹射分离的各项需求,对于 1U~立方星具有普遍的适用性。

关键词： 立方星;星箭分离;POD 装置;解锁机构

1 引　言

立方星是一种采用国际通用标准设计的低成本皮纳卫星,以"U"为标准的单元划分,是皮纳卫星发展的主要方向之一。立方星具有标准化程度高、接口统一、研制成本低、研制周期短等优点,近几年立方星的研制得到了迅速发展,在所有商业微纳卫星中的占比超过 50%。

立方星星箭分离装置(POD 装置)用于立方星的装载和在轨弹射,该装置可为立方星提供外部机械接口,为立方星提供合理的力学环境,保证立方星的弹射速度和初始姿态。本文提出了一种采用新型双冗余电磁解锁机构的 POD 装置,介绍了 POD 装置的组成、工作原理,并对方案的可行性进行了力学和运动学分析验证。

2 POD 装置设计方案

2.1 POD 装置整机

POD 装置整机主要由机箱主体和解锁机构组成,其中机箱主体包括壳体组件、推出组件、舱门组件,壳体组件是整机的主体框架,用来提供 POD 和火箭之间的机械接口,为立方星提供良好的力学支撑,为立方星提供滑出轨道;推出组件采用弹簧加推板的结构形式,推板在推出弹簧的作用下沿四条导轨做直线运动,推板运动到位后有止动结构;舱门组件在关闭时将立方星压在 POD 壳体内,当解锁时,在扭簧作用下打开到 120°后用定位销锁住,防止舱门打开到位后反弹;解锁机构采用双冗余电磁解锁方案,该方案采用了两个电磁拔销器作为解锁触发器件,任何一个电磁拔销器工作或两个电磁拔销器同时工作,均可正常完成舱门的解锁功能,具有可靠性高、操作方便、可重复使用等优点。POD 装置组成见图 1。

POD 基本工作原理如下：将 POD 装置舱门打开,沿导轨方向装入立方星,关闭舱门把立

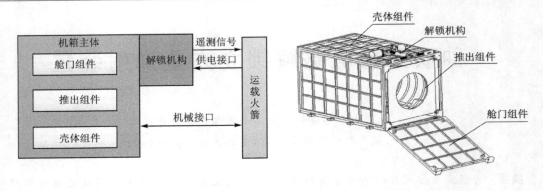

图 1　POD 装置组成图

方星压在 POD 箱体内。在发射阶段,通过 POD 装置四个壁板(包含导轨)、舱门和推板将立方星固定限位。火箭入轨后,在预定时间给 POD 装置发送分离指令,POD 装置接到分离指令后,解锁机构工作,解除对舱门的约束,舱门在扭簧的作用下快速旋转打开,在转到 120° 后被定位销锁紧,POD 装置舱门打开后,被 POD 舱门压紧的行程开关弹起,产生舱门打开遥测信号。同时,立方星在推出组件弹簧的推动下,沿着壳体内部导轨滑出 POD 装置,当推出组件将立方星完全推出后,推板会压紧 POD 装置上推板到位行程开关,产生分离成功遥测信号。

2.2　POD 装置机箱

机箱采用面板拼接而成,主要由上盖板、下盖板、左侧板、右侧板、底板、加强框组成,机箱由高牌号铝合金加工而成,所有面板内部设计为光滑表面,外部设置加强筋以增加机箱的刚度和强度,面板之间采用螺钉连接固定。机箱端部开口位置为机箱的结构设计的薄弱环节,在该处设置加强框,对开口部位进行加强,减小机箱开口部位的变形量。导轨与面板用高精度数控机床整体加工而成,能够保证导轨具有良好的结构刚度和尺寸精度,机箱结构如图 2 所示。

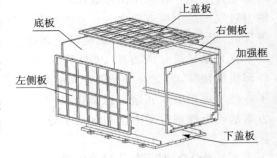

图 2　机箱图

2.3　POD 装置解锁机构

解锁机构用于舱门的锁紧与释放,是 POD 装置中的关键组件。解锁机构三维结构见图 3,舱门锁紧机构由安装基座、锁紧杆 1、锁紧杆 2、锁紧杆 3、弹簧 1、弹簧 2、弹簧 3、电磁拔销器 1、电磁拔销器 2、摆杆组成。

电磁拔销器通电后,电磁拔销器的芯轴在电磁力作用下回拉,解除摆杆的锁定,杆 3 在弹簧 3 的作用下向下移动,带动杆顶端的长圆形限位块向下移动,当杆 3 顶部限位块和杆 1、杆 2 的凹槽脱离时,杆 1、杆 2 分别在弹簧 1、弹簧 2 的作用下向中间移动,杆 1、杆 2 端部从舱门上的限位孔内抽出,舱门解除锁定。两个电磁拔销器之间的摆杆可以绕旋转轴摆动,因此两个电磁拔销器有一路解锁,即可解除舱门的锁定状态,两路电磁拔销器构成双冗余备份。

弹簧 1、弹簧 2 用于提供舱门解锁的拔销力,弹簧 3 用于提供杆 3 的拔销力,电磁铁用于提供摆杆的拔销力,考虑到 1.5 倍安全系数,其拔销力需要满足公式(1)、公式(2)、公式(3)要求。F_1、F_2、F_3 为拔销力,μ 为摩擦系数,N_1、N_2、N_3 为由分离弹簧、预紧力、舱门扭簧产生的

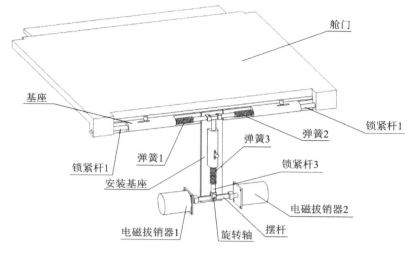

图 3　解锁机构三维图

压力载荷。

$$\frac{F_1}{\mu_1 N_1 + \mu_1 N_2 + \mu_1 N_3} - 1 \geqslant 1.5 \tag{1}$$

$$\frac{F_2}{2\mu_2 F_1} - 1 \geqslant 1.5 \tag{2}$$

$$\frac{2F_3}{\mu_3 F_2} - 1 \geqslant 1.5 \tag{3}$$

2.4　POD 装置推出组件

推出组件由分离弹簧、推板组成,组成见图 4。推板由铝合金加工而成,推板直接和立方星的导轨接触,用于推出立方星;分离弹簧用于提供立方星推出的驱动力,弹簧由弹簧卡子固定在机箱底板上。

根据能量转化原理,假定弹簧的能量转化效率为 80%,立方星的分离和弹簧的参数关系见公式(4)。M_1、M_2 为立方星质量和推板质量,k 为弹簧刚度系数,X_2、X_1 弹簧的最大最小压缩量。

$$\frac{1}{2}(M_1 + M_2)V^2 = 0.8 \times \frac{1}{2}k(x_2^2 - x_1^2) \tag{4}$$

2.5　POD 装置舱门组件

舱门组件由舱门、转轴、扭簧、定位销组成,,舱门打开时通过 2 个扭簧提供驱动动力,扭簧安装在舱门转轴上,可持续为舱门打开提供开门扭矩。舱门锁定采用舱门转轴处的定位销结构,当舱门转到 120°后,定位销在弹簧作用下插入舱门轴部的定位孔,实现舱门锁定,防止反弹。

3　力学分析

采用 abaqus 软件对 POD 装置进行了力学建模和网格划分,有限元网格划分时,主要采用了六面体网格结构,如图 5 所示。

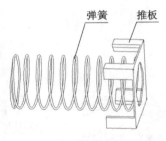

图 4　推出组件三维图

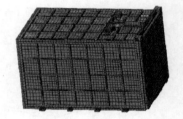

图 5　网格划分

3.1　模态分析

模态分析了 POD 装置前 6 阶固有频率,阵形见图 6,模态频率数值见表 1。

扫码查看彩图

图 6　模态响应云图

表 1　模态频率

模态阶次	频　率	模态阶次	频　率
1	107 Hz	4	226 Hz
2	152 Hz	5	241 Hz
3	186 Hz	6	304 Hz

3.2　正弦振动分析

对整机进行了正弦振动响应谱分析,模型中取模态阻尼比 0.03。分析条件见表 2。

表 2　正弦分析条件

方　向	频率范围/Hz	加速度/幅值	
		鉴定级	验收级
X, *Y*, *Z*	10～20	5 mm	3.3 mm
	20～40	5.3	3.5
	40～80	8	5.5
	80～100	3.3	2.2
扫描速率		2 Oct/min	4 Oct /min

X、Y、Z 方向变形云图见图 7。

扫码查看彩图

图 7   正弦分析变形云图

X、Y、Z 方向加速度云图见图 8。

扫码查看彩图

图 8   正弦分加速度响应云图

经过正弦频谱响应分析,最大变形为 0.27 mm,最大应力为 55 MPa,最大加速度响应为 16.7 g,满足使用要求。

3.3   随机振动分析

随机振动是用统计量描述的一种现象,通常按 3σ 准则作为估算方法的基础,即以随机振动输入均方根加速度的 3 倍作为静力载荷,在 X、Y、Z 三个方向上对 POD 装置进行随机振动的评估计算。随机振动条件见表 3,按鉴定量级三个方向的静态等效载荷为 38.4 g。

表 3   随机振动力学条件

频率范围/Hz	鉴定级.	验收级.
	功率谱密度(g^2/Hz)	功率谱密度(g^2/Hz)
10～100	+3 dB/oct	+3 dB/oct
100～600	0.2	0.08
600～2000	−9 dB/oct	−9 dB/oct
均方根加速度	12.81 grms	8.1 grms
时间	2 min	1 min
方向	X、Y、Z	X、Y、Z

等效成静力后,X、Y、Z 方向静力分析变形云图见图 9。

由等效静力分析得出最大变形为 0.40 mm,最大应力为 160 MPa,满足使用要求。

3.4   分析结论

根据模态、正弦振动和随机振动试验条件下有限元分析的结果,可以看出该 POD 装置基频 107 Hz,满足 POD 装置刚度要求;最大应力 160 MPa,结构设计安全系数 1.5,结构强度安

扫码查看彩图

图 9　随机分析变形云图

全裕度 1.07，整机在振动试验过程中，不会发生塑性变形；整机在正弦振动中最大加速度响应 16.7g，在和立方星接触位置，最大响应加速度在 10g 以下，满足立方星使用需求。

4　运动学分析

4.1　分离时间和分离速度分析

用 ADAMS 软件进行建模分析，解锁机构能够正常解锁，解锁时间、立方星分离时间、立方星分离速度曲线如图 10～图 12 所示，可见解锁时间小于 10 ms，立方星分离时间为 336 ms，立方星分离速度为 1.48 m/s。

4.2　立方星分离精度分析

影响立方星分离精度的因素主要有立方星质心的偏移和立方星导轨与 POD 装置导轨之间的间隙，立方星质心偏移一般在 5 mm 以内，按质心偏移 5 mm 的最坏情况，用 ADAMS 软件建模，分别对立方星导轨和 POD 装置导轨间隙为 0.3 mm、0.5 mm、0.7 mm 进行仿真，结果见图 13～图 15。

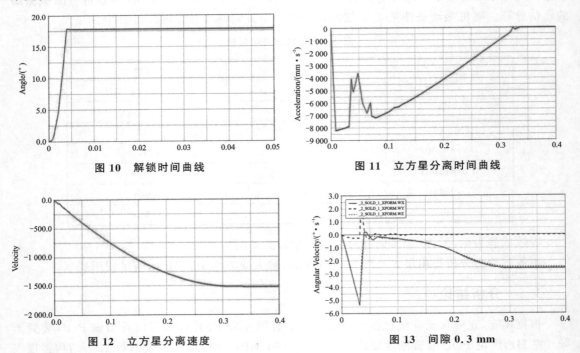

图 10　解锁时间曲线

图 11　立方星分离时间曲线

图 12　立方星分离速度

图 13　间隙 0.3 mm

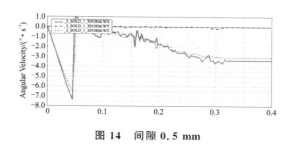

图 14　间隙 0.5 mm

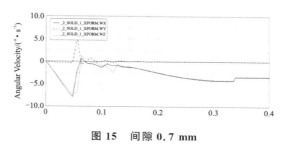

图 15　间隙 0.7 mm

可见立方星导轨和 POD 装置导轨间隙变大,立方星弹射角速度会随之变大,考虑到 POD 装置、立方星结构的加工精度和分离角速度的设计裕度,优选设计间隙为 0.3 mm,此时 X、Y、Z 三个方向分离角速度均小于 3 (°)/s。

4.3　运动学分析结论

通过运动学仿真分析,POD 装置解锁时间小于 10 ms,立方星弹射时间小于 500 ms,分离角速度小于 3 (°)/s,可见该 POD 装置具有解锁快、分离时间短、分离精度高的优点,能够很好地满足立方星在轨分离的时间要求和角速度要求。

4　结　论

本文提出了一种采用新型双冗余电磁解锁机构的立方星星箭分离装置,该立方星星箭分离装置具有承载能力强、可靠性高,冲击量级低,解锁时间短、分离姿态精度高等优点,具有广泛的应用前景。经过力学仿真分析,该立方星星箭分离装置频率特性、最大变形、最大应力、最大响应加速度均能满足立方星发射需求;经过运动学分析,该分离装置解锁时间小于 10 ms,弹射分离时间小于 500 ms,分离角速度小于 3 (°)/s,能够满足立方星在轨弹射分离需求。

参考文献

[1] 张佼龙,周军.立方星星箭分离机构运动系统的设计与验证[J].光学精密工程,2017,25(4):387-395.

[2] 胡星志.小卫星星箭分离系统设计、分析与优化研究[D].长沙:国防科学技术大学,2012.

[3] 廖文和.立方体卫星技术发展及其应用[J].南京航空航天大学学报,2015,47(6):792-797.

[4] SHIN Y,YOON S,SEO Y. Radiation effect for a cubesat in slow transition from the Earth to the Moon [J]. Advances in Space Research,2015,55(7):1792-1798.

[5] 廖桥生,张祥金,包家倩.立方星星箭分离装置的设计实现[J].导弹与航天运载技术,2015,35(5):20-24.

[6] 来兴.立方体星的技术发展和应用前景[J].航天器工程,2013,22(3):90-98.

[7] 宣明,张道威,谷松,等.微小卫星太阳帆板压紧释放机构的设计[J].光学精密工程,2017,25(4):979-986.

[8] 龚斌.比例电磁铁静态特性的研究[J].液体传动与控制,2017(2):25-32,35.

[9] 张佼龙,周军.立方星星箭分离电磁解锁机构[J].光学精密工程,2018,26(3):606-615.

[10] 曹乃亮,董得义,李志来.基于形状记忆合金的空间分离装置研究进展[J].航天返回与遥感,2014,35(5):9-18.

一种基于 HI-3220 的 ARINC429
总线数据发送系统

刘晓宁　雍国富　孙航　许大伟

（山东航天电子技术研究所，山东·烟台，264003）

摘要：ARINC429 总线可有效简化飞机中各个设备间的互连，提高航空系统的数据传输率和可靠性，减轻互连线缆的有效载荷，故被广泛应用于民用航空领域。为了满足机载设备的研制需求，本文根据 ARINC429 航空总线工业标准，按照 ARINC429 总线的电气特性要求，基于 HI-3220 芯片，设计并实现了一种定时数据发送系统。

关键词：ARINC429 总线；HI-3220；DSP；定时发送

1　引　言

ARINC429 规范是专为航空电子系统通信规定的航空工业标准，广泛应用于航空通信系统，如空客、波音、麦道等公司的大型空中运输工具中，能适应当今苛刻的航空通信要求。在工程应用中，主机 CPU 会通过 SPI 总线操作 ARINC429 接口控制器进行数据收发，同时 CPU 也会通过该 SPI 总线控制其他的芯片。如果用户对数据发送的时效性要求较高，通常会通过定时器进行数据发送，但这样势必会影响到主机 CPU 对其他芯片的操作。通过研究，发现 HI-3220 芯片自身具有定时功能，如果能充分利用芯片自身的特性完成数据定时发送功能，则是一种非常简单有效的解决方案。

2　ARINC429 总线介绍

ARINC429 总线协议是一个简单的点到点协议，由美国航空电子工程委员会（Airlines Engineering Committee）于 1977 年 7 月提出，同时发布并获得批准使用。ARINC429 总线即"数字信息传输系统"，它规定了航空电子设备及有关系统间的数字信息传输的要求，是航空电子系统中最常见的通信总线之一，被广泛用于波音（Boeing）系列、欧洲空中客车（Airbus）等机种，同时该总线也应用于国内的 C919、ARJ21 等飞机。

2.1　物理特性

ARINC429 总线用的电缆是屏蔽双绞电缆，完成发送和接收设备之间的信息传输，传输介质固有的完整性保证几乎没有信息漏失。电缆线的两端和所有断开点都应该屏蔽接地。要求屏蔽双绞电缆两端及所有中断处接地，屏蔽层与靠近机架插座的飞机地线链接，以保证可靠接地。

传输速率可分为高低两类，高速工作状态的位速率为 100 kb/s，低速工作状态的位速率在 12 kb/s 至 14.5 kb/s 范围内。选定后的位速率误差范围应在 1‰ 之内，且高速和低速不能在同一条总线上传输。在信号传输中，采用双极性归零制的三态码调制方式，即调制信号由"高""零"

和"低"状态组成的三电平状态调制。对于信号发送电路和接收电路的电平均有一定的要求。

2.2 协议介绍

ARINC429 总线采用单向传输方式。信息只能从通信设备的发送输出,经总线传输至与它相连的需要该信息的其他设备输入接口。当两个通信设备间需要双向传输时,每个方向上各用一个独立的传输总线。每条总线上可以连接的接收器数量不超过 20 个。

在 ARINC429 总线协议中传输的基本单位是字,每个字由 32 位比特组成。双极性归零码信号中携带有位同步信息。发送每个字后有 5 位的时间间隔,以便于发送下一个字,即以 5 位的零电平时间间隔为基准,紧跟该间隔后要发送的第一位起点即为新字的起点,这个间隔也作为字同步。ARINC429 字格式根据数据类型定义,例如通用 BNR 字的格式,如图 1 所示。一个字包含 5 个组,分别为标号 Label、源/目的标识 SDI、符号/状态矩阵 SSM、数据以及奇偶校验。

32	31 30	29	11	10 9	8 1
P	SSM	MSB 数据	LSB	SDI	标号

图 1　ARINC429 通用 BNR 字格式

3　HI-3220 芯片介绍

HI-3220 是 HOLT 集成电路公司生产的一种 CMOS 单片机数据管理芯片,能够管理、存储和转发 16 个 ARINC429 接收信道和 8 个 ARINC429 发送信道之间的航电数据消息。它的每一路总线都可以独立操作,并且允许主机 CPU 在多个总线上发送和接收数据。32k 的片上存储器可以允许接收到的数据按照新逻辑组织成新的标签被发送。HI-3220 采用 SPI 接口协议与主机 CPU 通信,并且具备自动初始化功能,允许配置信息在复位时自动从外部 EEPROM 加载,以方便快速启动而无需 CPU 操作。

HI-3220 的典型应用如图 2 所示。

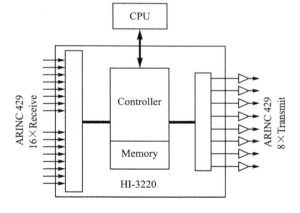

图 2　HI-3220 典型应用框图

4　设计方案

本系统采用 HI-3220 作为 ARINC429 总线的收发芯片,具备 8 路数据发送和 16 路数据接收的能力。系统采用 TMS320F28335 作为核心控制器。F28335 内部集成了一路 SPI 通信模块,能直接与 HI-3220 内的 SPI 模块进行通信。

4.1 硬件设计

本系统硬件如图 3 所示。硬件主要由主控芯片 F28335、HI-3220、串口模块和供电模块组成。F28335 DSP 是 TI 公司 TMS320C2000 系列产品,具有强大的控制和信号处理能力,能够实现复杂的控制算法。该芯片上整合了 Flash 存储器、快速的 AD 转换器、增强的 CAN 模块、事件管理器、正交编码电路接口及多通道缓冲串口等外设,具有较高的性价比。

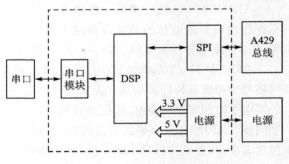

串口模块为系统提供控制和调试环境。电源模块为系统各个模块提供不同的电平电压。

图 3　硬件原理框图

4.2 软件设计

HI-3220 有两种数据发送方式,一种是通过 SPI 指令将 ARINC429 消息直接写进发送器的 FIFO 中,数据会立即被发送;另外一种方式则是通过 ARINC429 消息调度器对数据进行定时发送。为了解放 CPU 进而解决 SPI 总线使用冲突的问题,需要通过第二种方式进行数据发送。

通过研究发现,HI-3220 每个 ARINC429 发送信道都有自己的发送控制器。CPU 通过对控制器进行编程,然后以预定义的顺序和频率输出 ARINC 消息。每个发送信道最多可以存储 128 个 ARINC 429 消息的序列。每个待发送的 ARINC429 消息字节内容均由 CPU 通过描述符内容进行定义。描述符的格式如图 4 所示。

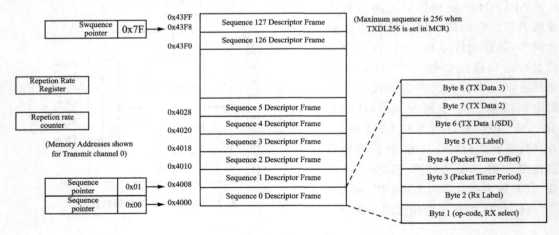

图 4　发送描述符表

发送序列中的每个 ARINC429 消息的值由一个八字节描述符定义。头两个字节定义了发送数据的来源,接下来的两个字节定义发送的定时参数,最后四个字节包含了要发送的数据。数据包定时器周期、重复频率计数器以及重复频率寄存器的值共同决定了数据包的发送周期,数据包重复频率＝重复频率计时器(10 ms 或 1 ms)×重复频率寄存器值×数据包定时器周期。

软件加载成功过后,首先完成控制管脚的初始化、SPI 接口初始化,随后对 HI-3220 芯片进行复位。然后对发送信道控制器和重复频率寄存器进行配置,将需要发送的数据和数据包定时器周期组装成发送描述符并写到该信道的发送表中,最后在发送表的末尾追加一个结束描述符并启动发送。如要更改发送的数据,只要对发送序列中的数据进行更新,HI-3220 芯片会在下一个发送周期将新的数据发送出去。整个软件的流程如图 5 所示。

5　测试结果

本文设计的 ARINC429 总线具有自动定时发送功能。为验证系统正确性,我们配置第一个信道的重复频率为 40 ms,第二个信道的重复频率位为 30 ms,第三个信道的重复频率为 20 ms,第 4 个信道的重复频率为 10 ms。然后启动发送。通过示波器对总线上的数据进行了测量,波形如图 6 所示。可以看到在没有 CPU 参与的情况下,HI-3220 可以自主对数据进行发送,并且时间精确,满足用户需求。

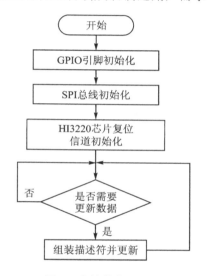

图 5　主控软件流程图

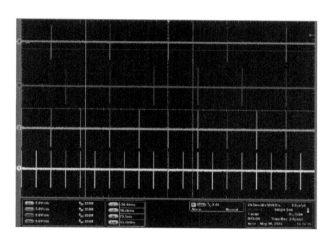

图 6　总线测试波形图

6　结束语

本文利用 HI-3220 设计了一套 ARINC429 总线通信系统,实验证明这套通信系统不仅实现了 ARINC 标准规定的输入输出消息的编码和解码,还具有很好的定时发送功能。这套 ARINC429 总线通信系统具有较高的实效性,有效地解决了主机 CPU 对其他芯片的操作的冲突问题,对未来机载设备的研制和测试有一定的指导意义。

参考文献

[1] 徐芳萍,杨通胜.基于 HS3282 的 ARINC429 总线的单片设计[J].计算机与网络,2012(23):59-61.

[2] 尚凯,金平.基于 VxWorks 标准架构的 ARINC429 总线驱动开发[J].测控技术,2013,32(3):102-105.

[3] 陈长胜,范祥辉.民用飞机机载总线与网络[M].上海:上海交通大学出版社,2020:139-143.

[4] HOLT Integrated Circuits,HI-3220 datasheet,Apr. 2021.

[5] 张卿杰,徐友.手把手教你学 DSP——基于 TMS320F28335[M].北京:北京航空航天大学出版社,2015.

装备用全国产化模拟量采集模块设计

于小飞　唐健　栾东海　刘海记

（山东航天电子技术研究所,山东·烟台,264670）

摘要：进口元器件的使用受到了国际上的限制,装备电路的国产化自主可控的需求将越来越高,基于自主可控需求,设计了一款装备用全国产化模拟量采集模块,并对模块功能、设计原理,电路设计、国产元器件使用、试验验证情况进行了详细介绍,可以帮助读者了解装备用模拟量采集模块的全国产化设计的原理和方法。

关键词：装备;模拟量采集;全国产化

1 引 言

模拟量采集模块主要是将连续变化的模拟信号转变为数字量信号用以显示和记录。本文设计的这款模拟量采集模块是一款模块化、智能化的模块,其应用场景广,路数多,校准灵活,与被测接口隔离,是一款高安全性、高可靠性的全国产化模块。

2 功 能

本模块(实物见图1)的结构形式为3U标准PXIe总线模块,使用4HP的面板用于安装对外连接器,采集模块与被测接口间信号隔离,可以实现32路,−57～+57 V的模拟量采集,采集速度单路为0.6 kHz,具有智能自检测功能,全板卡可实现100％国产化自主可控,无伪空包器件,工作温度为−40～60 ℃。

本模块的功能指标如下：

- 采集路数：32 路;
- ADC 输入量程：±57 V;
- ADC 分辨率：16 位;
- 采集精度：<20 mV(软件校准);
- 采集速率：0.6 kHz(单路);
- 采集类型：模拟量采集;
- 采集方式：单端采集;
- 隔离方式：磁隔离;
- 总线模式：PXIE;
- 板卡规格：3U;
- 所占槽位：1个。

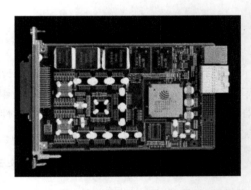

图1　装备用全国产化模拟量采集模块实物图

3 原理设计

全国产化模拟量采集模块主要由电源管理模块、FPGA 控制模块、采集模块三大部分组成,其中采集接口模块又细分为信号调理模块、模拟开关切换模块、运放模块、模数转换模块,具体如图 2 所示。

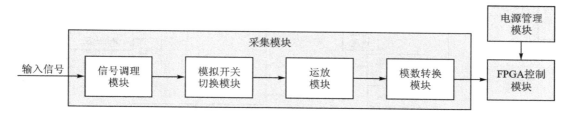

图 2 模拟量采集模块原理框图

4 电路设计

模拟量信号输入至本模块后,首先经过调理电路进行分压,将高电压调理至适合 AD 采集芯片采集的范围内,以适应输入高压信号的采集;之后信号通过模拟开关进行通道选择,然后经过放大电路,对信号进行跟踪放大,放大后的信号进入 AD 采集电路。转换完成后 FPGA 读取数据,最后按照规定的协议上传给总线,经过驱动软件传送给应用软件进行信息处理和显示。

模块在安全性设计上,主要开展了信号隔离设计和供电隔离设计,以保证对接设备的安全。

① 信号隔离设计。模拟量信号进入本模块后,内部模拟开关电路到 FPGA 的信号、模数转换模块到 FPGA 的信号均要进行隔离处理,以保证输入电路的安全。本模块使用的信号隔离方法为磁隔离,选用北京微电子技术研究所的国产芯片 BUM1400 具体实现。

② 供电隔离设计。接口模块的供电使用隔离电源模块,与背板供电线路进行隔离,保证工控机供电线路出现问题不会对接口电路造成影响。

③ 接口安全设计。模块接口使用 47 kΩ 和 10 kΩ 的电阻进行分压,在进入模拟开关前串联 4.7 kΩ 的限流电阻,使得接口处于高阻状态,这种设计保证了在模块内部发生问题时,可以将故障与被测设备进行一定程度上的隔离。

接口隔离电源模块的使用,可使接口的信号地与模块内部的供电地隔离,可以保证被测设备信号的安全。

本模块的电路设计框图如图 3 所示。

5 国产化实现

在使用国产器件实现国产化电路时,需要了解可替代国产器件与之前熟悉使用的进口器件不同之处,不能盲目直接进行替换,以下几点是国产器件替代进口器件过程中曾经遇到过的

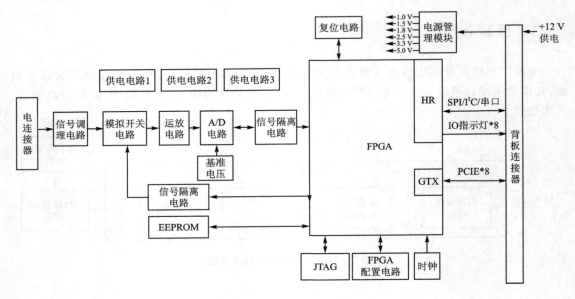

图 3　电路设计框图

差异之处。

- 相同封装元器件的尺寸国产有的偏大；
- 相同封装国产元器件某些引脚不支持使用；
- 元器件的时序要求；
- 元器件的性能指标,有的减弱了,有的增强了；
- 元器件的计算公式和计算系数；
- 元器件的使用方法(如 CAN 总线芯片,是否必须使用终端电阻通信等)；
- 国产器件的自主可控等级、是否有伪空包情况。

下面介绍本模块的全国产芯片选型及其应用。

5.1　采集模块

采集模块由信号采集电路和信号调理电路两部分组成。其中,信号采集电路主要包含模数转换、模拟开关、运放和芯片供电。

5.1.1　信号调理模块

信号调理电路(见图 4)主要用来实现扩大模拟量采集电压的输入范围,AD 采集芯片本身的输入范围最大为 $-10\sim10$ V,经过调理电路调理后,输入电压可扩大到实际使用需求。

信号调理电路主要由分压电阻组成,本模块选用 R_1：47 kΩ、R_2：10 kΩ 两种分压电阻实现,可将模拟量输入的范围扩大到 $-57\sim57$ V,这个模拟量输入范围可以满足大部分的使用需求。

输入电压与采集电压、分压电阻之间的关系式为

$$V_{采集} = V_{输入} \times \frac{R_2}{R_1 + R_2} \tag{1}$$

5.1.2　模数转换模块

模数转换模块(见图 5)选用四川固体电路研究所 SPI 接口的高速模数转换器 SAD7656。

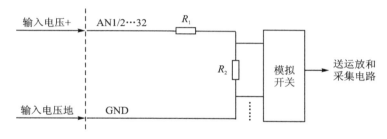

图 4　信号调理电路

该芯片的最高转换速率为 1 Mbps,正常转换速率为 800 kbps,其性能指标为 16 位采集精度,±10 V 采集电压范围,采集速率可达 250 kS/s,可满足大部分模数转换需求。

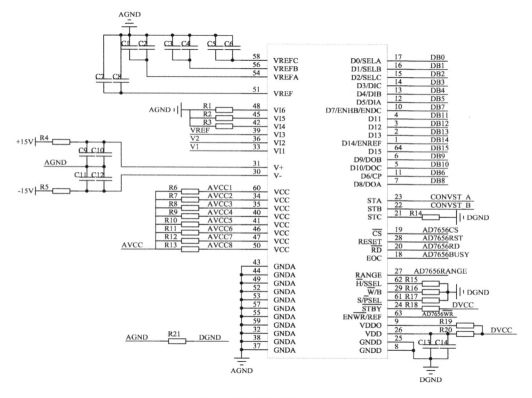

图 5　模数转换器接口电路

5.1.3　模拟开关切换模块

模拟开关选用四川固体电路研究所的国产芯片 SW406,实现模数转换的通道选择。SW406 采用 CMOS 工艺,可实现 16 选 1 通道选择功能,供电电压±15 V,通道切换时间最大 170 ns。32 路模拟量可使用 2 个模拟开关同时进行切换,单器件电路设计如图 6 所示。

5.1.4　运放模块

运放选用锦州七七七微电子有限责任公司的国产芯片 GQF822MF。该芯片是一款双通道、精密、低功耗输入运算放大器,可以采用 5～30 V 单电源或者±2.5～±15 V 双电源供电,芯片最大 800 μV 的失调电压、2 μV/℃ 的失调电压漂移、源阻抗最高可达 1 GΩ,电路设计如图 7 所示。

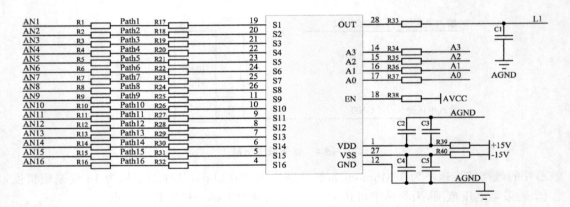

图 6　模拟开关接口电路

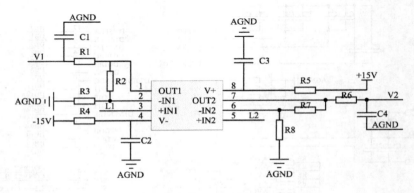

图 7　运放电路

5.1.5　供电模块

供电电路选择了深圳市振华微电子有限公司的电源模块,主要负责模拟开关、运放和 AD 采集芯片的供电,由 ZHDC5D15G/2W、ZHDC5S05G/2W-E 两种 DC/DC 提供。ZH-DC5D15G/2W 的输入范围为 4.5~5.5 V,输出±15 V,输出电流±0.067 A,满足使用要求。ZHDC5S05G/2W-E 输入范围 4.5~5.5 V,输出正 5 V,输出电流 0.4 A,满足使用要求,电路设计如图 8 和图 9 所示。

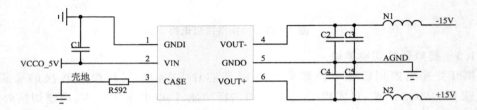

图 8　ZHDC5D15G/2W 电路

5.2　FPGA 控制模块

FPGA 最小系统电路包括:JFM7K325T、上电复位电路、时钟电路、配置电路和存储接口。

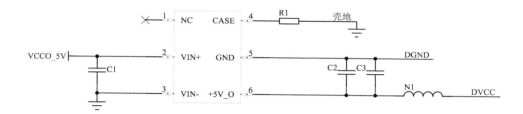

图 9　ZHDC5S05G/2W-E 电路

（1）FPGA 电路

FPGA 选用上海复旦微电子集团股份有限公司的国产芯片 JFM7K325T。该 FPGA 属于 JFM7 系列产品,是高性能 FPGA,具有现场可编程特征。JFM7 系列 FPGA 集成了功能强大并可以灵活配置组合的可编程资源,用于实现输入输出接口、通用数字逻辑、存储器、数字信号处理、时钟管理等多个功能,同时提供了丰富的专用时钟与布线资源,适用于实现复杂、高速的数字逻辑电路,可广泛应用于通信、信号处理、工业控制等领域。具体特点如下:

① 可配置逻辑资源。采用 LUT6 结构,相应一个 LUT6 配 2 个可配置 DFF,以及其他资源。

② 块存储器资源。包含 36K 真双端口可配置 RAM;深度和宽度可灵活配置;内建 FIFO 逻辑等资源。

③ 输入输出资源。包含两类 IOB,High Range,High Performance;实现输入输出三态功能;支持 LVCMOS、LVDS、HSTL 等若干电平标准;支持数控阻抗匹配功能。

（2）上电复位电路

上电复位电路选用深圳市国微电子有限公司的国产芯片,通过看门狗芯片 SM708S 上电输出 200ms 实现;输出的低脉冲信号输入给 FPGA。

（3）时钟电路

时钟电路选用北京晨晶电子有限公司的国产芯片,采用外部差分有源晶振实现。

（4）配置电路

FPGA 配置接口为 SPI 配置,配置芯片选用上海复旦微电子集团股份有限公司国产芯片 JFM25F128A。该芯片是一款 SPI 接口的 NOR FLASH 芯片,其存储空间为 128 Mb,采用 3～3.6 V 供电。具有软件硬件写保护功能,擦写次数可达 10 000 次。

（5）存储接口

存储接选用深圳市国微电子有限公司国产芯片 SM25128,用来存放采集卡的校准系数。

5.3　电源管理模块

电源管理模块主要负责为串口卡提供电源,将背板＋12V 供电转化为板卡需要的电源,电源转换框图如图 10 所示。

DC/DC 电源芯片选用济南市半导体元件实验所的国产器件 LYM4644IY,芯片的输入电压范围 4～14 V,输出电压范围为 0.6～5.5 V,每路输出电流可达 4 A,工作温度为 －40～＋125 ℃,满足设备使用需求,芯片指标如表 1 所列。

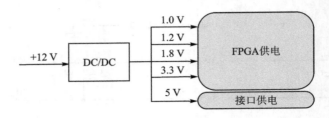

图 10   电源转换框图

表 1   DC/DC 电源芯片指标

序　号	特　性	符　号	最小值	最大值
1	输入电压/V	V_{IN}	4.0	14.0
2	输出电压/V	V_{OUT}	0.6	5.5
3	最大输出电流/A	I_{OUTMAX}	—	4
4	工作温度/℃	T_C	−55	125

5.4   BIT 智能检测设计

模块内部设计了 1 路采集基准电压 2.5 V 的电路,软件设计为上电后 AD 采集芯片自动采集基准源的电源送 FPGA,再通过总线上传给驱动软件和上位机软件,由上位机软件来进行电压判断,以此来检验总线、内部采集电路和 FPGA 电路系统是否工作正常。

选用贵州振华风光半导体股份有限公司的国产芯片 FW580GF(Z)实现,此基准源芯片固定 2.5 V 输出,精度可达 0.4%,长期稳定性优于 250 μV,温度稳定性优于 10 ppm/℃。

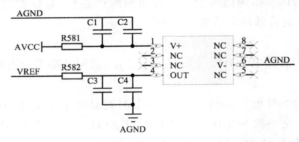

图 11   基准源电路

本模块的主要国产集成电路器件如表 2 所列。

表 2   模拟量采集模块全国产化主要器件选用表

序　号	元器件名称	型号规格	生产厂商	质量等级	自主可控等级
1	模拟开关	SW406	四川固体电路研究所	B(QJB)	A 级
2	低功耗 FET 输入双运算放大器	GQF822MF	锦州七七七微电子有限责任公司	G	B 级
3	AD 采集芯片	SAD7656EN	四川固体电路研究所	QJB	C 级
4	磁隔离芯片	BUM1400	北京微电子技术研究所	GJB H	B 级

序　号	元器件名称	型号规格	生产厂商	质量等级	自主可控等级
5	NOR FLASH	JFM25F128A	上海复旦微电子集团股份有限公司	B(QJB)	C 级
6	EEPROM	SM25128	深圳市国微电子有限公司	B(QJB)	B 级
7	FPGA	JFM7K325T-N	上海复旦微电子集团股份有限公司	N(QJB)	C 级
8	DC/DC 变换器	ZHDC5D15G/2W	深圳市振华微电子有限公司	QJB	C 级
9	隔离电源模块	ZHDC5S05G/2W-E	深圳市振华微电子有限公司	QJB	C 级
10	线性电源	LYM4644IY	济南市半导体元件实验所	M	A 级
11	电源监控芯片	SM708S	深圳市国微电子有限公司	QJB(B)	B 级
12	2.5 V 电压基准器	FW580GF(Z)	贵州振华风光半导体股份有限公司	G	A 级

5.5　校准设计

本模块为了提高输入模拟量信号的电压范围,采用隔离信号调理模块进行调理,因此模数转换模块采集到的电压并不是实际的输入电压,应用软件显示的电压值需要经过校准后还原。

实际输入的模拟量电压值用"$V_{输入}$"表示,电路中实际采集到的电压值用 $V_{采集}$ 表示,校准公式为

$$V_{输入} = V_{采集} \times \frac{R_1 + R_2}{R_2}$$

在实际的校准中,可以使用另外一种校准方法,给本模块输入 2 个以上的电压值 $V_{输入}$,查看采集到的电压值 $V_{采集}$。

$$V_{输入1} = a \times V_{采集1} + b$$
$$V_{输入2} = a \times V_{采集2} + b$$

通过计算可以推导出公式中系数 a 和 b 的具体值,于是得到以下校准公式

$$V_{输入} = a \times V_{采集} + b$$

将每路的校准系数以一定的格式写入到存储芯片 JFM25F128A 中。使用时,上位机软件通过读取存储芯片中每路的校准系数,代入到校准公式中,便可计算显示出输入模拟信号的电压值。

此种校准方法将校准系数固化在 EEPROM 芯片内,具有不易丢失,随硬件保存,不依赖于应用软件的优点。系数写入及读取的软件方法已经模块化,与应用软件分离,可随时读取,通用方便。

6　试验验证

全国产化模拟量采集模块通过了温度循环试验、随机振动试验、高温老炼试验的验证,具体试验项目和试验条件如表 3 所列。

表 3　试验项目

序　号	试验项目	实现具体项目及条件
1		单板温度循环筛选试验条件： 温度范围：$-40\sim+75\ ℃$； 变温率：升温率：$\geqslant10\ ℃/min$； 一个循环时间：1.5 h； 温度保持时间：高温保持时间 $t_H\geqslant25\ min$； 　　　　　　　　低温保持时间 $t_L\geqslant35\ min$； 循环次数：10 次（前 8 次为缺陷剔除循环，最后 2 次为无故障检验循环）。
2	环境应力 筛选试验	单板、整机随机振动筛选试验条件：

单板、整机随机振动筛选试验条件：

频率范围	20～2 000 Hz
谱形	20～80 Hz：$+3\ dB/oct$ 80～350 Hz：$0.04\ g^2/Hz$ 350～2 000 Hz：$-3\ dB/oct$
均方根加速度值	6.06 g
施振方向	3 个方向
施振时间	缺陷剔除阶段 3 min/向，无故障检验阶段 3 min/向
连接形式	受试产品与振动台刚性连接
振动控制点	位于夹具上靠近产品的位置

序　号	试验项目	实现具体项目及条件
3		整机温度循环筛选试验条件： 温度范围：$-20\sim+60\ ℃$，10 次（因机箱原因低温限制到 $-20\ ℃$）； 变温率：升温率：$\geqslant10\ ℃/min$； 一个循环时间：4 h； 温度保持时间：高温保持时间 $t_H\geqslant1\ h$； 　　　　　　　　低温保持时间 $t_L\geqslant1.5\ h$； 循环次数：10 次（前 8 次为缺陷剔除循环，最后 2 次为无故障检验循环）
7	老炼试验	高温老炼试验条件： 在 55℃下进行老炼试验，试验时间不少于 72 h； 老炼过程中，规定 12 h 为一个工作周期，每个工作周期开始时进行测试，在工作周期内不大于 4 小时进行一次功能测试。每个工作周期结束时，应断电 0.5 h，然后再通电老炼，断电时间不计入老炼时间
8	运输试验	模拟公路运输试验条件：

模拟公路运输试验条件：

频率范围/Hz	功率谱密度	总均方根加速度
5～40	$0.03\ g^2/Hz$	2.05 g
40～500	$-3\ dB/oct$	

试验方向：三个正交轴方向；
试验时间：6 min

续表 3

序　号	试验项目	实现具体项目及条件
9	贮存试验	高温试验条件： 高温试验的温度取 45 ℃，温度变化率不应超过 3 ℃/min 以免造成温度冲击； 高温试验方法按 GJB150.3A—2009《军用装备实验室环境试验方法　第 3 部分：高温试验》要求进行，高温贮存试验持续时间以试件达到要求温度稳定后起，保温时间不低于 2 h，保温阶段设备不通电工作，高温存贮试验结束后恢复到正常工作条件下，按单机分技术条件进行外观、机械和电气性能检查，单机设备进行通电检查
10		低温试验条件： 低温试验的温度取 −20 ℃，温度变化率不应超过 −3 ℃/min 以免造成温度冲击； 低温试验方法按 GJB150.4A-2009《军用装备实验室环境试验方法　第 4 部分：低温试验》要求进行，低温贮存试验持续时间以试件达到要求温度稳定后起，保温时间不低于 2 h，保温阶段设备不通电工作，低温结束后将设备恢复到正常条件下，进行外观、机械和电气性能检查。设备通电前应确保产品内外部无冷凝水，以免造成故障

7　经验总结

信号调理电路中的分压电阻值和运放输出端的滤波电容使得信号进入 AD 采集芯片前有延时，可以使用 RC 延时电路进行计算，R 和 C 的值不同，信号切换后的稳定时间也不同。为了保证在信号稳定后再进行采集，在计算后，需要使用示波器测量进入 AD 采集芯片信号的波形，以验证信号的真实稳定时间，以此为依据来计算单路采集的最大速率及模拟开关的切换速率。如需加快采集速率，可适当减小调理模块中的电阻值，电阻值越大，需要稳定的时间越长。

如果采集到的电压需要进行描点画图或者要使用原始值做脉宽计算，则数据不需处理；如果所采集的电压值是一个比较稳定的电压，对实时性要求不高，为了保证显示数据的稳定性，可以对采集值进行求和取平均处理后再显示，这样目视显示值的稳定性会更好，便于查看和记录。

在充分了解国产器件的封装尺寸、使用方法、性能指标、引脚定义、时序要求、计算公式后再进行电路设计，可以避免很多误区。在严格要求全国产化的项目中，一定要提前对选择的国产器件进行调研，需要厂家提供器件的自主可控等级和伪空包证明，不能使用自主可控等级为 D 的器件，不能使用有伪国产化、空心国产化、包装国产化情况的国产器件，这样可以避免后期发现后再做更换所耗损的成本和时间。

8　前景和展望

本模块的设计解决了装备类设备高可靠性、安全性的要求，达到了 100% 自主可控国产化程度，实现了模块化、智能化使用需求，具有高精度、高速率及路数多的特点。本模块目前选择的国产器件厂家的器件价格较高，低成本设计是本模块后期有待解决的问题。

参考文献

[1] 军用装备实验室环境试验方法　第 3 部分：高温试验(GJB150.3A—2009). 中国人民解放军总装备部，2009.
[2] 军用装备实验室环境试验方法　第 4 部分：低温试验(GJB150.4A—2009). 中国人民解放军总装备部，2009.

航空航天用智能复合材料制备与撞击定位研究[*]

罗玉祥[1] 张思思[2] 姜明顺[2] 张庆志[1] 王丁丁[1] 孙鑫磊[1]

（1. 山东航天电子技术研究所，山东·烟台，264670；

2. 山东大学，山东·济南，250061）

摘要： 先进复合材料结构，尤其是碳纤维复合材料，相对金属结构具有比强度高、比刚度大、抗疲劳等显著优势，已广泛应用于航空航天领域。但在航空航天极端环境下，复合材料结构可能会遭受碎片、生物撞击等影响，进而引起结构性能衰退，最终导致功能失效。本文充分利用微型光纤传感器在尺寸、质量及与复合材料兼容性好等方面的优势，研究将光纤传感高存活率植入复合材料工艺，形成智能一体化结构，传感器存活率高于 90%；在此基础上完成了光纤传感植入复合材料内部、光纤传感粘贴复合材料表面等 3 种工况下的对比测试，发现在不同位置施加不同梯度载荷（低于 220 N）下，光纤传感器的波长差异在 0.5 nm 之内；进一步研究了基于相关距离和加权质心算法的联合定位方法，实现了撞击事件的快速识别与精准定位，定位精度为 1.78 cm，满足航空航天领域的撞击定位需求，具有广阔的应用前景。

关键词： 航空航天；复合材料；植入；光纤传感 撞击定位

1 引 言

在航空航天领域，复合材料由于其密度小、比强度高、比模量大及结构力学性能具有可设计性等优点，已经得到广泛的应用。例如，航天器上的太阳帆板、雷达天线、相机支架等结构，航空上的机翼、蒙皮、燃料储箱等结构均已采用复合材料。为监测复合材料在成型过程中与成型后使用时内部的力/热特性，人们尝试将微型传感器与复合材料集成，在制备复合材料的过程中与微型传感器形成一体化结构，可对复合材料内部的力/热特性进行实时在线监测。碳纤维增强复合材料因其优异的性能，在航空航天领域得到越来越广泛的应用。

当前存在的关键问题是：

① 植入何种微型传感器，对复合材料自身的力学强度影响较小。否则，植入本身就等价于引入了一定量损伤，影响复合材料的工程应用。

② 如何优化改进植入工艺，提升微型传感器植入复合材料的成活率，实现复合材料的高覆盖率监测。

③ 微型传感植入复合材料形成智能一体化结构后，如何实现撞击事件的高精度定位。

国外在相关领域已经开展了大量的研究并实现了广泛应用，尤其以日本的东京大学和川崎重工为代表，已在客机的复合材料机身中成功地埋入小型化传感器，形成智能复合材料结构，具备力/热自感知功能。该智能结构可实时监测机体的结构损伤和撞击精准定位，并能实时显示图像化界面。而国内相关研究大多处于实验室阶段，并没有实现广泛的工程化应用。

* 基金项目：国家自然科学基金（61903225）、航天五院 CAST 创新基金。

近年来,光纤 Bragg 光栅(Fiber Bragg Grating,FBG)传感器因尺寸小、精度高、抗电磁干扰能力强、与主体材料相容性好等优点而被认为是嵌入复合材料的理想传感元件。

本研究工作中,将 FBG 传感器与复合材料紧密融合,重点研究了:

① FBG 传感高存活率植入工艺,传感器存活率高于 90%;

② FBG 传感器粘贴复合材料表面与植入复合材料内部的 3 种工况下的对比研究,发现不同位置、不同载荷(低于 220 N 下),波长差异小于 0.5 nm;

③ 对智能复合材料开展撞击定位研究,定位精度为 1.78 cm,表明基于相关距离和加权质心算法的联合定位算法可实现准确的撞击定位。

2　理论模型

复合材料中的增强纤维直径一般为 7 μm 左右,而普通单模光纤的直径约为 125 μm,再加上涂覆层保护后的传感器直径可达 250 μm,可见,复合材料纤维和光纤并不匹配。因此,将具有涂覆层保护 FBG 传感器植入复合材料中后,易在光纤周围形成树脂富集区。因此,研究"富脂"结构界面下的 FBG 传感器与基体之间的应变传递关系具有重要意义。

2.1　FBG 应变传感模型

为使模型更接近实际情况,做如下近似:

① FBG 结构上仅包含包层和纤芯;

② 光纤截面上的折射率均匀分布;

③ 光纤为理想弹性体;

④ 应力均为静应力,忽略应力随时间的变化。

由于光栅周期的伸缩和弹光效应的存在,应变使得 FBG 中心波长发生偏移:

$$\Delta\lambda_B = 2n_{eff}\Delta\Lambda + 2\Delta n_{eff}\Lambda \tag{1}$$

其中,$\Delta\Lambda$ 表示光纤在应力作用下的弹性变形,Δn_{eff} 表示光纤的弹光效应。不同的应力应变状态会使 $\Delta\Lambda$ 和 Δn_{eff} 发生不同的改变。

假设外界温度恒定不变,光纤受轴向应力作用而产生轴向应变 ε,垂直于光纤轴的其他两个方向的应变为 $-\mu\varepsilon$,剪切应力为零,光纤所受的应变张量 $\boldsymbol{S}$ 为

$$\boldsymbol{S} = \begin{bmatrix} S_1 \\ S_2 \\ S_3 \\ S_4 \\ S_5 \\ S_6 \end{bmatrix} = \begin{bmatrix} -\mu\varepsilon \\ -\mu\varepsilon \\ \varepsilon \\ 0 \\ 0 \\ 0 \end{bmatrix} \tag{2}$$

其中,μ 为光纤材料的泊松比。FBG 周期长度和对应的纤芯有效折射率分别变化为

$$\Delta\Lambda = \varepsilon \cdot \Lambda \tag{3}$$

$$\Delta n_{eff} = \frac{n_{eff}^3\varepsilon}{2}\left[\mu p_{11} - (1-\mu)p_{12}\right] \tag{4}$$

根据 Hooke 定律可得

$$\begin{bmatrix} \sigma_1 \\ \sigma_2 \\ \sigma_3 \\ \sigma_4 \\ \sigma_5 \\ \sigma_6 \end{bmatrix} = \begin{bmatrix} \lambda + 2\delta & \lambda & \lambda & 0 & 0 & 0 \\ \lambda & \lambda + 2\delta & \lambda & 0 & 0 & 0 \\ \lambda & \lambda & \lambda + 2\delta & 0 & 0 & 0 \\ 0 & 0 & 0 & \delta & 0 & 0 \\ 0 & 0 & 0 & 0 & \delta & 0 \\ 0 & 0 & 0 & 0 & 0 & \delta \end{bmatrix} \cdot \begin{bmatrix} \varepsilon_1 \\ \varepsilon_2 \\ \varepsilon_3 \\ \varepsilon_4 \\ \varepsilon_5 \\ \varepsilon_6 \end{bmatrix} \tag{5}$$

当 FBG 受到轴向应力时,略去波导效应,应力引起 FBG 的波长移位可进一步细化为

$$\Delta \lambda_B = 2\Lambda \left(\frac{\partial n_{\text{eff}}}{\partial L} \Delta L + \frac{\partial n_{\text{eff}}}{\partial a} \Delta a \right) + 2 \frac{\partial \Lambda}{\partial L} \Delta L n_{\text{eff}} = 2\Lambda \left(-\frac{n_{\text{eff}}^3}{22} \Delta \left(\frac{1}{n_{\text{eff}}^2} \right) \right) + 2 n_{\text{eff}} \varepsilon_{zz} L \frac{\partial \Lambda}{\partial L} \tag{6}$$

式中,ΔL 表示光纤的纵向伸缩量;Δa 为光纤直径变化(纵向拉伸引起);$\partial n_{\text{eff}}/\partial L$ 为弹光效应;$\partial n_{\text{eff}}/\partial a$ 为波导效应,$\varepsilon_{zz} = \Delta L/L$ 为纵向伸缩应变。

定义有效弹光系数 P_e 为

$$P_e = \frac{n_{\text{eff}}^2}{2} [p_{12} - \mu(p_{11} + p_{12})] \tag{7}$$

式中,P_{11},P_{12} 为弹光系数,则

$$\frac{\Delta \lambda_B}{\lambda_B} = \left\{ 1 - \frac{n_{\text{eff}}^2}{2} [P_{12} - \mu(P_{11} + P_{12})] \right\} \varepsilon_{zz} = (1 - P_e)\varepsilon = S_\varepsilon \varepsilon \tag{8}$$

式中,P_e 为有效弹光常数,S_ε 为 FBG 相对波长偏移灵敏度系数。取 $P_e = 0.22$,FBG 中心波长为 1 550 nm,可得 FBG 中心波长与应变的对应关系为 1.2×10^{-3} nm/$\mu\varepsilon$。

2.2 植入式 FBG 应变传递模型

为便于分析,采用如下近似:

① 包层和纤芯的材料近似相同,光栅与光纤之间的性能相似,将包层、光栅、光纤视为同一种材料;

② 假设传感器光纤层-涂覆层-树脂层-基体之间不存在相对滑移;

③ 光纤、涂覆层、树脂层为各向同性的线弹性材料;

④ 基体结构不受轴向之外的其他力的作用,光纤层、涂覆层和树脂层不直接承受外力;

⑤ 外界温度场保持不变。

通过简化,结构模型如图 1 所示,涂覆层和光纤层为同心圆结构,树脂层的外形呈"富脂"结构。

将植入式光纤智能复合材料分为光纤层、涂覆层、树脂层和基体四层,然后分别对前三层建立轴向力学平衡方程。通过横截面几何关系,可以得到"眼状"结构 $ABCD$ 的周长 l 和面积 S 的表达式分别为

$$\begin{cases} l = \frac{\pi}{45} R \cdot \arcsin \frac{r_e}{R} \\ S = 2[R^2 \alpha - r_e(R - r_c)] \end{cases} \tag{9}$$

图 2 所示为 FBG 传感器在坐标 Z 处微元段的应变传递分析示意图,下标 g、c、e、m 分别代表结构中的光纤层、涂覆层、树脂层和复合材料基体,σ 代表轴向正应力,τ 代表剪应力。

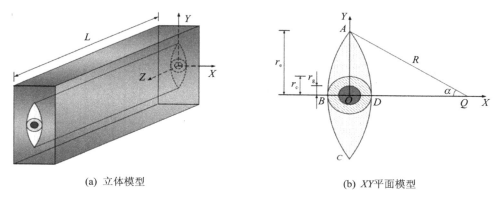

(a) 立体模型　　　　　　　　　　　　(b) XY平面模型

图 1　植入式 FBG 传感器结构示意图

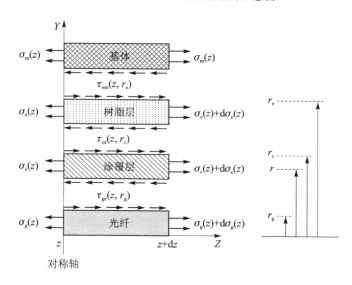

图 2　FBG 应变传递示意图

3　智能复合材料制备

本研究制备的碳纤维复合材料板原材料 T300 编织碳纤维斜纹预浸布（FAW200/69），单向预浸料的材料性能见表 1。

表 1　FAW200/69 预浸料的主要性能参数

参　数	数　值	参　数	数　值
单层厚度 H/mm	0.2	横向弹性模量 E_{22}/GPa	8.6
密度 ρ/(kg·m^{-3})	1 520	纵向剪切模量 G_{12}/GPa	5.9
纵向弹性模量 E_{11}/GPa	121	横向剪切模量 G_{23}/GPa	4.3

热压罐制备智能复合材料系统如图 3 所示，主要由罐体结构、加热系统、加压系统、真空系统、控制系统和温度循环系统组成，并在成型时，提供罐内所需要的温度及压力。

本研究制备的碳纤维复合材料板由 16 层预浸布堆叠而成，堆叠顺序为[±45/[0/90]$_{6s}$/

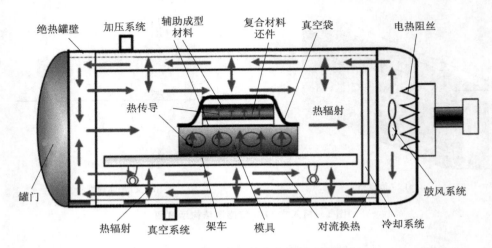

图 3　热压罐制备智能复合材料系统组成

±45]。具体铺层顺序如图 4 所示。在铺层顺序设计时,层压板最外侧铺设 45°,目的是提高材料结构的抗冲击能力和防剥离能力,并采用对称铺层设计,防止结构产生翘曲现象。

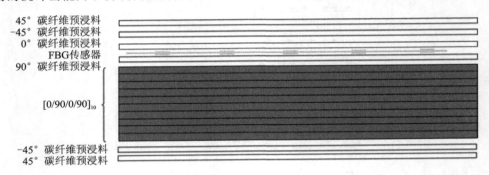

图 4　碳纤维复合板铺层顺序

光纤植入步骤如下:

① 对复合材料层合板划分正交网格,选择监测区域。

② 以图 5 为示例,板内植入 7 根光纤,每根光纤串联 7 个 FBG 传感器。

③ FBG 传感器与碳纤维复合材料的相容性较好,在铺设过程中,传感器应尽量铺设在碳纤维方向相同的两层预浸料之间,且光纤走向平行于纤维方向,既能保证传感器的存活率,又能尽量减小对复合材料整体性能的影响。

④ 光纤尾纤采用端面引出方式引出,用特氟龙套管保护。

智能复合材料制备工艺过程如下:

① 裁剪预浸料。按照所需的尺寸及铺层方式提前裁剪预浸料。

② 制备基板。将预浸料按照所设计的铺层顺序进行铺覆,利用加压机预排除空气,然后送入热压罐中进行预固化。

③ 铺设 FBG 传感器。按照上述"光纤植入步骤"操作。

④ 抽真空,加热加压固化。将真空袋密封,抽取其中的空气,然后将车架送入热压罐中进行二次固化。固化过程为:从室温升温至 80 ℃并保温 30 min,然后升温至 130 ℃,保温 60 min,最后冷却到接近室温;固化过程中所施加的压力为 0.3 MPa。

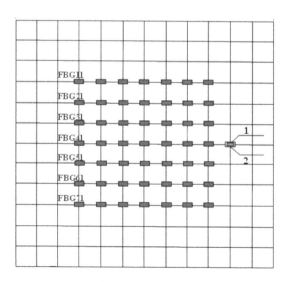

图5　FBG传感器植入复合材料板结构图

整个制备过程如图6所示。

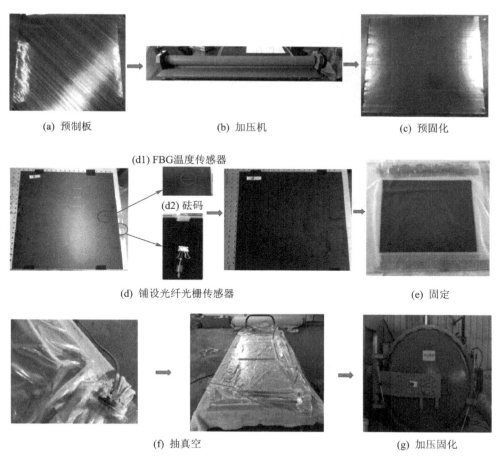

(a) 预制板　　(b) 加压机　　(c) 预固化

(d1) FBG温度传感器

(d2) 砝码

(d) 铺设光纤光栅传感器　　(e) 固定

(f) 抽真空　　(g) 加压固化

图6　智能复合材料制备过程

图 7　植入 FBG 传感器复合材料板实物图

植入 FBG 的智能复合材料实物如图 7 所示。

形成智能复合材料结构后，对内部的 FBG 传感器进行波长检测，如图 8 所示。单个通道 FBG 的边摸抑制比大于 10 dB，光谱无明显啁啾变化，植入的 FBG 全部存活，满足存活率大于 90% 的应用要求。研究结果表明，FBG 传感器植入工艺较好，并具有实时性强、支持多参量监测等优点，为航空航天智能复合材料结构的制备提供技术支撑。

完成植入后，对复合材料板不同加载位置加载不同的载荷，进行波长变化量的对比。试验装置如图 9 所示，加载位置有 1、2、3 三点，三点之间等间距排列，m、n、o 分别为复合材料上表面、复合材料内部、复合材料下表面的光纤监测点，复合材料的光纤监测点通过光纤连接到光纤解调仪上，光纤解调仪对测量数据进行解调，并通过可视化软件直观显示出来。

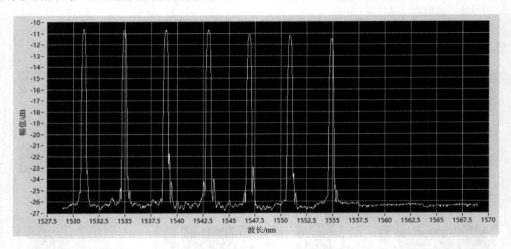

图 8　植入复合材料内部的 FBG 传感器光谱图

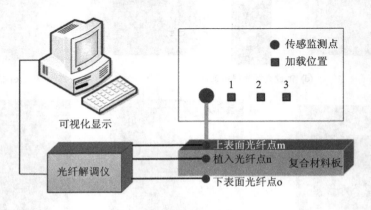

图 9　加载测试图

通过对 1、2、3 位置加载不同的载荷，分别相对下表面光纤点 o，进行波长变化的测量，测试结果如图 10 所示，对于 m-o 的情况，相同载荷下，1 点变化量＞2 点变化量＞3 点变化量；对于 n-o 的情况,相同载荷下,1 点变化量＞2 点变化量＞3 点变化量;对于 3 种加载点,相对底点波长变化量与加载量呈较好的线性关系,因此后续可通过单点的监测,结合标定的曲线关系,可以得到复合材料不同位置在不同加载量下的应力,这对实际工程应用具有重要的指导借鉴意义。

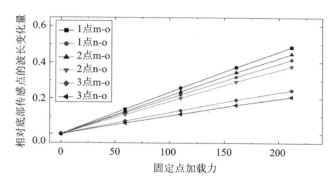

图 10　不同点不同加载量下的波长变化量

4　智能复合材料撞击定位

4.1　大容量排布的理论基础

复合材料已经在卫星舱体、太阳帆板、雷达天线、飞机机翼等大面阵结构得到了广泛应用,针对大面阵结构,需要大量传感点,才能实现高覆盖率监测,进而实现撞击事件的准确感知与定位。

对于光纤传感监测系统,当传感器数目较少时,可直接使用波分复用的方法,波分复用数目主要受光源带宽及监测量程影响。如果传感器数目较多,则需要考虑时分复用的方法,时分复用的个数不是无限的,不仅受光栅反射率的影响,而且需要考虑串扰的影响。

光源发出光脉冲,则时分复用传感器反射光强为

$$P_b = P_0 \times \alpha (1-\alpha)^{2(b-1)} \tag{10}$$

其中,P_b 为第 b 个传感器的反射光强,P_0 为入射光强,α 为光栅的反射率。同时,满足

$$P'_b = \frac{(b-1)(b-2)}{2} P_0 \times \alpha^3 (1-\alpha)^{2(b-2)} \tag{11}$$

其中,P'_b 为一阶反射串扰光强。

根据实际工程需要,需要满足

$$P_b > kP'_b \tag{12}$$

其中,k 为人工设定的不受干扰的比例常数。

以反射率 0.8％、1％、2％、4％,$k=10$ 为例,得到拟合结果如图 11 所示。通过该方法,可以得到任意反射率、任意比例下,FBG 工程应用中的最大复用数,为光纤光栅的大容量工程应用提供了可靠的理论基础。

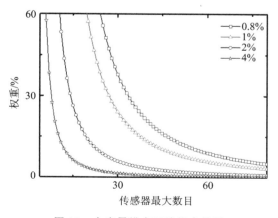

图 11　大容量排布理论拟合结果

4.2　智能复合材料定位研究

以撞击信号波长时频曲线和信号能量为特征参数,提出一种经优化后的基于相关距离和加权质心算法的联合定位方法,实现了中低采样频率,小样本数据下撞击位置的快速识别。冲击定位流程见图12。

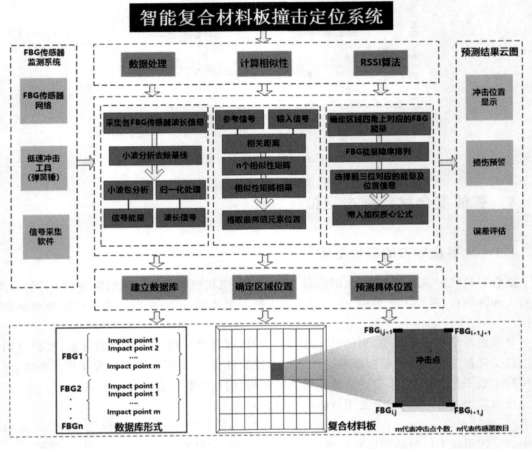

图 12　冲击定位流程图

其研究路线如下:

① 对原始信号进行预处理,采用小波分析提取信号波长变化曲线及信号能量等特征参数;

② 以信号波长变化曲线为参数,采用相关距离判断信号相似性,实现撞击区域定位;

③ 以信号能量为参数,基于加权质心的几何计算方法,实现撞击位置的精确定位。

对图 13(a)所示 16 个区域进行撞击试验,以撞击信号作为参考信号。然后对位置 A1～A10 共 10 个区域进行再次撞击,撞击信号作为验证信号,基于相关距离判断参考信号与验证信号间的相似性实现撞击子区域的识别,再结合区域内的 FBG 信号能量实现精准定位,如图 13(b)所示。

为了评估定位预测的准确性,引入欧氏距离的概念。

$$\mathrm{RMSE}=\sqrt{\left(x_{Fi}-x_{Ti}\right)^2+\left(y_{Fi}-y_{Ti}\right)^2} \tag{13}$$

式中,(x_{Fi},y_{Fi}) 表示预测的撞击点坐标,(x_{Ti},y_{Ti}) 表示测试点的真实坐标。

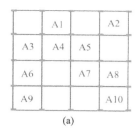

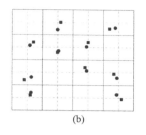

(a)　　　　　　　　　　　(b)

图 13　智能复合材料板撞击定位结果

经统计,10 组验证实验下的区域定位准确率为 100%,均可准确定在撞击方格内;精确定位的绝对误差为 1.78 cm。该结果表明基于相关距离和加权质心算法的联合定位算法可准确给出撞击位置,满足实际工程应用需求。

5　结　　论

本文通过将光纤传感与复合材料的有机集成,形成不同于常规材料的智能复合材料架构,具备力/热自感知功能。摸索了智能复合材料的制备工艺,形成了高存活率的智能一体化结构及制备工艺方法;进行了不同加载位置施加不同载荷量的性能测试,得到不同排布方式的 FBG 传感器的波长差异;针对大面阵智能复合材料结构,进行了大容量光纤传感排布理论研究,形成高覆盖率监测;最终,利用联合定位方法实现撞击事件的快速识别与精准定位。

参考文献

[1] 安少杭,邢素丽,陈丁丁,等. 复合材料微细杆增强复合材料研究进展[J]. 高分子材料科学与工程,2021,37:176-183.

[2] 郭克星,夏鹏举. 智能复合材料的研究进展[J]. 智能复合材料的研究进展,2019,50:04017-04029.

[3] 唐见茂. 航空航天复合材料发展现状及前景[J]. 航天器环境工程,2013,30:352-359.

[4] 马立敏,张嘉振,岳广全,等. 复合材料在新一代大型民用飞机中的应用[J]. 复合材料学报,2015,32:317-322.

[5] LU S,JIANG M,SUI Q,et al. Damage Identification System of CFRP Using Fiber Bragg Grating Sensors[J]. Composite Structures,2015,125:400-406.

[6] 张海燕,宋佳昕,任燕,等. 碳纤维增强复合材料褶皱缺陷的超声成像[J]. 物理学报,2021,70:114301.

[7] 张宏远,蒋鹏,宋佳宇,等. 基于模态声发射的碳纤维增强复合材料损伤机制识别[J]. 复合材料科学与工程,2021,8:11-17.

[8] 周辽,龙芋宏,焦辉,等. 激光加工碳纤维增强复合材料研究进展[J]. 激光技术,2022,46:110-119.

[9] TIAN Y,CHAI Q,MENG Y,et al. An Overlap-Splicing-Based Cavity in FBG Sensor for the Measurement of Strain and Temperature[J]. IEEE Photonic Technol. Lett. 2017,29:235-238.

[10] 金凯,丁莉芸,郭会勇,等. 超低温条件下光纤光栅温敏系数标定[J]. 光学精密工程,2022,30:56-61.

[11] YONG Y,LEE S,FAIDZ A. Fiber Sensor Network with Multipoint Sensing Using Double-pass Hybrid LPFG-FBG Sensor Configuration[J]. Opt. Commun. 2017,387:191-195.

[12] 赵士元,崔继文,陈勍勍. 光纤形状传感技术综述[J]. 光学精密工程,2020,28:10-29.

[13] 廖延彪. 光纤光学[M]. 北京:清华大学出版社,2013.

[14] 杨濠琨,尤贺,贺静,等. 机器人柔性触手形状的光纤传感及重构方法[J]. 激光与红外 2020,50:1246-1252.

基于 HC32F4A0 单片机的程序远程升级设计

吕春艳　高明星　郭威　马京亮　刘静　杨正

(山东航天电子技术研究所,山东·烟台,264670)

摘要: 随着我国电子技术的迅速发展,全国产单片机在越来越多的领域得到应用。本文在介绍 IAP(In Application Program,在应用中编程)原理的基础上,基于全国产 HC32F4A0 单片机平台,设计了通过 4G 无线网络进行升级的方案,为物联网、智能化设备的功能升级提供了指导和帮助,特别适用于远程无人操作升级场合,具有效率高、成本低的特点,实用价值高。

关键词: HC32F4A0 单片机;IAP 技术;4G 无线网络;远程升级

0 引 言

随着我国电子技术的迅速发展,应有自主产权的全国产化芯片不断推出,尤其是在西方发达国家对我国实施技术封锁背景下,在设计中使用国产芯片替代进口芯片变得迫在眉睫。

IAP(In Application Program,在应用中编程)技术是除 JTAG、ISP 外的一种便捷的单片机嵌入式程序更新方法,用户可以通过互联网、无线网络等方式实现远程对系统的程序升级,可以有效解决在远程或恶劣环境下程序的升级问题。

虽然以 STM32 为代表的进口单片机 IAP 技术比较成熟,但全国产单片机的 IAP 应用还比较稀少,本文以华大半导体的 HC32F4A0 系列全国产单片机为例,结合 4G 无线网络详细讲述嵌入式程序 IAP 远程在线升级的实现。

1 IAP 原理

IAP(In-Application Programming)即在应用编程,是在线对正在运行用户程序的芯片 Flash 存储器部分区域进行烧写新的程序,烧写完成后控制重启执行新的程序,从而实现程序升级。

嵌入式系统实现 IAP 功能时,一般需要将单片机内部存储器人为地分成两部分,一部分用于存储 IAP 程序,称为 IAP 程序区,另一部分用于存储正常的 APP 应用程序,称为 APP 程序区。IAP 程序不执行正常的功能操作,而只是通过设定的方式执行用户程序的更新,APP 应用程序才是正常执行用户功能的代码。

HC32F4A0 系列单片机的 Flash 存储区容量高达 2 MB,由 2 块 1 MB 的 Flash 构成,共 256 个扇区,每个扇区 8 KB,其组织结构如表 1 所列,IAP 程序放置在 Flash 基地址处 (0x0000 0000),一般分配整数个存储页。在本应用中,将前 64 KB 区域划为 IAP 程序区,其余区域划为 APP 程序区。

HC32F4A0 的主存储区起始地址为 0x0000 0000,这个地址必须作为 IAP 程序的起始地址。在 HC32F4A0 中,固化到 Flash 中的程序的第 1 个字(4 字节)是栈顶地址,从低 2 个字开始才是中断向量表(第 2 个字是复位向量指针,其他中断向量依次向后排列)。

向单片机的 Flash 中固化程序时,按照表 1 中的区域划分分别烧写 IAP 和 APP 程序。单片机启动时 IAP 和 APP 的工作流程如图 1 所示,首先运行 IAP 程序,如标号①所示,单片机复位后首先从地址 0x0000 0004 取出 IAP 的复位中断指针,跳转到 IAP 程序的复位中断代码

表 1　HC32F4A0 系列单片机 Flash 存储器组织结构及功能区划分

块	名　称	地址范围	长度(字节)	
块 0	扇区 0	0x0000 0000～0x0000 1FFF	8K	IAP 程序区
	……			
	扇区 7	0x0000 E000～0x0000 FFFF	8K	
	扇区 8	0x0001 0000～0x0001 1FFF	8K	APP 程序区
	……			
	扇区 127	0x000F E000～0x000F FFFF	8K	
块 1	扇区 255	0x001F E000～0x001F FFFF	8K	

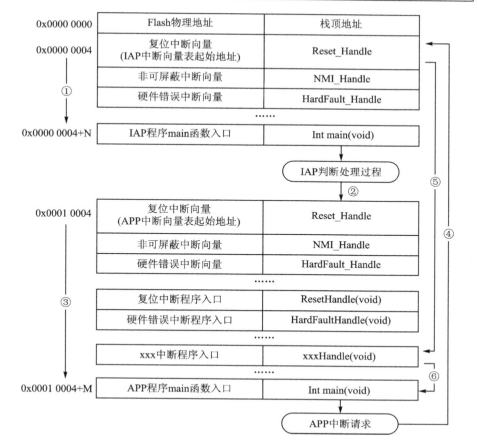

图 1　IAP 在线升级过程原理示意图

执行,然后再跳转到 IAP 程序的 main 函数执行。在 IAP 的 main 函数中判断是否更新 APP 程序,如果有程序更新标记,则先擦除表 1 所列的 APP 程序区,然后写入新的 APP 代码,最后完成从 IAP 程序向 APP 程序的跳转,跳转方法如标号②所示,取出 APP 程序的复位中断向量指针,跳到 APP 程序的复位中断函数执行,执行完 APP 的复位中断函数后跳转到 APP 的 main 函数继续执行,这样就完成了从 IAP 程序向 APP 程序的转换。

需要注意的是,在 IAP 程序跳转到 APP 程序之前必须设置中断向量表的偏移量,这是因为在 APP 程序中的 main 函数在执行过程中如果产生中断,PC 指针仍然跳转到 IAP 程序的中断向量表,如标号④所示。只有设置中断向量表的偏移量,才能根据设置的偏移量自动跳转到 APP 程序对应的中断程序,如标号⑤所示。

中断向量表偏移量可以在 IAP 程序的最后阶段设置,也可以在 APP 程序的初始阶段设置,设置中断向量表偏移量时,要保证系统处于禁止中断状态。设置中断向量表偏移量,修改系统控制块(SCB)的中断向量表偏移寄存器(VTOR)即可。

在本设计中,IAP 在线升级的整体过程为:在 APP 应用程序中接收远程发来的升级程序(一般为 ＊.bin 文件),存储在临时存储区(一般为外置存储器件,如 E^2PROM、SD 卡等),接收完升级文件后设置"升级标志",并软件复位重启,重启后自动首先运行 IAP 程序,在 IAP 中检测到"升级标志"有效,则将放置在临时存储区的升级程序复制编程到 Flash 的 APP 程序区,然后跳转到 APP 程序运行,完成升级。

2　4G 无线通信

4G 是指第 4 代移动通信技术,包括 TD-LTE 和 FDD-LTE 两种制式,是目前移动手机终端普遍应用的网络,覆盖范围十分广阔。4G 能够快速传输数据,在静止状态下,数据传输速度高于 1 Gbps,移动状态下高于 100 Mbps,能够满足几乎所有用户对无线服务的要求,并且资费相对 GPRS 更低,4G 在无线网络覆盖、数据传输速度以及经济性方面有着不可比拟的优越性。

本设计中以上海移远通信公司的 EC20 R2.1 模块为例介绍 4G 无线通信,该模块除了支持 4G 下的 TD-LTE、FDD-LTE 两种制式外,还向下兼容 3G 下 WCDMA/HSDPA/HSUPA/HSPA＋、CDMA2000、TDSCDMA,以及 2G 下 GSM/GPRS/EDGE、CDMA 等网络模式,兼容中国移动、联通、电信公司所有网络制式,即使在 4G 网络尚未覆盖的偏远地区,只要有 3G 或 2G 网络覆盖,该模块也可以正常使用。

在本设计中,EC20 R2.1 模块在 APP 程序中初始化,使用 TCP/IP 协议组建网络,并实现网络数据的接收与发送,其网络组建过程如图 2 所示。在模块复位后,首先对模块进行基础配置,比如 UART 波特率、是否回显等,模块自动检测 SIM 卡,并自动附着 4G 无线网络,网络附着成功后,设置 APN 接入点名称、目标 IP 地址、目标端口号等参数,然后激活 PDP 场景,待场景激活后打开网络连接,此时单片机就通过 4G 无线网络接入了 Internet。

4G 无线网络的基站可接入设备数量是有限的,为了保证可随时接入新的设备,基站会主动剔掉长时间没有数据交互的不活跃设备。为保证嵌入式设备和上位机可以随时通信,本设计中 4G 无线网络采用长连接方式。为了实现长连接,设置有心跳功能,定时向上位机发送一帧心跳数据,上位机收到后回应一帧约定数据,以维持网络连接。另外,为了保证网络异常断开后设备可自动重新上线,必须在 APP 主程序中设置自动重新登录机制,可通过判断是否长时间没有收到心跳回应来判断是否网络断开,如果网络断开则重新组建网络。

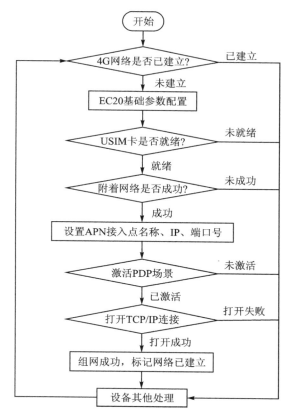

图 2　EC20 R2.1 网络组建流程图

3　系统设计

3.1　系统总体设计

本系统主要包括上位机、4G 无线模块、HC32F4A0 设备终端 3 个部分,如图 3 所示。单片机外接一个 SD 卡存储器,用于临时存储上位机发来的升级程序,单片机通过 UART 接口和 4G 模块相连,4G 模块通过无线网络连接到上位机。

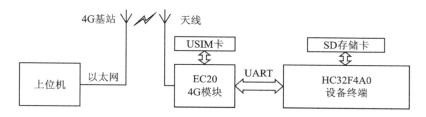

图 3　IAP 远程在线升级系统结构示意图

利用 Keil MDK、IAR 等嵌入式开发软件完成程序的编写、调试、编译,但远程升级时一般使用 ∗.bin 格式文件,所以必须将编译后的程序转换为 ∗.bin 格式。进行远程升级操作时,上位机将待升级的 ∗.bin 文件按照约定协议发送到 HC32F4A0 设备终端。

在本设计中,嵌入式设备是在 APP 应用程序中接收远程升级数据的。设备终端收到升级数据包经校验检查正确之后,临时存储在 SD 卡中,待所有升级数据分包发送完后,在单片机的 Backup-SRAM 区域置位"升级标记"(避免标记复位后丢失),然后执行软件复位,系统重启后重新进入 IAP 程序,在 IAP 程序中将升级数据从 SD 卡中读出,并写入单片机内 Flash 相应位置,完成升级。

3.2   IAP 程序设计与分析

IAP 程序工作流程如图 4 所示。其功能比较单一,上电复位后,程序从单片机 Flash 存储器(起始位置 0x0000 0000)启动,执行 IAP 程序。在 IAP 程序中,首先完成系统时钟、SD 卡等的初始化,然后检查"升级标志"是否有效,如果有效则判断远程升级数据是否正确,数据校验通过,则将升级数据转存到 APP 程序区,最后清除"升级标志",并跳转到 APP 程序区执行。如果上电复位后 IAP 没有检测到"升级标志"有效,则直接跳转到 APP 应用程序区,执行原来的 APP 程序。

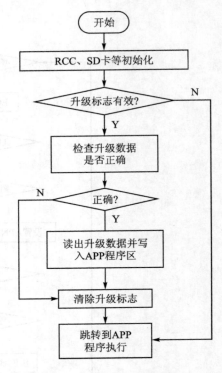

图 4   IAP 程序工作流程图

从表 1 可知,在此设计中 APP 程序区起始位置为 0x0001 0000,给 IAP 程序预留的空间为 64Kbytes,IAP 程序编译后的代码大小约 20 kBytes,空间完全够用。检测到"升级标志"有效后,调用代码转存函数,将升级程序复制到 APP 程序区,代码如下:

```
Copy_Updata_To_RuningApp(UpdatePath);        //将升级函数复制到 APP 应用程序区
```

此函数的实现过程伪代码如下,首先擦除需要重新写入升级代码的 Flash 空间,然后从临时存储区读出升级代码,分包写入 APP 程序区。

代码段 1:

```
……
NbrOfPage = FLASH_PagesMask(size);        //计算升级文件占用多少 Flash 页
//擦除需要重新编写程序的 Flash 页
for (EraseCounter = 0; (EraseCounter < NbrOfPage) && \
                       (FLASHStatus == FLASH_COMPLETE); EraseCounter + +){
    //FlashDestination 初始值为 0x0001 0000
    FLASHStatus = FLASH_ErasePage(FlashDestination + (PageSize * EraseCounter));
}
for(j = 0;j< = size/512;j + +){        //将升级代码写入 Flash,每次 512 字节
    if(j == size/512){        //判断是否最后一次
        packet_length = size % 512;
    }
    else{
        packet_length = 512;
```

```
    }
    SDReadData(path, Buff, packet_length,512 * i);//从备份区读出升级代码
    Source = (uint32_t)Buff;
    for (i = 0;(i<packet_length) && (FlashDestination<RuningApplicationAddress + size);i += 4){
        FLASH_ProgramWord(FlashDestination, * (uint32_t * )Source); //将升级代码写入 Flash
        FlashDestination += 4;
        Source += 4;
    }
}
......
```

将升级代码全部编写到单片机 Flash 的 APP 程序区后,清除"升级标志",并跳转到 APP 应用程序区继续执行。跳转程序代码如下。

代码段 2:

```
//RuningApplicationAddress 为 APP 程序起始地址,本设计中宏定义为 0x0001 0000
__disable_irq();                            //首先禁止中断
lu32StackTop = * ((__IO uint32 * )RuningApplicationAddress);
if((lu32StackTop > SRAM_BASE) && (lu32StackTop < = (SRAM_BASE + SRAM_SIZE))){
    lu32JumpAddr = * (__IO uint32 * ) (RuningApplicationAddress + 4);
                                            //获取 APP 的复位函数地址
    pJump2App = (pBootFunction) lu32JumpAddr;  //将跳转地址强制转换为指针函数
    __set_MSP( * (__IO uint32 * ) RuningApplicationAddress); //设置主堆栈指针
    //特别重要:中断向量偏移设置
    SCB->VTOR = ((uint32) RuningApplicationAddress & SCB_VTOR_TBLOFF_Msk);
    pJump2App();                            //跳转执行 APP 程序
}
```

执行跳转程序时,首先禁止所有中断,RuningApplicationAddress 是 APP 程序的起始地址 0x0001 0000,程序的第 1 个字(4 字节)为栈顶地址,判断栈顶地址是否在 RAM 区域(0x1FFE0000～0x2005FFFF)。如果栈顶地址合法,则取出 APP 程序复位中断指针(第 2 个字即是),并设置栈顶指针。然后设置中断向量偏移量,最后跳转到 APP 程序复位中断服务函数开始执行升级后的 APP 程序。

3.3 APP 程序设计

因为在 IAP 程序的最后阶段设置了中断向量表偏移量,故在 APP 程序中不需要再进行设置。

APP 程序中与 IAP 在线升级有关部分的流程如图 5 所示。APP 程序首先设置 RCC、UART 等必要的初始化,并清空升级标志,完成相关初始化后,进行 4G 无线网络登录,网络组建成功后即可进行远程升级操作。在系统运行过程中,如出现 4G 网络断线,则重新登录网络。

嵌入式设备 IAP 远程在线升级的实现,必须有相应的上位机软件与之交互,本设计中 IAP 升级过程主要由"升级开始、缺包查询、发包数据、升级完成"4 组指令完成,结合图 5,具体操作流程如下:

① 升级开始,上位机发送"升级开始"指令,嵌入式设备收到后做好升级准备工作,记录升

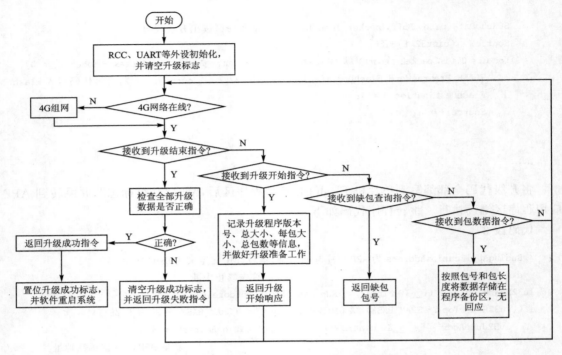

图 5　APP 程序中在线升级部分相关流程图

级程序版本号、代码总字节数、每包字节数、总包数等信息,进行相应参数的初始化,并向上位机返回应答指令。

②升级准备工作做好后,上位机发送"缺包查询"指令,设备向上位机返回升级缺包序号。首次查询缺包,因还没发送升级包,返回的缺包信息包括所有包序号。

③上位机收到返回的缺包信息后,依据缺包号逐包发送升级程序。设备收到升级包且校验正确后,按照包序号顺序存储在临时存储区。

④上位机按照查询到的缺包信息发送完升级包后,再次进行"缺包查询",在步骤③发送升级包的过程中,因各种原因导致发送失败时,在此步骤上位机可以重新获取缺包序号。

⑤按照新的缺包信息,上位机逐包重新发送升级包。

⑥重复步骤④、⑤,直至所有升级包发送完成。

⑦成功发送所有升级包后,上位机发"升级完成"指令,设备收到升级结束指令后,对接收到的完整的升级程序数据进行检查,检查无误则认为升级成功,在 Backup−SRAM 区域中置位"升级标志",并软件复位设备,设备重启后进入 IAP 程序,将临时存储区的升级程序复制到 APP 应用程序区,并跳转到新程序开始执行,至此远程升级完成。

3.4　注意事项

在 HC32F4A0 系列单片机上进行 IAP 设计,必要的注意事项主要有以下两点:

3.4.1　中断的处理

为了保证程序从 IAP 程序段跳转到 APP 程序段后运行正常,跳转前必须关闭总中断,并释放在 IAP 中注册过的中断,否则在 APP 程序运行初始化阶段可能出现程序跑飞,或中断注册失败等异常。关闭总中断,以及释放各个中断示例代码如代码段 3 所示。

代码段 3：

```
__disable_irq();                                      //关闭总中断
for(lu32Cnt = 0;lu32Cnt< = Int143_IRQn;lu32Cnt + +){  //释放所有中断
    INTC_IrqSignOut((IRQn_Type)lu32Cnt);
}
```

3.4.2　初始化配置

在 HC32F4A0 系列单片机中，芯片复位解除后，硬件电路会读取 Flash 地址 0x00000400～0x0000045F 把数据加载到初始化配置寄存器，设置看门狗等部分硬件的运行模式，这个过程叫做初始化配置(ICG)。

在本设计中 0x00000400～0x0000045F 地址段位于 IAP 程序段范围内，所以初始化配置(ICG)必须在 IAP 程序段进行。而在 APP 程序段，必须禁止初始化配置(ICG)，否则会因为该地址段不在 APP 程序段范围，而导致生成.bin 二进制文件错误，最终导致程序 IAP 升级失败。

至于使能或禁止初始化配置(ICG)，只需要相应设置宏定义 DDL_ICG_ENABLE 即可，如代码段 4 所示。

代码段 4：

```
#define DDL_ICG_ENABLE          (DDL_ON)        //使能 ICG
#define DDL_ICG_ENABLE          (DDL_OFF)       //禁止 ICG
```

4　结束语

本文详细讲解了单片机嵌入式程序 IAP 远程在线升级的原理，与目前覆盖范围及广的 4G 无线网络相结合，实现了基于 4G 无线网络的全国产 HC32F4A0 系列单片机的 IAP 远程在线升级，并对 IAP 和 APP 程序的设计流程，以及 IAP 远程升级的具体实现过程做了详细介绍，并说明了基于 HC32F4A0 单片机进行 IAP 设计时的注意事项。

本文介绍的 IAP 远程在线升级系统及方法，可解决恶劣环境、偏远地区等特殊情况下嵌入式程序可靠升级及维护的问题，尤其是设备数据大、分布范围广时，可大大提高工作效率，降低维护成本，具有很高的实际应用价值。

参考文献

[1] 华大半导体. HC32F4A0 系列 32 位 ARM Cortex-M4 微控制器用户手册[OL]. [2022-02]. https://www.hdsc.com.cn/Category83-1499.

[2] 上海移远通信技术股份有限公司. GSM 模块 TCPIP 应用流程指导[EB/OL]. [2022-01]. https://www.quectel.com/cn/.

[3] 高祥凯，耿淑琴. 基于 LoRa 技术的网络终端无线程序升级系统研究[J]. 单片机与嵌入式系统应用，2017(10)：15-18.

单电源电压输出型闭环 TMR 电流传感器设计

牟宏杰　许涛　刘静　刘晓琦　王阳

(山东航天电子技术研究所,山东·烟台,264003)

摘要：传统闭环电流传感器采用霍耳原理和双电源供电的工作方式,存在测量小电流精度低和单电源系统无法直接应用的问题。基于此,本文设计了一种单电源电压输出型闭环 TMR 电流传感器。设计了基于 Z 轴灵敏的高精度测量模块和高抗干扰磁路,并在此基础上引入次级线圈反馈设计建立零磁通平衡,将前级测量电流产生磁场精确传送到后级处理电路;设计了基于骨架装配的一体化结构将电路、磁路形成传感器整体。工程样机测试结果表明,设计的 TMR 电流传感器线性度优于 0.1%,精度优于 0.1%,较传统闭环霍耳电流传感器,其体积小,可靠性高,小电流测量精度高,具有良好的工程应用前景。

关键词：TMR;电流传感器;闭环;单电源;电压输出

1 引　言

电流作为火箭、船舶、飞行器的供配电系统的重要性能参数,对于运载器整体的性能监测、故障检测与隔离具有重要参考价值。霍耳器件是当前应用于电流传感器设计的主流技术,具备可靠性优、研制方便、性价比高的特点。但是,传统的闭环霍耳电流传感器设计已无法满足微型化单电源系统中的小电流高精度测量的应用需求。

除了霍耳器件外,基于磁阻原理的电流传感器技术的发展和应用也已日渐成熟。其中,TMR 器件在灵敏度、磁场测量范围以及工作温度范围方面,具备明显优势。Donnal 等学者通过试验验证了 TMR 器件应用于电流测量其灵敏度比霍耳器件高一个数量级。上海工程技术大学李东昇提出了一种基于 TMR 器件阵列的电流测量方法,验证了 TMR 技术应用于电流测量领域的有效性。

本文提出了一种单电源电压型输出型闭环 TMR 电流传感器设计。创新性设计了一种基于 Z 轴灵敏的高精度测量模块,在此基础上引入高抗干扰磁路设计和骨架装配的结构一体化设计,实现传感器电流测量精度显著提升和单电源系统环境下有效应用的双重目的。

2 传感器总体方案设计

电流传感器总体方案是基于 TMR 测量原理和零磁通原理开展设计,总体原理如图 1 所示。

当把 TMR 元件置于磁力线和电流方向垂直的磁场中时,TMR 元件阻值会随磁场变化发生明显变化。将开口磁芯套在通电导线上,TMR 电桥放置在磁芯开口处,TMR 元件的输出信号经过差分运算放大器放大后驱动三极管,三极管输出补偿电流使得绕在磁芯上的次级线圈产生磁场,该磁场与通电导线中被测电流产生的磁场方向相反,使得磁芯中的总磁通减小,直至达到零磁通。

测量电路主要由磁电转换部分、放大部分、驱动补偿部分组成。其具体的瞬态工作过程如下：当被测电流 I_0 刚通过磁环时，补偿电流 I_S 尚未形成时，TMR 元件检测出 N_1I_0 所产生的磁场信号，经放大级放大，推动驱动级。由于 N_2 为补偿线圈，通过线圈的电流不会突变，因此 I_S 逐渐上升，N_2I_S 所产生的磁场补偿了 N_1I_0 所产生的磁场。因此，TMR 元件输出降低，I_S 上升减慢。当 $N_2I_S=N_1I_0$ 时，磁场为零，TMR 元件

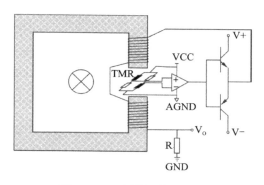

图 1　TMR 测量总体原理图

输出为零。但由于线圈的缘故，I_S 还会上升，$N_2I_S>N_1I_0$，补偿过冲，TMR 元件输出变号，驱动输出级使 I_S 减小。如此反复在平衡点附近振荡，直至达到动态平衡，整个测量回路形成闭环反馈系统。

在磁芯气隙一定的情况下，通电导线在磁芯气隙处产生的磁感应强度正比于导线中被测电流 I_0 的大小。

$$B=\frac{\mu_0 \cdot I_0}{d} \tag{1}$$

式中，B 为磁感应强度；d 为气隙宽度；μ_0 为气隙磁导率。

由于磁芯气隙很小，可认为线圈产生磁场的磁路为磁芯长度和气隙长度。由磁路原理可知磁路上的磁动势为

$$F=N_2I_S \tag{2}$$

式中，N_2 为补偿线圈匝数；I_S 为补偿线圈电流。

磁路的磁电阻 R_m 为

$$R_m=\frac{d_{Fe}}{\mu_{Fe}S}+\frac{d}{\mu_0 S} \tag{3}$$

式中，d_{Fe} 为磁芯磁路长度；d 为气隙长度；μ_{Fe} 为磁芯的磁导率；S 为磁路横截面积。在磁芯材料、大小以及气隙开口确定后，d、μ_{Fe}、S 均是不变的，即磁路的磁电阻不变。

$$F=\Phi g R_m=Bg Sg R_m$$
$$B=\frac{F}{Sg R_m}=\frac{N_2I_S}{\dfrac{d_{Fe}}{\mu_{Fe}}+\dfrac{d}{\mu_0}} \tag{4}$$

由于 $\mu_{Fe}\gg\mu_0$，则线圈在气隙处产生的磁感应强度近似为

$$B=\frac{F}{Sg R_m}=\frac{\mu_0 N_2I_S}{d} \tag{5}$$

由式可知，线圈在气隙处产生的磁感应强度与线圈匝数成正比，与补偿电流成正比，与气隙长度成反比。结合通电导线在气隙处产生的磁感应强度大小，可得在气隙处合成的磁感应强度为

$$B=\frac{\mu_0}{d}(N_2I_S-N_1I_0) \tag{6}$$

最终达到平衡后气隙处磁感应强度为 0,有

$$N_1 I_0 = N_2 I_s \tag{7}$$

由式(7)可知,在气隙处磁感应强度为 0 的情况下,被测电流与线圈中的补偿电流成正比,比例系数即为线圈匝数比,则输出电阻 R 上的电压与被测电流 I_0 的关系为

$$I_0 = \frac{U_0}{R} \cdot \frac{N_2}{N_1} \tag{8}$$

即被测电流与电阻 R 上的电压成正比。只要已知线圈匝数和输出电阻值,即可根据电阻 R 上的电压计算得到被测电流。

电流传感器主要由 TMR 元件、磁芯、磁补偿线圈、放大电路、电流/电压转换电路等组成。电流传感器组成方框图如图 2 所示。

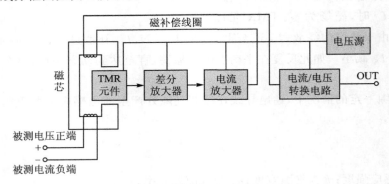

图 2　电流传感器组成方框图

3　传感器详细设计及实现

3.1　基于 Z 轴灵敏的高精度 TMR 测量模块设计

TMR 元件是传感器敏感测量的探头,其高精度是保证传感器测量准确的关键。传统 TMR 元件只能检测平行于其表面的磁场,在闭环电流传感器模块中,TMR 元件位于磁芯气隙中,而气隙越大,电流传感器的性能越差。因此,需要对传统 TMR 元件进行设计改进,使 TMR 元件尽量薄,且灵敏方向应垂直于 TMR 元件表面,从而减小气隙的长度。

开展 TMR 元件敏感磁场方向研究,进行聚磁结构设计改进。创新性地将 MTJ 放置在聚磁结构下方边缘,同时在 MTJ 上方沉积高磁导率的聚磁结构(如图 3 所示),从而扭转外加磁场方向,使得垂直方向的外加磁场能够产生平行于 MTJ 表面方向的磁场分量,实现了 TMR 元件对垂直于表面测量电流磁场的敏感(Z 轴灵敏)。

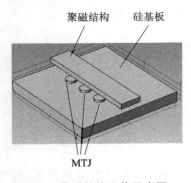

图 3　聚磁结构立体示意图

具体的实现原理为:聚磁结构和 MTJ 的侧视图如图 4 所示,图中的曲线是磁场流线,代表磁场方向。聚磁结构位于 MTJ 的上方,为方便描述,引入了两个磁隧道结 MTJ1 和 MTJ2。当有垂直方向的外场时,由于聚磁结构的存在,故在聚磁结构的边缘,磁场方向会发生改变。若将 MTJ 放置在聚磁结构下方的边缘附近,则在 MTJ 表面

会存在平行于 MTJ 表面方向的磁场分量。

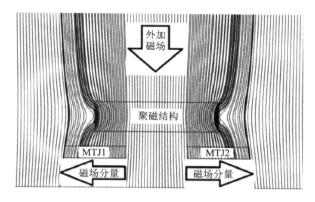

图 4　聚磁结构改变磁场方向

实现了对垂直于芯片表面磁场的敏感,同时要提升对 Z 轴磁场敏感的灵敏度。磁场敏感灵敏度的提升主要从聚磁结构上开展优化设计,针对 MTJ 距离聚磁结构的垂直距离、聚磁结构的厚度、宽度、与磁敏单元的相对位置进行设计仿真和工艺验证,使得在外加磁场(Z 轴磁场)一定的情况下,尽可能提高水平方向的磁场分量。

针对 MTJ 距离聚磁结构的垂直距离、聚磁结构的厚度、宽度、MTJ 中心到聚磁结构边缘的距离进行设计仿真,具体仿真结果如图 5～图 8 所示。

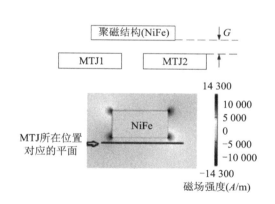

图 5　聚磁效果二维有限元仿真

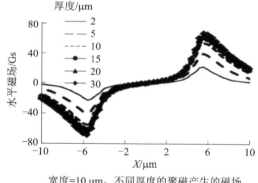

宽度=10 μm、不同厚度的聚磁产生的磁场

图 6　聚磁结构宽度 10 μm 的水平磁场分布

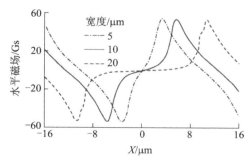

图 7　厚度 10 μm,不同聚磁层宽度对应的水平磁场

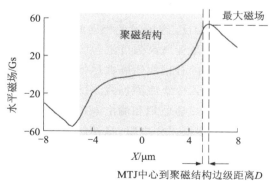

图 8　聚磁结构和磁场分布的空间位置关系

根据仿真结果、工艺参数验证和工程经验,确定 MTJ 的宽度为 $2\ \mu m$,MTJ 的长度为 $10\ \mu m$,聚磁结构和 MTJ 的垂直距离为 $1\ \mu m$,聚磁结构最佳物理尺寸为:间距为 $15\ \mu m$,厚度 $10\ \mu m$,宽度 $10\ \mu m$,MTJ 中心到聚磁层边缘距离为 $0.5\ \mu m$。

依据确定的 TMR 设计参数,采用 TMR 溅射镀膜工艺平台进行加工制造,经过基片清洗、镀膜、高温退火、刻蚀、电镀 NiFe 等工序,研制出了基于 Z 轴灵敏的 TMR 测量模块。

3.2　高精度、高抗干扰磁路设计

磁路是传感器敏感量传递的媒介,其抗干扰能力、精度以及线性度指标是传感器测量精度的重要保证。

由于传感器为闭环设计原理,磁芯中的磁场近似为零磁通,且测量误差和线性度要求较高。坡莫合金具有弱磁场下的高导磁率,受力强度比较好,且该材料适于应用在精确测量磁场的场合。因此,磁芯选用坡莫合金材料。

由于空气磁阻比磁芯磁阻大得多,根据通路磁阻最小化原则,干扰磁场进入磁芯后,按贴近边缘的路径行进,越靠近边缘,干扰磁场的磁感应强度越大,越靠近中心位置,磁感应强度越小。如图 9 所示,由于 TMR 元件的芯片位于中心处,在相同干扰磁场下,磁芯横截面积越大,中心处的干扰磁场的磁感应强度越小,磁屏蔽作用越强。同时,增大磁芯面积、减小气隙,能更好地防止磁场进入气隙中,提高传感器的抗干扰能力。

假设磁芯的截面为 a(长)、b(宽),放置 TMR 元件的气隙宽度为 l_1。依据磁场仿真结果和设计经验,磁芯外形参数应满足 $a(b) \geqslant 2l_1$。设计电流传感器磁芯 $l_1 = 1.2\ mm$,$a = 4.4\ mm$,$b = 3.5\ mm$,如图 10 所示,可有效提高传感器的抗磁场干扰能力。

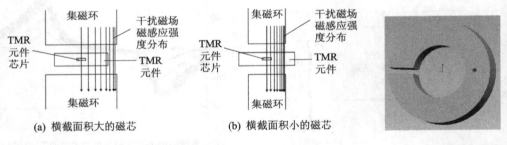

(a) 横截面积大的磁芯　　　　(b) 横截面积小的磁芯

图 9　不同横截面积的磁芯外界磁场的强度分布示意图　　　图 10　电流传感器磁芯

电流传感器的线圈分为原级线圈和补偿线圈。电流流过原级线圈就会产生磁场,该磁场经过磁芯放大并作用于 TMR 元件。补偿线圈用来在磁芯上产生与原边磁场(被测电流产生的磁场)方向相反、磁场强度相同的磁场,以达到在 TMR 元件上零磁通的目的。本设计中线圈绕制选用聚酰亚胺高强度漆包圆铜线。依据工程设计经验,为保证传感器输出的稳定性,闭环电流传感器的补偿线圈圈数尽量不少于 1 000 圈。

电流传感器原级线圈加载测试电流通过过流针直接加载或者载流导线穿孔加载两种方式实现。依据零磁通原理和输出电压能力,传感器补偿线圈圈数设计为 1 152 圈,并在传感器内接高精度、低温漂采样电阻,将补偿线圈电流转换为电压输出。

3.3　基于骨架装配的结构一体化设计

结构是传感器 TMR 器件、电路和磁路稳定可靠结合的基础。结构一体化设计,保证力学

振动冲击性能可靠,骨架锁定磁芯设计能降低热环境对传感器性能的影响。本文创新性地设计了一种基于骨架装配的一体化传感器结构,将磁芯、线圈、印制板、过流针等整合为一体。

电流传感器结构由外壳、盖板、过流针、印制板、磁芯、骨架组成。电流传感器内部结构、外壳、盖板如图 11、图 12 所示,骨架采用聚酯树脂开模整体注塑成型加工,骨架上预埋焊针 2 根,用于缠绕补偿线圈漆包线以及和印制板焊装固定。补偿线圈的漆包线头焊接在骨架的 2 个焊针上通过印制板接入电路。补偿线圈绕制在磁芯上,并和骨架安装匹配,与印制板焊装形成一体化结构。外壳内部设计竖向卡槽固定印制板,并整体灌封硅凝胶,以提高器件抗振和抗冲击能力、防潮能力以及阻尼去耦。

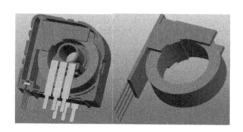

图 11　电流传感器内部结构

图 12　电流传感器外壳和盖板

外壳是构成传感器的重要组成部分,在保证各部件的强度、刚度基础上,在设计中尽量减轻结构重量。外壳采用塑料开模的方式整体加工,基础壁厚 0.8 mm。过流针通过注塑方式嵌入到外壳中,形成一体结构。外壳和盖板上分别设计匹配的卡扣,将外壳与盖板锁紧,同时卡紧内部的印制板,实现传感器结构一体化。

4　工程样机测试及验证

传感器的工程样机如图 13 所示。设计传感器的零点为 2.5 V,调节传感器输出灵敏度为 104.17 mV/A,使得传感器测试额定电流±6 A 时输出电压为(2.5±0.625)V。

搭建传感器输出性能测试系统如图 14 所示,通过安捷伦电源为传感器提供+5 V 工作电压;使用多功能校准仪提供测试电流,分别加载正向和反向测试电流,分度为 0.6 A,测试模式为 10 步进正反行程测试,最大加载测试电流为±6 A。

图 13　电流传感器工程样机

图 14　传感器输出性能测试系统

具体的传感器测试输出数据如表 1 所列,传感器输出电压和测量电流线性关系拟合曲线如图 15 所示。依据 SJ 20790《电流电压传感器总规范》要求,计算传感器输出正行程和反行程的线性度均优于 0.1%,正向电流和反向电流测量精度均优于 0.1%。设计的传感器测量 6 A

以内的小电流具备优越的线性度和测量精度。

表 1　传感器测试输出数据

正向电流 正行程/A	输出电压 /V	正向电流 反行程/A	输出电压 /V	反向电流 正行程/A	输出电压 /V	反向电流 反行程/A	输出电压 /V
0	2.506 4	6.0	3.133 3	0	2.505 7	−6.0	1.883 3
0.6	2.569 0	5.4	3.070 2	−0.6	2.443 3	−5.4	1.945 1
1.2	2.631 3	4.8	3.007 3	−1.2	2.380 7	−4.8	2.007 1
1.8	2.693 9	4.2	2.944 4	−1.8	2.318 3	−4.2	2.069 3
2.4	2.756 7	3.6	2.881 6	−2.4	2.256 1	−3.6	2.131 3
3.0	2.819 2	3.0	2.818 9	−3.0	2.193 7	−3.0	2.193 5
3.6	2.882 0	2.4	2.756 1	−3.6	2.131 5	−2.4	2.255 9
4.2	2.944 7	1.8	2.693 5	−4.2	2.069 3	−1.8	2.318 1
4.8	3.007 7	1.2	2.631 0	−4.8	2.007 3	−1.2	2.380 5
5.4	3.070 6	0.6	2.568 4	−5.4	1.945 3	−0.6	2.442 9
6.0	3.133 5	0	2.505 8	−6.0	1.883 3	0	2.505 3
线性度	0.07%	线性度	0.08%	线性度	0.08%	线性度	0.08%
正向精度		0.03%		反向精度		0.05%	

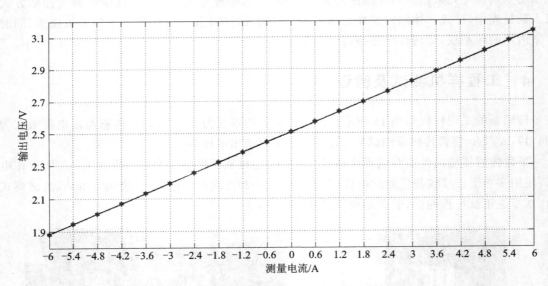

图 15　传感器输出电压与测量电流关系曲线图

5　结论与展望

　　本文针对传统闭环霍耳电流传感器测量小电流精度低,且在单电源系统中应用受限的问题,设计了一种将 TMR 技术和闭环原理相结合的单电源电压输出型电流传感器。设计了一种敏感垂直方向磁场的 TMR 测量模块,并匹配设计了坡莫合金环形开口磁芯和合适安匝比的补偿线圈,通过骨架一体化架构形成传感器整体。经过工程实际测试,验证了设计的闭环 TMR 电流传感器在+5 V 单电源工况下测试 6 A 以内电流的精确性和可靠性。这对于单电源供配电系统电流参数高精度高可靠监测具有重要的实际意义。

参考文献

[1] Andrea Ajbl,Marc Pastre,Maher Kayal. A Fully Integrated Hall Sensor Microsystem for Contactless Current Measurement[J]. IEEE Sensors Journal,2013,13(6):2271-2278.

[2] 周樾文,邓俊,文莹,等. 基于霍耳电流传感器的电源监控系统设计[J]. 传感器与微系统,2015,34(10):54-56.

[3] Fei Xie,Roland Weiss,Robert Weigel. Improved Mathematical Operations Based Calibration Method for Giant Magnetoresisitive Current Sensor Applying B-Spline Modeling[J]. Sensors and Actuators A,2017(254):109-115.

[4] 蒋孝勇,李孟委,张晓峰,等. 基于隧道磁电阻效应的反正切转速测量方法[J]. 传感技术学报,2017,30(5):692-696.

[5] Donnal J S,Leeb S B. Noncontact Power Meter[J]. IEEE Sensors Journal,2015,15(2):1161-1169.

[6] 李东昇,程武山. 基于 TMR 磁传感器的电流系统大电流测量[J]. 传感器与微系统,2013,32(12):131-134.

使用单电推的商业微纳卫星一箭多星调相设计

王菲　李明翔　薛淑娟　牟绍君　徐影

（山东航天电子技术研究所，山东·烟台，264000）

摘要： 为了实现一箭多星的商业微纳卫星相位调整，本文提出了一种"多星卫星先后小幅升/降轨"的轨控调相方案，即按时间先后顺序，依次间隔将多星系统中每颗卫星的轨道抬升或降低同一高度，通过不同时长轨道高度差累计的轨道周期差，来调整星与星之间的相位差。同时，本文给出了具有实践意义的电推轨控流程。该方法可应用于一箭多星发射的仅安装单电推的商业微纳卫星上，且能保证电推工作期间卫星姿态能兼顾星上能源、热控、测控以及姿控敏感器有效等要求。

关键词： 调相设计；一箭多星；电推进；商业微纳卫星

1　引　言

随着一箭多星技术的日趋成熟，越来越多的商业卫星公司会选择将多颗微纳卫星搭载同一火箭发射入轨。但是，由于火箭本身的机动能力有限，搭载发射的多颗微纳卫星通常会分布在同一轨道的相近位置。这就会导致，多颗卫星载荷对地覆盖区域重叠较大，严重影响卫星载荷的利用效率。因此，需要在卫星入轨后，通过轨道机动控制将多颗卫星之间的相位拉开，提升卫星载荷利用率。考虑到商业微纳卫星研制成本以及体积重量的限制，传统的化学推进已经不能很好地适用于商业微纳卫星了。而电推进凭借其体积小、重量轻、价格低等优势，在商业航天领域发挥越来越重要的作用。

Hall 采用极大值原理研究了二体平面模型下的小推力调相轨道设计问题。王帅摄动模型下考虑复杂约束的小推力调相轨道设计问题。但是，以上方法都需要在轨实时调整卫星姿态或者在卫星不同位置安装多个电推单机。实际中，为了节约研制成本并减小体积和重量，普通商业微纳卫星上只能安装 1 个电推单机。同时，由于电推产品推力很小（百微牛级），需要连续开机的时间较长（多轨连续开机或者绝大部分时间开机）。因此，在电推开机的情况下，卫星姿态要兼顾星上能源和热控等要求。基于以上限制条件，本文提出了使用单电推的商业微纳卫星双星调相设计方案。

2　轨道动力学模型

搭载同一火箭发射的多颗微纳卫星，如图 1 所示，运行于同一轨道上，Δu 表示两两卫星之间的相位差。入轨阶段卫星之间的相位差一般小于 1°，后期载荷使用中为了获得较优的对地覆盖和重访性能，一般要求多颗卫星能均匀分布在轨道面内，即两两卫星之间的相位角拉开到 $360(°)/n$（n 表示同时发射的卫星颗数）左右。

采用无奇点的平根数描述轨道动力学方程如下：

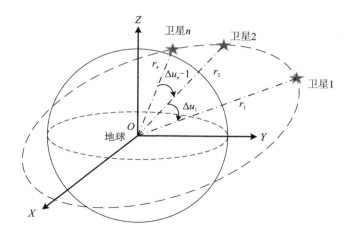

图 1 同轨多星运行示意图

$$\frac{\mathrm{d}a}{\mathrm{d}t} = \frac{2}{n\sqrt{1-e^2}}\left[F_r(\xi\sin u + \eta\cos u) + F_t\frac{p}{r}\right]$$

$$\frac{\mathrm{d}i}{\mathrm{d}t} = F_n\frac{r\cos u}{na^2\sqrt{1-e^2}}$$

$$\frac{\mathrm{d}\Omega}{\mathrm{d}t} = F_n\frac{r\sin u}{na^2\sqrt{1-e^2}\sin i}$$

$$\frac{\mathrm{d}\xi}{\mathrm{d}t} = \frac{\sqrt{1-e^2}}{na}\left[F_r\sin u + F_t\frac{\cos u_b + \sqrt{1-e^2}\cos u - \dfrac{\xi(\xi\cos u_b - \eta\sin u_b)}{1+\sqrt{1-e^2}}}{\sqrt{1-e^2}}\right] - \eta\cos i\frac{\mathrm{d}\Omega}{\mathrm{d}t}$$

$$\frac{\mathrm{d}\eta}{\mathrm{d}t} = \frac{\sqrt{1-e^2}}{na}\left[F_r\cos u + F_t\frac{-\sin u_b - \sqrt{1-e^2}\sin u - \dfrac{\eta(\xi\cos u_b - \eta\sin u_b)}{1+\sqrt{1-e^2}}}{\sqrt{1-e^2}}\right] + \xi\cos i\frac{\mathrm{d}\Omega}{\mathrm{d}t}$$

$$\frac{\mathrm{d}\lambda}{\mathrm{d}t} = n - \frac{\sqrt{1-e^2}}{na}\left[2F_r\sqrt{1-e^2}\frac{r}{p} + \frac{F_r(\xi\cos u - \eta\sin u) - F_t\left(1+\dfrac{r}{p}\right)(\xi\sin u + \eta\cos u)}{1+\sqrt{1-e^2}}\right] - \cos i\frac{\mathrm{d}\Omega}{\mathrm{d}t}$$

$$(1)$$

式中,a 为轨道半长轴,i 为轨道倾角,Ω 为升交点赤经,$\xi = e\cos\omega$,$\eta = -e\sin\omega$,$\lambda = \omega + M$,e 为轨道偏心率,ω 为近地点幅角,M 为平近点角。$\mu_e = 398\ 600\ \mathrm{km^3/s^2}$ 为地球引力参数,$r = a(1-e)/(1+e\cos\theta)$ 为地心距,θ 为真近点角,$u = \omega + \theta$ 为纬度幅角,$n = \sqrt{\mu_e/a^3}$ 为平均速度,$p = a(1-e^2)$ 为半通径,$E = 2\arctan\left[\sqrt{(1-e)/(1+e)}\tan(\theta/2)\right]$ 为偏近点角。

F 卫星受到的加速度在径向、切向、法向的分力三个方向上的分量,包含卫星受到的推力加速度和轨道摄动力加速度两部分。

$$\boldsymbol{F} = \begin{bmatrix} F_r & F_t & F_n \end{bmatrix} = \boldsymbol{T} + \boldsymbol{g} \tag{2}$$

式中,$\boldsymbol{T}$ 为推力加速度矢量,$\boldsymbol{g}$ 为轨道摄动加速度矢量,关于轨道摄动因素,目前只考虑 J2 项摄动的影响,表达式如下:

$$g_r = -\frac{3}{2}J_2\frac{\mu_e R_e^2}{r^4}(1-3\sin^2 i \sin^2 u)$$

$$g_t = -\frac{3}{2}J_2\frac{\mu_e R_e^2}{r^4}\sin^2 i \sin 2u \qquad\qquad (3)$$

$$g_n = -\frac{3}{2}J_2\frac{\mu_e R_e^2}{r^4}\sin 2i \sin u$$

式中，$J_2 = 1.082\,63\times10^{-3}$ 为 J2 项系数，$R_e = 6\,378.14$ km 为地球半径。

3　布相方案与轨控流程

假定卫星的正常飞行姿态为 X_b 轴指向飞行方向，Z_b 指向地心，Y_b 由右手定则确定。每颗微纳卫星上仅能安装 1 个电推单机，电推喷口一般朝向 $+X_b$ 或 $-X_b$ 方向。考虑到电推开机情况下，卫星姿态要兼顾星上能源、热控、测控以及姿控敏感器有效等要求。因此，为了卫星平台的安全，应避免出现卫星绕 Y 轴或 Z 轴旋转 $180°$ 的情况，即不能使用通常的先升轨再降轨或者的先降轨再升轨的调相方案。基于以上工程实际因素，本文提出了一种"多星卫星先后小幅升/降轨"的轨控调相方案，即按时间先后顺序，依次间隔将多星系统中每颗卫星的轨道抬升或降低同一高度（一般小于 10 km），通过不同时长累计的轨道周期差形成最终星与星之间的相位差。

以双星系统为例，假定电推喷口朝向 $-X_b$ 方向，则具体调相步骤如下：

① 通过在轨遥测分析确定两颗卫星进行机动的先后顺序，一般选定轨道高度较低且相位靠前的卫星（假定为卫星 1）先机动，另一个（卫星 2）后机动；

② 根据调相要求，分别计算卫星 1 和 2 的轨控时长、推力开启位置、停泊等待时长等轨控参数；

③ 将计算好的轨控参数上注给卫星 1，卫星 1 先进行机动，卫星 2 电推关机停控等待；

④ 两颗卫星均执行电推关机停控等待，等待时长为步骤②中计算得到的；

⑤ 将计算好的轨控参数上注给卫星 2，卫星 2 进行机动，卫星 1 电推关机停控等待；

⑥ 卫星 2 机动完成后，在根据遥测确定相位调整效果，确定是否需要重复上述步骤进行小幅调整。

图 2 给出了推进系统进行轨道机动的卫星自主控制与地面遥控指令控制软件运行流程图。从流程如中可以看出，正常轨控流程开启前，需要首先测试确认电推性能，以保证卫星平台安全。同时，在电推点火轨控过程中，需要星上时刻自主判断卫星平台健康情况，确定是否继续点火。

4　数学仿真

已知一箭双星入轨高度为 500 km，卫星质量为 40 kg。电推喷口朝向 $-X_b$ 方向，推力为 500 μN。要求在 50 天内完成 $180°$ 的相位调整。考虑到星上能源情况，每轨允许电推开机的时长不超过 40 分钟。通过计算，得到卫星需要依次降轨约 5 km，中间间隔约 39 天，每颗星上电推需要开机的总时长为 50 小时。具体调相实施方案如下：

① 在正常对地飞行姿态下，卫星 1 每轨开启电推 40 分钟，执行 75 轨，卫星 2 电推关机；

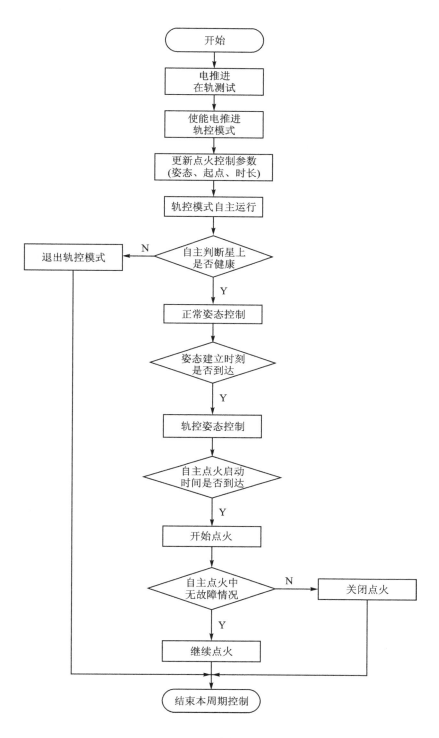

图 2　卫星轨控流程图

② 两星停止轨控等待 38.6 天;

③ 在正常对地飞行姿态下,卫星 2 每轨开启电推 40 分钟,执行 75 轨,卫星 1 电推关机。

由上所述可实现 180°的相位调整,相位差随时间变化如图 3 所示。调相过程按照上述理论正常执行时,需要 45 天时间实现 180°的相位调整。最终的调相误差在±2°范围内。

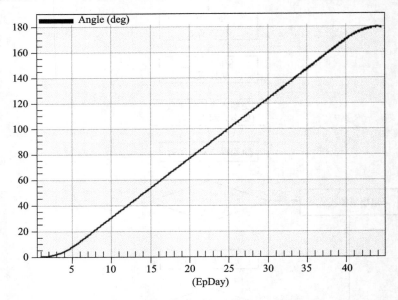

图 3　180°调相过程,相位差随时间变化示意图

5　结　论

根据一箭多星发射的商业微纳卫星上只能安装 1 个电推单机的实际情况,以及电推工作期间卫星姿态要兼顾星上能源、热控、测控以及姿控敏感器有效等要求。本文提出了一种"多星卫星先后小幅升/降轨"的轨控调相方案,即按时间先后顺序,依次间隔将多星系统中每颗卫星的轨道抬升或降低同一高度,通过不同时长轨道高度差累计的轨道周期差,来调整星与星之间的相位差。同时,本文给出了具有实践意义的电推轨控流程。仿真结果表明,该方案可以实现卫星调相要求,调相误差在±2°范围内,具有较好的工程实际应用前景。

参考文献

[1] Hall C D,Perez V C. Minimum-time orbital phasing maneuvers[J]. Journal of Guidance,Control,and Dynamics,2003,26(6):934-941.

[2] 王帅,尚海滨,崔平远,等.小推力地球卫星圆轨道同轨调相设计方法研究[J].宇航学报,2013,34(01):1-8.

[3] 赵书阁. 近圆轨道航天器交会调相自主化与优化方法研究[D].北京:北京理工大学,2016.

[4] 陈茂林,刘旭辉,周浩浩,等.适用于微纳卫星的微型电推进技术研究进展[J].固体火箭技术,2021,44(02):188-206.

[5] 于达仁,乔磊,蒋文嘉,等.中国电推进技术发展及展望[J].推进技术,2020,41(01):1-12.

一种低成本小卫星智能蓄电池方案

王磊　徐影　何世昆　冀勋　刘富萌

（山东航天电子技术研究所,山东·烟台,264000）

摘要：本文调研了目前主流电动汽车中蓄电池的应用情况,分析并提出一种用于低成本小卫星的智能蓄电池方案,对于提高商业卫星蓄电池寿命,减轻卫星重量,提高整星功率密度,降低卫星成本具有较好的前景。

关键词：商业卫星;小卫星;电动汽车;智能蓄电池

1 引　言

目前全球纯电动汽车数量越来越多,续航里程也越来越远,一线主流纯电动汽车国内如小鹏 P5、比亚迪、小鹏等纯电续航里程 600 km 起步。电动汽车续航里程的增加一个重要的方面是得益于蓄电池单体比能量的提高和蓄电池管理技术水平的提高。本文借鉴电动汽车的蓄电池理念,分析并提出一种用于低成本小卫星的智能蓄电池方案。

2 电池汽车用蓄电池调研

由于国家碳排放措施的实施以及电动汽车续航里程的提高,电动汽车目前正步入和传统燃料汽车正面 PK 的时期,清洁燃料汽车销量逐年急剧上升。2021 年全国纯电动车销售479.3 万辆,同比增加 111.3%。电动汽车领域比较知名的厂商除了大家比较熟知的国外品牌如特斯拉之外,国内电动车厂商(如比亚迪、蔚来、小鹏、理想等)也迅速崛起,电动汽车领域的快速成长很大一部分要归功于蓄电池技术的进步和发展。

2.1 电　池

目前在电车上应用的蓄电池,既包含了主流的三元锂电池、磷酸铁锂电池等,还包含了钛酸锂电池、半固体动力电池、果冻电池、金属硫电池等。从国内外一线电动汽车厂商的使用来看,目前主要都是应用三元锂电池和磷酸铁锂电池,这两种电池占据了绝大多数市场。

另外从汽车动力电池的发展变化历程来看,早期以特斯拉为主的动力电池包采用的是 MTP(Module to Pack)的工艺,该工艺大量使用圆柱电芯(如 18650 单体电池),该电芯由几个电芯构成一个模组,各个模组再和 BMS、配重单元等部件组成电池包,然后由几个电池包构成电池组,最后再由几个组件形成整车电池板。此种方式能够在很大程度上降低组装复杂程度,提高生产效率。另外模块化技术能够完成单一模组的转换,也为售后维修提供了方便。特斯拉汽车早期电池系统组成见图 1。

如今汽车电池去模组化成为技术发展的主流趋势,在提升能量密度和保证续航的基础上,可以减少零部件数量,减轻整车重量。在这方面比较有特色的主要有宁德时代的 CTP、CTC

技术,比亚迪的刀片电池技术和国轩高科的 JTM 技术。

① CTP(cell to pack)技术:无模组电池包技术,即将电芯整合成动力电池包,由于优化了模组环节的设计,使得电池包的空间使用率与能源密度得到了大幅提升。与传统技术相比,将电池包的空间利用效率提升高了十五至二十个百分点,能量密度增加约百分之三十。而 CTC(cell to chassis)技术是对 CTP 技术的更进一步扩展,可以将电池整合于汽车底盘。此技术可使整车减重 8%,续航里程提升至少 40% 至 1 000 km。电动汽车蓄电池去模组化和底盘集成一体化趋势见图 2。

② 刀片电池:比亚迪刀片电池改变了电芯排布方式的设计,顾名思义,电池包的形状类似于刀片,薄而长,采用无模组化设计。与常规设计相比,体积比容量提高了 50%,生产成本降低了 30%,续航里程达到 600 km。

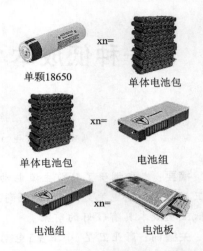

图 1　特斯拉汽车早期电池系统组成图

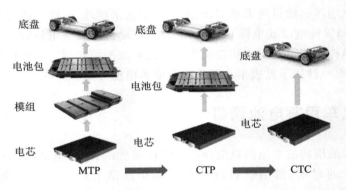

图 2　电动汽车蓄电池去模组化和底盘集成一体化趋势

③ 国轩高科 JTM(Jelly Roll to Module)技术:这是一种卷芯到模组的新型制造技术,该技术使电池和模具零部件显著减少,可显著降低电池的生产及时间成本。JTM 技术的模组采用磷酸铁锂材料制备,能量密度超过 200 Wh/kg,系统能量密度为 180 Wh/kg。

2.2　电源系统管理策略方式

特斯拉汽车选用松下 18650 系列电池的理由大致有以下几点:比能量更大且稳定性,一致性更好;可以有效降低电池系统的成本:全世界每年制造的 18650 型电池达到几十亿量级,且安全性等级也逐年提升;单体电池虽然规格较小,但可控性良好;可降低因单体动力电池出现故障所引起的危害。在实际使用中,电池组的某个单元出现了故障,车辆上会出现错误信息提示,但难以对整个动力电池的整体特性造成影响,这也是配置了更多单体电池的好处。电动汽车市场对电池最大的需求是性能稳定、安全系数高且可循环充电次数多。

特斯拉的能源系统实行了分级管理制度,以世界首款电动汽车 Roadster 为例,整个电池板是由 11 个电池组串联构成。每个电池组由 9 个单体电池包串联而成,而每个电池包由 69 节电池并联构成。因此整车共 69×9×11=6 831 只 18650 单体电池。整个电池板的输出电压达到 375 V,可提供 85 kWh 的电量,光电池质量就高达 800 kg。在电池包中,电池组为最小的可替换模块。一旦系统侦测到某颗电池出现了故障,仅仅需要将含有该电池的电池组加以替换即可。为了实现对各个层级的监测,需要在每颗电芯的两端连接熔断器,一旦电芯出现过热、过电流异常增大就立刻熔断。为了实现精确监测,在各单体电池包及电池组两端也设置有熔断器。

电流都必须加以控制,于是在每颗电芯的二头都设计有熔断器,如果该颗电芯过热或电流过大就立刻融断,然后断开供电线。每个氯乙烯单体电池包的两头、在每个组件的两头也都设计有熔断器,如果输出电压过大仅仅有保险丝还不够,在每个电池组的层级上,为了实现对电池组内单体电池包电压、温度及整体电压的动态监测,专门设计了电池监控面板。另外,为了对电池包的工况进行监测,设计出了电池监控系统。其主要目的是保证电池组的工作环境正常、安全。另外,还能够提供控制整车所需的信息,在车辆出现故障时能够迅速反馈解决。而且能够根据环境、电池状况及车辆情况智能调控充放电功率。其主要的监测范围有:电压、电流、温湿度及方位、烟雾等方面。

为了对电池监控系统进行精确监控,还在整车层面上设计安装了整车监测系统。动力电池管理(BMS)的主要目标是确保电池组运行于良好的工作状态区间,并提取电池管理所需数据,当出现异常情况时会进行响应管理,并依据温度、动力电池状况和汽车情况等因素确定电池的充放电功率技术参数。BMS 的主要模块涉及电池参数测试、电池性能评估、现场诊断、充电管理、手动均衡、热管理等。

2.3　电池充电控制方式

恒流恒压充电模式一般包括预、恒流和恒压三种充电状态。这种充电方式的优点是结构简单,易于控制,缺点是充电速度慢,电池易极化。

变电流间歇充电:即限定电压上限,采取分段变电流的方式对电池进行充电。这种方式在充电前期通过高低电流交替变化能够提高充电速度,但在充电后期仍须采用恒压的方式进行充电,因此在后期充电速度较慢,而且这种充电模式电路复杂,造价较高。

脉冲充电:通常脉冲充电会采用大电流脉冲的方式,这种方式在提高充电速度的同时还能通过脉冲的方式消除电池的极化现象,但为了尽量降低电池充电时的温度,在充电前期会以小电流采用恒定电流的方式进行充电,在此期间充电速度较慢。

智能充电:通过算法,能够根据电池的实时状态智能选择最佳的充电电流曲线。这种方式在充电过程中电池温度变化小,充电效率高,但对算法的精度要求很高。对于锂离子电池,采用智能充电的方式能够在提高充电效率的同时尽可提高电池的寿命。尽管特斯拉为 Model S 提供了多个充电方式供用户使用,但是其中功耗最低的充电方式其功率也高达 10 kW,普通家用电源无法满足使用要求。对此,特斯拉开发出了可用于快速充电的可变电流充电系统。该系统可通过三段式充电将电池快去充满。

第一阶段:小电流预充电过程。在此阶段会首先对电池状态进行检测,若单颗电池的端电压小于 2.5 V(最低充电门限电压),系统自动以 0.1 C 的倍率开始涓流预充电。原因是当单颗电池的端电压低于 2.5 V 时,表明电池已有一定的过放,为了保证电池不被破坏故采用涓流充电的方式对电池进行激活。当达到门限电压后,进入第二阶段充电过程。

第二阶段:分段恒流充电过程。这一过程对应的是电池电压介于最低门限电压与充电上限电压(4.2 V 左右)之间的阶段。在当电池充电进入第二阶段后,会采用变电流间歇充电的方式对电池进行充电,当电压近似达到上限且容量接近 4/5 时,此过程结束。

第三阶段:大电压脉冲充电过程。随着电池充电电压到达上限阈值,电池内部极化也随之增强,此时采用 1 C 倍率的大电流脉冲式充电,可以令电池电压迅速升高。脉冲间隙为电池内的化学反应提供了缓冲,可有效降低电池极化,为下一个脉冲提供良好的工况,利用这种脉冲充电方式将电池充满。相比于传统的分段式充电,由于增大了充电电流,故可大幅降低第三阶段的充电时间。

2.4　调研结语

目前电动汽车的蓄电池技术、电池管理技术等有着明显的优越性。因此可以借鉴和使用目前主流电动汽车高体积比能量和高质量比能量的蓄电池,通过空间环境试验筛选出适合卫星应用的此类电池,可极大的降低成本。另外借鉴电动汽车电池去模组化和电池底盘集成一体化趋势,后续小卫星电池也将与整星结构一体化设计,可有效减轻卫星重量,提高整星功率密度。

3　小卫星智能电池管理系统方案

为了实现对小卫星电池全面、积极的管理和控制,避免过度充放电、过热等问题的出现,研发设计了小卫星智能电池管理系统。该系统可以通过检测电池电压、电流、温度等参数,对电池的荷电状态(State of Charge,SOC)进行实时评估。进而有效降低小卫星蓄电池的不合理使用,提高能量的利用效率,在充分发挥蓄电池性能的同时,提高蓄电池的使用寿命。智能电池管理系统主要包括电池和电池管理系统,以下分别就电池和电池管理系统方案进行了方案介绍。

3.1　锂离子电池

以目前应用十分广泛,成本较低的 18650 锂离子电池为例,国内外卫星上已经大量应用过 18650 锂离子电池,其中工业级 18650 锂离子电池也有过多次的飞行经历,成熟度较高。另外通过工业级 18650 锂离子电池的地面测试及在轨验证,各蓄电池组研制厂所、公司等在工业级 18650 锂离子蓄电池筛选测试上也有较多的经验,因此卫星智能电池管理系统采用经过筛选的较为成熟的工业级 18650 锂离子电池风险较小,可靠度高。

后续可根据电动汽车蓄电池发展趋势,选择成熟的、应用量大、体积比能量和质量比能量较高的蓄电池,通过空间环境试验筛选后可直接作为卫星蓄电池进行应用。

3.2　卫星智能电池管理系统

卫星智能电池管理系统是整星蓄电池组控制的核心部分,主要由电池和电池管理系统组成,主要功能如图 3 所示。

智能电池管理系统主要包含以下几个功能:

① 电池信息采集:将采集板上的传感器收集到的蓄电池单体电压、电池组工作电压、充放电电流、电池温度等信息通过总线传输到主控芯片。

② 电池安全保护:主要监控电池在工作过程中出现的异常状态,发现异常时能够迅速隔离故障并作出应对,保证电池组能够正常工作。

③ 电池控制管理:充放电过程中,蓄电池会出现过充、过放及电池间充电电量不均衡的情

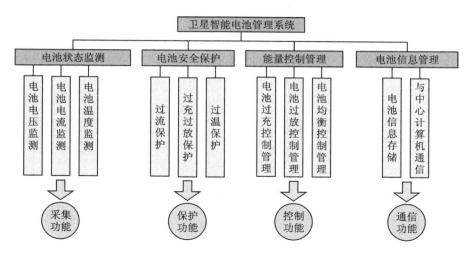

图 3　小卫星智能电池管理系统主要功能框图

况,这些状况都会极大地影响电池的工作效率和寿命。针对过充、过放情况,管理系统应采取有效措施积极应对(如切断充放电回路等),以保证电池组安全、正常工作。针对电池间电量不均的问题,在排除电池间硬件差异外,可构建电路配合控制算法来达到保证各单体电池间的电量均衡的目的。

④　数据通信:收集到的电池信息首先被送往 BMS 主控芯片进行状态估算与均衡控制等处理,再将处理结果通过 CAN 总线发送给星务计算机,以便地面人员对整星蓄电池状态有清晰的掌握和判断。

3.2.1　智能电池管理系统架构

电池管理系统采用智能的模块化扩展方式,可灵活的通过电池包串并联方式形成不同电压和不同容量等级的电池组产品。以 28 V,20 A·h 的电池组所使用的 18650 单体电池来说,每个电池包由 4 节 18650 单体电池并联构成,每两个电池包并联为一组,7 组串联构成电池组。

在电池组层级上设置了智能电池管理系统。通过该系统可对电池包的状态进行动态监测,及时获取电池组控制所需的各项参数信息,及时处理电池工作过程中出现的异常状况,并且根据环境温度、电池状态及电池组的需求智能控制充放电功率。每个电池包设置独立的加热片,便于蓄电池组对每个电池包进行独立的热控,从而可以较好地控制电池的温度,防止电池温度过低时内阻变大、活性降低、利用率减小,防止电池温度过高时寿命缩短、安全隐患等情况。智能电池管理系统主要由以下几个部分组成:电池包和控制主板。系统的架构框图如图 4 所示。

3.2.2　软件架构

智能电池管理系统在软件层面分为主程序、中间层处理程序和底层硬件驱动程序三个层次。主程序的主要作用是保证系统完成初始化后能够进入主循环,中间层处理程序集合构成主循环。智能电池管理系统主程序流程如图 5 所示。

中间层处理程序包含若干子程序,分别完成电池温控管理、电池过充过放管理以及电池均衡管理任务。中间层处理程序流程为:进入主循环后,FPGA 首先完成电池组温度、电池组电压、电池组电流及单体电池电压等数据的采集,同时通过模拟量接口将采集的数据传给星务计

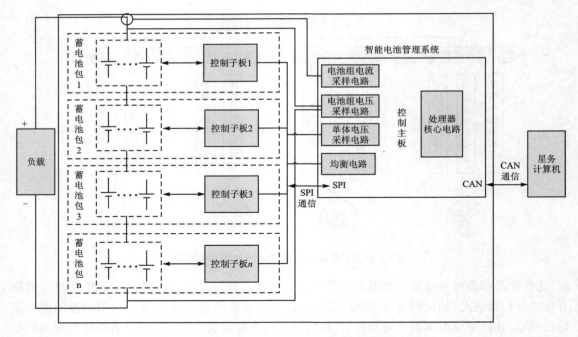

图 4　智能电池管理系统硬件结构框图

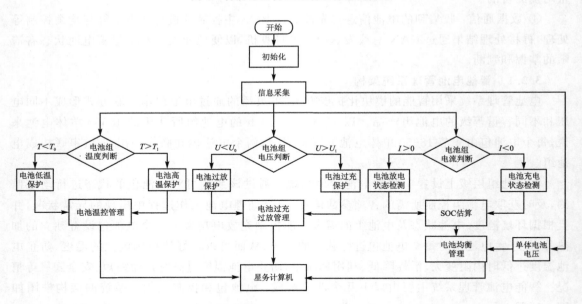

图 5　智能电池管理系统主程序流程图

算机,星务计算机依据获取到的数据完成电池组温度判断及电池温控管理、电池组电压判断及电池过充过放管理、电池组电流判断及 SOC 估算、电池均衡管理等功能。对于电池温控管理,首先将采集的电池组温度与设置的温度最小值门限和温度最大值门限进行比较,若电池组温度小于温度最小值门限 T_0,则触发电池低温保护,电池加热回路接通对电池进行加热;若电池组温度大于温度最大值门限 T_1,则触发电池高温保护,断开电池加热回路,使电池组的温度控制在 T_0 与 T_1 之间。对于电池过充过放管理,首先将采集的电池组电压与设置的电池过放门限和电池过充门限进行比较,若电池组电压小于电池过放门限 U_0,则触发电池过放保护,星务计算机自主将高功耗载荷断电;若电池组电压大于电池过充门限 U_1,则触发电池过充保护,开启分流,使电池组的电压控制在 U_0 与 U_1 之间。对于电池均衡管理,将电池组电流与 0 比较,若大于 0,表明电池处在放电状态;反之则处于充电状态。通过电池组电流对 SOC 进行计算,作为电池均衡以及充放电控制等工作的重要参考依据。电池均衡控制的流程如下:首先找出满足单体电压大于均衡电压门限 U_2 的单体电池,然后从满足条件的单体电池中找出电压最小值,将其余满足条件的单体电压与该最小值进行比较,当某个单体电压与最小值电压相差大于均衡电压差 U_3 时,使该单体电池的旁路控制电路工作;当某个单体电压与最小值电压相差小于均衡电压差 U_4 时,使该单体电池的旁路控制电路不工作,均衡控制结束。单体均衡控制能够保证单体电池的状态一致,提高电池组的工作寿命。

底层硬件驱动程序主要完成电池组电流采样、电池组电压采样、单体电压采样、电池组温度采样和均衡管理等功能。设定合适的采样周期,选取电压、电流、温度采集端口对应通道,采集芯片采到相应数据后进行 ADC 转换。由于电磁干扰等因素的影响,可能出现随机误差,为了消除误差,转换后的数据经过滤波处理再存储到相应的寄存器,星务计算机通过寄存器接口来读取采集值,对电池的状态参数进行评估,根据评估结果采取相应的处理措施。

4 结 论

目前商业卫星对成本的要求越来越苛刻,并且对寿命要求越来越高,一般都要求 3~5 年,基于传统航天的宇航级蓄电池在成本方面显然不适合用于商业卫星,而本方案提出的低成本小卫星智能蓄电池方案是基于电动汽车大量应用并通过空间环境验证过的高体积比能量和高质量比能量的商业锂离子电池和基于工业级器件搭建的控制电路组成的可大可小的电池阵列,智能电池管理系统可以对电池阵列进行灵活的控制,对每一节电池进行单独的充放电管理,可监测每一节电池的状态,对故障电池进行隔离,可灵活的通过串并联组合成不同电压和不同容量的电池组。同时借鉴电动汽车电池去模组化和电池底盘集成一体化趋势,后续小卫星电池也将与整星结构进行一体化设计,可有效减轻卫星重量,提高整星功率密度。因此本方案可以有效提高商业卫星的蓄电池使用寿命,降低卫星成本,在商业卫星应用方面具有较好的前景。

参考文献

[1] 未来智库.新能源汽车行业研究:市场渗透率显著提升,产业链景气度持续向好[J].2022-05-10.
[2] 未来智库.锂电池新技术 CTP 和 CTC 专题分析报告[R].2022-06-17.
[3] 行研君.2022 年新能源汽车行业研究报告[R].2022-04-28.
[4] 刘春娜.特斯拉电池技术及策略[J].电源技术,2014(3):56-58.
[5] 谢靖飞.特斯拉电源管理系统和快速充电技术的研究综述[J].东莞:东莞理工学院学报,2016,23(3):83-89.
[6] 陈一斌.从 30 到 20 再到 5,Tesla 的超级充电技术越来越快[N].爱范儿,2013-07-17.
[7] 马银山.电动汽车充电技术及运营知识问答[J].2012(1):79-81.
[8] 黎林.纯电动汽车用锂电池管理系统的研究[D].北京:北京交通大学,2009.
[9] 谢冬雪.电动汽车的电池管理系统设计[D].大连:大连理工大学,2018.
[10] 胡燕娇.电动汽车蓄电池能量管理系统的研究[D].江苏:江苏大学,2012.

一种全国产化高密度光激励信号模拟系统设计

栾东海　周林　唐健　赵雷　韩宁宁

（山东航天电子技术研究所,山东·烟台,264000）

摘要: 基于某型号设备自主可控要求、高集成度、可扩展和易便携等测试需求,设计和开发了一种全国产化高密度光激励信号模拟系统,用于对被测设备进行功能测试和性能测试,系统同时支持 20 个端口激励信号生成,接收和转发相应的数据信号,并对接收的数据信号进行数据一致性比对,单端口数据传输速率可达 300 Mb/s。经过系统联试,功能和性能指标满足被测设备测试使用要求。

关键词: 全国产化;高密度;光激励信号模拟

0 引 言

近年来,受新冠疫情和世界局势变化,进口元器件停产风险、禁运风险和采购价格过高等因素成为项目主要制约因素;随着科技发展和我国综合国力提升,国产不断加大元器件自主设计研发投入,元器件自主可控要求越来越高,装备类项目要求设备进行全国产化设计。某装备型号设备对外接口采用光纤通信,由于通道数量较多且测试场合多为外场试验,要求测设备支持并行测试,具有高集成度、可扩展、易便携等特点。

基于上述需求,本文设计开发了一种全国产化、高密度光激励信号模拟器,该激励信号模拟器可支持 20 路测控链路业务并发处理,采用 850 nm 光通信,用于对被测设备进行功能测试和性能测试。该系统同时支持 20 个端口激励信号生成,接收和转发相应的数据信号,最终对接收的数据信号进行数据一致性比对。同时,软件支持单端口最大 300 Mb/s,对传输数据和时间延迟进行实时统计。

1 硬件设计

考虑到被测设备的并行测试、可扩展、易便携等测试需求,全国产化高密度光激励信号模拟器采用标准 3U PXIE 架构,通过 8 对 GTH 总线与主机通信,可方便扩展,搭配便携式加固笔记本使用,满足测试设备并行测试和便携性要求;元器件选型方面主要考虑国产知名厂家、已经经过认证量产的器件和已经经过工程应用的器件优先选用。全国产化高密度光激励信号模拟器分为光纤通信模块、FPGA 控制模块、时钟模块、电源模块、缓存模块等部分,模拟器原理框图如图 1 所示。

1.1 光纤通信模块

光模块选用中航光电 HTG8515-MD-E006YY,是一款高性能、高密度、压接式 24 路并行光收发一体模块,该光收发模块面向短程多通道并行数据通信和超级计算机机柜间及机柜内

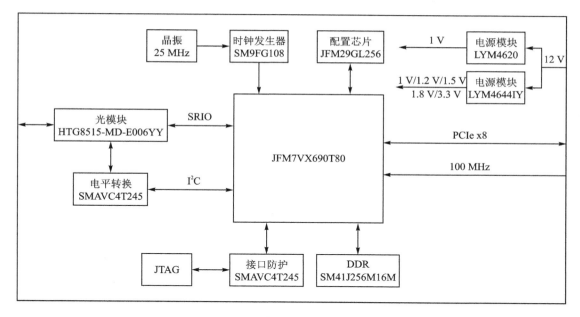

图1　模拟器原理框图

的互连应用。模块对外接口为 48 芯 MT 光接口,中心波长为 850 nm,3.3 V 单电源供电,单通道传输速率最高可达 10.312 5 Gbps,工作温度范围 $-55 \sim 85$ ℃(高温壳温),高速信号引脚采用交流 CML 电平,具备 I2C 通信监控功能,可以监控模块电压、温度等信息。

　　光模块内部集成差分耦合电容,本设计中 24 路并行光收发通道直连 FPGA 的 GTH BANK,单通道信号传输速率为 2.5 Gbps;由于 FPGA 的 BANK 电压为 1.8 V,I^2C 信号通过电平装换芯片与 FP-GA 的 I/O 引脚相连,电平转换芯片选用国微电子 SMAVC4T245 实现 3.3 V 与 1.8 V 电平转换。光模块与 FPGA 硬件设计框图如图 2 所示。

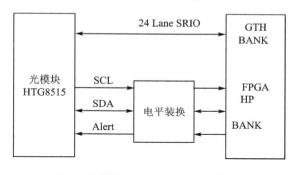

图2　光模块与 FPGA 硬件设计框图

1.2　FPGA 控制模块

　　FPGA 选用复旦微电子 JFM7VX690T80,该 FPGA 集成了功能强大、并可灵活配置组合的可编程资源,逻辑单元可达 693120 个,最大分布式 RAM 可达 10888Kb;还包含 I/O、Block RAM、DSP、MMCM、GTH 等可编程模块,其中 GTH 接口为 80 个,其丰富 SERDES 资源支持 SRIO 通信协议;内部集成 PCIe 集成模块,最高支持 X8 速 PCIe Gen3。该芯片与 Xilinx 的 XC7VX690T-2FFG1927I 功能、封装兼容。

　　FPGA 配置芯片选用复旦微电子 JFM29GL256,该芯片是一款 256 Mb 并行 NOR 型 FLASH 存储器,供电电源为 3.3 V,I/O 控制电压支持 3.3 V 和 1.8 V 两种配置,支持 1 万次读/写擦除,数据可保存 10 年。JFM29GL256 采用区块擦除架构,允许存储区块被擦除和重新编程,而不影响其他区块的数据内容;具有高级写保护功能,保证上下电以及器件在系统期间内部数据不被误改写。该芯片与 CYPRESS 的 S29GL256P10TFI010 功能、封装兼容。

本设计中 FPGA 采用 BPI 配置模式,配置芯片 I/O 控制电压选择 1.8 V,FPGA 与配置芯片硬件设计框图如图 3 所示。

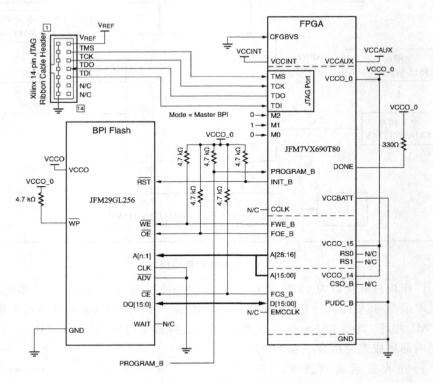

图 3　FPGA 与配置芯片硬件设计框图

1.3　时钟模块

时钟模块分为两部分,一部分使用 PXIE 总线时钟 100 MHz,用作系统时钟和 PXIE 总线数据传输;另一部分通过晶振和时钟发生器生成 4 路 125 MHz 时钟,用作光模块数据传输。其中,时钟发生器选用国微电子 SM9FG108,一款 CMOS 工艺的时钟发生芯片,通过内部 PLL 对参考时钟做倍频处理后产生八路 100～400 MHz 的差分时钟输出给外部系统使用,该芯片与 IDT 的 ICS9FG108E 功能、封装兼容;晶振选用北京晨晶 ZPB-28-25-V3-A5-C3-D,提供 25 MHz 参考时钟给 SM9FG108,通过频率设置输出 125 MHz 差分时钟给 FPGA。

1.4　电源模块

电源模块选用济南市半导体元件实验所的 LYM4620AIV 和 LYM4644IY。其中,LYM4620AIV 为独立双输出电源,输入电压 4.5～16 V,输出电压 0.6～5.3 V,单路输出电流可达 13 A,两路合并输出电流可达 26 A,芯片工作温度-55～+125 ℃;LYM4644IY 为独立四输出电源,输入电压 4～14 V,输出电压 0.6～5.5 V,单路输出电流可达 4 A,并联使用最高可达 16 A,具有过压、过流和过热保护功能,芯片工作温度-55～+125 ℃。

本设计中,LYM4620AIV 使用 1 片,采用双路输出模式,输入电压为 12 V,输出电压均为 1.0 V,用于给 FPGA 内核电源和 GTH 内核电源供电;LYM4644IY 使用 2 片,均采用四路输出模式,输入电压为 12 V,输出电压包括 1.0 V、1.2 V、1.5 V、1.8 V 和 3.3 V,其中 1.0 V、1.2 V、1.8 V 用于给 FPGA 内核电源、辅助电源、GTH 模拟电源、QPLL 电源和接口 IO 供电,1.5 V 给 DDR 和 FPGA IO 供电,3.3 V 给光模块、电平转换电路和 FPGA 配置电路等接口芯片供电。两种电源模块分别与 Linear 的 LTM4620 和 LTM4644 功能、封装兼容,电源模块网络拓扑如图 4 所示。

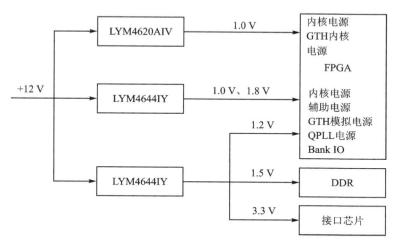

图 4　电源模块网络拓扑

1.5　缓存模块

缓存模块选用国微电子 SM41J256M16M 型 4Gb DDR3 同步动态随机存储器,是一款采用差分时钟输入(CK 和 CK♯)的双倍速率数据架构实现高速运行的同步动态随机存储器,采用 8 个 bank 结构,每个 bank 大小为 32 Mb×16。可通过行地址、列地址对内部存储单元进行选择,通过标准指令激活器件后,进行读写操作。供电电源为 1.5 V,工作温度 −55～+125 ℃。本设计中选用 2 片 SM41J256M16M,地址线相同,数据线串联组成 32 位,该芯片与 MICRON 的 MT41K256M16HA 功能、封装兼容。

2　软件设计

全国产化高密度光激励信号模拟器软件分为 FPGA 软件和 CPU 软件,通过软件可以实现 20 路 SRIO 的发送和 20 路 SRIO 的数据接收,FPGA 与 CPU 通过 PCIE 总线进行数据交互。软件架构如图 5 所示。

当板卡需要发送光纤数据时,CPU 负责将需要发送的光纤数据通过 PCIE 发送给 FPGA,FPGA 经过数据处理,通过 SRIO 端口发送出去。当板卡需要接收处理光纤数据时,FPGA 通过 SRIO 端口接收光纤数据,经过数据采集处理,最后通过

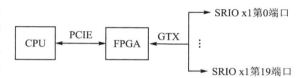

图 5　光激励信号模拟器软件架构

PCIE 总线传送给 CPU 进行处理。板卡的光纤数据发送接收可同时进行,整个板卡 PCIE 总线数据传输带宽为 2 Gbps。软件数据流如图 6 所示。

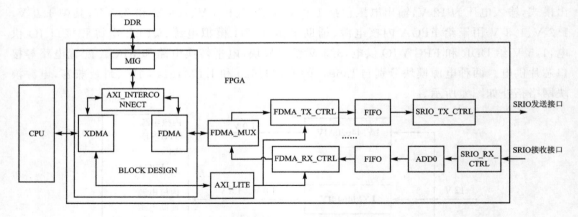

图 6　系统数据流程框图

板卡软件总共分为 6 部分：

第一部分为 BLOCK DESIGN，主要负责 CPU 与 FPGA 进行业务数据交互；

第二部分为寄存器收发模块 AXI_LITE，该模块主要负责 CPU 与 FPGA 进行寄存器数据交互，CPU 对软件 SRIO 的所有配置通过该模块实现；

第三部分为 FDMA 自定义 DMA 数据传输模块；

第四部分为 FDMA 收发统筹模块 FDMA_MUX，主要负责各个收发 SRIO 的数据协调，最后形成统一的数据交互接口与 BLOCK DESIGN 中 FDMA 模块进行数据交互；

第五部分为光纤数据发送模块，该模块主要负责将 Fdma_mux 分解出的每一个通道的发送数据通过光纤接口发送出去；

第六部分为光纤数据接收模块，该模块主要负责将每个光纤接收接口的数据通过 FPGA 接收，并且通过标准的自定义 AXI 接口传送给 Fdma_mux 模块。

2.1　BLOCK DESIGN

CPU 与 FPGA 通过 PCIE 总线进行数据交互，XDMA 为集成 PCIE 与 DMA 于一体的数据交互 IP。同时，CPU 与 FPGA 的高速大容量数据传输借助外部 DDR3 实现。当系统发送模拟激励时，CPU 借助 XDMA 将数据通过 AXI 总线写入 DDR3 中，FPGA 再借助 FDMA 获取 DDR3 中的数据，从而实现将 CPU 下发的数据通过 FPGA 接口发送出去。当系统接收数据时，FPGA 借助 FDMA 将接收的数据暂存在 DDR3 中，CPU 获取到接收数据量后，按照相应的接收数据量从 DDR3 中提取数据。

2.2　AXI_LITE 模块

该模块为寄存器收发模块，主要用于 CPU 与 FPGA 进行多接口用户寄存器交互，保证收发数据的无差错传输。

2.3　FDMA 自定义 DMA 数据传输模块

FDMA 自定义 DMA 数据传输模块主要完成 FPGA 用户端数据流格式数据与 AXI 协议数据的协议转换，并启动 DMA。软件 DMA 块为 256 * 16 字节，所有的数据传输都按照此 DMA 块进行传输。

2.4　FDMA 收发统筹模块 FDMA_MUX

激励源模拟器共可实现 20 个 SRIO 端口的数据交互,而 FPGA 软件则需要将 20 路数据通过代码整合为 1 路 AXI 总线数据信号。解决办法则是将多个端口数据进行排队处理,各个端口并无优先级顺序,按照顺排进行处理。若该端口在接收当值接口而不需要传输的数据值,则顺排到下一端口进行数据量判断,哪个端口在当值时有数据需要传输,则处理完当前端口数据传输后才跳转到下一端口进行判断。

2.5　SRIO 数据发送模块

激励源模拟器与被测设备通过 SRIO 协议进行数据交互,传输业务协议通过 SWRITE 报文包、MESSAGE 报文以及 DOORBELL 进行报文组合传输,大大提高报文传输的可靠性。同时,为了考验被测设备对于高带宽业务报文的处理能力,激励源模拟器具备单个 SRIO 端口300 Mbps 业务报文 SWRITE 包传输的能力。软件具备突发发送以及填充发送两种模式,在突发发送下,FPGA 透明传输 CPU 下传的数据。在填充模式下,激励源模拟器在 CPU 不具备300 Mbps 的平均传输速率时自动穿插发送填充包。

2.6　SRIO 数据接收模块

激励源模拟器按照协议接收不同的报文(包括 SWRITE、MESSAGE 和 DOORBELL),并将接收的除填充包以外的所有包数据上传给 CPU。软件具备上传最大每个端口 300 Mbps,共 20 个端口的所有数据。

3　结　论

本文设计的全国产化高密度光激励信号模拟器已经成功应用于某型号设备的验收测试和外场联试工作中,能根据系统指示发送多个链路类型的 SRIO 包类型数据,同时具备接收被测设备多链路数据的能力。实际应用中系统实时传输,无丢帧现象,功能和性能指标满足系统既定的各项指标要求和使用要求。

近年来,随着国际形势突变和国产元器件设计工艺水平不断提高,越来越多的装备类项目要求全国产化设计。光激励信号模拟器采用全国产化设计,提高了设备自主可控能力;采用高密度光模块提高设备便携性,可以更好地服务于装备类光纤接口设备的试验测试和外场联试,具有较高的推广和而应用价值。

参考文献

[1] 邵雨新,席静,张自圃.一种利用全国产化器件启动龙芯 3A1000 的方法[J].兵工自动化,2020-0739(7): 33-35.
[2] 张禹,钱宏文.一种全国产化捷联惯性导航信号处理平台设计[J].嵌入式技术,2021,47(5):102-107.
[3] HTG8515-MD-E006YYPOB24 路并行光收发一体模块使用说明书.中航光电科技股份有限公司.
[4] JFM7VX690T80 高性能现场可编程门阵列技术手册.复旦微电子,2018.
[5] 基于 XDMA 的高速光纤数据传输测试系统.第十八届航天器测试技术研讨会论文集,2021(12): 303-310.

基于国产化平台技术的
无线收发控制终端研究与设计

于雪磊　王勃

（山东航天电子技术研究所，山东·烟台，264003）

摘要： 随着武器装备网络化、智能化、小型化和国产化的发展趋势，基于自主可控软硬件平台的无线收发控制终端在武器装备空间应用领域具有重要的战术意义。研究基于龙芯2K1000国产化通用信息处理平台的无线收发控制终端，适用于作战环境远程操控，解决车载机动环境下交互控制时效性不强、操作现场灵活性不足以及信号长距离有线传输不稳定等技术瓶颈问题。设计一款功能集成、体积更小、重量更轻的单兵手持式无线手持显控终端，对国产化无线通信设备的设计具有一定借鉴及指导意义。

关键词： 手持显控终端；无线收发装置；龙芯2K1000；翼辉操作系统；P900

1　引　言

随着计算机处理能力的飞速发展以及自主可控的应用需求，使得计算平台的体积逐步减小，系统性能不断增强，国产化日益提升，武器装备正向小型化、智能化和国产化方向快速发展，研究开发一款功能强大、小型化、具有较强信息接收和处理能力的全国产化高性能处理平台具有现实意义。

当前武器装备存在体积庞大、系统复杂的问题，展开、撤收时间较长，机动速度和机动范围较为受限，难以适应复杂多变的战场环境和态势，特别是武器发射现场环境较恶劣，远距离有线传输存在信号衰弱、传输不稳定情况。因此研制一款易于配发部署、便于携带、综合长波、短波无线通信控制功能的手持型终端设备，提高武器装备便携化程度和智能化水平，对适应战术行动时间突发、地点随机、态势多变的特点，提高部队应急作战能力具有重要的影响。

当前武器领域无线收发控制设备的发展趋势如下：

（1）集成数据处理技术

将现代计算机、目标识别，图像显示处理、智能控制等技术进行融合集成，具有传感器输入数据的综合处理、数据融合、任务计算、码流接入技术、视频信息生成、导航计算、通信管理、系统控制和故障检测、重构等多种功能，充分体现信息综合、显示综合、功能综合、硬件综合、软件综合、检测综合的特点。

（2）特殊环境的加固技术

进行热学、力学、防水密封等特殊环境（核脉冲、湿热、盐雾）适应性设计，进行军用加固及密封处理，使其适合军用复杂环境应用。

（3）优化的人机交互技术

集多种功能于一体的触摸式超薄检测设备，可执行复杂计算、系统诊断和远程通信，图形支持2D、3D效果，可实现视频拼接、条形图、曲线图及画中画图形显示。

（4）适配不同波段的数据无线通信技术

网络化已成为手持式设备的重要发展方向，采用无线通信技术提高战场中各个节点的互联互通、机动及信息交换能力，实现武器试验现场设备的无线控制功能，解决了特种车辆复杂工况下的安全操控需求，实现产品短距离、大数据量传输和长距离、控制指令的可靠数据传输。

综上所述，从武器装备应用需求和未来发展趋势方面考虑，设计一款基于国产化软硬件平台技术的无线收发控制终端，为武器型号现场指挥与控制技术的发展提供一种新的思路和解决方案。

2 总体设计

无线收发控制终端采用龙芯 2K1000 通用国产化信息处理平台技术，平台采用高性能多核 CPU 为处理器，配备 WIFI、P900 等无线通信模块，通过驱动程序的模块化、标准化可以满足不同用户的应用层功能需求，经过软件重构的设备可满足各类武器型号显示控制、无线通信类嵌入式产品应用。

无线收发控制终端分为手持显控终端和无线收发器，无线收发器用于武器型号现场有线网络与无线网络转化，手持显控终端作为单兵用户便携式操控台，完成现场数据采集、显示处理和指挥控制功能，两设备之间通过无线网络进行数据通信和指令交互。其功能框图如图 1 所示。

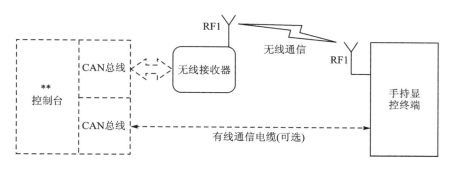

图 1　无线收发控制装置系统功能框图

2.1　手持显控终端设计

手持显控终端作为便携式无线通信显控设备，主要划分为：主控模块、图像显示模块、无线通信模块、电源管理模块和输入输出模块等五大模块，其基本功能框图如图 2 所示。

（1）主控模块

主控模块是整个显控终端的核心模块，采用国产 MIPS 架构龙芯 2K1000 作为处理核心，适配国产翼辉实时操作系统和通用的用户软件，通过先进的文件管理系统、异常重加载恢复和优化分区调度算法，提供终端全国产化、实时数据处理的解决方案，主控模块主要功能如下：

① 完成网络电口、RS232、CAN 总线、USB 接口数据交互；管理系统内存和外存，完成各类数据协议转换、数据记录和数据导出服务；

② 设计、配置处理器 PWM 和 DVO 输出控制器，通过模块内背光调节电路和 LVDS 视频输出电路，配合应用软件实现终端 LCD 屏图形显示和 LCD 显示屏亮度调节功能；

③ 通过 I^2C 总线采集外部电源管理模块电量和 RTC 实时时钟信息，实现显示系统电池

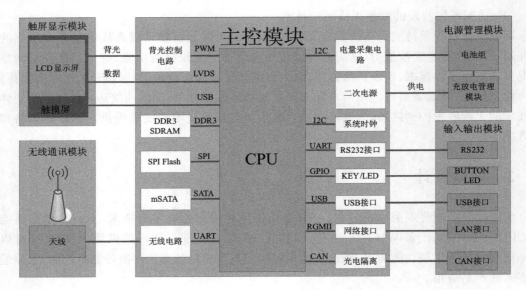

图 2　手持显控终端功能基本框图

电量和系统时间；

④ 采用 UART 接口实现与外部无线通信模块进行信息交互,实现无线指令发送、数据接收和无线信号强度的实时显示功能；

⑤ 对外扩展调试 RS232 接口、2 路千兆以太网接口和 2 路 USB 接口用于外部人机交互使用,方便终端软件升级、存储数据导出和外部键盘、鼠标控制。

(2) 触摸显示模块

触屏显示模块是无线终端的人机交互组件,选用国产京东方的 10.4 寸宽温 LCD 显示屏,配合主控模块 LVDS 视频电路驱动实现终端图形显示；触摸屏选用杭州宏枭科技的 HX1041803 电容屏,配合主控模块 USB 接口电路驱动实现终端设备单点、多点触碰虚拟按键操作功能。

(3) 无线通信模块

无线通信模块负责无线信号的接收与发送,配备不同波段的无线通信模块,分别实现产品短距离、大数据量传输和长距离、控制指令可靠数据传输两方面的需求。终端通过 UART 接口分别扩展了 2.4 GHz WIFI 模块和 900 MHz P900 无线通信模块,外接小型可折弯天线便于存储和转运。

(4) 电源管理模块

电源管理模块包括电池组和电源管理模块,主要完成设备供电、电量检测、充放电管理等工作。电池组选用军用可充电型低温钴酸锂电池,电源管理模块设计充放电管理电路,具有过流和过压保护,通过主控模块内部电量采集电路实时反馈电池组电量信息。

(5) 输入/输出模块

终端输入/输出模块包含按键输入、指示灯输出及外部通信接口等。终端设计急停、有线/无线切换和开关机不锈钢材质按键,用于终端开光机和工作模式选择；终端面板上设置绿色、红色和黄色各 1 个指示灯,用于指示设备的无线接收、发送和开机状态；外部通信接口位于设备底部,采用快速插拔接插件,方便手持模式与车载模式的快速切换。接口主要包括供电输入、急停输出、CAN 总线通信和视频输入接口等。

2.2　无线收发器设计

无线收发装置安装在多功能发射车或者技术保障车上,作为车载平台的无线中转终端使用,包括电源管理模块、无线通信模块、主控模块及输入/输出模块四部分,如图 3 所示。

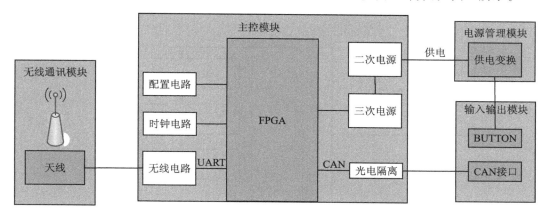

图 3　无线接收器功能框图

（1）主控模块

主控模块采用高性能 FPGA BQ2V1000FG456 为控制核心,内部设计各类接口控制器,外部扩展接口电路实现外部 CAN 总线、WIFI 和 P900 无线模块的通信转换。

（2）无线通信模块

无线收发器的无线通信模块负责与手持显控终端的无线模块建立匹配连接,完成无线数据的接收和发送。通过 FPGA 内部设计 UART 通信控制器,外接 WIFI 和 P900 的无线通信模块,相关电路设计与手持显控装置无线收发模块一致。收发器选用与手持显控终端同系列的天线,其区别在于手持显控终端天线为折叠型,无线收发器天线采用非折叠型。

（3）电源管理模块

无线收发装置接收车载平台 24 V 电源,经内部隔离电源模块转换为自身使用的＋5 V 二次电源。

（4）输入/输出模块

无线收发装置的输入/输出模块主要包括指示灯输出和通信接口。指示灯选用防水型 φ6 指示灯,无线收发装置左部侧面设计红色、绿色和黄色各 1 个指示灯,分别表示无线模块供电和无线数据的收、发;设备具有 2 路 CAN 总线接口,FPGA 内部设计 CAN 控制器 IP 核实现 2 路 CAN 总线协议控制器之间的控制处理操作,通过外接隔离接口电路即可实现 2 路 CAN 总线通信功能。

3　软件架构设计

无线收发控制系统包括手持显控终端 CPU 软件和无线收发装置的 FPGA 软件两部分,用于底层协议转换,将 CAN、串口、网络数据报文转换为要求格式的数据结构体,驱动外部显示屏实现人机交互控制。CPU 软件包括国产翼辉操作系统 SylixOS、PMON＋驱动程序、应用软件三部分。

（1）PMON 引导软件

PMON 软件存放在 SPI Flash 中,通过 eJTAG 接口进行烧写。PMON 软件是用户可操作的第一块软件,主要完成时钟、内存、NAND Flash、mSATA、串口、网口等最小系统的初始化工作,同时为加载翼辉实时操作系统做准备。PMON 上电启动过程如图 4 所示。

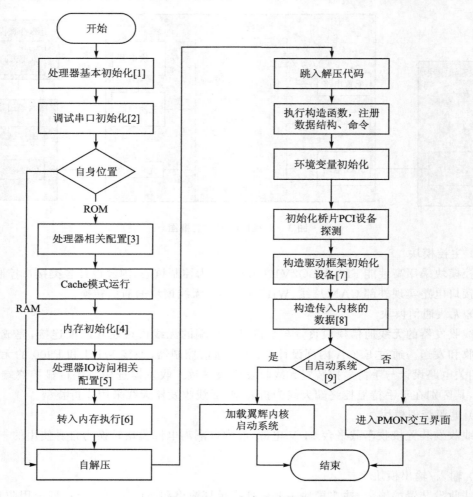

图 4　PMON 上电启动过程

（2）系统软件

系统软件存放在 SATA 存储盘中,手持显控终端选用翼辉操作系统 SylixOS,该系统为国产实时操作系统,经过操作系统的优化和裁剪,软件具有如下特点:

① 全国产化操作系统:经过工信部代码自主率扫描,内核代码 100% 自主编写,满足系统国产自主可控的应用需求;

② 微内核实时操作系统:兼顾容错安全和信息安全,通过分区调度算法,保证系统进程、线程分时操作的实时性,中断响应时间在 $1\sim2~\mu s$ 之间,任务切换时间不大于 700 ns,在业内实时性嵌入时系统中处于领先水平,可以满足车载环境中实时控制的应用需求;

③ 掉电保护文件系统:针对车载复杂供电环境以及偶发断电常造成的数据文件异常丢失和系统崩溃问题,开发并应用了基于板载电池系统和 TpsFs 安全掉电文件系统的异常掉电

数据存储防护技术,在任何掉电情况下,都可以保证文件系统的完整无损,增加了系统的可靠性。

SylixOS 设备驱动是操作系统内核与硬件的接口,其运行在内核态下,按照硬件设备的具体工作方式,读、写设备的寄存器,完成设备的轮询、中断处理、DMA 通信,进行物理内存向虚拟内存的映射等,最终让通信设备能收发数据,让显示设备能显示文字和画面,让存储设备能记录文件和数据,手持显控终端驱动程序包括千兆网口、CAN 总线、USB2.0、RS232、RTC、SPI Flash、mSATA、I2C、PROM、LocalIO 等。

（3）QT 应用软件

终端应用软件基于 QT 框架,从人机界面的功能需求出发,实现人机界面基础架构的建立,采用 QT 开发环境进行跨平台开发设计。无线手持终端应用软件主要实现界面显示、触屏管理、时间和电池电量显示以及无线通信数据解析处理。设备上电运行开机欢迎界面,开机后进行桌面,如图 5 所示。终端桌面右上角实时显示无线信号强度、电池电量和 RTC 时间,桌面左侧包括监控界面、操控界面和设置界面图标,双击图标可进入相应二级界面,设置界面实现终端 RTC 时间校准、屏幕亮度滑块形式调节等功能,监控界面规划产品 CAN 总线实时接收数据;操控界面用于无线指令发送和状态接收,如图 6 和图 7 所示。

图 5　无线手持终端桌面

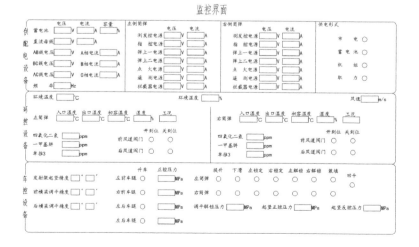

图 6　无线手持终端监控界面

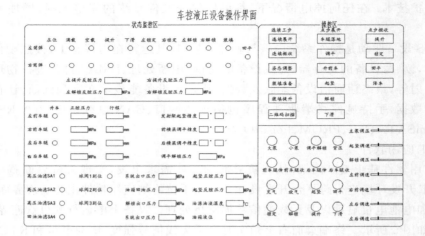

图 7　无线手持终端操控界面

4　系统测试设计

无线收发控制系统的测试主要包括系统平台测试、电源耗能操作测试、人机交互测试和无线收发功能测试。

（1）系统平台测试

该平台具有双核 1GHz 主频、2GB DDR3 内存、2 路千兆以太网通信、2 路 1 Mbps CAN 总线收发、2 路 USB 数据通信、1 路 160 Mbps 速率板载 256 GB mSATA 存储和 1 024×768 图像显示及处理的可靠运行能力，可以满足型号应用手持设备协议转换、本地控制、数据存储和图像显示等功能。

（2）电源耗能测试

终端采用电池单体串联、并联，电池组容量达到 75.6 Wh，设备整机的功耗不大于 15 W，该电池组可以满足整机工作大约 5 小时，可以满足部队应急作战需求。

（3）人机交互测试

按照人机学概念设计产品结构和交互界面，充分了解用户使用特点，终端两侧设计手持把手和手持护带，便于单兵携持（见图 8）。采用 QT 的友好交互界面，通过电容触摸屏和背光调节调节电路，实现了显控类产品的操作控制、信息显示和明暗度动态调节功能。

图 8　无线手持结构图

（4）无线通信测试

手持显控装置与无线收发装置之间通过 WIFI 短波进行数据通信，通过 P900 长波进行指令交互，终端 WIFI 通信时能够实现 802.11 标准体制下的 50 m 范围 10 Mbps 通信速率，采用 700～900 mHz 的微波通信模块时，具备 5 km 范围 20 kbps 通信速率。满足厂房和外场的安全操控距离要求。

5　结束语

利用国产化平台技术开发的无线收发控制系统也已初见成效，经过各种考核，运行稳定，具有良好的人机交互界面，实现了数据的实时监控、指令实时交互、文件的上传和下载功能。随着军事通信移动性和自组网技术对越来越多嵌入式系统的需求，将无线手持显控终端应用至各种军用移动信息终端中，并开发出优秀的人机交互界面，是嵌入式发展的趋势，拥有广阔的军事应用前景。

参考文献

[1] 手持式通指一体化设备研究[D]. 天津：天津大学，2017 年.

[2] 王定良. 自适应多模单兵通信系统的研究与设计[D]. 合肥：合肥工业大学，2016.

[3] 侯维岩，曾磊，张海峰. 工业无线测控网络中 WIFI 无线终端设计与实现[J]. 自动化与仪表，2011(8)：41-44.

[4] 张霞. 基于 ARM 的测试系统手持终端的设计与实现. 中北大学，2014.

[5] 孟丁，孙玉铭，陈志元. 嵌入式 Linux 下基于 MiniGUI 军用手持终端软件的设计，2009 通信理论与技术新发展计算机技术与应用，第十四届全国青年通信学术论文集.

[6] 罗娜. 基于 88W8686 的手持终端 WiFi 功能的设计与实现[D]. 武汉：武汉理工大学，2010.

[7] Blair-Early A，Zender M. User Interface Design Principles for Interaction Design[J]. Design Issues，2008，24(3)：85-107.

[8] 李春虎. 基于 Qt 的跨平台软件设计与应用[D]. 成都：电子科技大学，2011.

[9] 范朋. 基于 Qt 的嵌入式 Linux 系统 GUI 的研究与实现[D]. 北京：北京邮电大学，2011.

[10] 吕燚，邓春健，邹昆. 无线设备手持控制终端的设计与实现[J]. 试验室研究与探索，2017，36(4).

基于蓝宝石光纤的发动机高温测量技术研究

张建德 刘强 杨宁 唐果 程显光

(山东航天电子技术研究所,山东·烟台,264670)

摘要: 温度信息是航空航天飞行器发动机健康监测中必不可少的关键参量。蓝宝石光纤具有高温高压环境下性能稳定、熔点高、机械强度高等优点,是进行发动机高温测量的首选材料。本文介绍了三种基于蓝宝石光纤的高温测量技术,即蓝宝石光纤热辐射高温测量技术、蓝宝石光纤光栅高温测量技术和蓝宝石光纤微干涉仪高温测量技术的原理、现状和优缺点,为蓝宝石光纤高温测量技术工程应用奠定基础。

关键词: 蓝宝石光纤;高温测量;发动机

1 引 言

目前现代航空航天技术已经成为人类科学技术的重要组成部分,先进的航空航天技术对提高国防现代化、提升国家在国际上的地位与影响具有重要意义。作为航空航天飞行器的重要动力装置,发动机的高效、稳定运行,对飞行器的飞行控制起到非常重要的作用,是充分发挥飞行器机动性能、确保飞行器安全运行的关键。燃烧效率是发动机最为重要的技术指标之一,其直接决定了发动机的单位推力(功率)性能。

燃气温度升高可使发动机效率有很大提高,因此发动机燃烧室部件逐渐朝高温升、高热容趋势发展,涡扇发动机的燃烧室内温度已经超过 1 700 ℃,发动机表面温度也高达 1 350 ℃。然而发动机内温度过高,当达到甚至超过其内部组成材料极限时,会严重影响叶片寿命,甚至导致涡轮叶片烧蚀。同时,高温运行过程中非正常因素,如喘振、进气道畸变、喷嘴雾化不良和机组部件之间的相互干扰等,均会引起发动机燃烧不稳定,从而造成发动机燃烧室薄壁结构振动和疲劳,使用寿命缩短,甚至直接造成发动机空中熄火,致使灾难性事故发生。解决恶劣环境下高温传感问题可为发动机设计和维修保障提供第一手原位运行数据,对于了解燃烧过程、分析发动机运行状态、优化发动机性能和提高发动机可靠性至关重要。

然而传统的热电偶测温技术由于存在测温范围小、动态响应时间长、测温精度低和抗电磁干扰能力差等问题,无法满足航空发动机测温要求,研究能够满足发动机测温新要求的测温技术方案迫在眉睫

光纤传感技术始于 1977 年,伴随光纤通信技术的发展而迅速发展起来,作为传感技术中的前沿技术,光纤传感器具有体积小、抗电磁干扰、量程大、精度高、响应时间短等优点,因此光纤传感器非常适合航空发动机温度测量环境,在航空航天极端环境具有显著的优势和发展前景,蓝宝石光纤温度传感技术更是为发展航空发动机高温传感器的发展带来了前所未有的生命力。因此,使用蓝宝石光纤测温技术比热电偶测温技术更加具有优势。本文介绍了三种基于蓝宝石光纤的高温测量技术,即蓝宝石光纤热辐射高温测量技术、蓝宝石光纤光栅高温测量技术和蓝宝石光纤微干涉仪高温测量技术的原理、现状和优缺点。

2 蓝宝石光纤高温测量技术原理

2.1 蓝宝石光纤热辐射高温测量技术原理

温度高于绝对零度的物体都会向周围辐射一定波长的电磁波,即物体的热辐射,通常位于红外波段。不同物体的热辐射能力是不一样的,其与物体的有效发射率和温度有关。黑体具有对热辐射最大的发射能力,即黑体的发射率最大。蓝宝石光纤热辐射型温度传感器就是利用黑体热辐射与温度的 Plank 定律来测量物体温度,蓝宝石光纤热辐射传感器结构如图 1 所示。

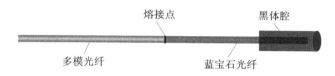

图 1 蓝宝石光纤热辐射传感器结构示意图

根据 Plank 定律,在一定温度下单位面积黑体在单位时间、波长间隔和立体角内辐射量 M_0 为

$$M_0(\lambda, T) = \frac{C_1}{\lambda^5}\left[\exp\left(\frac{C_2}{\lambda T}\right) - 1\right]^{-1} \tag{1}$$

式中,T 为物体绝对温度,λ 为物体热辐射波长,C_1 和 C_2 分别为第一和第二热辐射常数。

2.2 蓝宝石光纤光栅高温测量技术原理

光纤光栅温度传感器是一种波长调制型传感器,通过外界参量对光纤光栅波长的调制获取传感信息,光纤光栅结构示意图如图 2 所示。

根据光纤耦合模式理论,当一束入射光波在光纤光栅中传播时,会产生模式耦合,符合 Bragg 条件的光被反射,即

$$\lambda_B = 2n_{\text{eff}}\Lambda \tag{2}$$

式(2)为光纤 Bragg 方程,其中 λ_B 为 FBG 中心波长,n_{eff} 为有效折射率,Λ 为光栅栅距。

图 2 光纤光栅结构示意图

当光纤光栅受外界温度或者应变环境的影响,栅距 Λ 或有效折射率 n_{eff} 产生变化时,被光纤光栅反射的 Bragg 波长 λ_B 亦产生相应变化。将波长 λ_B 与环境温度的变化关联,采用标定技术可以获得波长与温度的计算公式,通过波长解调技术测得传感器的波长从而获得待测环境的温度。

2.3 蓝宝石光纤微干涉仪高温测量技术原理

蓝宝石光纤微干涉仪型温度传感器(见图 3)由蓝宝石晶片作为温度敏感元件,基于蓝宝石晶片的热膨胀效应及热光效应实现传感器对温度的传感。蓝宝石晶片前后两平行面构成一个低精细度实心法珀微腔感应温度的变化,蓝宝石光纤用于光信号的输入和接收,与蓝宝石晶片接触的蓝宝石光纤端面通过研磨具有一定粗糙度,避免与蓝宝石晶片表面产生光学干涉,蓝宝石插芯用于保证蓝宝石晶片和蓝宝石光纤的相对位置及支撑,传感器非高温部分所用光纤为石英多模光纤。

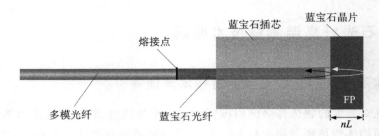

图 3　蓝宝石光纤微干涉仪传感器结构示意图

基于多光束干涉原理,光在法珀腔两反射端面中进行反射,形成多光束干涉,公式如下:

$$\lambda = \frac{4nL}{2m+1} \qquad (3)$$

式中,λ 为法珀腔中心波长,n 为蓝宝石晶片的折射率,L 为蓝宝石晶片的厚度,m 为干涉条纹级次。

当待测环境温度变化时,将引起蓝宝石晶片的热膨胀和热光系数发生改变,从而导致蓝宝石晶片的厚度 L 或折射率 n 发生变化,进而导致反射光的光程差 nL 发生改变,最终引起干涉光波长发生偏移,通过光谱解调可实现对待测环境温度的测量。

3　基于蓝宝石光纤的高温测量技术国内外研究现状

3.1　国外研究现状

国外开展蓝宝石光纤高温测量技术研究起步早,1988 年美国 Allison 公司开始研发蓝宝石光纤高温传感器,并用来测量航空发动机涡轮进口燃气温度,先后在 T56 型涡轮发动机和燃气轮发动机以及某些战斗机发动机上试用。目前美国 NIST、美国 IRCON、美国 ACCUFI-BER、英国 CONEKT、德国 MIKRON 等公司都有不同型号应用在燃气轮发动机、涡轮发动机等高温环境下的蓝宝石光纤测温产品。

3.1.1　蓝宝石光纤热辐射高温测量技术

热辐射光纤高温传感器的研究起步最早,发展较为成熟,其基本原理为黑体辐射定律。1983 年美国国家标准局的 R. R. Dils 就成功研制出世界上第一台基于蓝宝石光纤涂覆黑体腔的热辐射高温传感系统,其可探测的温度高达 2 000 ℃,精度达到±1 ℃。目前,热辐射光纤高温传感器开始进入实用化阶段,日本松下电器公司已经成功研制出光纤温度计、高精度光纤测温仪测量精度±0.05 ℃;英国 Land 公司成功研制了红外辐射温度传感器,并配有 LAN-PAEK 信息处理器。

3.1.2　蓝宝石光纤光栅高温测量技术

2002 年,Fokine 等人研究使用氟掺杂光纤制作化学合成耐高温光纤光栅,这种光纤光栅折射率调制归因于氟扩散产生的周期性折射率变化,试验表明其可以承受超过 1 000 ℃的高温。2004 年,美国宾夕法尼亚州立大学的 S. H. Namd 等人采用金刚石刻刀刻划技术在直径 150 μm 的蓝宝石光纤中直接精确地雕刻了周期 150 μm、刻槽深度 50 μm 的长周期光栅。2004 年,加拿大通信研究中心的 D. Grobnic 等人利用 800 nm 飞秒激光和相位掩模板在直径 150 μm 的蓝宝石光纤中刻写了 Bragg 光栅,其在温度高达 1 500 ℃时光栅反射率无衰减、Bragg 谐振无迟滞现象,温度灵敏度约为 25 pm/℃,其 3 dB 带宽约为 15 nm。美国宾夕法尼

亚州立大学的 C. Zhan 等人和德国光子技术研究所的 M. Busch 等人利用 800 nm 飞秒激光
分别在 60 μm 和 100 μm 的蓝宝石光纤中刻写了 3 阶(1 545 nm)和 2 阶(1 530 nm)Bragg 光栅,并分别实现了 1 600 ℃ 和 1 745 ℃ 的高温测量。2013 年,德国光子技术研究所的 T. Elsmann 等人利用 400 nm 飞秒激光和周期 888 nm 的相位掩模板在 100 μm 的蓝宝石光纤中成功地刻写 1 阶 Bragg 光栅,温度高达 1 200 ℃,刻写过程涉及复杂的 Talbot 干涉装置,对加工系统的稳定性要求较高。2015 年,Habisreuther 等人在蓝宝石光纤上刻蚀光栅,测温最高可达 1 900 ℃,但制作工序困难复杂,成本较高,批量化制备难度大,传感器光谱分布如图 4 所示。

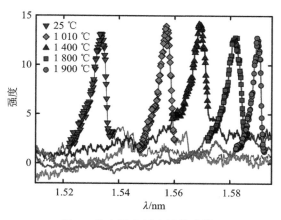

图 4　蓝宝石光纤光栅传感器
从室温到 1 900 ℃ 的光谱分布

3.1.3　蓝宝石光纤微干涉仪高温测量技术

高温环境下应用的蓝宝石光纤法珀微腔传感技术研究始于 1992 年,美国弗吉尼亚理工的 Wang A 课题组首次将两段端面垂直研磨抛光的蓝宝石光纤对接,制成空气间隙法珀微腔,利用耐高温刚玉毛细管作为准直器件,构成本征型光纤法珀高温传感器,实现了最高 1 500 ℃ 的温度测量;2010 年将五段蓝宝石光纤双面抛光,串联衔接,使用蓝宝石毛细管进行光纤对准和固定,构成级联三个空气间隙法珀微腔,实现了 200~1 000 ℃ 的分点式温度传感,最高测温分辨率达到 0.3 ℃。蓝宝石光纤级联微腔传感器的优势是光信号始终在光纤内部传输,光信号损耗低,且尺寸小响应速度快。但对光纤研磨和拼接要求较高,法珀微腔平行度依赖于毛细微管的准直作用。2011 年在一段蓝宝石光纤抛光端面上以电子束蒸发镀膜的方式涂覆了一层 Ta_2O_5 薄膜,构造微型薄膜法珀微腔,实现了 1 000 ℃ 的温度测量。2015 年进一步在蓝宝石端面涂覆多层耐高温 $ZrO_2/Al_2O_3/ZrO_2$ 薄膜,构造折射率差异,实现了 400~1 000 ℃ 范围温度监测。通过镀膜设备辅助干涉光谱的自由光谱范围精确控制膜厚,可以更加灵活地控制法珀微腔尺寸,不再依赖外部准直器件,降低了制作难度,但是受限于薄膜材料熔点,测温上限降低。2020 年通过飞秒激光将蓝宝石光纤端面刻蚀凹槽制作空气间隙,利用二氧化碳激光器加热熔融的方式,将一片蓝宝石实心晶片焊接到带空气间隙的蓝宝石光纤端面上,构造了一个微型的蓝宝石光纤法珀微腔传感器,实现了 1 455 ℃ 温度传感,测温分辨率达 0.68 ℃。

3.2　国内研究现状

国内开展蓝宝石光纤高温测量技术研究较晚,目前还没有在燃气轮发动机、涡轮发动机等航空航天高温环境下的蓝宝石光纤测温产品。

3.2.1　蓝宝石光纤热辐射高温测量技术

国内对该类型传感器研究相对较晚,1997 年,浙江大学叶林华、沈永行等人研制成功蓝宝石单晶光纤高温仪,测温范围为 800~1 700 ℃。2000 年,沈永行等人设计出蓝宝石单晶光纤温度传感器,在 600~1 600 ℃ 温度范围内温度测量分辨率为 0.1 ℃。2004 年,中北大学的周汉昌、王高等人利用蓝宝石光纤、锥形高温光纤等研制了瞬态高温测试系统,能对 1 200~2 000 ℃ 的瞬态高温进行短时间测量。随着电子技术的飞快发展,光纤辐射测温技术得到了长足的进步和发展,但其存在一些固有的问题,例如:物体的材料性质、几何形状、温度和光的波长的变化都会使黑体辐射系数发生变化,从而为整个测温系统引入误差。因此,光纤辐射测温技术虽然测温范围广,但是面对发动机高温高压的特殊应用环境,其测量精度和稳定性尚需进一步提高,必须与新型光纤技术相结合,从整体上达到发动机高温实时测量的要求。

3.2.2　蓝宝石光纤光栅高温测量技术

吉林大学利用飞秒激光结合相位掩模扫描技术在直径 250 μm 单晶蓝宝石光纤中刻写了高阶光纤光栅,在 1 166 nm 处 Bragg 谐振的温度灵敏度为 17.3～24.9 pm/℃,其平均温度灵敏度为 21.1 pm/℃。测试耐受温度达 1 600 ℃。

深圳大学研究了利用飞秒激光逐线法在单晶蓝宝石光纤上制备蓝宝石光纤光栅的特性。直径 60 μm 蓝宝石光纤的 SFBG 的反射率为 6.3%,3 dB 带宽为 6.08 nm;直径 100 μm 蓝宝石光纤上写制的 SFBG 的反射率为 3.9%,信噪比为 5.75 dB,3 dB 带宽为 7.58 nm。随后通过将飞秒激光逐线法发展为飞秒激光多层逐线法制备。通过错位耦合的方法有效拟制高阶模,得到反射率为 6.3%,3 dB 带宽为 1.32 nm,信噪比达到 15.51 dB 的蓝宝石光纤光栅。蓝宝石光纤光栅的耐温性能为 1 612 ℃,灵敏度达到 36.5 pm/℃。温度超过 1 785 ℃后,反射峰则永久消失。

3.2.3　蓝宝石光纤微干涉仪高温测量技术

2016 年,武汉理工大学的梁伟龙等人利用蓝宝石晶片制作法珀腔,形成高温传感器,测温范围为 20～1 000 ℃,测试准确度±2.5 ℃,具有体积小、成本低、制作简单以及重复性高的优点。传感器实物如图 5(a)所示。

2017 年,天津大学的江俊峰等人通过在蓝宝石光纤上制作光纤微干涉仪结构实现了 130～1 080 ℃的高温测量,测温精度±2.45 ℃。2019 年,通过并列双蓝宝石光纤波导的光路传输结构,采用一路输入波导将稳定的基准光源信号照射到蓝宝石实心晶片上,另一路接收光纤波导对干涉信号进行接收,实现了输入、输出光分路传输,在光路设计上绕开了蓝宝石光纤端面和异质光纤耦合点处的背景反射,极大程度地提升了干涉光谱信号质量,将干涉光谱条纹可见度提升至 43.96%以上,实现了 0.22 ℃分辨率的 1 080 ℃温度测量。传感器实物见图 5(b)。

(a) 武汉理工大学的传感器　　　　　　　　(b) 天津大学的传感器

图 5　传感器实物图

4　对比分析

蓝宝石光纤的熔点温度高达 2 040 ℃,并可以是长期在 1 800 ℃氧化环境下工作。因此,采用蓝宝石光纤研制的光纤热辐射型、光纤光栅型和光纤微干涉仪型蓝宝石光纤高温传感器均具有良好的耐高温特性。但是,由于光纤高温传感器的传感机理、制作方法和工艺的不同,三种类型的高温测量技术具有鲜明的特点,见表 1。

表 1　基于蓝宝石光纤的高温测量技术优缺点

技术类型	优　点	缺　点
蓝宝石光纤热辐射高温测量技术	① 能够进行高温测试,瞬态高温可达 2 000 ℃; ② 响应速度比较快	① 量程下限比较高,一般在 400 ℃以下,无法测量低温段; ② 系统相对比较复杂,制备工艺也比较复杂
蓝宝石光纤光栅高温测量技术	① 可实现温度、应变等多参数同时传感; ② 易于复用,实现多点、准分布式光纤传感	① 光纤光栅高温失效,测温范围不满足要求; ② 制作工序困难复杂,成本较高,批量化制备难度大
蓝宝石光纤微干涉仪高温测量技术	① 传感器制作方法简单,结构稳定,可批量制作; ② 灵敏度高; ③ 测温范围下限较低、上限高	解调技术较复杂

5　结　论

　　蓝宝石光纤传感器具有良好的耐高温特性,非常适合航空航天发动机的健康监测,能够在复杂的高温环境中准确获得发动机的温度信息。本文分析了国内外基于蓝宝石光纤的发动机高温测量技术研究现状,国外多年前已经开始采用蓝宝石光纤高温测量技术进行了发动机高温测量,国内虽也开展了蓝宝石光纤高温测量技术研究,但仍处于起步阶段,还未取得实际应用。本文结合航空航天发动机高温测量需求,对比分析了基于蓝宝石光纤的光纤热辐射、光纤光栅和光纤微干涉仪高温测量技术的优缺点,为蓝宝石光纤高温测量技术工程应用奠定基础。

参考文献

[1] 王燕山,董祥明,刘伟,等. 航空发动机高温测试技术的研究进展[J]. 测控技术,2017,36(9):1-6.
[2] Dils R R. Blackbody Radiation Sensing Optical Fiber Thermometer System[P]. U. S. Patent ♯4,750,139,1988.
[3] Fokine M. Formation of thermally stable chemical composition gratings in optical fibers[J]. JOSA B,2002,19(8):1759-1765.
[4] Habisreuther T,Elsmann T,Pan Z,et al. Sapphire fiber Bragg gratings for high temperature and dynam-ictemperature diagnostics[J]. Applied Thermal Engineering,2015,91.
[5] Wang A,He S,Fang X,et al. Optical fiber pressure sensor based on photoelasticity and its application [J]. Journal of Lightwave Technology,1992,10(10):1466-1472.
[6] 叶林华,沈永行. 蓝宝石单晶光纤高温仪的研制[J]. 红外与毫米波学报,1997,(06):38-43.
[7] 沈永行. 从室温到1800℃全程测温的蓝宝石单晶光纤温度传感器[J]. 光学学报,2000,(01):83-87.
[8] 周汉昌,王高,郝晓剑,任树梅. 蓝宝石光纤传感器在瞬态高温测量中的应用[J]. 仪器仪表学报,2004,25(4):221-222.
[9] 郑家鑫,高炳荣,薛亚飞,等. 飞秒激光辅助刻蚀制备蓝宝石光栅(特邀)[J]. 光子学报,2021,50(6):0650109-1-7;
[10] XU X Z,HE J,LIAO C R,et al. Sapphire fiber Bragg gratings inscribed with a femtosecond laser line-by-line scanning technique[J]. Optics Letters,2018,43(19):4562-4565.
[11] 梁伟龙,周次明,范典,等. 基于蓝宝石晶片的光纤法布里-珀罗高温传感器[J]. 光子学报,2016,45(12):1228003;
[12] 江俊峰,吴凡,王双,等. 蓝宝石光纤法布里-珀罗高温传感的实验研究[J]. 光电子·激光. 2017,28(4):347-353.

航天用分布式自动化测试系统设计

赵雷　金军杰　王瑞磊　郝建　刘国栋

(山东航天电子技术研究所,山东·烟台,264670)

摘要：国外航天行业自动化测试系统正朝着通用化、标准化、网络化和智能化的方向迈进,国内航天行业面临重大复杂型号任务和"多品种、小批量、变批次"的定制研制生产模式中测试系统自动化程度低,测试覆盖率不高,无法快速适应不断变化的测试需求以及测试系统无法涵盖从研制到批生产的生命周期全过程的问题。结合以上需求,本文设计了航天用分布式自动化测试系统,对系统功能、原理设计,软件设计、应用验证情况进行了详细介绍。本文给出了提高测试效率,缩短测试时间和测试成本,提升测试覆盖率,实现快速高效测试的方法,可以帮助读者了解航天用分布式自动化测试系统的原理和方法,提高行业的自动化测试水平。

关键词：航天；自动化测试系统；ATS；分布式

1　引　言

目前,国外自动化测试系统正朝着通用化、标准化、网络化和智能化的方向迈进。构建通用化自动测试系统,实现测试软硬件资源共享,减少测试系统软、硬件的开发和升级费用,规范软硬件开发过程,提高测试设备的互换性和通用性,实现测试程序集 TPS 的可移植性和可重用性；构建高性能测试系统,优化测试序列,缩短测试时间；构建网络化测试系统,实现测试过程的远程控制和远程故障诊断的需求尤为迫切。

国内航天行业面临重大复杂型号任务和"多品种、小批量、变批次"的定制研制生产模式中测试系统自动化程度低,测试覆盖率不高,无法快速适应不断变化的测试需求以及测试系统无法涵盖从研制到批生产的生命周期全过程。结合航天产品的测试需求,设计研发了航天用分布式自动化测试系统,解决国防、航空航天以及商业航天领域中的以下问题：

① 测试产线、产能激增与测试资源、人力不匹配问题；

② 测试需求时常发生变化带来的升级困难问题；

③ 强度、边界测试等测试用例不足带来的测试覆盖性不全问题；

④ 工程实现阶段到装备保障阶段无法实现测试数据互通互用问题；

⑤ 故障定位及诊断效率低下问题。

2　功　能

航天用分布式自动化测试系统由测试设备硬件和自动化测试系统软件平台组成(见图 1)。具备电子设备的静态测试、接口性能测试、强度测试、功能测试等功能,通过自动化手段实现电子设备的静态测试、功能测试、故障诊断。该系统可以布置到生产、调试、测试、试验、交付验收等各个环节,实现产品测试数据的全流程管理,对测试过程进行集中监视和控制,完成测试资源统一调度和分配。

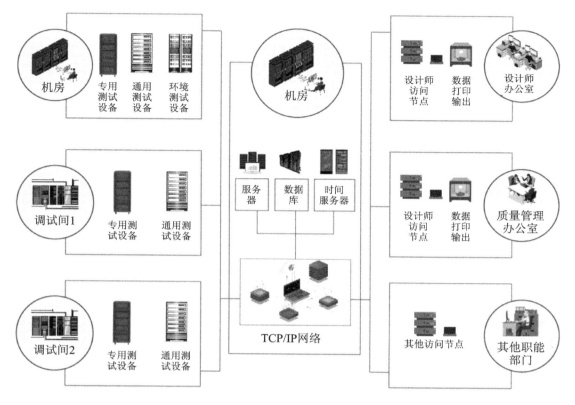

图 1　航天用分布式自动化测试系统组成

　　分布式自动化测试系统硬件由静态测试模块和电性能测试模块两部分组成其应用见图 2,实物图见图 3。自动化测试系统可以统一测试方法、测试仪器、优化测试逻辑,将测试数据数字化,通过分布式的测试网络实现对测试数据的深度挖掘和应用,杜绝上述弊端。分布式自动化测试系统使用通用转接电缆连接测试面板接口和被测产品接口实现自动化测试。静态测试模块和电性能测试模块的主要性能指标如表 1 和表 2 所列。

表 1　静态测试模块各板卡性能指标

序　号	名　　称	性能指标	备　　注
1	数字万用表模块	6 位半精度; 电压、电流、电阻(2 线、四线)、二极管测量; 300 V 电压隔离	—
2	静态测试通道切换模块	768×2 通道(单台满额)	光 MOS 继电器,内阻稳定,超长寿命; 支持两线、四线制测试(配套两线、四线制电缆)
3	测试面板	8 个 J14A-101ZJ 接口	—

表 2　电性能测试模块各板卡性能指标

序　号	名　　　称	性能指标
1	示波器模块	8 路同步采样； 60 MS/s 实时采样率； 60 MHz 模拟带宽； 12 位垂直分辨率
2	数字万用表模块	6 位半精度； 电压、电流、电阻（2 线、四线）、二极管测量； 300 V 电压隔离
3	电源模块	60 V，1 A； 电压步进 0.1 V，电流步进 0.01 A
4	电性能测试通道切换模块	303 路通道（3 个 J14A-101ZJ 接口）
5	程控电阻模块	2.5 W 程控电阻； 3 Ω～1.51 MΩ； 分辨率 0.125 Ω
6	RS-422 总线	通道路数：发送 14 路、接收 14 路； 板载 2M×8 bit SRAM 存储器； 接口芯片供电分为 3.3 V 和 5 V 两种，默认为 5 V； 可满足标准异步串行通信 RS-422 协议的总线通信测试； 波特率可配置； 奇偶校验可配置； 数据位个数，停止位个数可配置； 数据长度可配置
7	CAN 总线	符合标准 CAN 总线协议； 默认 Basic CAN 模式，Peli CAN 可选； 波特率等参数可配置； 作为发送节点时，帧间隔参数可配置； 可完成基于 CAN 总线的接收、发送、应答、总线监视等功能
8	1553B 总线	通道数：2 路，支持 BC、RT、MT 等功能； BC：支持帧发送，单帧最多包含 4 096 条消息； 支持帧重复发送，发送次数可设置； 支持超时时间设置； 支持添加时间标签； 支持消息重试； RT：最多支持 32 个 RT 地址； 接收采用循环缓冲模式； 发送可选择单缓冲或循环缓冲； 可设置非法命令表； MT：支持消息过滤功能； 4K * 16 bit 的消息缓冲区； 支持添加时间标签； 符合标准 1553B 总线协议； 符合标准 1553B 总线电平要求； 波特率可配置； 数据长度可配置

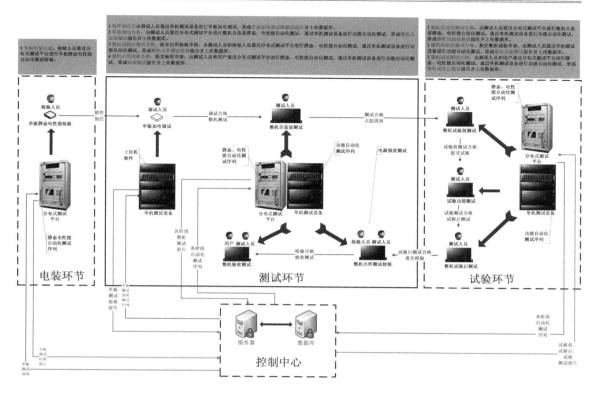

图 2　航天用分布式自动化测试系统应用场景

图 3　航天用分布式自动化测试系统实物图

3　原理设计

3.1　静态测试模块介绍

静态测试模块(见图 4)主要实现被测产品的所有接点的静态阻抗测试,可以提升人员测试效率,规范测试方法。静态测试模块内置 768 路光 MOS 切换开关,具备 8 个 J14A – 101ZJ 接口的测试能力。

静态测试模块采用二级切换,一级切换采用×2 的矩阵拓扑模式,可实现测试正负端的自由切换,二级切换采用×4 的矩阵拓扑模式,可实现两线制四线制测试模式的自由切换。

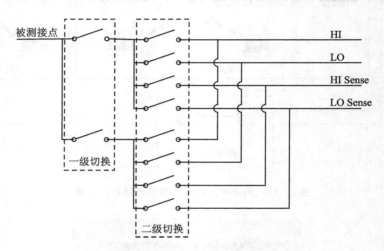

图 4　静态测试模块原理框图

3.2　电性能测试模块介绍

电性能测试模块主要通过内置的数字电源、万用表、示波器、驱动电路、开关矩阵、总线电路等模块,实现对标准接口电路的动态阻抗、驱动能力、总线波形、信号特性进行自动化测试,减少测试人员的参与,提升测试结果的质量,见图 5。

电性能测试模块采用三级切换,一级切换采用×2 的矩阵拓扑模式,可实现测试正负端的自由切换,二级切换采用×8 的矩阵拓扑模式,可实现各类仪器板卡和测试模式的自由切换,三级切换可自动实现接口上拉或下拉的自由配置。

总线类板卡包括 RS422、1553B、CAN 总线板卡,可透传被测产品的指令码,触发产品被测信号输出。

3.3　自动化测试软件介绍

自动化测试软件主要调用自动化测试序列指令,通过设备服务程序,向板卡发送指令,读取自动化测试报告模板测试信息,判读测试数据正确性,测试前通过手动或者扫码输入填写测试管理信息,测试完成后根据标准的数据结构将测试数据上传至数据服务器。

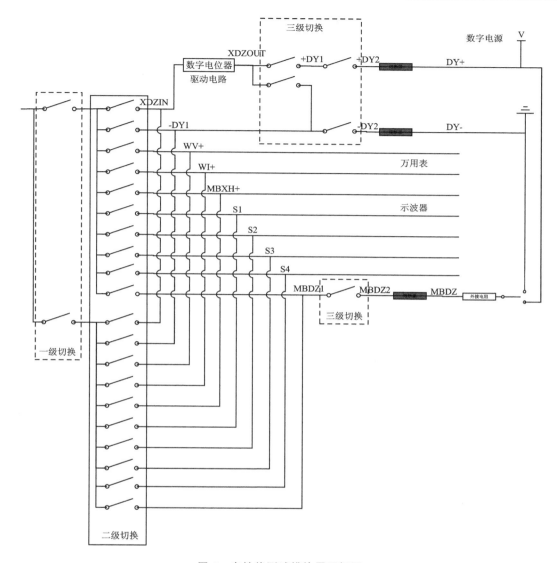

图 5 电性能测试模块原理框图

软件开发人员编写 C♯语言编写序列应用软件，使用 C＋＋语言编写板卡的设备服务软件，测试设计人员编写 Excel 测试序列。其中序列应用软件主要执行用户的 Excel 测试序列，实现测试序列中的测试逻辑及对 Excel 的基本操作，通过与板卡设备服务交互，由设备服务对板卡底层驱动发送指令与采集数据。其软件信息流如图 6 所示。

自动化序列编辑（见图 7）易用性好，支持一键自动测试。打破以往自动化测试序列使用流程图编辑，专业性较高，不适合非软件专业人员。使用 Excel 文件作为开发编辑工具，简单快捷，使用通用语言文字描述和测试表格中配置相关参数，适合非软件专业人员，使测试人员能够专注于序列本身，无须进行复杂的测试架构开发工作。

自动化测试序列包括参数表、测试序列表、切换映射表。

参数表分可配置参数及普通参数，可配置参数一般可配置测试管理信息，仪器配置信息等，普通参数是测试序列中运行变量。

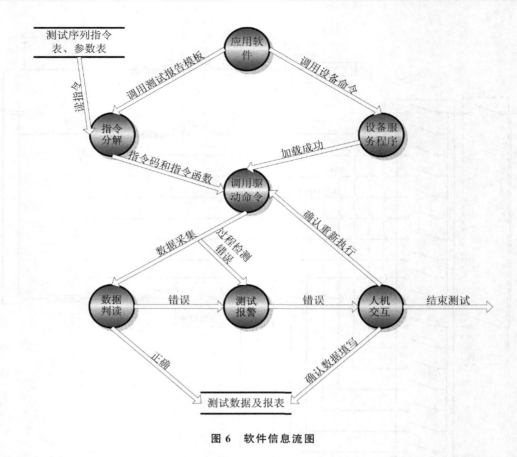

图 6　软件信息流图

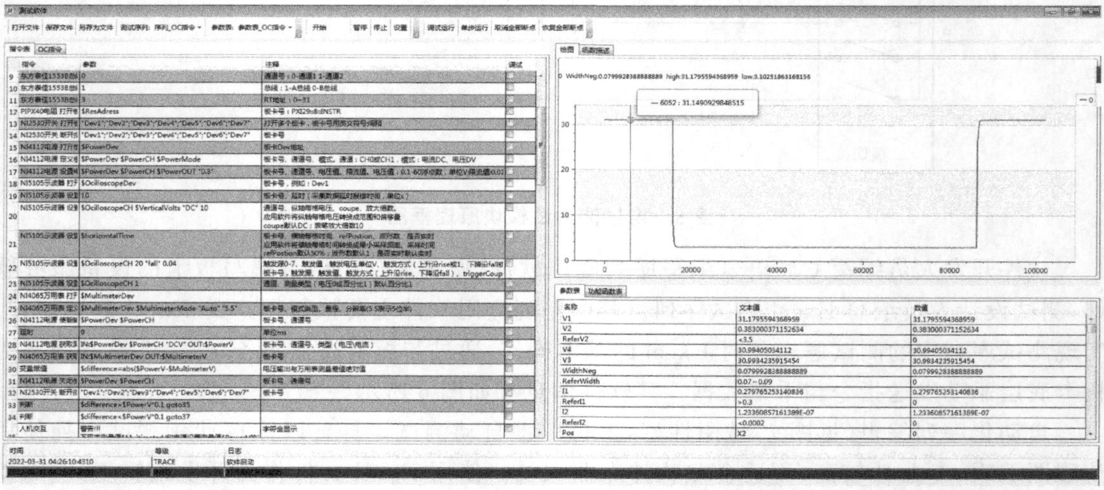

图 7　自动化序列编辑显示界面

　　为提高测试效率并保证测试结果的准确性,自动化测试软件完成测试后自动将测试数据、测试波形以及测试结果自动填入测试报告模板,自动生成测试报告。自动化测试报告(见图 8)使用通用接口测试表格,包括测试接点、测试操作逻辑、测试数据判据、透传指令码等信息。

	D	E	F	G	H	I	J	K	L	M	N
1	附表 OC指令接口测试工作程序记录表										
2	数管综合业务单元	研制阶段:	C	任务号:	10000000	产品批次号:	C03-1				
3	2022-3-3	复核人:	孙旭涛	时间:	2022-3-3	产品编号:	TGTHS201d				
4	顾长青	时间:	2022-3-3	测试结论:	数据正确2022-03-03 17-29-48						
5	V，测驱动电流上拉功率电阻R1取 100 Ω，用示波器测量管压降和脉宽，测漏电流上拉电阻R2取 10k Ω；= (U1-U2) /R1，漏电流计算公式：I2=U3/R2(U3上拉电阻后对地电压)。										
6	正端节点	负端接插件	负端节点	脉宽(s)	高电平U1(V)	管压降U2(V)	驱动电流I1(A)			上拉电阻后对地电压U3(V)	漏电流I2(A)
7				0.07～0.09	/	<1.5	>0.2			/	<0.000002
8	4TK电缆连接指令板卡与测试面板										
9	1	X1	72	0.08	31.16	3.14	0.30			30.99	-4.27E-07
10	2	X1	72	0.08	31.16	3.14	0.30			30.99	-5.11E-07
11	3	X1	72	0.08	31.16	3.15	0.30			30.99	-5.01E-07
12	4	X1	72	0.08	31.16	3.14	0.30			30.99	-5.79E-07
13	5	X1	72	0.08	31.16	3.10	0.30			30.99	-6.20E-07
14	6	X1	72	0.08	31.16	3.12	0.30			30.99	-5.51E-07
15	7	X1	72	0.08	31.18	3.12	0.30			30.99	-6.83E-07
16	8	X1	72	0.08	31.16	3.14	0.30			31.00	-7.50E-07
17	9	X1	72	0.08	31.16	3.12	0.30			30.99	-7.18E-07

图 8 自动生成测试报告

4 试验验证

航天用分布式自动化测试系统已具备常用接口的自动化测试能力，经验证测试效率及测试质量均有所提高，可以解放设计人员、提升测试效率、提升测试数据的一致性，使产品的测试质量得到提升。通过对航天产品常用标准接口的测试方法和测试序列进行固化，可快速提升产品的接口功能和性能测试效率，确保产品的测试覆盖性。宇航标准接口测试情况见表 3。对比分布式自动化测试系统指标和常规测试系统指标情况，该测试系统具有接口丰富、自动化程度高、测试效率高、测试模式齐全的特点，具体对比情况见表 4。

表 3 宇航标准接口测试情况表

序 号	标准接口	完成情况
1	静态阻抗测试	已形成标准测试序列
2	RS422 总线	已形成标准测试序列
3	CAN 总线	已形成标准测试序列
4	CSB 总线	已形成标准测试序列
5	1553B 总线	已形成标准测试序列
6	ML 接口	已形成标准测试序列
7	DS 接口	已形成标准测试序列
8	OC 指令接口驱动电流测试	已形成标准测试序列
9	OC 指令接口漏电流测试	已形成标准测试序列
10	输出阻抗测试及工程遥测电压测量	已形成标准测试序列
11	模拟量遥测采集	已形成标准测试序列
12	射随指令	已形成标准测试序列
13	矩阵指令	已形成标准测试序列
14	矩阵遥测	已形成标准测试序列
15	四线制静态阻抗测试	已形成标准测试序列
16	输出阻抗测试	已形成标准测试序列
17	输入阻抗测试	已形成标准测试序列

表 4　分布式自动化测试系统指标对比表

序　号	项　目	常规自动化测试系统	分布式自动化测试系统
1	测试接口数量	接口数量不多,且不可扩展	接口数量 8 个 J14A-101ZJ,通道数量 768＋,并支持可扩展,减少电缆更换次数
2	静态阻抗测试方法	无法自由切换两线制、四线制测试,需手动搭建测试环境	自由切换两线制、四线制测试,无需搭建测试环境
3	测试切换开关类型	切换机械继电器触点性能随使用时间持续下降,接触电阻不稳定,后期数据处理工作量大	光 MOS 继电器性能稳定,可通过校准实现精确测试,测试精度达到 0.1 Ω
4	测试切换开关拓扑	无法实现多对多组合切换,如无法解决大规模空点对壳的绝缘测试,只能逐点测试,效率不高。如:J14A-74ZJ 连接器,所有点对壳绝缘测试需要时间为 74 * 2＝148 s	可实现多对多自由组合切换,实现大规模空点对壳的绝缘测试,如:J14A-74ZJ 连接器,所有点对壳绝缘测试需要时间为 1 * 3＝3 s,测试效率提升 48 倍
5	测试切换开关寿命	与静态测试模块复用切换通道,长期开关动作影响触点阻抗	与静态测试模块切换通道分开设计,延长了电性能测试开关寿命
6	测试复用性	无法实现多仪器和测试模式的程控组合自由切换,如无法实现 OC 指令驱动电流和漏电流测试条件的自由切换,需重复对接口进行转接操作。	可实现多仪器和测试模式的程控组合自由切换,测试设计更灵活,如一次接口转接操作即成功实现 OC 指令驱动电流和漏电流测试条件的自由切换,提高测试效率和测试安全性
7	测试界面	测试界面采用传统的操作界面,手动设置时存在交互界面不直观的问题	利用测试仪器虚拟操作界面的优势,解决操作过程不直观的问题,方便用户的操作
8	自动测试流程	使用流程图编辑,专业性较高,不适合非软件专业人员	使用 Excel 文件作为开发编辑工具,语言文字描述,表格中配置参数,适合非软件专业人员
9	自动测试序列	存在各种自动化测试用例版本,基本没有通用自动化测试设计,存在重复开发	依据常用电路接口测试标准操作程序、通用测试表格设计通用测试序列,执行时只需完成配置参数。已完成了标准测试接口的模板设计

5　经验总结

经过系统的研制,在系统组成架构、自动化测试序列设计、通用化设计、测试强度设计、数据挖掘等方面形成以下经验。

① 测试系统采用分布式网络架构,通过高性能 PXI 总线机箱将功能模块高度集成,可以灵活部署在生产线、调试厂房和试验室等场地,实现了测试设备健康状态管理、测试软件及固件远程部署和升级,跟踪测试设备正常运行时间和利用率、采集并上传测试结果、搜索和分析测试测量数据,处理数据和自动生成测试报告。

支持无人值守测试,在试验验证阶段,可实现试验基础设施自动设定和测试行为定时执

行,不需设计师到场测试,测试结果由试验验证中心值班人员统一监视;

支持分布式访问,分布式测试系统提供网络访问节点,以供设计师、质量管理人员、科研管理人员进行访问;人员等可根据自己权限查看测试过程和结果、查询历史数据和智能分析数据。

② 自动化序列编辑易用性好,支持一键自动测试。测试软件实现测量抽象层和测试硬件抽象层分离,测试功能可软件定义,根据不同测试策略,可加载相应固件,实现测试功能柔性定制。

③ 系统通用化程度高,复用程度高,升级和改造快捷方便。使用基于信号的工程方法和标准模块化硬件功能板卡避免序列化的测试系统设计,可以随着需求的变化单独设计、构建和验证系统的各个部分。发生变化时,可以重新配置和调整某个部分,而不会影响系统的其余功能。

标准模块化硬件功能板卡接口广泛,涵盖并支持标准卫星组件和 I/O 测试,如:控制系统、LVDS 接口、RS422 接口和 1553B 接口等。涵盖并支持标准运载火箭 I/O 测试,如:以太网、4～20 mA 的输入电流、模拟 I/O、分立 I/O、CAN 总线、热电偶等。

④ 测试覆盖率高,支持边界测试、强度测试和故障注入等多种模式的测试用例并形成通用测试过程模型。依据常用电路接口测试标准操作程序、通用测试表格设计通用测试序列,执行时只需完成配置参数即可。

测试系统内置规则解析器,可以进行测试数据的实时判读,通过测试数据分析与产品状态相关的参数集合,寻求多参数之间的数据关系:如互相影响、互相制约。以自动化判读、监视技术为基础,利用多参数之间的数学关系,合理表达,判读指令发送、工作模式变更等引起的参数变化。同时,为这些变化设计合理的表现方式,以便将这些变化及时、准确、丰富地表达给测试人员,提高故障定位效率和可靠性。

⑤ 面向产品全生命周期的测量测试,分布式测试系统可以完成从产品设计到生产、调试、测试、试验验证、联试和交付的全过程,确保产品全生命周期测试数据可追溯、可分析;可以完成各种测试数据的采集、处理、存储、分发和检索等功能。

⑥ 智能数据管理和分析,保障测试数据关联、集成、判读和溯源的一致性。通过数据分析与管理模块,可对测试数据智能筛选比对,同时提供各种数据分析模型,可根据自定义的文件模板实现一键生成测试报告。

6 前景和展望

航天用分布式自动化测试系统在系统架构、自动化水平、软件和性能等方面率先实现了根本性创新,具有信息化、智能化、综合化和标准化等特征,主要技术性能指标取得标志性的突破。解决了原有测试系统测试标准不统一、人为参与度不高、智能化水平不高、测试数据应用不充分的问题,该设备可以应用于通用电子设备功能和性能测试场合,应用前景广泛。目前通用化应用软件已基本完成,后续继续丰富各种电气接口、通用仪器、第三方厂家的设备接口,真正实现功能可配置,可见即可得,减少后续应用软件的开发工作,加大力度推进测试管理系统的开发工作,实现测试数据的深度挖掘及应用。通过不断完善,制定形成相应标准,形成行业规范,推动行业测试能力的提升。

机载电源系统用电流电压传感器研制

赵旭　王阳　钟贻兵

(山东航天电子技术研究所,山东·烟台,264670)

摘要: 机载电源的供电质量对飞机的安全飞行和机载用电设备的正常工作至关重要,因此需要对试飞中的机载电源系统进行持续在线监测,评估其供电质量。针对此,研制了一种基于霍耳效应的非接触测量电信号的电流电压传感器,可对 115 V/400 Hz 三相交流、28V 直流电源的电参数进行持续测量。该传感器针对工作环境进行了实验,测量结果实时、准确,对机载电源系统提高可靠性和故障分析定位有重要的意义。

关键词: 机载;电源;电流电压传感器

1 引 言

机载电源的供电质量直接关系到飞机的飞行安全和机载用电设备的正常工作。随着航空技术的发展,机载用电设备日益多样化和复杂化。在电子试验机试飞环境中,部分机载用电设备,特别是开关设备在加载和卸载时,可能会对机载电源造成瞬时冲击、电压跌落、谐波分量增大等现象,产生的瞬时电磁干扰可能会造成部分机载用电设备异常运行,严重影响着各项试验开展和整机的安全运行。即使单个设备已经通过了符合机载用电设备的各项电磁指标,电子试验机挂载的设备负载度高,难免有相互影响的情况出现,无法长时间监测机载用电设备之间对机载电源的影响。同时,当机载用电设备出现突发状况或持续不正常运行且未触发机载电源继保系统时,无法实时对此类情况进行故障的定位和分析。综上,亟须一种能够实时监测机载电源系统电流、电压信号的高可靠传感器,而目前的检测系统主要在地面环境下对机载电源或地面电源的稳态或瞬态工作特性参数进行监测,测试时间短,无法预防飞机试飞过程中的偶然现象。本文研制的电流、电压传感器,可对机载电源 115 V/400 Hz 三相交流、28 V 直流电压和电流进行持续监测,对采集的数据传给后端进行快速运算得到其多工作特性参数并显示和存储,且实时判断异常工作状态,对异常工作点的电压、电流进行录波,以便后期分析。

2 传感器总体方案设计

机载电源监测系统主要由高性能专用计算机、高速同步采集卡、电源转换电路、触摸显示屏及电流、电压传感器组成。系统结构框图如图 1 所示。本文的研制对象为虚线框内的电流、电压传感器。

为提升机载设备及电源系统可靠性,拟采用基于霍耳效应可非接触测量的电流、电压传感器。其可实现通过采集电流、电压信号产生的磁场来表征电信号的大小,实现被测电信号不进入传感器的非接触测量,从而提升系统可靠性和安全性。

霍耳效应的原理如图 2 所示。当把半导体材料置于磁力线和电流方向垂直的磁场中时,

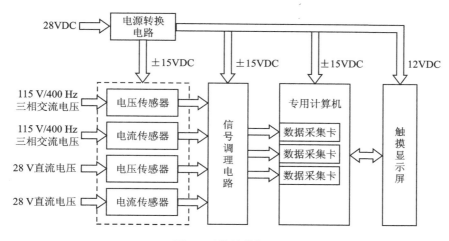

图 1　系统结构框图

在半导体垂直于电流和磁场的方向上会产生电压,霍耳输出电压为

$$V_h = SI_cB \tag{1}$$

式中,S 为乘积灵敏度,单位:$\text{mV}/(\text{kGs} \cdot \text{mA})^*$;$I_c$ 为定工作电流,单位:mA;B 为磁感应强度 kGs。

从式(1)中得知,当 S 和 I_c 一定,则 V_h 与 B 有一直接的线性关系。因此,霍耳效应可以用来测量磁场的大小。霍耳效应是一种理想的传感技术,它的应用已经有超过 100 年的历史了,利用半导体材料的霍耳效应进行测量的传感器即为霍耳传感器。霍耳传感器因具有优异的性价比、体积小、高可靠性等优越性能得到了飞速的发展和广泛应用。霍耳传感器可以直接测量磁场,也可以

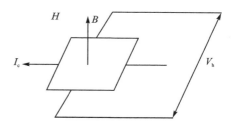

图 2　霍耳效应原理

间接测量电流、电压等其他参数。因霍耳电流、电压传感器原理相同,其区别在于电压传感器是通过电阻将电压信号转换为电流信号再进行测量的,故本文在设计时均以电流传感器为例进行阐述。

3　电路设计

通电导体在它周围必然产生磁场,根据安培定律,通电导体为圆柱体时电流与磁场的关系为

$$\oint_l B\,\mathrm{d}l = \mu_0 \sum I_0$$

即

$$B_2\pi R = \mu_0 I_0$$
$$B = \mu_0/(2\pi R) * I_0 \tag{2}$$

---

* Gs 是英制单位,$1\ \text{Gs} = 1 \times 10^{-4}\ \text{T}$。

因此,可以利用霍耳原理测量电流产生的磁场,从而间接进行电流的检测,该类传感器为霍耳电流传感器。因霍耳电流传感器与测量对象高度隔离,可靠性高,响应速度快,可以准确地快速跟踪测量对象的电流变化,输出对应的电压值,准确反映当前的电流值,因此在航空、航天等军用领域,电流的检测多为通过霍耳电流传感器实现的。图 3 为某军用型号霍耳电流传感器原理框图。这种线路主要由磁电转换部分、放大部分及驱动补偿线路部分等组成,其瞬态工作过程如下:

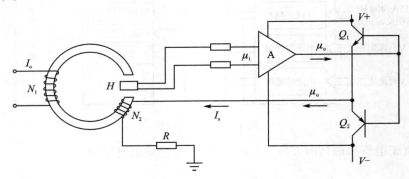

图 3　某军用型号霍耳电流传感器原理框图

当 I_0 刚通过 C 形磁芯,I_S 未形成时,霍耳元件 H 检测出 $N_1 I_0$ 所产生的磁信号,经放大器 A 放大,驱动驱动级。由于 N_2 为反馈线圈,通过线圈的电流不突变,因此 I_S 渐渐上升,$N_2 I_S$ 产生的磁场补偿掉 $N_1 I_0$ 产生的磁场。因此,霍耳元件 H 输出降低,I_S 上升变慢。当 $N_2 I_S = N_1 I_0$ 时,磁场为 0,霍耳元件输出为 0。但因线圈的缘故,I_S 继续上升,这样 $N_2 I_S > N_1 I_0$,补偿过量,霍耳元件输出正负改变,驱动输出使 I_S 变小。如此反复在平衡点附近进行振荡,因此,此平衡点为动态平衡,建立时间也为动态平衡,建立时间在 $1 \mu s$ 以内,整个测量回路成为闭环系统。

从图 3 可以看出,整个电流传感器的电路并不复杂,其中 H 霍耳元件、A 运算放大器为关键器件。

3.1　霍耳元件

使用霍耳效应制成的器件为霍耳元件。任何载流子不为零的材料,在特定的条件下都能产生霍耳电势,半导体材料有较高的载流子迁移率,而且电阻率也很大,适合作为霍耳元件的材料。常用的霍耳材料有 N 型锗、锑化铟、砷化铟等单晶材料。霍耳元件有下列几个技术参数:

① 灵敏度:在一定控制电流和一定强度的磁场中,输出开路时元件的灵敏度。

② 额定功耗 P_0:定义为 25 ℃时流过霍耳元件的电流和电压之积。

③ 输入电阻 R_i 和输出电阻 R_0:输入电阻 R_i 是指控制电流之间的电阻值;输出电阻 R_0 指霍耳元件电极间的阻抗。

④ 不等位电势 U_0:在一定控制电流 I 下,不施加磁场,霍耳电极之间的空载霍耳电势称为不等位电势。不等位电势和额定控制电流 I 的比即不等位电阻 r_0。

⑤ 霍耳电势温度系数 α:在固定的磁感应强度和控制电流下,温度每变化 1 ℃时,霍耳电势变化的百分比,称霍耳电势的温度系数 α。

⑥ 内阻温度系数 β:霍耳元件在无磁场的工作温度范围内,温度变化 1 ℃时,输入电阻 R_i 与输出电阻 R_0 变化的百分率为内阻温度系数 β,β 一般取不同温度下的平均值。

几种不同材料的霍耳元件的性能对比见表 1。

表 1　不同材料的霍耳元件的性能参数对比

种　类	输入电流 I/mA	无负载霍耳电压 V_H/mV $B=1$/kG	输入电阻 r_1/Ω	输出电阻 r_2/Ω	积灵敏度 K_H/(mV·mA^{-1}·kg)	不平衡电压 V_m/mV	V_H温度系数 β/(%·℃$^{-1}$)	r_1 和 r_2温度系数 α/(%·℃$^{-1}$)
InAs	100	≥8.5	约3	约1.5	≥0.085	<0.5	约−0.1	约0.2
	150	≥12	约2	约1.5	≥0.08	<0.3	约−0.1	约0.2
	400	≥30	约1.4	约1.1	≥0.075	<1	约−0.07	约0.2
InAsP	100	≥13	约6.5	约2.4	≥0.13	<0.15	约−0.06	约0.2
	100	≥14.5	约5	约3	≥0.145	<0.1	约−0.04	约0.2
	200	≥29.5	约5	约3	≥0.145	<0.2	约−0.04	约0.2
Ge	20	≥5	40	30	≥0.25	0.5,1.5,3.0,10.0	0.02	0.5
	15	≥43	300	200	≥3.0	同上	0.02	0.5
InSb	5	250~550	245~550	240~550	50~110	10	−1.0~−1.3	−1.0~−1.3
	10	80~300	10~30	10~30	8~30	10	−2.0(最大)	−2.0(最大)
GaAs	5	15~110	200~800	200~800	3~22	V_H 的 20%以内	−0.05	0.5
	5	14~100	150~600	150~600	2.8~20	V_H 的 ±20%	−0.06	
	1	10~30	450~900	455~900	10~30	V_H 的 ±20%	−0.06	
	6	96~128	1000	<5 000	16~21	V_H 的 ±12%	−0.06	0.3

从表 1 可以看出,霍耳元件 InSb 的积灵敏度高于其他霍耳元件 2 倍~4 个数量级,且霍耳元件的灵敏度 S 越大,$I_0 N_1$ 和 $I_S N_2$ 越接近,其测量的线性越好。此霍耳元件的工作电流约为 5mA,而其他材料的霍耳元件的工作电流一般为 10~400 mA,此类霍耳元件功耗大,热耗也大,且积灵敏度较低。虽然 InSb 材料的霍耳元件 HW302B 的温度系数较差,但测量输出和霍耳元件的温度系数没有直接关系,且霍耳元件 HW302B 的正常工作温度范围为 −55~+110 ℃,满足机载电子设备的温度要求。霍耳元件 HW302B 为超薄材料(厚度不大于 0.9mm),所以放置霍耳元件的集磁环的缝隙可以较窄(约 1mm),且该缝隙的大小对磁场的发散有直接影响,缝隙越小,磁场的发散越小。因此设计中选用 InSb 材料的霍耳元件 HW302B。

3.2　运算放大器

运放的开环增益越大,$I_S N_2$ 与 $I_0 N_1$ 越接近,整个测量回路的线性度越好。运算放大器的选用对差分放大器的性能有很大的影响,应选用失调电压较低、功耗也较低且具有较宽供电范围的运放。整个测试电路和频率响应的关键就在中间的放大级,放大级设计为有较大的增益与较高的电压上升速率,才能保证 I_S 能够跟随 I_0 变化,但是高的转换速率的运放有可能会引起高频的自激,所以需要在运算放大器输出的驱动级加上滞后的频率补偿电路,以此来提升频率稳定性能力。

4　磁路设计

本设计中聚磁环材料使用软磁材料坡莫合金。电流传感器是对电流产生的磁场进行准确测量和跟踪,因此聚磁环应使用软磁材料而非硬磁材料。软磁材料是特指那些矫顽力较小、易磁化和退磁的磁性材料。这里的软指的是这些材料易磁化,在磁性能上表现"软"。软磁材料易磁化和退磁,且具有较高的导磁率,可以起到较好的聚集磁力线作用,所以这种软磁材料被较广泛用作磁力线的通路,即用作导磁材料。软磁材料大多为硅钢片、坡莫合金、铁氧体等。

坡莫合金为铁镍合金,它的镍含量在 $35\%\sim90\%$ 之间。坡莫合金的特点是具有很高的弱磁场导磁率。它的饱和磁感应强度大多在 $0.6\sim1.0$ T 之间。普通的坡莫合金是铁镍两种元素组成的合金,通过一定的轧制和热处理,使其具备较高的导磁率,同时也能合理地搭配铁和镍的含量,获得很高的饱和磁感应强度。但是此种坡莫合金的电阻率低,抗力学性能并不好,因此实际的应用并不多。目前应用较多的坡莫合金是在铁和镍的基础上再添加一些别的元素,如钼、铜等。添加这些元素的目的是为了增加材料的电阻率,减小成为磁芯之后的涡流损失,而且添加这些元素也可以提高磁环的硬度。坡莫合金的生产过程较复杂,例如,板材轧制工艺、退火的温度、时间长度、退火后的冷却速度等都对材料最后的磁性能有较大影响。

由以上分析可得出,坡莫合金有弱磁场下高导磁率的特性,并且该材料的抗力强度较好,可用于精确测量磁场的场景。机载设备电流测量一般属于弱磁场测量、精密测量及低频信号测量,例如 $0\sim30$ A 的电流在坡莫合金材料组成的集磁环中产生的磁场强度约为 $0\sim500$ Gs,且测量精度和线性度要求比较高,所以集磁环优先选用坡莫合金材料。

电流传感器采取圆形穿线孔结构,因此集磁环设计成圆环形结构,霍耳电流传感器的磁芯采用 0.35 mm 厚带材,多层铆冲而成。集磁环中开口用于霍耳元件插入收集磁场,集磁环磁芯开口两侧各开有一个焊针孔,焊针通过焊针孔固定磁芯和使磁芯接地以提高产品的 EMC 性能,集磁环的外形示意图见图 4。

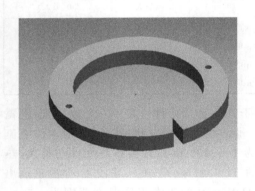

图 4 集磁环的外形图

5 参数计算

线性度是衡量传感器的实际特性曲线符合直线的程度。由于实际特性通常是一条曲线,它与理论特性间有一个偏差,这个偏差的大小反映了实际特性的非线性的程度,故可用非线性误差来表示测量系统的线性度。测量系统的线性度定义为

$$\gamma_L = \frac{|\Delta L_{max}|}{\bar{Y}_{FS}} \times 100\% \tag{3}$$

式中,γ_L 为线性度(或非线性度误差);ΔL_{max} 为实际特性与理论特性最大偏差;$\bar{Y}_{FS}$ 为传感器额定输出的平均值。

按照最小二乘法进行测量和计算。每种产品应分别取 11 个点进行测试,如量程 100 A 测试电流,分别取 0 A,10 A,20 A,30 A,40 A,50 A,60 A,70 A,80 A,90 A,100 A。

在传感器全量程范围内每 10% 额定信号值为一个测试点,测试从电流为 0 A 开始,按规定的校准点平衡地加负荷,在每个校准点上加负荷,负荷稳定后读取传感器输出值,一直到测

量范围的上限(定义为正行程)。

将负荷设置到上限值,此次读取的输出作为反行程的初始值,按规定的校准点平衡地减负荷,负荷稳定后读取传感器输出值一直到 0 A(定义为反行程)。

传感器的工作直线可根据校准数据采用最小二乘法来确定。其特性方程为

$$Y = a + bX$$

其中,a,b 分别为工作直线的截距和斜率。根据校准数据,可按下述公式求得

$$a = \frac{\sum\limits_{i=1}^{k} x_i^2 \sum\limits_{i=1}^{k} y_i - \sum\limits_{i=1}^{k} x_i \sum\limits_{i=1}^{k} x_i y_i}{k \sum\limits_{i=1}^{k} x_i^2 - \left(\sum\limits_{i=1}^{k} x_i \right)^2} \tag{4}$$

$$b = \frac{k \sum\limits_{i=1}^{k} x_i y_i - \sum\limits_{i=1}^{k} x_i \sum\limits_{i=1}^{k} y_i}{k \sum\limits_{i=1}^{k} x_i^2 - \left(\sum\limits_{i=1}^{k} x_i \right)^2} \tag{5}$$

式中,x_i 为第 i 个校准点的输入平均值;$\bar{y}_i$ 为第 i 个校准点的输出平均值;k 为测量范围内所取校准点数。

线性度计算公式为

$$\gamma_L = \pm \frac{\Delta L_{max}}{\bar{Y}_{FS}} \times 100\% \tag{6}$$

式中,ΔL_{max} 为校准曲线与拟合直线之间的最大偏差;$\bar{Y}_{FS}$ 为传感器额定输出值的平均值。

传感器的精度是指传感器在其测量范围内,其基本误差(包括随机误差和系统误差)与传感器额定输出值 Y_{FS} 的百分比值来表示的。

传感器的精度在静态校准后进行计算,其计算公式为

$$A = \pm \frac{3\bar{\sigma} + \Delta Y_{max}}{\bar{Y}_{FS}} \tag{7}$$

式中,$\bar{\sigma}$ 为重复性平均标准偏差;ΔY_{max} 为正、反行程各自校准点数据的平均值与工作直线相应点的值之差中的最大值;$\bar{Y}_{FS}$ 为传感器额定输出值的平均值。

重复性平均值标准偏差 $\bar{\sigma}$ 用极差法计算,具体来说,总的平均极差 W 按以下公式计算:

$$\bar{W} = \frac{\sum\limits_{i=1}^{k} W_{ci} \pm \sum\limits_{i=1}^{k} W_{fi}}{2k} \tag{8}$$

式中,W_{ci} 为第 i 个校准点正行程校准数据的极差;W_{fi} 为第 i 个校准点反行程校准数据的极差。

传感器重复性平均标准偏差 $\bar{\sigma}$ 的计算式为

$$\bar{\sigma} = \frac{\bar{W}}{d_R} \tag{9}$$

式中,d_R 为极差系数,取 1.69。

6　实验与分析

本次共研制生产了 4 只霍耳电流传感器和 4 只霍耳电压传感器。为验证传感器功能,根据军用标准 GJB150《军用设备环境试验方法》的要求,对 8 只传感器进行了试验验证,将 8 只传感器分组进行了包括随机振动、冲击、高温贮存、高温工作、低温贮存、低温工作、温度冲击、高低温测试、稳态湿热及高温寿命试验的试验验证。8 只传感器试验期间未出现性能超差、失效等任何问题,一次性通过试验,证明传感器具有较高的可靠性,可以用于机载电源系统电流检测。

试验后对 8 只传感器分别进行了交直流电压电流信号性能测试,并根据最小二乘法进行了线性度精度分析,测试结果见表 2 和表 3。

表 2　4 只霍耳电压传感器测试数据

序　号	输入电压/V	1#输出电压/V	偏差绝对值	2#输出电压/V	偏差绝对值	3#输出电压/V	偏差绝对值	4#输出电压/V	偏差绝对值
1	0	0.021 6	0.000 273	0.040 3	0.000 255	−0.005 5	0.000 218	0.049 8	0.000 364
2	2.8	0.522 7	0.000 282	0.540 3	0.000 296	0.494 4	0.000 264	0.551 1	0.000 84
3	5.6	1.023 5	0.000 591	1.040 4	0.000 238	0.994 3	0.000 309	1.053 4	0.000 316
4	8.4	1.525 4	0.000 2	1.541	0.000 32	1.494 9	0.000 345	1.555 6	0.000 107
5	11.2	2.026 8	0.000 491	2.041	0.000 278	1.994 7	0.000 2	2.058	0.000 731
6	14	2.527 7	0.000 282	2.540 7	0.000 064	2.494 4	0.000 045	2.559 6	0.000 355
7	16.8	3.029 1	0.000 573	3.041 3	0.000 495	2.994 7	0.000 309	3.061 8	0.000 978
8	19.6	3.530 4	0.000 764	3.541 2	0.000 353	3.494 9	0.000 564	3.563 5	0.000 902
9	22.4	4.031	0.000 255	4.041 4	0.000 511	3.994 8	0.000 518	4.065	0.000 625
10	25.2	4.531	0.000 855	4.540 4	0.000 531	4.493 9	0.000 327	4.565 1	0.001 051
11	28	5.032 4	0.000 564	5.040 4	0.000 573	4.993 4	0.000 773	5.066 8	0.001 127
		b 值	0.208 7 95	b 值	0.208 351	b 值	0.208 311	b 值	0.209 073
		a 值	0.021 873	a 值	0.040 555	a 值	−0.005 28	a 值	0.050 164
		线性百分率	0.02%	线性百分率	0.01%	线性百分率	0.02%	线性百分率	0.02%
		精度	0.04%	精度	0.03%	精度	0.04%	精度	0.04%

表 3　4 只霍耳电流传感器测试数据

序　号	输入电流/A	5#输出电压/V	偏差绝对值	6#输出电压/V	偏差绝对值	7#输出电压/V	偏差绝对值	8#输出电压/V	偏差绝对值
1	0	−0.003 7	0.000 45	0.009 9	0.000 391	0.028 2	0.000 391	0.027 8	0.000 095
2	10	0.496 8	0.000 424	0.510 5	0.000 916	0.529 3	0.000 398	0.527 3	0.000 865
3	20	0.997	0.000 697	1.012 2	0.000 342	1.030 3	0.000 505	1.028 1	0.000 335
4	30	1.498 7	0.000 529	1.514 1	0.000 433	1.532 2	0.000 287	1.528 9	0.000 195
5	40	1.998 9	0.000 255	2.015 2	0.000 407	2.033 3	0.000 28	2.029 5	0.000 525

续表 3

序 号	输入电流/A	5♯输出电压/V	偏差绝对值	6♯输出电压/V	偏差绝对值	7♯输出电压/V	偏差绝对值	8♯输出电压/V	偏差绝对值
6	50	2.499 5	0.000 382	2.516 2	0.000 282	2.534 5	0.000 373	2.529 5	0.000 255
7	60	3.000 3	0.000 708	3.018 1	0.001 056	3.036	0.000 765	3.030 3	0.000 785
8	70	3.501 3	0.001 235	3.519 2	0.001 031	3.537 3	0.000 958	3.530 8	0.001 015
9	80	4.000 8	0.000 261	4.019 8	0.000 505	4.037 4	0.000 049	4.029 9	0.000 155
10	90	4.500 7	0.000 313	4.520 1	0.000 32	4.538 7	0.000 144	4.530 1	0.000 225
11	100	5	0.001 486	5.019 8	0.001 745	5.038 2	0.001 464	5.029 5	0.001 095
		b 值	0.208 531	b 值	0.208 802	b 值	0.208 795	b 值	0.208 446
		a 值	−0.003 25	a 值	0.010 291	a 值	0.028 591	a 值	0.027 895
		线性百分率	0.03%	线性百分率	0.03%	线性百分率	0.03%	线性百分率	0.02%
		精度	0.5%	精度	0.05%	精度	0.05%	精度	0.04%

7 结 论

本文研制的机载电源系统用电流电压传感器,采用非接触测量的霍耳效应原理研制,实现对机载电源 115V/400Hz 三相交流、28V 直流电压和电流工作特性和供电质量的持续监测,通过电路设计、磁路设计和参数计算实现产品的设计方案和分析,研制完成后按照军用标准进行了系列的实验验证,传感器测量结果准确、可靠,对提升机载电源系统可靠性和故障分析定位具有重要的意义。

参考文献

[1] 高红红. 机载电源检测系统设计. 西安工业大学学报,2009(06).

[2] 孟祥森,谢套,等. 机载电气负载管理单元设计. 测控技术,2018(09).

[3] 肖涛,钱政,于浩,等. 机载电源在线检测系统的研制. 计算机测量与控制,2018.26(08).

[4] Togawa,Sanbonsugi,Lapicki. High-sensitivity InSb thin-film micro-Hall sensor arrays for simultaneous multiple detection of magnetic beads for biomedical applications. IEEE Transactions on Magnetics,2005,41(10):3661-3663.

[5] 卢文科,等. 霍耳元件与电子检测应用电路[M]. 中国电力出版社,2005.4

[6] 叶蔚生,文玉梅.用于双芯电线检测的自全式电流传感器[J].仪器仪表学报,2016(05).

[7] 陈国庆,尹乾兴,曹慧.坡莫合金增材制造及其磁性能研究现状分析[J].电焊机,2021,51(8):30-38.

基于热控设备的自动化测试平台设计与实现

栾丽　邻晓丹

(山东航天电子技术研究所,山东·烟台,264670)

摘要：热控设备不断更改、完善、试验,往往需要进行若干轮重复的测试,测试路数较多,自动化测试是热控设备测试的发展方向。本文介绍了基于热控设备自动化测试平台的实现方法,描述了该平台的构成、工作流程,并给出了具体的应用实例。采用针对对象模块化建模方法,针对每个物理对象进行建模,将自动化测试平台分为4大部分：热控设备、数据管理系统、自动化测试架构、人工干预系统。测试项目、待测指令或参数判读按照一定的判读准则执行,实现测试设备和被测对象间的协调工作,以达到热控测试的整体目标。该自动化测试平台已应用于多个热控设备测试工作,达到了缩短测试时间、节约测试成本、提高测试效率、保证测试覆盖率以及确保测试可靠性的效果。在保证测试质量的前提下,极大地降低了卫星设备的测试周期,特别是在测试数据的归档和检索方面,起到了重要作用,使得热控设备的测试工作有更强的计划性和有效性。

关键词：热控设备；自动化测试；测试流程

1　引　言

随着卫星设计技术的发展,卫星发射的频率也在不断提高,卫星发射成功后可以带来巨大的经济效益、社会效益和军事效益。当今世界,各国都将航天技术的发展列在极为重要的地位,作为诸多航天技术之一的热控制技术自然也不例外。航天飞行器(以下简称航天器)热控分系统是航天器的一个重要分系统,伴随着航天器的应用范围不断扩大,航天器的热控制需求也日趋增多,它的功能是将航天器的各类电子仪器与机械设备的温度控制在要求的范围内,以确保航天器在轨正常工作。

卫星设备的研制过程中,热控设备不断更改、完善、试验,往往需要进行若干轮重复的测试。在这种情况下,采用人工测试难以满足卫星测试的需要。如何加强卫星热控测试精准性,提高测试的效率,缩短卫星的研制周期,成为亟待解决的问题。

目前国际大型软硬件公司都在致力于为用户提供一套独有的完整自动化测试解决方案,在国内自动化测试也正在被越来越多的公司和团队所重视。但是国内外自动化测试系统的设计思路也大多停留在被测试对象的测试需求和测试状态一致的前提下,按照固定的测试流程进行反复测试,并没有在某一领域形成通用的一体化解决方案。目前国内各领域应用较成熟的自动化测试工具往往都是由代理公司从国外引入和推广的。

因此,基于上述情况,开发一套基于热控设备的自动化测试平台是很有必要的。

2 系统构成

目前我国卫星热控设备测试方法开始由手工测试转化为半自动测试,尤其针对热控系统也开始试着将手工劳动解脱出来,但是测试工作不仅繁琐而且还容易出错,尤其测试数据不容易整合,测试平台也面临着根据测试任务复杂性进行革新。期望的测试流程为开展一键测试,展开全自动测试的工作。采集,统计,自动取得测试结果与设计期望值进行比对,完成测试并将测试结果规范化写入测试报告中。

针对热控设备,我们可以将工作流定义为:热控设备测试业务的全部或部分自动化,在此过程中,测试项目、待测指令或参数判读按照一定的判读准则执行,实现测试设备和被测对象间的协调工作,以达到热控测试的整体目标。

过程是指将输入转化为输出的一组相互关联或相互作用的活动。能够根据用例中的执行条件(包括各种特殊条件,如时间间隔、前判据等)自动发送测试用例中对各个待测试模块的远程命令和遥控指令,并进行相应的判读,如果判读正确,记录遥测参数的遥测工程值、变化范围、变化方式、执行时间等,然后自动执行下一条细则,否则以声音和颜色变化等形式报警,等待人工处理。该平台是一套代替人工测试工作过程的自动化系统。系统结构框图如图 1 所示。

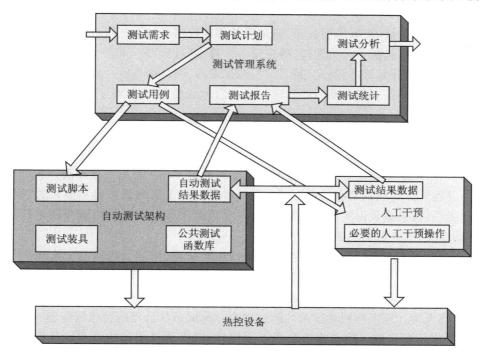

图 1 基于热控设备自动化测试平台结构框图

采用针对对象模块化建模方法,针对每个物理对象进行建模,将自动化测试平台分为 4 大部分:热控设备、数据管理系统、自动化测试架构、人工干预系统。

在热控研制过程中,即可通过热控设备的任务需求,编写待测需求、测试用例等。准备好各种资料与数据,热控设备研制成功后,开展自动化测试,一键测试完成,最后输出测试报告。

基于热控设备自动化测试平台中的数据管理系统和自动测试系统是该平台的核心。但是人工干预系统是自动化测试平台中故障判断的保障,热控设备需要与热控专检测试系统以及其他测试仪器等连接使用,来接收遥控指令与上传采集数据。

2.1　测试管理系统

测试管理系统是基于 B/S 结构的数据库 Web 应用系统,采用三层结构,由 BS 数据库服务器、BS 应用服务器、BS 不同功能的客户端组成,为测试人员提供了进行测试需求管理、测试用例的输入制作、测试计划及测试用例的评审、测试结果的汇总、测试报告的输出和测试分析等的平台。

对于测试管理,主要进行了数据的管理,热控设备每次测试的内容条理化,便于查询。相对于许多发达国家,国内的热控设备测试逐渐开始注重过程管理,测试管理开始规范,测试设计师对热控设备测试所需要的文件准备情况,测试后的数据进行分析,测试人员的测试过程等等都逐渐明确。逐渐采用现代的管理学、最新的数据库技术和计算机网络技术全面组织、配置、管理热控设备的各种资源。

根据热控设备的任务要求,对热控设备的输入/输出数据进行数据导入,数据导入的格式以多种主流格式文件(word/excel/xml…)存储在数据存储子系统中,通过数据管理子系统对数据进行管理。输入/输出数据内容包括设备的遥测数据、数据的遥控指令以及根据测试用例等相关测试信息。

在实际使用的时候,数据库服务器、应用服务器和数据存储服务器可以根据具体情况灵活配置。数据管理系统包括了人员管理、热控设备管理、热控设备采集数据管理、热控设备遥控指令管理、测试测试计划管理、测试用例管理、测试细则、测试报告等。该数据管理系统保存了准备测试前的各种准备资料以及后期测试完成之后形成的测试数据与测试报告,以备进行测试分析。

2.2　自动测试系统

自动测试系统的主要任务是如何把复杂繁多的测试工作尽可能高效地翻译成计算机所识别的程序,并告知计算机判别和显示测试结果。对热控设备的测试主要集中在对遥控指令的发送,发送指令后,采集数据相应发生变化,针对出现的采集数据根据约束条件进行判定。制定一键测试流程,最终形成测试报告。

复杂繁多的测试工作是在测试之前通过测试用例体现,由测试用例的文字描述变为可观测的现实,编写成测试序列以执行。将测试序列,通过对多种主流格式文件(word/excel/xml…)操作,进行加载,提取和解析其中相关自然语言,加载过程也是对每条测试条目初始化的过程,测试条目已经成为计算机判别和显示的测试脚本。测试条目已经通过初始信息的装入与设备指令、采集数据匹配完成。执行相应的指令或操作,自动取得测试结果与设计期望值进行比对,完成测试并将测试结果规范化写入测试报告中。

3　应用实例

3.1　案例描述

目前,该热控设备自动测试平台已成功进行了多个型号的热控测试工作中。以加热器控温功能测试为例,按照控温逻辑决策,对 480 路加热器进行开关控制。

每一路加热器都是由电子负载进行模拟,由一路加热器开关和一路安全开关控制,每一路安全开关可以控制 4 路加热器,第 15 路测试连接图如图 2 所示。

图 2　加热器连接图

热控设备初始信息注入,初始信息包括热控设备采集数据名称,热控设备遥控指令名称。将初始信息装入测试软件。指令单元的类型千差万别,因此在程序中使用 CreateClass 来封装自动创建类代码,用于自动创建指令单元类,指令单元的属性则为类属性。设备采集数据名称等也是差别较大,尤其是对采集数据进行各种计算,也自动封装。

3.2　测试序列订制

测试 480 条加热器的指令,既需要测试加热器开关的正确性,又要测试安全开关的有效性,为了达到全面、准确的测试目的,提高测试的覆盖性,需要测试安全开关在闭合和断开状态下,所控制的加热器开关闭合、断开时电流的变化情况,测试序列见图 3。

针对 480 路指令测试,在测试过程中要测试该路加热器采集状态,该路加热器采集电压,该路加热器开关在占空比是否符合指标要求,传统的人工测试工作量十分庞大,特别是在不同的测试阶段,该测试案例需要重复执行,每次执行的难度系数和错误概率都是相同的。采用热控自动化测试系统后无论在测试正确性方面还是在测试有效性方面都有很大程度的提高。

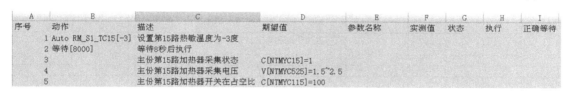

图 3　测试序列图

3.3　测试执行

测试用例被审查批准后,启动自动测试软件,载入测试细则。通过单击导入/导出 Word 文件、Excel 文件,文件读取后,解析表格里面的内容,表格格式为序号、操作、描述、期望值和测试值,导入自动化测试平台,如图 4 所示。

3.4　测试报告

自动化测试平台界面显示 Word 或 Excel 中的测试内容。开始一键测试,只需单击"自动测试"按钮,单击自动测试则自动填写实测值及状态,并将测试结果自动填写到测试文档中,生成测试报告,如图 5 所示。

测试报告最终纳入测试管理系统中,软件开发人员会根据测试报告结果进行相关的软件更改,更改完毕,可进行重新测试。

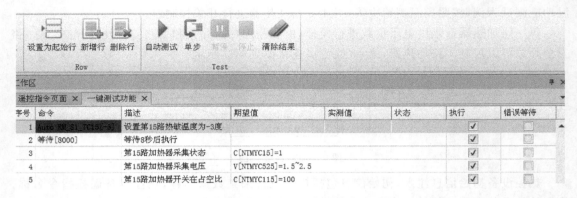

图 4　测试执行图

序号	动作	描述	期望值	参数名称	实测值	状态	执行	正确等待
1	Auto RM_S1_TC15[-3]	设置第15路热敏电阻为-3度				正确		
2	等待[8000]	等待8秒后执行				正确		
3		主份第15路加热器采集状态	C[NTMYC15]=1	NTMYC15	1	正确		
4		主份第15路加热器采集电压	V[NTMYC525]=1.5~2.5	NTMYC525	1.98	正确		
5		主份第15路加热器开关在占空比	C[NTMYC115]=100	NTMYC115	100	正确		

测试人员：王晓
测试时间：2022.06.09　10:25:30
测试时机：第二轮力学试验

序号	动作	描述	期望值	参数名称	实测值	状态
1	Auto RM_S1_TC15[-3]	设置第15路热敏电阻为-3度				正确
2	等待[8000]	等待8秒后执行				正确
3		主份第15路加热器采集状态	C[NTMYC15]=1	NTMYC15	1	正确
4		主份第15路加热器采集电压	V[NTMYC525]=1.5~2.5	NTMYC525	1.98	正确
5		主份第15路加热器开关在占空比	C[NTMYC115]=100	NTMYC115	100	正确

图 5　热控设备自动化测试报告

4　验证对比

基于热控设备的自动化测试技术,可大大缩短测试数据处理周期和试验准备时间、提高测试数据的使用效率,加快试验进度,节省试验人力成本。与传统的人工测试相比,自动化测试具有速度快、精度高等优点,且能较容易实现完全覆盖测试和回归测试,大大缩短了测试周期,节省了测试成本。

将热控设备进行自动化测试是一种必然趋势,通过该技术的引入,可以大大缩短测试准备时间、缩短数据处理周期、提高数据处理质量并加快测试进度。

相比于手动测试,自动化测试可达到百分之百的测试覆盖率并保证百分之百的可靠性,避免了手工测试易出现的人为失误差错。

通过采用通用自动化测试系统,显著提高了工作效率。能够直接读取用户编写测试细则（Word/Excel 文档）,根据文档中的测试表格自动执行测试流程、自动获取测试结果、自动比对测试结果,能够提供测试过程全自动化解决方案。用户仅需要编写测试细则即可,系统易用性非常高。每项测试耗时从平均 15～30 s 时间降低到 1 s 左右,极大缩短了热控设备测试的时间。

通过在多个型号的热控设备测试的实例应用,与手工测试进行了对比。每个型号的热控测试条目不同,用时区别如表 1 所列。从表 1 中可以得到:

① 可以灵活的设计测试用例,提高了测试用例的复用性;

② 由于整个测试过程中均采用自动化的测试方式,降低了测试复杂性;

③ 测试过程记录归档,减少了测试后期整理报告的复杂性。

表 1　不同设计方法执行情况

天

型号中具体应用	手工测试时间	软件半自动化测试时间	软件自动化测试时间
加热器 3 000 条待测项目	6	2	0.5
OC 指令 2 800 条待测项目	4	2	0.5

5　结　论

使用通用热控设备自动化测试平台进行了多个热控设备的测试,达到了缩短测试时间、节约测试成本、提高测试效率、保证测试覆盖率以及确保测试可靠性的效果。

热控设备自动化测试平台设计与实现过程中,借鉴不同型号卫星热控设备中已有的测试任务资料。研究了众多测试任务,可为扩展该热控自动化测试提供依据,并探索多种热控设备测试任务的共同点和通用性,为实现热控测试任务自动化测试平台的通用开发提供了可能性,提高开发效率,实现资源共享。

参考文献

[1] 黄小虎.卫星测试系统研究与应用[D].上海:上海交通大学,2007.

[2] 姚渝春,王凡.实验室的过程管理技术[J].高等建筑教育,2003(4):105-107.

[3] 赵瑞峰,董房,陆洋,等.卫星通用自动化测试系统体系结构[J].信息技术,2011,35(4):65.

[4] 王庆成. 航天器电测技术[M].北京:中国科学出版社,2007.

[5] 严少清,陈革,万年红.软件自动管理系统的设计与实现[J].计算机工程,2002,28(9).

[6] 秦斌,张凡,陶锐.一种低成本的软件测试自动化平台实现方法[J].深圳大学学报(理工版),2004,4:315-318.

航天器综合电子通用健康监测
电路设计与实现

张振　邵希胜　许良　高丁　刘晓鹏

（中国航天科技集团公司五院五一三研究所,山东·烟台,264670）

摘要：针对目前综合电子系统中健康监测电路通用化与智能化不足的现状,本文探讨研究了应用于空间综合电子设备的健康监测电路方案,可以解决电压、电流、温度实时监视等问题,同时也可以应对空间单粒子锁定问题。同时,提出了实现健康监测电路通用化、智能化发展的技术方案与实现途径,给出了关键电路设计及测试验证数据,分析了成果转化的应用领域,为空间综合电子设备健康监测设计提供了参考。

关键词：综合电子;健康监测;通用化;智能化

1 引　言

国内外新一代的卫星大多采用了综合电子系统的设计理念,健康监测是综合电子系统中重要功能。地面站需要实时监测各电路的健康状态,芯片的电压、电流与温度情况,同时需要在电路异常（比如单粒子锁定）时及时处理。对于航天综合电子,空间环境引起的故障是必须处理的,而其中单粒子锁定是一种严重的故障,同 SEU（单粒子翻转）相比,单粒子锁定时大电流持续时间较长,具有相当大的破坏性。

小型化、模块化、标准化与智能化是综合电子的主要发展方向。目前国内广泛使用限流电阻、霍耳、熔断器、继电器与 MOS 管进行健康监测与管理,部分航天器开始使用固态功率控制器（简称 SSPC）进行健康监测与控制,但其仅能实现过流保护。无法实现过压、高温保护,也无法与计算机通信,智能设定保护值,输出电流采集值。本文针对综合电子通用健康监测电路小型化、模块化、标准化与智能化问题提出了解决方案,并进行了测试验证。

2　健康监测发展现状

所有 CMOS 设计都在输入、输出端口采用边界保护（guardbands）和钳位电路（clamp）来防止常规电路应用中出现的锁定。然而,在辐射环境中瞬态信号不再局限于 I/O 端口,重离子或质子电流脉触发的锁定可能发生 CMOS 器件的内部,也可能发生在 I/O 端口。一旦发生锁定,器件将被置为导通状态、并保持状态直到电源关闭或者被锁定区域的电压降到很低。发生锁定期间电流可能很高,在某些电路中几百毫安以上的电流流过锁定发生部位,使其局部迅速升温,不仅造成局部材料损伤,还会使锁定蔓延到其他部位。

同时,对于芯片工作至关重要的供电电压、器件温度等信息,在设备工作时无相关信息,无法及时发现异常,存在器件带病工作甚至带病发射的可能。健康监测电路可以及时发现问题并提示地面站监测人员。

当前国内航天器大多使用限流电阻进行单粒子防护,该方案对于电流较小的芯片还可以适应,但目前随着综合电子设备性能提升,芯片功耗越来越大,供电电压越来越低,限流电阻已经不足以应对。

可以采用霍尔采集电流,处理器判断电流异常后使用继电器关断的方案,电磁继电器作为负载加断电的控制元件,优点是对电能的损耗小,但由于它的体积大,动作速度慢,无法用于及时故障隔离,因此大多需要配置相应规格的熔断器作为防止过流故障的保护措施,采用熔断器的缺点是故障发生后不能恢复。

国外航天器大都广泛采用了 MOSFET 器件构成的固态继电器进行过流保护。固态功率控制器是健康管理技术的一个分支,是由 MOSFET 构成的一种"无触点"开关,具有响应快、电磁干扰小、寿命长等优点。

2.1 固态继电器

固态功率控制器(SSPC)基于 I^2t 反时保护特性的固态限流控制器,它的保护方法是基于 I^2t 为常数来设计保护曲线。例如:负载电流小于额定电流的 120% 时,SSPC 不跳闸,负载电流为额定电流的 $120\%\sim400\%$ 之间时,SSPC 关断时间与其电流值的大小成反比关系,即电流越大,所允许通过的时间越短。负载发生短路故障时,SSPC 以微秒级速度关断,保护电路不会受到损害。跳闸关断后,SSPC 将发生闭锁,要重新启动 SSPC,只要在控制信号脚输入一个逻辑低电平,随后,在控制信号脚输入一个逻辑高电平,就可以再次打开 SSPC。

固态功率控制器内部一般由固态开关、电流采样电路、I^2t 积分电路、辅助电源、隔离的测控接口电路 5 部分电路构成,SSPC 内部原理框图如图 1 所示。

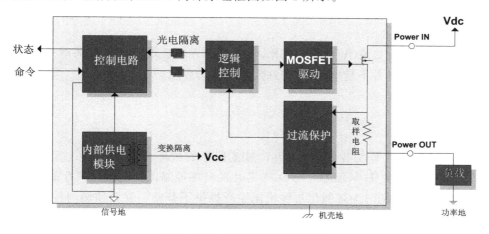

图 1　固态功率控制器原理框图

2.2 航天综合电子需求

健康监测电路完成对芯片工作状态的自主检测,对采集到的数据进行计算判断,以实时了解整个综合电子的工作状态,并对故障采取保护隔离等措施。具体包括:

① 采集综合电子芯片或电路用电的状态参数,采集的主要参数包括供电开关的状态、电压、电流、温度等;

② 采集反映综合电子设备自身母线状态的参数,主要有母线的电压值、母线的电流值、母

线供电开关的状态、辅助供电的参数、保护参数、DC/DC 的温度等参数;

③ 对单元内部数据进行实时汇总,并及时打成数据包进行上报,并能接收来自计算机的常规指令和数据,进行译码、分发,完成故障诊断、参数调整等功能。

④ 对短路故障能在极短时间内自主切断,防止故障蔓延;

⑤ 对一般性故障能在较短时间内进行识别和上报,并按照处理结果执行;

⑥ 对浪涌现象能进行抑制,并能正确区分浪涌和短路,防止误关断;

⑦ 具备对电流保护参数在一定范围内进行调整的能力;

⑧ 智能化需求:可以通过通信接口对过流、过压、过热保护值进行设定,可以动态调整,实时了解被监测电路的状态并下传地面。

2.3　SSPC 的不足

目前国产的宇航级 SSPC 器件的过流保护电流与 I^2t 常数均为硬件设置,一般选取 0.5 A、1 A、3 A、10 A 等固定电流等级,无法通过软件灵活配置。在综合电子设备使用中有以下问题亟待解决:

① 负载特性需要在健康监测设备研制前确定,无法并行研制,大大增加了研制周期。

② 由于负载不同,需要配置不同的 SSPC 芯片,无法实现通用化与标准化设计。

③ 保护电流与 I^2t 常数均为有限的几个固定值,无法做到连续可调的精细化设计,且无法兼顾特殊负载。

④ 由于控制与检测电路均通过硬件实现,且每路无法做到资源共享,模块无法小型化设计。典型的 SSPC 芯片(控制一路负载)质量为 100~200 g,体积为 30 mm×30 mm×20 mm (0.5~1 A)或 40 mm×40 mm×20 mm(10 A)不等,严重影响了其在航天设备中的推广应用。

⑤ SSPC 芯片没有集成 A/D 转换芯片,无法做到在负载电流异常时的电流密集采样,负载的异常信息无法得到并下传地面,复现并定位具体的故障。

3　设计方案

健康监测以 FPGA 作为控制核心,负责过流信号的检测、过流控制和过流路号的指示。同时 FPGA 负责外围 A/D 采集芯片与 D/A 芯片的时序控制以及通信。该方案获得了比较理想的可靠性与实时性,同时为智能化与模块化生产提供了基础。健康监测与控制电路的组成与原理见图 2。

3.1　电路原理

健康监测的接口简单,对外接口为健康监测电源输入与输出接口,内部接口为二次电源接口和内总线通信接口,符合综合电子模块化与标准化要求。模块通过内总线接收指令、保护参数等信息,发送电流遥测信息。

对于需要快速响应的瞬间短路保护,电路使用比较器直接输出给 FPGA,用于 FPGA 直接关断。对于单粒子锁定之类的电流缓慢增加的情况,可以电流采集后根据要求开关电源。

电路以 FPGA(反熔丝型)为核心,由电流设定电路(DAC 提供)、取样放大电路、电压比较电路、多路选择电路、A/D 采集电路、控制电路(MOS 管)、通信接口电路、内部供电模块等

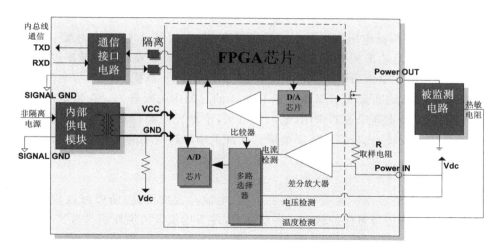

图 2   健康监测与控制电路的组成与原理

组成。

过流保护电路的工作原理是：采样电阻接在电源输出端（正端取样），采样信号（输出电流信号）经仪表运放放大后与 DAC 设定电压值比较，产生过流信号，通过 FPGA 电路，输出断电指令，达到过流保护目的。同时采集对应通路的电流信息，为故障排查提供了依据。

对于阻性、容性与感性负载，可以通过设置相应的参数，为了提高可靠性，模块可以选择关闭过流自动保护功能，通过接收来自地面或能源管理系统的指令，执行相应的开关操作。

3.2   电路组成

（1）隔离电源设计

设备内部采用 DC/DC 进行信号隔离，DC/DC 输出二次电源与配电电源（Vdc）通过电阻共地。健康监测的输入电压多为航天器母线电源电压，多个健康监测电路只需进行一次 DC/DC 变换即可，无需每路配置一个 DC/DC 变换器，降低了模块的重量与功耗，实现了模块的小型化设计。

（2）对外接口设计

对外接口选用航天上成熟应用的 UART 串行通信接口，光电隔离后通过差分 RS-422 接口进行模块间数据通信。UART 接口仅需隔离 2 个通信信号（RXD，TXD），降低了模块资源占用。

（3）电流放大采集电路

放大电路选用高精度仪表放大器，降低放大器参数漂移对测量精度影响：温漂系数是仪表放大器一项重要的指标，在 100 倍放大倍数时，AD624 可以通过特殊管脚的连接确定放大倍数，无须使用电阻确定放大倍数，温漂可以保证优于－1.5 ppm。通过电阻确定放大倍数需要考虑电阻本身的温漂，电路的温漂将高达 100 ppm 以上，使得温度对采集精度的影响不可接受。

AD624 为可获得的宇航级器件，所以仪表放大器选用 AD624，主要功能将采样电阻的微弱信号放大到 A/D 转换器采集的范围。

A/D 器件的电压采集精度必须高于 5 mV 才可能达到 0.1% 的电流采集精度。为了达到测量精度，选用 12 位 A/D 芯片（采集分辨率为 1.25 mV）采集。

（4）过流检测电路

D/A 芯片输出模拟量电压用于设定比较器的阈值，通过调节 D/A 芯片输出电压来调整过流保护电流。比较器输出到 FPGA，FPGA 进行滤波与逻辑处理后用于输出过流保护指令。

过流保护正向偏置电压门限按照 8 倍过流值来设计，即一旦固态开关功率电路出现大于或等于 8 倍的电流时，固态开关可以在小于 100 μs 的时间内关断开关。在输出电流小于 8 倍的电流时，比较器由于正向偏置的作用，输出低电平，不触发短路保护。当输出电流为 8 倍的电流时，比较器迅速反转，比较器的正反馈形式保证了输出高电平的上升速度。

3.3　智能化设计

由于健康监测电路可以一直采集电路的电压、电流与温度信息，所以可以积累过压、过流与过热数据，通过算法进行对保护值进行自动设置，并下传设定值供地面参考。真正实现即插即用，无须反复调试测试。

对于健康数据的异常，电路可以根据历史数据总结正常范围并及时下传异常提示信息，帮助测试人员及时发现问题。

4　抗干扰设计

健康监测电路内高电压、大电流与强干扰功率信号与幅值较低、精度要求较高的模拟电压信号共存，提高电路的抗干扰能力，降低强干扰带来的误触发和信号精度下降等问题是设计的关键点之一。本文通过软硬件配合的方法进行抗干扰设计，具体方法如下：

4.1　RFI 滤波器设计

RFI 滤波电路如图 3 所示。AD624 的输入端采用 RFI 滤波器进行滤波，防止大的干扰影响模拟电路的精度。采用试选法选择 RFI 滤波器元件值：

首先，确定两只串联电阻器的阻值，同时保证前面的电路可充分地驱动这个阻抗。这两只电阻器的典型值在 2 kΩ 和 10 kΩ 之间，这两只电阻器产生的噪声不应当大于仪表放大器本身的噪声。由于 AD624 本身的噪声最大值为 75 nV/Hz，所以选用 10 kΩ 电阻器，会增加 18 nV/Hz 噪声。

其次，为电容器 C_2 选择合适的电容值，它确定滤波器的差分（信号）带宽。在保证不衰减输入信号的条件下，这个电容值最好总是选择的尽可能低。10 倍于最高信号频率的差分带宽通常就足够了。本文最高信号频率低于 1 MHz，所以 C_2 取值为 100 pF。

最后，选择电容器 C_{1a} 和 C_{1b} 的电容值，它们设置共模带宽。对于可接受的 AC CMR，其带宽应当等于或小于由 C_2 电容值设置的差分带宽的 10%。共模带宽应当总是小于仪表放大器单位增益带宽的 10%。C_{1a} 和 C_{1b} 的电容取值为 C_2 的 10%，即 10 pF。

4.2　软件校准

测量过程中，如何抑制外部干扰和系统误差对测量结果的影响，是保障测量高精度的关键。本方案利用软件来减小信号噪声和强干扰对测量结果的影响。利用软件修正实现容易、成本低、效果明显。五点数据移动多项式（横坐标为采集时刻，纵坐标为采集电压）见图 4。

电流采样数据包含噪声，测量结果偏离真值，表现在曲线上为高频波动及毛刺；经数据处

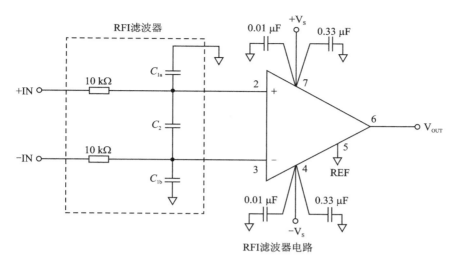

图 3　RFI 滤波器电路

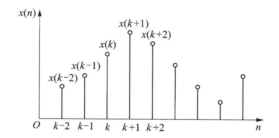

图 4　五点数据移动多项式(横坐标为采集时刻,纵坐标为采集电压)

理,使结果尽量趋近于被测物理量的期望值。通过 A/D 采集数据点,需要画出一条最佳拟合曲线,常用曲线拟合准则为多项式最小二乘。

由于采集曲线存在波动和高频噪声"毛刺",波动误差都来自纵坐标,横坐标误差可忽略不计。常用二次和三次多项式对实验数据点进行最小二乘平滑,根据工程经验和电流采集数据分析,采用二次多项式、5 点数据移动多项式进行最小二乘平滑。

五点数据移动多项式进行最小二乘平滑过程:首先最左端选五点测量数据,组成数据组,对此数据组中心点进行拟合;然后自左至右,在左边去掉一个测量数据,同时在右边增加一个测量数据,组成新数据组,再进行数据组中心点拟合;重复下去。每次拟合得到中心点的平滑数据,准确度较高。

测量数据值为 $x(n)$，$n = k-2, k-1, k, k+1, k+2$，$x(k)$ 对应 $x(n)$ 中心点,即待拟合数据点。

拟合计算值为 $y(i) = a_{20} + a_{21}i + a_{22}i^2$，$i = -2, -1, 0, +1, +2$，$i = 0$ 对应 $y(i)$ 中心点拟合方均误差:

$$\varepsilon(a_{20}, a_{21}, a_{20}) = \sum_{i=-2}^{2} \sum_{n=k-2}^{k+2} [y(i) - x(n)]^2 = \sum_{i=-2}^{2} \sum_{n=k-2}^{k+2} [(a_{20} + a_{21}i + a_{22}i^2) - x(n)]^2$$

取偏导并令其为 0,即 $\dfrac{\partial \varepsilon}{\partial a_{20}} = 0$，$\dfrac{\partial \varepsilon}{\partial a_{21}} = 0$，$\dfrac{\partial \varepsilon}{\partial a_{22}} = 0$，此时 $\varepsilon(a_{20}, a_{21}, a_{20})$ 最小,实现最小二乘平滑。

$$\begin{cases} 5a_{20} + 0 + 10a_{22} = \sum_{i=-2n=k-2}^{2} \sum_{n=k-2}^{k+2} x(n) \\ 0 + 10a_{21} + 0 = \sum_{i=-2n=k-2}^{2} \sum_{n=k-2}^{k+2} [ix(n)] \\ 10a_{20} + 0 + 34a_{22} = \sum_{i=-2n=k-2}^{2} \sum_{n=k-2}^{k+2} [i^2 x(n)] \end{cases}$$

解方程得

$$a_{20} = \frac{1}{35} [-3x(k-2) + 12x(k-1) + 17x(k) + 12x(k+1) - 3x(k+2)]$$

$$a_{21} = \frac{1}{10} [-2x(k-2) - x(k-1) + x(k+1) + 2x(k+2)]$$

$$a_{22} = \frac{1}{14} [2x(k-2) - x(k-1) - 2x(k) - 12x(k+1) + 2x(k+2)]$$

对于曲线拟合唯一感兴趣的是中心点，即 $x(k)$ 和 $y(0) = a_{20}$；随中心点 $x(k)$ 的移动，a_{20} 发生变化。对每次求得的 $y(0)$ 重新赋以序号值，得到

$$y(k) = \frac{1}{35} [-3x(k-2) + 12x(k-1) + 17x(k) + 12x(k+1) - 3x(k+2)]$$

5　设计实现及验证

基于通用宇航级器件，设计并制造出通用标准化电路，实现了健康监测电路的小型化与模块化生产。该电路可以同时提供 15 路健康监测输出控制，过压保护值、过温保护值及限定电流值通过 FPGA 设定并保存在 MRAM 芯片中，使用时进行三取二操作。该模块具有标准 UART 接口，可直接与计算机连接实现数据通信。

健康监测通路短路瞬间（超过 8 倍额定电流）的测试结果见图 5。图中曲线为配电线路的电流，在发生短路故障时，MOSFET 开关在小于 2 μs 的时间内迅速关断。

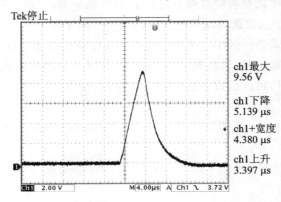

图 5　短路保护电流曲线（9.56 V 对应 9.56 A 电流）

在 1 A、1.5 A、2 A、3 A、4 A、5 A、10 A 等典型应用情况下，分别对健康监测通路电流进行了采集，直接采集电流精度为 15～43 mA，进行最小二乘平滑滤波后采集精度提高到 5 mA 以下。具体电流采集数据见表 1。

表 1 电流采集精度表

序　号	健康监测通路电流/A	对应健康监测采集电压/mV	电流直接采集精度/mA	滤波后电流采集精度/mA
1	1.004	451	15.8	4.8
2	1.507	679	23.9	4.7
3	2.007	906	32.6	2.5
4	2.058	930	33.5	0.4
5	2.063	932	34.1	1.0
6	3.013	1 360	38.9	4.1
7	4.014	1 815	41.0	1.4
8	5.018	2 268	40.3	0.3
9	10.02	4 532	42.9	4.3

6　结　论

本文将健康监测与控制电路的小型化和规模化,改变以往综合电子产品简单、笨重的健康监测与管理方式,使综合电子具备健康监测智能化、功能集成化。健康监测通过对芯片或电路状态、供电电压、电流、温度遥测的采集,经过比较以及判断,在负载过载时迅速关断负载以保护其他设备的能源供应,能够极大提高综合电子供电安全,最终实现卫星能源的自主管理。同时解决了航天综合电子设备的单粒子锁定问题。

为了实现健康监测电路的标准化设计,本文对固态限流器的设置方式进行了改进设计,除了过流保护,健康监测芯片也可以实现过压与高温保护。同时改变了 SSPC 电路采用硬件 RC 器件设置过流保护值与 I^2t 电路,一旦器件焊接就无法调整的弊端,通过发送软件指令来选择 I^2t 电路及快速关断电路的参考电压,从而改变健康监测通路的电流保护值。使得模块具有在轨可更改主要性能参数的能力,方便了整星调试测试,同时为卫星在轨故障提供了一种应对措施。

参考文献

[1] 杨旸,于智航,孙宏杰.卫星电源系统智能管理设计与实现[J].电源技术,2019,43(8):1388-1390.
[2] 章卫国,李爱军,王新民.健康管理技术综述//飞行器控制与操纵第十一次学术交流会论文集[C].0001.
[3] 付重,李志刚,李国军.面向小卫星星座的星上自主健康管理技术研究//2013年小卫星技术交流会论文集[C].2013.
[4] 梁克,邓凯文,丁锐,等.载人航天器在轨自主健康管理系统体系结构及关键技术探讨[J].载人航天,2014,(2):116-121.
[5] 潘宇倩,张弓,白东炜,等.卫星健康管理故障诊断算法的设计及其实现[J].航天器工程,2011,20(5):37-42.
[6] 王文平,王向晖,徐浩,等.高分三号卫星自主健康管理系统设计与实现[J].航天器工程,2017,26(6):40-46.
[7] 朱野.卫星自主健康管理技术概述[J].科技风,2012,(5):59.
[8] 许宏才,张超,鲍军鹏,等.卫星健康管理系统的发展与探索[J].无线电工程,2020,50(6):429-436
[9] 王震,朱剑锋,洪沛.基于分布式IMA平台的系统健康管理的设计与实现[J].航空电子技术,2016,47(2):11-15.

宽角宽带吸波和透隐一体化
人工电磁结构研究进展

赵生辉　　庞晓宇

(中国航空工业集团公司济南特种结构研究所·高性能电磁窗

航空科技重点实验室，山东·济南，250023)

摘要：阐述了宽角宽带吸波、低频吸波和透波/隐身一体化人工电磁结构设计技术的研究进展。指出未来隐身人工电磁结构技术将以宽角、宽带隐身为目标，隐身雷达天线罩将以全向宽频透波/隐身一体化人工电磁结构研究为目标，并朝着隐身模式多样化和融合化方向发展。

关键词：宽角吸波；宽带吸波；低频吸波；透波/隐身一体化

1　引　言

随着雷达探测技术的发展，军用平台面临着越来越多的威胁，飞行器隐身技术成为非常重要的关注点。飞行器隐身技术主要通过减小目标的雷达截面积(radar cross-section，RCS)来降低被敌方雷达探测到的概率。传统的单站 RCS 缩减方法不能满足今后针对双站或多站雷达隐身的需求，超材料等人工电磁结构已经在隐身雷达罩等领域得到了广泛的研究。

2000 年以来，超材料/超表面技术已应用于设计隐身斗篷和电磁吸波结构等隐身用途；Chen 等和 Glybovski 等对超表面技术进行了综述，阐述了超表面的理论物理机制及其应用；随后一些学者对超材料技术在隐身设计中的应用做了较详细的综述；Rashid 等和 Omar 等分别对频选超材料技术和透波/隐身一体超材料技术进行了综述。本文概括了近年来隐身超材料技术中吸波隐身结构和透波/隐身一体化结构的研究进展。

2　宽角宽带隐身超材料设计技术

2.1　宽角吸波结构技术

宽角吸波一直是隐身吸波结构的设计难点之一。许多研究表明采用弯折线等方法使单元结构小型化或使用三维单元结构可以获得大角度吸波特性并有效提高吸波结构的角度稳定性。

Jiang 等基于方形螺旋结构单元设计了一种大角度不敏感的小型化微波吸波结构(见图 1)。这种结构从上到下由阻抗补偿层、有耗层、衬底层和底部接地层组成。在 0°～60°入射角范围内，仿真得到的 TE 极化和 TM 极化的吸波率特性见图 2，在 4.3～11.1 GHz 频段内有不小于 90%的吸波率，同时在入射角 0°～60°范围内有较好的角度稳定性。

Shi 等受天线综合理论的启发，利用宽角天线综合技术设计了一种单极化宽角宽带三维超材料吸波结构。不同于传统分析超材料结构的等效媒质或等效电路理论，Shi 等采取的方

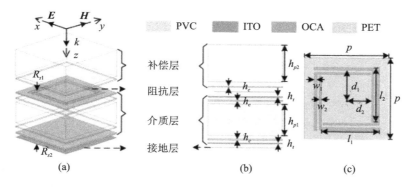

图 1　吸波结构示意图

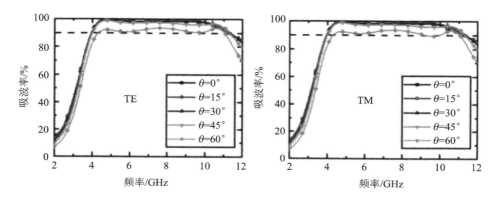

图 2　不同入射角下仿真得到的 TE 和 TM 极化的吸收率曲线

法是首先使用特征模理论和辐射方向图得到宽角天线结构,如图 3 所示,为了获得较好的宽角辐射特性,天线结构采用了对称结构;然后使用不同方阻值的电阻膜去替代宽角天线结构的完美电导体(PEC),以达到阻抗匹配和入射电磁波吸收的目的;最后,在 1.9~4.2 GHz 频率范围内,吸波率达到了 90% 以上,TM 极化波入射角可以达到 82°,TE 极化波可以达到 45°,如图 4 所示。这种结构对于 TM 极化波有非常好的大角度稳定性,但是对于 TE 极化波相对较差。

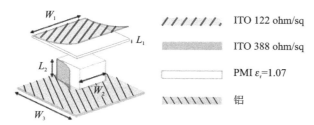

图 3　宽角三维吸波结构

表 1 列出了一些文献中角度不敏感超材料吸波结构的参数对比。

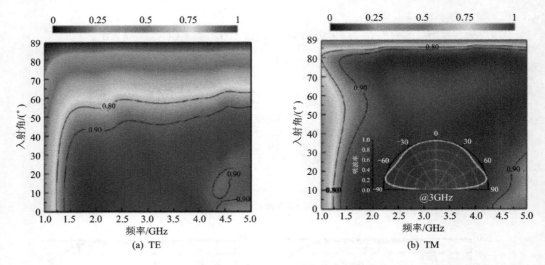

(a) TE   (b) TM

图 4   TE 和 TM 极化下不同入射角的吸收率

表 1   相关文献吸波结构的特性

文 献	BW[1]/GHz	TE[2]	TM[2]	厚度/mm	相对带宽/%
[23]	3.1～14	≤45°	≤45°	16	127.5
[20]	4.3～11.1	≤60°	≤60°	～9.7	88.3
[21]	1.9～4.2	≤45°	≤82°	～22	75.4
[24]	1～18	≤40°	≤60°	31.6	178.9

[1] BW：90% 吸收率带宽；

[2] TE、TM：TE 和 TM 极化下保持吸收率的入射角度范围。

2.2   宽带吸波结构技术

2.2.1   超宽带吸波结构

     Gao 等采用等离子吸波技术设计了一种超宽带吸波结构,如图 5(a)所示。这里等离子体激元指的是在结构表面激励起的平面波模式,通过等离激元金属条带与介质之间产生谐振将入射电磁波的能量消耗掉。并且随着频率的升高,谐振点逐渐增加,实现了垂直入射时 4～28.6 GHz 频带内 90% 以上的吸收率,如图 5(b)所示。

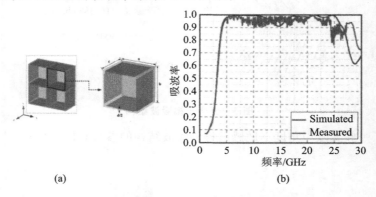

(a)   (b)

图 5   (a)等离子吸波结构和(b)其吸波率曲线

Qu 等结合双层纵向周期排列的金属环单元结构和吸波海绵设计了超宽带吸波结构(见图 6 和图 7),实现了垂直入射下 3～40 GHz 频率范围内高达 99% 的平均吸波率,并且结构厚度只有 14.2 mm,这一结果已经非常接近"因果律极限"的限制,即物理基本规律允许的最小厚度和所需的吸收性是对应的。

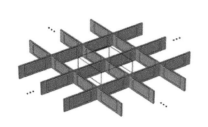

图 6　单层吸波结构单元阵列示意图

图 7　填充吸波海绵后的吸波结构

在平面波激励下,周期排列的相邻金属环单元之间会耦合产生电偶极子模式的响应,使原本高度频率依赖的谐振峰相互融合,然后通过耗散这一额外的自由度,实现宽带的阻抗匹配。同时为了消除高频衍射的影响,将超材料结构和吸波海绵结合后,通过堆叠两层自相似的金属环结构单元阵列在 3～40 GHz 频段内实现了 99% 的平均吸波率,如图 8 所示。

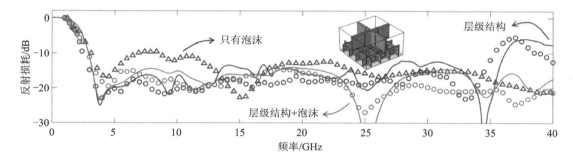

图 8　未填充和填充吸波海绵的吸波结构频响曲线

2.2.2　低频宽带吸波结构

在微波低频段,由于瑞利散射等原因,大多数飞行器不可避免的会产生较大的散射,使得工作在低频的雷达可能会发现目标飞行器。因此,在微波低频段,尤其是 P 波段的吸波结构技术成为了各国争相研究的热点之一。

在 P 波段同时实现宽带吸波和降低吸波结构厚度更是一个非常大的挑战,Rozanov 从理论上也证明了这一点。在微波低频段波长较长,根据 Rozanov 的理论,此时如果要保证宽带吸波的同时要求结构整体的厚度较小,可以采取增大磁导率的方式来实现;而如果使用电介质则会增加吸波结构的厚度。

Song 等使用分形结构单元和磁介质设计一种工作在 P 波段的宽带吸波结构,同时为了作为比较又以牺牲一定的结构厚度,设计了同样工作在 P 波段的基于双分形结构单元和电介质的宽带吸波结构。图 9 所示为基于分形树结构单元和磁介质的宽带吸波结构,中间一阶对称分形树结构单元和四周的对称放置的一阶对称分形树结构单元共同构成了宽带吸波结构,如图 10 所示,在 300～1 000 MHz 频率范围内实现了垂直入射 90% 以上的吸波率。这种结构总厚度大约为 27 mm,通过上层的分形树槽形成的电谐振和上下层的磁谐振形成了宽带电磁吸波特性。

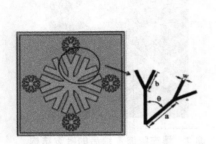

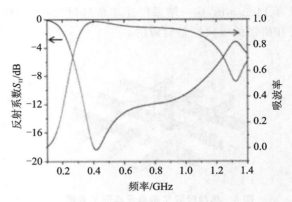

图 9　基于分形结构单元和
磁介质的 P 波段吸波结构

图 10　吸收特性

图 11 所示为基于双分形树结构单元和电介质的宽带吸波结构,结构整体厚度约 55 mm。通过使左右两个结构分别谐振在相互靠近的两个频点形成宽带谐振,实现了吸波带的展宽,如图 12 所示,在 320~1 100 MHz 频率范围内实现了垂直入射 90% 以上的吸波率。

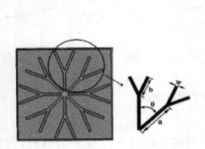

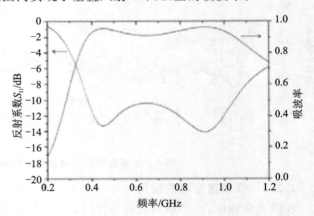

图 11　基于双分形结构和
电介质的 P 波段吸波结构

图 12　吸波率曲线

表 2 列出了一些文献中宽带吸波结构的性能比较。

表 2　相关文献宽带吸波结构性能

文　献	BW/GHz	吸波率/%	结构厚度/mm	吸波类型	加载介质类型
[25]	4~28.6	90	10	超宽带	电介质
[26]	3~40	99	14.2	超宽带	电介质
[30]	0.7~2	80	~27	低频	电介质
[29]	0.3~1	90	27	低频	磁介质

续表 2

文　献	BW/GHz	吸波率/%	结构厚度/mm	吸波类型	加载介质类型
[41]	0.32~1.1	90	55	低频	电介质
[31]	0.16~1	90	7.35	低频	磁介质

[1] BW：垂直入射下的吸收率带宽。

2.3　透波/隐身一体化功能结构设计技术

2.3.1　吸波型 FSR

为了提高通信系统的抗干扰能力和平台全向隐身性能，降低雷达天线罩带外的强散射是非常重要的，所以理想的隐身雷达天线罩应该设计成传输通带内具有高透波特性而通带外具有吸波特性，并且全频段内有较低的 RCS。因此，许多学者提出了一种新型的隐身雷达天线罩概念——频率选择吸波器（frequency selective rasorber，FSR）。FSR 既有空间滤波器的频响特性，又能够实现带外入射波的吸收，有效降低了双站 RCS，提高了全向隐身性能。

Huang 等利用方环混合谐振器（square-loop hybrid resonator，SLHR）设计了一种 FSR。这种结构由 SLHR 吸波层和带通 FSS 层级联组成，如图 13 所示，第一层是连接有四个金属条带的 SLHR，其上加载有集总电阻；第二层是带通结构。

图 14 给出了此 FSR 结构的频响特性曲线和吸收率频响曲线，其实现了在 6.3 GHz 附近插损最低可到 -0.6 dB 的透波特性，并且在带外 1.9~5.1 GHz 和 7.1~9.8 GHz 两个频带内达到了 80% 以上的吸收率。

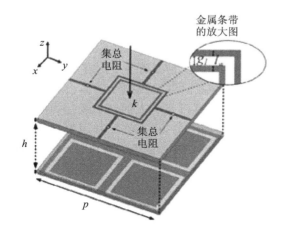

图 13　基于 SLHR 的 FSR 单元结构示意图

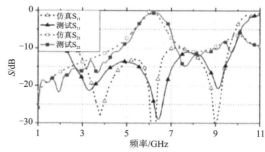

图 14　基于 SLHR 的 FSR 的频响曲线

除了通过级联二维结构之外，许多研究者采用三维结构实现结构的透波/隐身一体化特性。Wang 等设计了一种三维 FSR 结构，如图 16(a) 所示，透波结构采用阶跃阻抗谐振器（SIR），磁性材料吸波体用作吸波结构，与吸波结构平行的侧壁加载弯折线用来减小吸波带对通带的影响，同时进一步降低通带的插损，采用对称结构以实现极化无关性。图 16(b) 给出了仿真和测量的频响曲线，在 6.33~8.18 GHz 有大于 -3 dB 的传输系数，而且在 3.45~14 GHz 频带内除通带外 S_{11} 都低于 -10 dB。

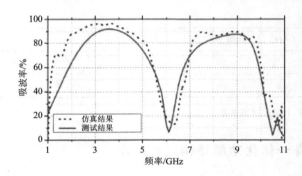

图 15　吸波率曲线

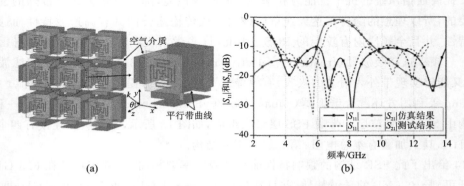

(a)　　　　　　　　　　　　　　(b)

图 16　三维 FSR 结构示意图及其 S 参数频响曲线

2.3.2　吸波与漫散混合型 FSR

除了吸波型 FSR 之外,还发展出了一种吸波与漫散混合型 FSR(Absorptive-diffusive frequency selective rasorber,AD-FSR)。

Lv 等提出了一种 AD-FSR 的结构(见图 17),整体结构由上层低频 CAA、中间层高频漫散射编码超表面和底层的带通 FSS 结构组成。加载集总电阻的电路模拟吸波体设计成在低频段吸波,采用相互正交的排布方式同时实现平行极化和垂直极化的入射波吸收。中间层通过相互正交放置的方形切角贴片(0 元素和 1 元素)达到转极化的目的,然后利用混合编码超表面技术在高频处实现了极化转换反射波相位相消从而减小了结构的 RCS。图 18 所示为将三层结构级联之后得到的频响曲线。

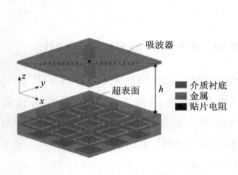

图 17　AD-FSR 单元结构示意图

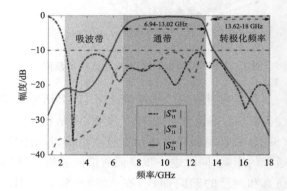

图 18　频响曲线

类似的,Zhou 等设计了一种低频漫散和高频吸波的 AD-FSR 结构,如图 19 所示。上层的编码超表面在低频实现漫散射特性;中间层同样使用 CAA 实现了宽带吸波特性;下层带通 FSS 采用二阶带通结构,其在带外表现出反射特性作为 CAA 的等效地。

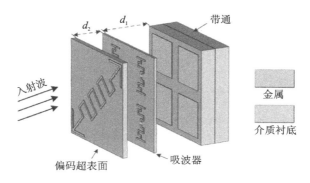

图 19 FSR 单元结构示意图

编码超表面上的集总电阻用以减少高频谐振的品质因数,从而减少反射;CAA 结构采用改进的耶路撒冷十字结构,并在单元中心加载集总电阻达到宽带吸波的目的。底层的带通 FSS 结构使用旋转对称结构单元,因此对极化不敏感。图 20(a)和(b)分别给出了不同入射角下 TE 和 TM 极化的频响曲线,在 7.3～12.6 GHz 范围内有高于−1.5 dB 的传输系数,另外,利用吸波和漫散射减小了带外 RCS,最终在 3.3～20 GHz 频带内使单站 RCS 相比同尺寸金属板降低了 10 dB 以上。

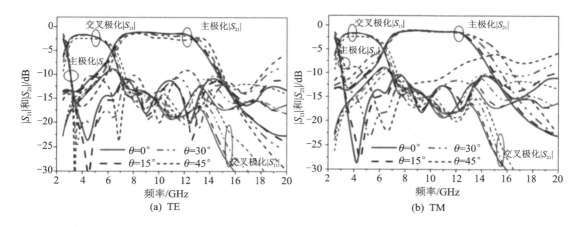

图 20 不同入射角下 TE 和 TM 极化的频响曲线

表 3 列出了一些文献中透波/隐身一体化结构的性能。

扫码查看图 14、图 17～图 20 彩图。

图 14　　　　图 17　　　　图 18　　　　图 19　　　　图 20

表 3　相关文献透波/隐身一体化结构的性能

文　献	BW[1]/GHz	TE[2]	TM[2]	隐身频带[3]/GHz	频率响应[4]	类型[5]
[39]	5.15-7	≤30°	≤30°	2.9～11.7	A-T-A	2D
[37]	6.92-13	≤40°	≤40°	2.24～18	A-T-D	2D
[38]	7.4-12.1	≤45°	≤45°	3.1～20	D-T-A	2D
[36]	6.36-7.89	≤30°	≤30°	2.73～12.43	A-T-A	3D
[40]	5.3-6.41	≤30°	≤45°	2.55～11.98	A-T-A	3D

[1] BW：−1.5 dB 或−3 dB 通带频率范围；

[2] TE，TM：TE 和 TM 极化下通带的入射角范围；

[3] 隐身带宽：单站 RCS 同尺寸金属板降低 10dB 以上的频带范围或 S_{11} 低于−10 dB 的频率范围；

[4] A—吸波，T—传输，D—漫散射；

[5] 2D—二维结构，3D—三维结构。

3　结束语

对于吸波型人工电磁结构，实现与自由空间的阻抗匹配是非常重要的；单元结构小型化和三维结构的方法可以实现宽角和宽频工作及获得好的角度稳定性；使用磁介质可以在减小吸波结构厚度的同时拓展低频吸波特性；此外，还可以通过非福斯特电路突破 Rozanov 极限中吸波体厚度-带宽比值，实现超低剖面尺寸下的宽带电磁吸波。对于透波/隐身一体化人工电磁结构，将二维的吸波结构或漫散射结构和带通 FSS 级联以及采用三维结构等方式，可以同时达到宽带透波和 RCS 缩减的目的。全向和宽频是隐身结构技术的发展方向，宽角宽频吸波和透吸一体化人工电磁结构设计技术具有广阔的发展和应用前景。

参考文献

[1] 桑建华. 飞行器隐身技术[M]. 北京：航空工业出版社，2013.

[2] 张明习. 超材料概论[M]. 北京：国防工业出版社，2014.

[3] 门薇薇，王志强，轩立新. 隐身雷达罩技术研究进展综述[J]. 现代雷达，2017，39(10)：60-66.

[4] Liu N，Sheng X，Zhang C，et al. Design of Frequency Selective Surface Structure With High Angular Stability for Radome Application[J]. IEEE Antennas and Wireless Propagation Letters，2018，17(1)：138-141.

[5] Yuhong Ma W W，Ye Yuan，Wentao Yuan，et al. A High-Selective Frequency Selective Surface With Hybrid Unit Cells[J]. IEEE Access，2018.

[6] Hong T，Wang M，Peng K，et al. Compact Ultra-Wide Band Frequency Selective Surface With High Selectivity[J]. IEEE Transactions on Antennas and Propagation，2020，68(7)：5724-5729.

[7] 张明习，频率选择表面设计原理[M]. 北京：国防工业出版社，2020.

[8] Chen P Y，Alù A. Mantle cloaking using thin patterned metasurfaces[J]. Physical Review B，2011，84(20)：205110-205123.

[9] Chen P Y，Soric J，Alu A. Invisibility and cloaking based on scattering cancellation[J]. Advanced Optical Materials，2012，24(44)：281-304.

[10] Watts C M，Liu X，Padilla W J. Metamaterial electromagnetic wave absorbers[J]. Advanced Optical Materials，2012，24(23)：98-120.

[11] Chen H T, Taylor A J, Yu N. A review of metasurfaces: physics and applications[J]. Reports on Progress in Physics, 2016, 79(7): 076401.

[12] Glybovski S B, Tretyakov S A, Belov P A, et al. Metasurfaces: From microwaves to visible[J]. Physics Reports, 2016, 634: 1-72.

[13] Chi D T, Khuyen B X, Tung B S, et al. Progresses in metamaterials for advanced low frequency perfect absorbers: a brief review[J]. Journal of Electromagnetic Waves and Applications, 2020, 34 (17): 2251-2265.

[14] Srivastava V. Design, Fabrication and Characteristics of Microwave Absorbing Materials in Stealth Application: A review[J]. Applied Innovative Research, 2020, 2: 217-225.

[15] Joy V, Dileep A, Abhilash P V, et al. Metasurfaces for Stealth Applications: A Comprehensive Review [J]. Journal of Electronic Materials, 2021, 50(6): 3129-3148.

[16] Rashid A K, Li B, Shen Z. An overview of three-dimensional frequency-selective structures[J]. IEEE Antennas and Propagation Magazine, 2014, 56(3): 43-67.

[17] Omar A A, Huang H, Shen Z. Absorptive FrequencySelective Reflection/ Transmission Structures: A review and future perspectives[J]. IEEE Anetennas and Propagation Magazine, 2019: 62-74.

[18] Li T, Dali, Qin P, et al. A Novel Miniaturized Strong-Coupled FSS Structure With Excellent Angular Stability[J]. IEEE Transactions on Electromagnetic Compatibility, 2021, 63(4): 38-45.

[19] Shen Z, Wang J, Li B. 3-D Frequency Selective Rasorber Concept Analysis and Design[J]. IEEE Transactions on Microwave Theory and Techniques, 2016, 61: 3087-3095.

[20] Jiang H, Weiyang, Li R, et al. A Conformal Metamaterial-Based optically Transparent Microwave Absorber with High Angular Stability[J]. IEEE Antenna and Wireless Propagation Letters, 2021, 20(8): 1399-1403.

[21] Shi T, Tang M-C, Yi D, et al. Near-Omnidirectional Broadband Metamaterial Absorber for TM-Polarized Wave Based on Radiation Pattern Synthesis[J]. IEEE Transactions on Antennas and Propagation, 2021, 70(1): 420-429.

[22] Ye D, Wang Z, Xu K, et al. Ultrawideband dispersion control of a metamaterial surface for perfectly-matched-layer-like absorption[J]. Physical Review Letters, 2013, 111: 187402.

[23] He F, Si K, Li R, et al. Broadband Frequency Selective Surface Absorber with Dual-Section Step-Impedance Matching for Oblique Incidence Applications[J]. IEEE Transactions on Antennas and Propagation, 2021.

[24] Wang C-Y, Liang J-G, Cai T, et al. High-performance and ultra-broadband metamaterial absorber based on mixed absorption mechanisms[J]. IEEE Access, 2019, 7: 57259-57266.

[25] Gao Z, Fan Q, Xu C, et al. Compatible stealth design of infrared and radar based on plasmonic absorption structure[J]. Optics Express, 2021, 29(18): 28767-28777.

[26] Qu S, Hou Y, Sheng P. Conceptual-based design of an ultrabroadband microwave metamaterial absorber [J]. PNAS, 2021, 118(36).

[27] Wikipedia. Rayleigh scattering[EB/OL]. [2021.9.24]. https://en. wikipedia. org.

[28] Rozanov K N. Ultimate thickness to band width ratio of radar absorbers[J]. IEEE Transactions on Antennas and Propagation, 2000, 48: 1230-1234.

[29] Jiaoyan S, Jing Z, Yimin L, et al. High-performance dendritic metamaterial absorber for broadband and near-meter wave radar[J]. Applied Physics A, 2019, 125: 317.

[30] Li Q, Dong J, Li T, et al. Broadband Fractal Tree Metamaterial Absorber for P and L Bands Applications[C]. IEEE 3rd International Conference on Electronic Information and Communication Technology, 2020.

[31] Mou J, Shen Z. Broadband and thin magnetic absorber with non-Foster metasurface for admittance matching[J]. Scientific Reports, 2017, 7: 6922.

[32] Huang H, Shen Z. Absorptive Frequency-Selective Transmission Structure with Square-loop Hybrid Resonator[J]. IEEE Antennas and Wireless Propagation Letters, 2017, 16: 3212-3215.

[33] Omar A A, Kim J, Hong W. A 3-D Lumped-Components-Free Absorptive Frequency-Selective Transmission Structure Featuring Very Wide Two-Sided Absorption Bandwidths[J]. IEEE Anetennas and Wireless Propagation Letters, 2020, 19(5): 761-765.

[34] Wang Y, Qi S-S, Shen Z, et al. Ultrathin 3-D Frequency Selective Rasorber with Wide Absorption Bands[J]. IEEE Transactions on Antennas and Propagation, 2020, 68(6): 4697-4705.

[35] Zhou L, Shen Z. 3-D Absorptive Energy-Selective Structures[J]. 2021, 69(9): 5664-5672.

[36] Wang Y, Wang M, Shen Z, et al. 3-D Single and Dual-Polarized Frequency-Selective Rasorbers with Wide Absorption Bands based on Stepped Impedance Resonator [J]. IEEE Access, 2021, 9: 22317-22327.

[37] Lv Q, Jin C, Zhang B, et al. Hybrid Absorptive-Diffusive Frequency Selective Radome[J], 2021, 69 (6): 3312-3321.

[38] Zhou L, Shen Z. Hybrid Frequency-Selective Rasorber with Low-frequency Diffusion and High-Frequency Absorption[J]. IEEE Transactions on Antennas and Propagation, 2021, 69(3): 1469-1476.

[39] Guo Q, Su J, Li Z, et al. Miniaturized-Element Frequency-selective Rasorber Design using Characteristic Modes Analysis[J]. IEEE Transactions on Antennas and Propagation, 2020, 68(9): 6683-6694.

[40] Yu Y, Luo G Q, Yu W, et al. 3-D Frequency-Selective Rasorber based on Magnetic Material and Meander Line[J]. IEEE Transactions on Antennas and Propagation, 2020, 68(11): 7694-7699.

[41] Mou J, Shen Z. Design and Experimental Demonstration of Non-Foster Active Absorber[J]. IEEE Transactions on Antennas and Propagation, 2017, 65(2): 696-704.

无人运货车的横摆稳定性控制研究

黄安震　孟平　孙世宁　刘尚吉

(航空工业济南特种结构研究所·高性能电磁窗航空科技重点实验室,山东·济南,250023)

摘要:为了提高无人运货车转向时的横摆稳定性,针对横摆角速度和转矩分配问题设计分层控制系统。上层控制器负责反馈无人运货车的实时状态,设计了基于改进超扭曲算法的控制器,保证横摆角速度稳定跟随理想值。在下层控制器中提出了一种改进的万有引力搜索算法(GSA),分析现有的智能优化算法,结合无人运货车的特点,对万有引力搜索算法的引力系数与速度更新方法进行改进,以路面附着系数最低为目标进行转矩最优分配。上层控制器与下层控制器联合搭建了整个分层控制系统,实验表明所设计的横摆稳定性控制系统可以有效提高无人运货车转向时的稳定性。

关键词:无人运货车;横摆稳定性控制;万有引力搜索算法;转矩最优分配

无人运货车是一种可以独立转向、独立驱动的特殊车辆,采用四台驱动电机和四台转向电机代替传统车辆的转向机构,打破了传统车辆的机械限制,实现四个车轮独立转向、独立驱动的功能。在实际工厂环境中,当无人运货车做转向运动时,车轮轮胎总会不可避免地在外力影响下产生侧偏角,进而导致无人运货车发生横摆运动。研究无人运货车的稳定性可以提升整车的行驶安全性能。

文献[2]为了改善独立驱动电车的转向稳定性,建立自抗扰控制器调节车轮转矩,通过二次规划方法优化分配各车轮驱动力矩,实现车轮驱动转矩的在线优化分配。文献[3]的科研团队建立模型预测控制控制器,优化系统中所需的纵向力和横摆力矩,以最大限度地减小电车纵向和横向车辆稳定性动态变量之间的误差。文献[4]设计了基于惯性延迟控制的四轮独立转向车辆的滑模控制,根据推导的非线性车辆模型,引入了一种新的可变转向比的控制策略。基于国内外学者的广泛研究,本文设计了无人运货车的横摆稳定性控制策略,建立了附加横摆力矩滑模控制器并对力矩进行优化分配,提高了无人运货车转向时的横摆稳定性。

1　控制器设计

采用分层控制策略的结构理念(见图1)。首先考虑整个系统所需的功能,然后将功能分配给子系统,通过协调控制来实现整个系统的总体要求。上层控制器负责反馈无人运货车的实时状态,计算出转向时保持无人运货车稳定的横摆力矩;下层控制器按照设计的约束条件进行转矩分配。

1.1　二自由度模型

无人运货车的横摆稳定性控制系统采用线性二自由度模型作为研究对象,该模型包含车身参数和轮胎参数,能够直接反映无人运货车转向时的基本特点。

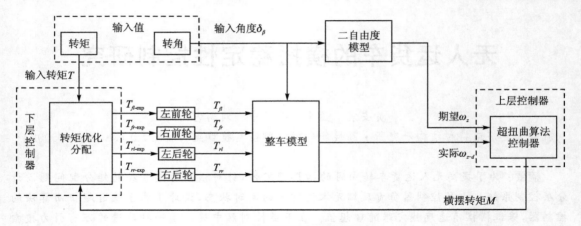

图 1   分层控制系统框图

基于牛顿第二运动定律,通过分析图 2 所示线性二自由度车辆模型,可以得到无人运货车的质心偏转角和横摆角速度方程

$$\begin{cases} \dot{\beta} = \dfrac{k_f + k_r}{mv_x}\beta + \left(\dfrac{ak_f - bk_r}{mv_x^2} - 1\right)\omega_z - \dfrac{k_f}{mv_x}\delta_f - \dfrac{k_r}{mv_x}\delta_r \\[3mm] \dot{\omega}_z = \dfrac{ak_f - bk_r}{I_z}\beta + \dfrac{a^2 k_f + b^2 k_r}{I_z v_x}\omega_z - \dfrac{ak_f}{I_z}\delta_f + \dfrac{bk_r}{I_z}\delta_r \end{cases} \tag{1}$$

式中,ω_z 表示无人运货车的横摆角速度;δ_f、δ_r 分别表示无人运货车前车轮的转角和后车轮的转角;l 表示轴距;m 表示整车的质量。v_y、v_x 分别表示纵向速度和侧向速度;β 表示质心侧偏角;V 表示无人运货车的速度,v_f、v_r 分别表示前后车轮的速度;a、b 分别表示前后轴到质心的距离。

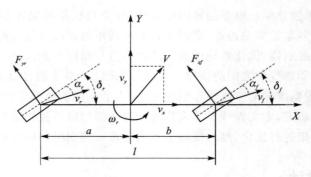

图 2   二自由度模型

1.2   上层控制器

增加横摆力矩后的二自由度模型:

$$\begin{cases} \dot{\beta} = \dfrac{k_f + k_r}{mv_x}\beta + \left(\dfrac{ak_f - bk_r}{mv_x^2} - 1\right)\omega_z - \dfrac{k_f}{mv_x}\delta_f - \dfrac{k_r}{mv_x}\delta_r \\[3mm] \dot{\omega}_z = \dfrac{ak_f - bk_r}{I_z}\beta + \dfrac{a^2 k_f + b^2 k_r}{I_z v_x}\omega_z - \dfrac{ak_f}{I_z}\delta_f + \dfrac{bk_r}{I_z}\delta_r + \dfrac{\Delta M}{I_z} \end{cases} \tag{2}$$

当无人运货车处于稳态时,$\dot{\beta}$ 和 $\dot{\omega}_z$ 均为 0,可以推导出期望的横摆角速度:

$$\omega_{z-d} = \frac{k_f m v_x \delta_f + k_r m v_x \delta_r}{a k_f - b k_r - m v_x^2} \tag{3}$$

为了保证横标稳定性控制系统中的横摆角速度能够准确跟踪期望值的变化,现采用一种改进的超扭曲算法控制器,该方法对常规的超扭曲算法进行了改进,引入指数趋近律,在保证超扭曲算法中离零点近收敛速度快的优势下,提高全局的收敛速度,并改善对滑模抖振的抑制效果。

改进的超扭曲算法的一般形式为

$$\dot{e} = -k_1 \, |\, e \, |^{1/2} \, \text{sign}(e) - k_2 e - k_3 \int_0^t \text{sign}(e) \, \mathrm{d}t - \int_0^t k_4 e \, \mathrm{d}t + \rho \tag{4}$$

无人运货车横摆稳定性控制系统的横摆角速度跟踪误差及其导数可表示为

$$e_{\omega_z} = \omega_z - \omega_{z-d}, \qquad \dot{e}_{\omega_z} = \dot{\omega}_z - \dot{\omega}_{z-d} \tag{5}$$

式中,e_{ω_z} 横摆角速度的跟踪误差;$\dot{e}_{\omega_z}$ 误差的变化率。

定义滑模超曲面为

$$s_{\omega_z} = c_1 e_{\omega_z} + \dot{e}_{\omega_z} \tag{6}$$

式中,s_{ω_z} 摆角速度控制的滑模变量,当 $s_{\omega_z} \to 0, \dot{s}_{\omega_z} \to 0$ 时

$$s_{\omega_z} = c_1 (\omega_z - \omega_{z-d}) + \dot{\omega}_z - \dot{\omega}_{z-d} \tag{7}$$

对式(7)求导,可得

$$\dot{s}_{\omega_z} = c_1 \dot{e}_{\omega_{z-d}} + \frac{a k_f - b k_r}{I_z} \dot{\beta} + \frac{a^2 k_f + b^2 k_r}{I_z v_x} \dot{\omega}_z - \frac{a k_f}{I_z} \dot{\delta}_f + \frac{b k_r}{I_z} \dot{\delta}_r + \frac{\Delta M}{I_z} - \ddot{\omega}_{z-d} \tag{8}$$

此时,可以计算得到附加横摆力矩公式,即

$$\Delta M = -I_z \Big(c_1 \dot{e}_{\omega_{z-d}} + \frac{a k_f - b k_r}{I_z} \dot{\beta} + \frac{a^2 k_f + b^2 k_r}{I_z v_x} \dot{\omega}_z - \frac{a k_f}{I_z} \dot{\delta}_f + \frac{b k_r}{I_z} \dot{\delta}_r - $$
$$\ddot{\omega}_{z-d} + k_1 \, |\, e \, |^{1/2} \, \text{sign}(e) + k_2 e + k_3 \int_0^t \text{sign}(e) \, \mathrm{d}t + \int_0^t k_4 e \, \mathrm{d}t - \rho \Big) \tag{9}$$

1.3 下层控制器

无人运货车的下层控制器将附加横摆力矩进行最优分配,本节将四个车轮轮胎附着利用率的最小平方和作为控制器的目标函数,可以得到

$$\min J = \min \sum \frac{T_{ij}^2}{(\mu_{ij} F_{z-ij} r)^2} \tag{10}$$

在下层力矩分配中,若要达到轮胎路面附着率最小的目的,整个分配过程应当在满足期望力矩和约束条件下进行。无人运货车的各个车轮需要同时满足上层附加横摆力矩和期望力矩的要求,除此之外还应满足路面附着条件和电机最大输出转矩的限制。

满足附加横摆力矩和期望总力矩的约束条件,即

$$\begin{cases} T_{fl} + T_{fr} + T_{rl} + T_{rr} = T \\ -\dfrac{t_w}{2r} T_{fl} + \dfrac{t_w}{2r} T_{fr} - \dfrac{t_w}{2r} T_{rl} + \dfrac{t_w}{2r} T_{rr} = \Delta M \end{cases} \tag{11}$$

各个车轮力矩满足路面附着条件和电机最大输出转矩限制的约束条件,即

$$T_{ij} \leqslant \min(\mu F_{z-ij} r, T_{\max}) \tag{12}$$

式(12)中,F_{z-ij} 是各个车轮垂向载荷,$T_{\max}$ 为电机最大转矩。

最后,下层横摆力矩最优分配问题可表示为

$$
\begin{cases}
\min J = \min \sum \dfrac{T_{ij}^2}{(\mu_{ij} F_{z-ij} r)^2} \\[2mm]
\text{s.t.} \quad T_{fl} + T_{fr} + T_{rl} + T_{rr} = T \\[2mm]
-\dfrac{t_w}{2r} T_{fl} + \dfrac{t_w}{2r} T_{fr} - \dfrac{t_w}{2r} T_{rl} + \dfrac{t_w}{2r} T_{rr} = \Delta M \\[2mm]
T_{ij} \leqslant \min(\mu F_{z-ij} r, T_{\max})
\end{cases}
\tag{13}
$$

1.4　力矩分配算法

为了解决上述非线性约束的优化问题,本节利用改进的万有引力搜索算法(Gravitational Search Algorithm,GSA)来求解最优值。

在求解空间中随机产生 N 个天体的位置 $x_i^1, x_i^2, \cdots, x_i^k, \cdots, x_i^d$,把 N 个天体的位置带到适应度函数中进行实验计算。第 i 个天体的位置:

$$
X_i = (x_i^1, x_i^2, \cdots, x_i^k, \cdots, x_i^d)
\tag{14}
$$

每个天体自身的惯性质量和它所处位置的适应度有关系,因此惯性质量可以利用自适应度来求解。天体惯性质量越大,其引力越大,即会有更大的概率得到最优值。用 $M_i(t)$ 来表示天体 X_i 在 t 时刻的质量惯性,其表达式如下:

$$
M_{ai} = M_{pi} = M_{ii} = M_i
\tag{15}
$$

$$
m_i = \frac{\text{fit}_i(t) - \text{worst}(t)}{\text{best}(t) - \text{worst}(t)}
\tag{16}
$$

$$
M_i(t) = \frac{m_i(t)}{\sum_{j=1}^{n} m_j(t)}
\tag{17}
$$

式中,$\text{fit}(i), i = 1, 2, \cdots, n$ 表示第 i 个天体的适应值,$\text{best}(t)$ 表示的是最大适应度值,$\text{worst}(t)$ 表示最小适应度值。针对本文的最小化问题,$\text{best}(t)$ 和 $\text{worst}(t)$ 的求解方式如下:

$$
\text{best}(t) = \max_{j = \{1,2,\cdots,n\}} \text{fit}_j(t)
\tag{18}
$$

$$
\text{worst}(t) = \min_{j = \{1,2,\cdots,n\}} \text{fit}_j(t)
\tag{19}
$$

在 t 时刻,天体 j 对天体 i 引力大小的计算公式为

$$
F_{ij}^k = G(t) \frac{M_{pi}(t) \cdot M_{aj}(t)}{R_{ij}(t) + \varepsilon} (x_j^k(t) - x_i^k(t))
\tag{20}
$$

式中,$M_{aj}(t)$ 表示和天体 j 相关的主动引力质量,$M_{pi}(t)$ 表示和天体 i 相关的被动引力质量,$G(t)$ 表示第 t 时刻的万有引力常量,会随宇宙年龄的增加而不断变化,ε 是一个很小的常量,$R_{ij}(t)$ 表示两个天体 i 和 j 之间的距离。

$G(t)$ 第 t 时刻的万有引力常量如下:

$$
G(t) = G_0 * e^{(-at/T)}
\tag{21}
$$

式中,t 表示当前的迭代次数,T 表示最大迭代次数,G_0 为常值。

天体 i 和 j 之间的距离的关系式如下:

$$
R_{ij} = \| X_i(t), X_j(t) \|
\tag{22}
$$

在第 k 维搜索空间中,天体 i 在 t 时刻受到的引力 F_{ij}^k 是其他所有天体对其作用力的总和:

$$
F_{ij}^k = \sum_{j=1, j \neq i} \text{rank}_j F_{ij}^k(t)
\tag{23}
$$

式中,rank$_j$是范围在 0 到 1 之间的随机数,体现 GSA 的随机性。$F_{ij}^k(t)$第 k 维空间上第 i 个天体受到第 j 个天体的引力作用。利用牛顿第二定律可得知,天体 i 在第 k 维搜索空间中的 t 时刻的加速度正比于该天体所受的引力总和,反比于该天体的质量,可由下式计算得:

$$a_i^k = \frac{F_i^k(t)}{M(t)} \tag{24}$$

在每一次迭代中,天体 i 都会通过以下表达式更新速度:

$$v_i^k(t+1) = \text{rank}_i \times v_i^k(t) + a_i^k \tag{25}$$

在每一次迭代中,天体 i 更新的位置表达式如下:

$$x_i^k(t+1) = x_i^k(t) + v_i^k(t+1) \tag{26}$$

从上述计算过程可以看出,GSA 相比于其他智能寻优算法在收敛速度上有很大优势,但在处理一些复杂求解问题时容易陷入局部最优状况,本节对 GSA 进行改进,在保持快速收敛的基础上不断地寻优,提高算法的开采能力,完成对整个系统的优化。

万有引力系数 $G(t)$ 是万有引力搜索算法中的一个重要参数,以指数函数形式表示,而参数 α 取经验值,整个算法由于指数型表达式使得天体运动速度过快,不利于算法的全局搜索。为了改善万有引力搜索算法存在的不足,本文提出引力系数 $G(t)$ 的动态调整策略,在算法初始寻优阶段,求解空间中的天体进行全局搜索需要更大的速度,即更大的引力系数,能够避免算法早熟;在寻优后期阶段收敛时,求解空间中的天体进行全局搜索需要更小的速度,即更小的引力系数,有利于增强算法开采能力,提高算法精度。本文提出的动态调整引力系数 $G(t)$ 表达式为

$$G(t) = \frac{G_0 * \left(\frac{T - \text{rand}(0,1)t}{T}\right)^{d_1}}{1 + e^{d_2\frac{t}{T}}} \tag{27}$$

式中,d_1 和 d_2 为用于控制衰减因子的参数。

在每次迭代过程中,除万有引力系数 $G(t)$ 存在缺陷外,天体的更新速度表达式也不够精确,只在当前时刻天体的位置上进行累加计算,却忽略了历史最优位置参数。在天体寻优初期阶段,天体移动紧靠惯性质量就可以实现快速移动,不断寻优,但在天体寻优后期阶段,质量最大的天体附近聚集过多质量相近的天体,各个天体之间相互作用,所产生的作用力也有可能相互抵消,算法容易停滞不前,无法发掘出最优的天体。为了增加 GSA 的全局搜索能力,引入了粒子群优化思想。GSA 可以借鉴粒子群完美的速度和位置更新公式,提高自身搜索能力。

粒子群算法(Particle Swarm Optimization,PSO)起源于鸟群捕食。在 PSO 算法中每个粒子速度的更新都是对先前速度的继承,并且受到飞行经验的影响,能够进行信息共享,因此 PSO 能够高效地搜寻到全局最优解。将 PSO 优化思想融入 GSA 后,改进的天体运动速度方程为

$$v_i^k(t+1) = \omega \times v_i^k(t) + c_1 * r_1(P_{\text{best}} - v_i^k(t)) + c_2 * r_2(G_{\text{best}} - v_i^k(t)) + a_i^k \tag{28}$$

式中,ω 表示迭代过程中的惯性权重系数;P_{best} 表示天体当前的历史最优值;G_{best} 表示天体当前的全局最优值;r_1、r_2 表示两个随机数,介于 0 到 1 之间;c_1 和 c_2 表示加速因子。

本文采用非线性递减函数对惯性权重系数 ω 进行优化,优化后的惯性权重值在天体迭代过程中自动调整,改进后的惯性权重表达式为

$$\omega = \omega_{\max} - \text{rand}(0,1) * (\omega_{\max} - \omega_{\min}) * \exp(t/T) \tag{29}$$

式中,$\omega_{\max}$ 为惯性权重最大值,$\omega_{\min}$ 为惯性权重最小值。

改进的万有引力搜索算法流程如图 3 所示。

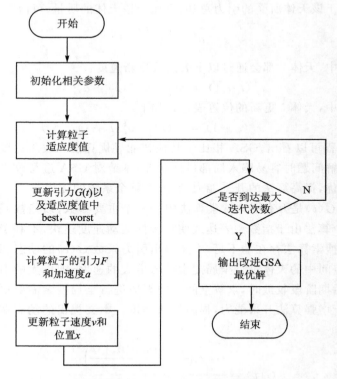

图 3　改进万有引力搜索算法流程图

2　结果与讨论

本实验使用数据分析软件进行实验仿真验证算法的性能,最大迭代次数设置为 1 000,种群数量设置为 20,$\omega_{\max}=0.9$,$\omega_{\min}=0.4$,$c_1=c_2=2$。将改进算法、原算法和粒子群算法运行 30 次,所得测试函数的平均对数曲线如图 4 和图 5 所示。对比两个测试函数的最优值和平均

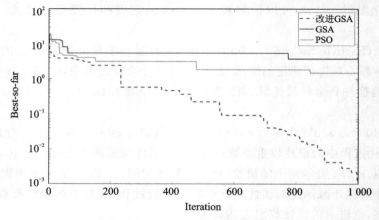

图 4　f_1 函数求解比较曲线图

值,可以看出改进的 GSA 算法收敛结果明显优于原算法,寻优能力十分稳定。即使在复杂函数中也能寻得较好的最优值,能够在保持原算法收敛速度快的基础上提高开发能力,其全局最优解均比原函数要高。

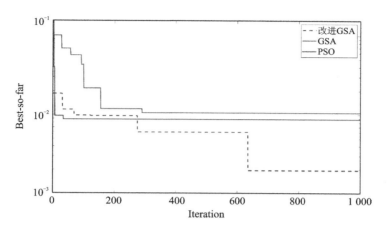

图 5 f_2 函数求解比较曲线

在求解 f_1 的过程中,改进的 GSA 算法收敛速度更快,能够快速到达收敛值,在求解 f_2 的过程中,可以看出改进后的 GSA 算法全局搜索能力更强,改善了原 GSA 算法容易早熟的缺陷,不至于陷入局部最优解中,朝着全局最优解不断探索。改进 GSA 算法能够快速到达最优解,并且平均明显减小,证明算法的稳定性有了很大提升。

经过上述测试函数的求解实验,体现改进万有引力搜索算法的优越性,可以应用到下层控制器。

在无人运货车横摆稳定性控制系统的下层控制器中,通过正弦转向工况仿真观察整车的运行状态。无人运货车初始车速设置为 20 m/s,路面附着系数设置为 0.8,在第 2 s 时给无人运货车输入一个周期的正弦转角。通过图 6 与图 7 所示的实验曲线能够看出无人运货车在进行正弦转向工况仿真时,采用改进的超扭曲算法控制后能够很好地保持整车变道行驶时的横摆角速度稳定性,根据上层控制器得到的附加横摆力矩通过改进的 GSA 算法能够实现转矩最优分配。

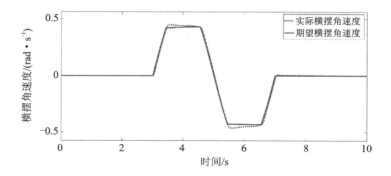

图 6 稳定性控制下横摆角速度

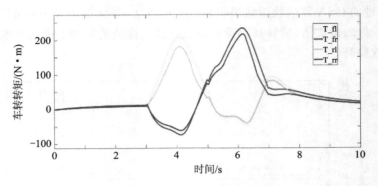

图 7　下层转矩最优分配

3　结　论

为提高无人运货车的横摆稳定性,研究了基于横摆角速度控制稳定性控制系统,确立了分层控制结构,设计了附加横摆力矩滑模控制器和力矩优化分配控制,提出了改进万有引力搜索算法进行优化,在保持收敛速度的基础上增强其搜索能力,最终得到最优值。将控制系统进行仿真验证,证明了无人运货车横摆稳定性控制策略的优异性能。

参考文献

[1] 姬晓,李刚,曹天琳.四轮独立驱动与转向电动汽车四轮转向研究综述[J].汽车实用技术,2020,46(11):5-7.

[2] Cao K,Hu M,Wang D,et al. All-wheel-drive torque distribution strategy for electric vehicle optimal efficiency considering tireslip[J]. IEEE Access,2021,9(13):25245-25257.

[3] Nahidi A,Kasaiezadeh A,Khosravani S,et al. Modular integrated longitudinal and lateral vehicle stability control for electric vehicles[J]. Mechatronics,2017,44(39):60-70.

[4] Khanke T,Chaudhari S,Phadke S,et al. Yaw stability of 4WS with variable steering ratio strategy using inertial delay control based sliding mode control[C]. 2019 International Conference on Communication and Electronics Systems (ICCES). IEEE,2019,36(59)521-526.

[5] Yang F,Ruan J,Li Y,et al. Study of the integrated control for 4WID electric vehicle yaw stability based on optimal allocation[J]. IEEE,2013,45(94):69-76.

[6] 王德平,郭孔辉.车辆动力学稳定性控制的控制原理与控制策略研究[J].机械工程学报,2000,36(03):97-99.

[7] 李铂,耿聪,刘溧.四轮主动转向的两自由度鲁棒控制[J].中国机械工程,2004,15(017):1580-1583.

[8] Laouid A A,Rezaoui M M,Kouzou A,et al. Optimal PMUs placement using hybrid PSO-GSA algorithm[C]. 2019 4th International Conference on Power Electronics and their Applications (ICPEA). IEEE,2019,83(92):1-5.

基于三维点云的空间曲面构造方法研究

林丽辉　于吉选　李兴德　肖鹏飞

（航空工业济南特种结构研究所·高性能电磁窗航空科技重点实验室,山东·济南,250023）

摘要： 空间曲面构造在复杂产品三维实体建模中具有举足轻重的地位。针对空间曲面构造中不可参数化的空间光顺曲面(已知曲面)沿当地法向的不等距偏移及局部曲率变化大的问题,提出了一种基于三维点云的构建空间曲面的方法。首先,构建已知曲面的坐标系,根据已知曲面的曲率变化特点,将已知曲面划分为若干单元,获取曲面的点云;然后将获取的点云按特定的规律进行排布并编制点云按目标距离偏离的程序;最后,针对空间曲面不能按软件现有指令构造的问题,提出三维点云和面积加权修正函数构建目标曲面的方法,并实现了空间曲面构造的程序化和参数化设计。建模实例表明,该方法可以成功快速实现空间曲面构造,精度控制在 0.01 mm 以内。

关键词： 空间曲面;不等距偏移;三维点云;程序化;参数化

1　引　言

产品三维实体构建中,重要的环节为空间曲面的构造。其过程是以产品的几何外形为基础,通过特定的手段,在三维模型构建软件中实现产品模型的显示、分析与修正。空间曲面构造是产品设计过程中需要解决的重要问题,传统的曲面构造方式是直接对曲面进行操作,典型的方式便是分割、修剪、偏移、修剪再缝合,该方式简单等效于一个修补工作。

天线罩是飞机/导弹气动外形和结构的重要组成部分,保护雷达天线或多孔径射频系统在恶劣环境下能够正常工作。天线罩必须在电磁传输、结构强度、隐身、耐环境、使用维护等方面具有良好的性能,设计研发过程是电磁场学、结构力学、空气动力学、传热学、材料学、工艺学等多学科交叉融合的复杂系统工程。三维实体模型构建是天线罩研发过程中的关键环节之一,随着产品型面和壁厚变化规律日趋复杂以及三维数字化制造技术的广泛应用,结构设计提供的三维实体数模成为整个天线罩研发过程中极为重要的环节之一。基于上述发展趋势,现阶段的空间曲面构造面临着新的挑战,详细表现在以下几个方面:

① 不同部位天线罩局部外型面异常复杂,出现了曲率变化较大的型面结构。该类型的外型面致使传统的三维实体模型构建软件采用现有指令的方法无法构造出理想的目标型面。

② 天线罩外型面有很大一部分情况是不具有显示表达式的空间光滑曲面,该类型的外型面无法直接利用三维实体模型构建软件公式编辑功能构造目标型面。

③ 天线罩壁厚分布函数的数学表达日趋复杂,由单一自变量向多自变量发展。再者,不规则表面下变厚度区的精度要求相对较高,空间曲面的构造难度日益增加。

上述三方面挑战对结构设计人员而言,倘若依靠三维实体模型构建软件中现有模块和命令,无法直接完成建模工作,必须兼有其他设计工具和设计方法的辅助。本文针对空间曲面构造面临的挑战,开展了基于三维点云的空间曲面构造方法研究。

2　空间曲面偏移理论算法

在空间曲面构造中,已知曲面偏移的问题,等效转换为空间点偏移的问题。基于此本文引入三维点云数据的概念,将三维实体模型构建软件中的空间曲面利用离散点的集合来表征,点云是散步布于三维空间中的离散点集。三维点云数据处理技术已经广泛应用到日常生产生活的诸多领域,并且在部分领域越来越体现出特定的优势,发挥了不可替代的作用。复杂的曲面可以利用点云来描述,点云在数据获取、采样处理、几何建模等方面得到了良好的应用,点云所提供的三维信息为计算机程序搭建了良好的桥梁。在三维点云数据工程中,海量点云数据的预处理技术对三维重建的影响至关重要,是工程实现的前提和重要环节。点云数据不具备边和面等连接信息,表达方式简单,为计算提供了灵活的施展空间。因此,目标曲面的构建问题则转换为已知曲面离散表述和点云偏移方向数学表达的问题。

2.1　空间曲面表述方法

构建实体过程中,空间曲面构建是最为重要且关键的一步,曲面构建的品质和精度直接影响最终实体模型的优劣。在空间的解析几何中,任何曲面都看作点的几何轨迹,通常可表示成 $F(x,y,z)=0$ 的形式。

如图 1 所示,已知曲面 Σ 的方程 $F(x,y,z)=0$,则可求的该曲面 Σ 在点 $M(x',y',z')$ 处的法线方程为

$$\frac{x-x'}{F_x(x',y',z')}=\frac{y-y'}{F_y(x',y',z')}=\frac{z-z'}{F_z(x',y',z')} \tag{1}$$

令 $f_x=F_x(x',y',z')$,$f_y=F_y(x',y',z')$,$f_z=F_z(x',y',z')$,曲面 Σ 在点 $M(x',y',z')$ 处的法向量则可表示为

$$n=\{F_x(x',y',z'),F_y(x',y',z'),F_z(x',y',z')\}=\{f_x,f_y,f_z\} \tag{2}$$

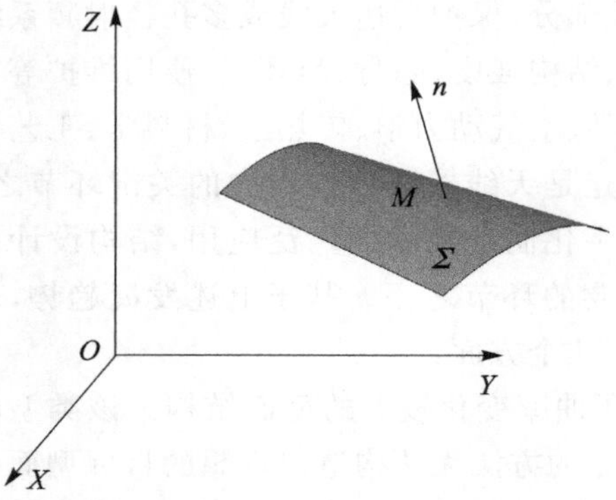

图 1　曲面法线示意图

由数学表达式可知,若已知曲面方程和点 M 的坐标,则可计算出其法向量。

在天线罩设计中,不再采用这种具有显示表达式的空间光滑曲面形式,取而代之的是以纯粹的原始的曲线和曲面为基础,经过裁剪的曲面拼接,没有显式的曲面表达形式,与传统的曲面表达形式完全不同。为了解决空间曲面表述的问题,本文采用数据点单位方法表征空间光滑曲面,建立一种全新的数学模型来求解曲面的法向量。

在已知曲面问题处理中,用 CATIA 将空间曲面按照特定的规律划分为点的集合,通过对点云数据的变换实现目标曲面的精准构建。用点云表示空间曲面如图 2 所示。已知曲面的表述即为曲面构建的逆过程,即为"面到线,线到点"。

2.2 空间曲面偏移理论算法

目标曲面的获得主要影响因子是已知曲面及沿已知曲面当地法向的偏移距离,已知曲面可通过点云描述,如图 3 所示。按照已经获得的点云处的法向,偏移目标距离后形成的点云,即为构建目标曲面的点云,通过点云构建规律性的样条线,再由样条线构建目标曲面,即"点到线,线到面"。

图 2　点云表述的空间曲面

图 3　目标曲面离散后的点云

2.2.1 单元处方向

已知曲面通过规律性排布的点描述,则相邻的点可以看成一个四边形单元,利用几何变换方法进行每个单元处方向的计算。

如图 4 所示,则该单元的方向可表示为 $\vec{n}=\vec{p}_{14}\times\vec{p}_{23}$。点的距离足够小之后,那么该点的法向则可以通过其所在的单元方向来表征。

点 P_1 的坐标设为 (x_1,y_1,z_1),点 P_2 的坐标设为 (x_2,y_2,z_2),点 P_3 的坐标设为 (x_3,y_3,z_3),点 P_4 的坐标设为 (x_4,y_4,z_4),该单元的方向向量则可以表示为

$$\vec{n}=\begin{pmatrix} i & j & k \\ x_4-x_1 & y_4-y_1 & z_4-z_1 \\ x_3-x_2 & y_3-y_2 & z_3-z_2 \end{pmatrix} \tag{3}$$

2.2.2 加权函数修正的单元法向

利用有限元思想,本文将已知曲面离散呈规律性排布的点,并且点的距离足够小,则每个点的法向则可以通过它所在单元的法向来表征。为了提高精度,利用面积权函数,对点所在的所有单元进行面积加权得到每个单元的方向,对原有的算法进行修正。

面积权函数采用每个单元的面积矢量作为综合权重,即 $\sum\limits_{i=1}^{n}\dfrac{\dfrac{1}{s_i}}{\sum\dfrac{1}{s_n}}$。以点 P_5 为例,如图 5 所示,对本文采用的面积加权处理方法进行说明。

单元 1 的方向为 $\vec{n}_1=\vec{P}_{24}\times\vec{P}_{51}$,单元 2 的方向为 $\vec{n}_2=\vec{P}_{35}\times\vec{P}_{62}$,单元 3 的方向为 $\vec{n}_3=\vec{P}_{57}\times\vec{P}_{84}$,单元 4 的方向为 $\vec{n}_4=\vec{P}_{68}\times\vec{P}_{95}$;将每个单元的方向赋给组成该单元的四个节点,则点 5 处会存在其所在相邻单元的四个方向的数据。根据空间几何的规律,单元的面积越大,其对组成该单元节点法向的影响则越小。

经过加权,点 5 处的法向可表示为

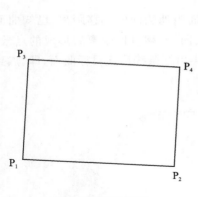

图 4　曲面单元图

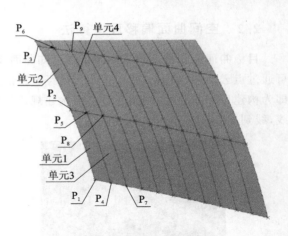

图 5　单元和点云示意图

$$\vec{N}_5 = \sum_{i=1}^{4} \vec{n}_1 \times \frac{\dfrac{1}{s_i}}{\sum \dfrac{1}{s_n}} \tag{4}$$

其中：$\sum \dfrac{1}{s_n} = \dfrac{1}{|\vec{P}_{24} \times \vec{P}_{51}|} + \dfrac{1}{|\vec{P}_{35} \times \vec{P}_{62}|} + \dfrac{1}{|\vec{P}_{57} \times \vec{P}_{84}|} + \dfrac{1}{|\vec{P}_{68} \times \vec{P}_{95}|} \tag{5}$

3　空间曲面的构造方法

基于已知曲面和偏移的距离，目标曲面的构建流程如图 6 所示：构建已知曲面的坐标系；根据已知曲面的曲率变化特点，将已知曲面划分为若干单元，获取已知曲面的点云；编制点云按目标距离偏移的程序；拟合目标曲面需要构建的样条线；拟合目标曲面。

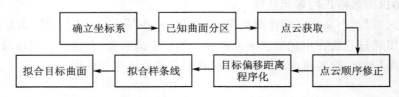

图 6　目标曲面构建流程图

3.1　点云的获取

点云的获取过程首先建立基于厚度变换规律的坐标系，如图 7 所示，将已知曲面按照其在空间坐标系的排布规律，进行划分。划分时，根据曲率变化，将已知曲面进行不同分割，对于光顺的曲面，为了降低计算时间，可以定义站位剖分区域较大（一般站位间距位于 5～10 mm 之间），对于曲率变化剧烈的区域，可以定义站位剖分区域较小（一般站位间距小于 5 mm），通过增加点的数量，进行型面的

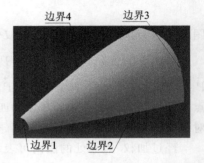

图 7　三维空间坐标系下的曲面

控制。

本文采用的算例型面光滑,曲率变化平缓,省略曲面分区。首先根据厚度变换规律,建立如图 7 所示的空间坐标系,其中,坐标系的原点为曲面边界 2 和边界 4 延伸线的交点,xy 平面平行于边界 1 所在的平面。边界 3 所在的平面平行于 xy 平面。将边界 1 所在的平面记为平面 1,将边界 3 所在的平面记为平面 2,通过偏移指令,在平面 1 和平面 2 之间建立均布的平面集合,如图 8 所示,平面集合和已知平面相交得到样条曲线,在样条曲线上通过点面复制指令得到已知点云,如图 9 所示。最后将点云导出为可读取的数值模式(FORTRAN 可识别的数值模式为 scr 格式),便于后续编程时读取数据。

图 8　空间坐标系下的平面集合　　　　图 9　表征空间曲面的点云

本文采用的算例比较特殊,边界 2 和边界 4 在空间坐标系下可以相交,且该交点为厚度变换函数关系的原点。针对不能相交的情况,要依据厚度变化规律,选取厚度表征函数所在空间坐标系的 0 点作为空间坐标系的原点。

3.2　目标偏移距离程序化

文中提到的点云是散步布于三维空间中的具有坐标信息的离散点集,基于本文中解决偏移目标距离的函数关系表达式,利用 FORTRAN 编程,求解目标点云:

目标偏移距离即为已知曲面沿当地法向的壁厚,壁厚公式 d 一般为

$$d = f(x, y, z)$$

(x, y, z) 为已知曲面的点云坐标,(x_1, y_1, z_1) 为目标曲面的点云坐标。根据当地的法向,得到目标点云的坐标表达式:

$$(x_1, y_1, z_1) = (x, y, x) + d \cdot \vec{n_1} \tag{6}$$

定义完成后,通过 2.2 节的算法对已知点云进行运算,得到目标点云。$\vec{n_1}$ 为已知曲面在点云单位化的法向向量。

3.3　目标偏移距离程序参数化

已知曲面进行分割时,站位间距和曲面的曲率变化相关,如图 8 所示。站位间距的大小对获取点云数据质量影响巨大。站位间距太大,则点云数据太稀疏,生成的点云数据过少,导致细节部分描述不清楚甚至丢失;站位间距太小,则点云数据过密,生成的点云数据相应的过多,则在后续曲面拟合过程中耗时过多,因此站位间距划分密度极为重要。目标偏移距离程序中重要的参数即为站位和每个站位的点集数,为提高程序的通用性,将其进行参数化设计。程序运行时,可以根据曲面的特点,自主选择站位和点集。

3.4　目标曲面的构建

目标偏移距离的程序编制完成后,即可进行目标曲面的构建工作。已知点云获取后,尚须

对其排布的规律性进行验证。非规律性点集,很难利用现有的算法,采用人工干预的方法,确保点集排列的规律性。规律性排列点集的验证工作可以通过 CAD 软件的 line 指令观察其顺序。如图 10 所示,圆圈区域表示有问题的曲线,它的排布顺序明显和其他的线条不同(圆圈区域的点的顺序为逆时针,其他区域均为顺时针),说明是点输出顺序有问题,该情况需要将存在问题的样条线上的点重新排序,程序方能识别并进行正确的计算,如图 11 所示(修正后所有点的排布顺序均为顺时针)。

图 10　点云排布规律性验证　　　　图 11　理想点云排布图

　　根据 FORTRAN 程序中对待处理数据的格式和名称的要求,将修正后的已知点云存成 scr 格式,利用 FORTRAN 的 Launch Project 指令,得到目标点集。

　　在法向确定过程中,已知点云中每个点均有两个法向,目标型面的偏移方向也就有两个,因此需要确认目标点集是否按设计者需要的方向进行的偏移计算,程序运行过程中会提示方向的选择。任意选择一个方向,将程序运行后得到的目标点云导入 CAD 软件中,如图 12 所示,观察是否为目标的方向(红色为新产生的样条线),可通过调整数值来获得目标方向的目标点云。

扫码查看彩图

图 12　计算前后的样条线

　　针对目标点云,通过 CAD 软件输出 CATIA 可识别的 stp 格式的文件,利用 CATIA 的样条线命令,将目标点云构建成样条线,再利用曲面构建指令将样条线构造为目标曲面。

4　目标曲面的精度验证

　　目标型面的构建是通过离散点云沿当地法向偏移目标距离的方式构建的,非离散点处的偏移距离无可避免地与偏移距离分布函数定义的理论值存在偏差。采用该方法构造的空间曲面无法像等距离偏移型面一样,达到型面各处的偏移距离均能完全满足理论设计要求,但能无限逼近理想型面。目标型面的精度验证在整个构造方法中显得尤为重要。

　　型面的精度和获取点云时站位的距离和每条样条线上点的距离(程序中站位和点集)直接相关,即点云的密度。密度小则型面精度差,无法满足性能和加工的要求;密度过大则会造成工作量增大,对操作者和计算机都带来较重负担。通过空间曲面距离分析,对于光顺的曲面,一般站位间距位于 5～10 mm 之间;对于曲率变化剧烈的区域一般站位间距应小于 5 mm;将同一站位上的点间距控制在 5～15 mm,则可保证绝大部分的偏差在 10^{-3} mm 量级,如图 13 所示。同时设计人员可根据计算机的计算能力、性能允许的公差范围、加工水平综合设计点云密度。

扫码查看彩图

图 13　精度验证示意图

5　结　论

随着天线罩的实体结构越来越复杂,空间曲面的三维构造难度也越来越高,基于此本文提出了一种基于三维点云的空间曲面构造方法。通过采用三维点云和面积加权修正函数构建目标曲面的方法,解决了现阶段曲率变化剧烈、无法等厚偏移的型面构造,型面无法通过显式的表达式描述、偏移距离为可变单一参数的型面构造,偏移距离为多参数的复杂变化规律的型面构造等各方面存在的问题,为复杂实体结构的三维构造提供了一种研究思路。

参考文献

[1] 薛翔.T 样条曲面造型技术的研究[D].南京:南京航空航天大学,2014.
[2] 董枫.面向复杂船型的参数化设计方法研究[D].武汉:武汉理工大学,2016.
[3] 刘捷,赵志斌,陈志刚.大型机载雷达罩结构设计[J].电子机械工程,2003,2:1-3.
[4] 伍龙华,黄惠.点云驱动的计算机图形学综述[J].计算机辅助设计与图形学学报,2015,27(8):1341-1353.
[5] 李红莉,邢渊.基于点云数据的曲面重构方法及其比较[J].计算机应用,2006,101-104.
[6] 杨永涛.三维离散点云数据处理关键技术研究[D].秦皇岛:燕山大学,2017.
[7] 张航,陈涛,王玖.CATIA 知识工程技术在飞机结构设计中的应用[J].制造业自动化,2020,9:1-5.
[8] 施法中.计算机辅助几何设计与非均匀有理 B 样条[M].北京:清华大学出版社,2001.
[9] 张继承.CATIA 曲面法向量和坐标转换的算法研究与应用[J].计测技术,2020,04,5-10.
[10] 杨钦,徐永安,翟红英.I 计算机图形学[M].北京:清华大学出版社,2006.
[11] 刘智龙.基于 CATIA 模型的分段划分及优化研究[D].大连:大连理工大学,2014.
[12] 张林.Visual Fortran 在曲面位场数据处理与转换系统可视化中的应用[D].西安:长安大学,2007.

一种主动开关式电磁窗的电磁参数表征方法

房亮　房新蕊　张庆东　张清

（航空工业济南特种结构研究所·高性能电磁窗航空科技重点实验室，山东·济南，250023）

摘要：为保证机载雷达工作时良好电磁透波特性，本文给出了一种主动开关式电磁窗的电磁参数等效表征方法，优选了工作于 $8\sim12\,\mathrm{GHz}$ 的主动开关式电磁窗结构，采用传输矩阵法和等效媒质理论推导出了主动开关式电磁窗的 S 参数与电磁参数的关系，并给出了该结构在开关状态下的等效电磁参数，该方法可丰富主动开关式电磁窗电磁特性的评价体系，具有一定工程应用意义。

关键词：电磁窗；主动开关；传输矩阵；等效媒质；电磁参数

1　概　述

随着空中电磁环境的复杂化以及敌方探测概率的提高，机载雷达的隐身逐渐向全频段隐身方向发展，电磁窗口仅需雷达工作时进行电磁波传输即可，其他时间内全频段屏蔽。而现有的无源电磁窗则不能满足这一要求。为更好地适应雷达工作状态，国内外学者提出了主动开关式电磁窗这一技术途径。

本文的研究对象是在 X 波段内具有开关特性的电磁窗。其功率传输/反射系数是电磁窗重要的性能指标。在不考虑互耦情形下，主动开关式电磁窗口可等效为双端口网络。此外，通过等效微波网络可以直观地分析结构参数对主动开关式电磁窗口性能的影响。

通过等效电磁参数的表征，其中的应用之一是：① 当电磁窗出现损坏时，在不影响其电性能的情况下，只需要采用具有等效介电常数的材料对损坏处进行修补，就可以获得和原来相同的电性能；② 电磁窗综合性能优化过程中，采用等效介电常数可表征局部结构，在方案确定过程中，采取局部代替整体的方法，更有利于快速优化迭代。

综上，本文在自由空间法的基础上，从等效媒质的角度确定了主动开关式电磁窗的电磁参数计算公式，并完成了仿真分析。该方法表征等效主动开关式电磁窗的主动可控性能，可丰富主动开关式电磁窗电磁特性的评价体系，具有一定工程应用意义。

2　等效媒质参数表征方法

等效媒质参数表征方法是由 S 参数表征的，为研究电磁波传输的影响，将主动开关式电磁窗等效为微波网络，通过网络参数来描述电磁响应特性。图 1 是双端口微波网络示意图。

根据微波网络理论，对于如图 1 所示的双端口网络，输入端电压、电流分别为 U_1、I_1，输出端电压、电流分别为 U_2、I_2，输入、输出端口的特性阻抗分别为 Z_{c1}、

图 1　双端口微波网络示意图

Z_{c2},定义如下关系:

$$\begin{bmatrix} U_1 \\ I_1 \end{bmatrix} = \boldsymbol{A} \begin{bmatrix} U_2 \\ I_2 \end{bmatrix} \tag{1}$$

其中,$\boldsymbol{A} = \begin{bmatrix} A_{11} & A_{12} \\ A_{21} & A_{22} \end{bmatrix}$,$\boldsymbol{A}$ 为双端口网络的转移矩阵。A_{11} 为端口 2 开路时的等效电压转移系数,$A_{11} = \dfrac{U_1}{U_2}\bigg|_{I_2=0}$;$A_{12}$ 为端口 2 短路时的转移阻抗,$A_{12} = \dfrac{I_1}{U_2}\bigg|_{I_2=0}$;$A_{21}$ 为端口 2 开路时的转移导纳,$A_{12} = \dfrac{I_1}{U_2}\bigg|_{I_2=0}$;$A_{22}$ 为端口 2 短路时的等效电流转移系数,$A_{22} = \dfrac{I_1}{I_2}\bigg|_{U_2=0}$。若将两端口电压、电流归一化,可得到归一化转移矩阵:

$$\bar{\boldsymbol{A}} = \begin{bmatrix} \bar{A}_{11} & \bar{A}_{12} \\ \bar{A}_{21} & \bar{A}_{22} \end{bmatrix} = \begin{bmatrix} A_{11}\sqrt{\dfrac{Z_{c2}}{Z_{c1}}} & A_{12}\sqrt{\dfrac{1}{Z_{c1}Z_{c2}}} \\ A_{21}\sqrt{\dfrac{1}{Z_{c1}Z_{c2}}} & A_{22}\sqrt{\dfrac{Z_{c1}}{Z_{c2}}} \end{bmatrix} \tag{2}$$

通过式(2)可以得到不同电路形式下双端口网络的转移矩阵。通过求转移矩阵可以求出网络的 S 参数。

$$S_{11} = \frac{\bar{A}_{11} + \bar{A}_{12} - \bar{A}_{21} - \bar{A}_{22}}{\bar{A}_{11} + \bar{A}_{12} + \bar{A}_{21} + \bar{A}_{22}}$$

$$S_{12} = \frac{2}{\bar{A}_{11} + \bar{A}_{12} + \bar{A}_{21} + \bar{A}_{22}}$$

$$S_{21} = \frac{2}{\bar{A}_{11} + \bar{A}_{12} + \bar{A}_{21} + \bar{A}_{22}} \tag{3}$$

$$S_{22} = \frac{-\bar{A}_{11} + \bar{A}_{12} - \bar{A}_{21} + \bar{A}_{22}}{\bar{A}_{11} + \bar{A}_{12} + \bar{A}_{21} + \bar{A}_{22}}$$

将整个主动开关式电磁窗看成一个均质材料,采用等效媒质理论描述。由式(3)可知,$S_{21} = S_{12}$,故而通过媒质的变换矩阵和 S 参数矩阵得到折射率 n_r 和波阻抗 Z 与反射系数的关系:

$$n_r = \frac{1}{kd}\cos^{-1}\left[\frac{1}{2S_{21}}(1 - S_{11}^2 + S_{21}^2)\right]$$

$$Z = \pm\sqrt{\frac{(1 + S_{11})^2 - S_{21}^2}{(1 - S_{11})^2 - S_{21}^2}} \tag{4}$$

当 $S_{21} \to 0$ 时,$n_r \to \infty$ 并无意义,故而当 $S_{21} \to 0$ 时,可令 S_{21} 为一个近零的小数。

对于无源媒质,应满足折射率虚部和阻抗的实部同时为正,从而可确定 Z 的符号和消除反余弦函数 $\cos^{-1}$ 出现多值的问题。再通过如下关系式:

$$\varepsilon = \frac{n_r}{Z}, \quad \mu = n_r Z \tag{5}$$

当满足折射率虚部和阻抗的实部同时为正时,最终得到主动开关式电磁窗的电磁参数与表征结果为

$$\varepsilon = \frac{\cos^{-1}\left[\dfrac{1}{2S_{21}}(1-S_{11}^2+S_{21}^2)\right]}{\pm kd\sqrt{\dfrac{(1+S_{11})^2-S_{21}^2}{(1-S_{11})^2-S_{21}^2}}}$$

$$\mu = \pm\sqrt{\frac{(1+S_{11})^2-S_{21}^2}{(1-S_{11})^2-S_{21}^2}}\ \frac{\cos^{-1}\left[\dfrac{1}{2S_{21}}(1-S_{11}^2+S_{21}^2)\right]}{kd}$$

(6)

其中,折射率虚部和阻抗的实部需同时为正。

综上,通过式(6),就可采用电磁参数将主动开关式电磁窗的性能表征出来。

3 主动开关式电磁窗仿真与验证

建立主动开关式电磁窗模型,如图 2 所示,该模型的结构为正方形栅条与贴片组合结构,主动元器件采用 NXP 半导体公司的 BAP 系列微波高速开关二极管,其自身寄生电容为 0.48 pF,利用表征关系,通过仿真模拟手段表征该结构。

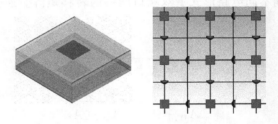

图 2 仿真模型

该结构在"开状态"的 S_{21}、S_{11} 曲线如图 3 所示,在"关状态"的 S_{21}、S_{11} 曲线如图 4 所示。

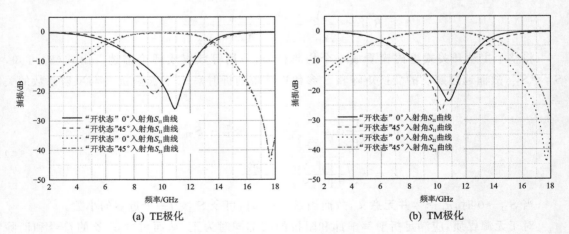

(a) TE极化   (b) TM极化

图 3 "开状态"仿真曲线

经过仿真模拟后,在主动开关式电磁窗的宽带透波工作频段 8~12 GHz 内对该结构在进行了"开状态"的电磁参数,如图 5 所示;该结构在"关状态"的等效电磁参数如图 6 所示。

经过对该模型的仿真成功将表征方法应用于主动开关式电磁窗结构中,效果显著。

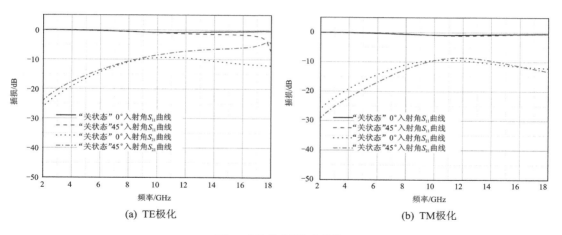

(a) TE极化　　　　　　　　　　(b) TM极化

图 4　"关状态"仿真曲线

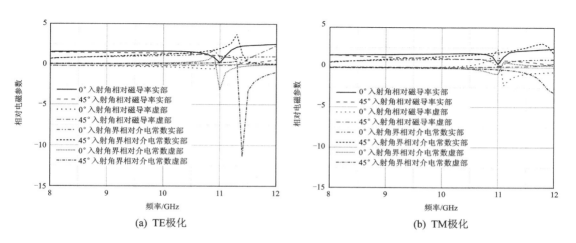

(a) TE极化　　　　　　　　　　(b) TM极化

图 5　"开状态"等效电磁参数仿真曲线

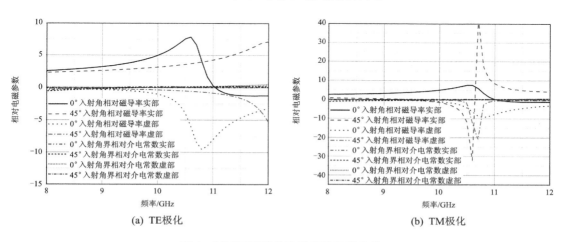

(a) TE极化　　　　　　　　　　(b) TM极化

图 6　"关状态"等效电磁参数仿真曲线

4　结　论

相对介电常数、相对磁导率、功率插损、功率反射等参数是判断主动开关式电磁窗性能优良与否的重要参数,为评价主动开关式电磁窗性能的优劣,优选了工作于 8～12 GHz 主动开关式电磁窗,传输矩阵法提供了理论依据。其中,相对介电常数、相对磁导率这两个最主要的材料电磁参数是主动开关式电磁窗性能的关键。对于主动开关式电磁窗性能来说评价它的主动开关透波性能的实质,就是求出它的 S 参数。因此,在结构优化设计时,采用 S 参数表征等效主动开关式电磁窗的电磁参数是其性能评价体系的重要一环,该方法可丰富主动开关式电磁窗电磁特性的评价体系,具有一定工程应用意义。

参考文献

[1] 王衣超,郭高凤,王娟,等.自由空间法测量电磁材料电磁参数[J].宇航材料工艺,2014,1:107-111.

[2] 唐宗熙,张彪.用自由空间法测试介质电磁参数[J].电子学报,2006,34(1):189-192.

[3] 吴超,吕绪良,曾朝阳,等.基于阻抗模拟的等效电磁参数研究[J].物理学报,2013,62(5):054101(1-7).

[4] 丁世敬,葛德彪,申宁.复合介质等效电磁参数的数值研究[J].物理学报,2010,59(2):943-948.

[5] 金志峰.天线罩等效电磁参数的自由空间法分析[J].2017 年全国微波毫米波会议:1400-1403.

[6] 杨华军,饶克谨,赵伯琳.纤维布层板吸波材料的等效电磁参数[J].电子科技大学学报,1998,27(3):280-283.

[7] 颜学源,卢健,高正平.蜂窝结构吸波材料的等系电磁参数[J].磁性材料及器件,2013,2:16-19.

一种圆形单芯高压电连接器的设计

孙秀云　　杨宗亮

（临沂市海纳电子有限公司,山东·临沂,276017）

摘要：根据客户需求进行了一种 GXCD 单芯高压电连接器的设计,从设计原理、耐高压影响因素角度进行分析,结合材料选择、结构设计、界面间密封、爬电距离的设计以及组装工艺等对高压电连接器进行系统性设计,借助 Inventor Professional 计算机辅助设计软件进行优化设计,保证高压电连接器设计结构合理、可靠性高、满足工程需要,也获得了高压电连接器的宝贵设计经验,为后续其他高压电连接器的设计奠定了良好基础。

关键词：高压电连接器;界面密封;爬电距离

1　引　言

电连接器在各种电子设备系统中应用广泛,起到信号或电源连接的重要作用。而高压电连接器一般是指工作电压在 1～120kV 之间或更高电压的连接器,常用在雷达、飞机、舰船、通信基站等的电源系统中。

在低压系统中,电压对连接器的设计或制造技术要求并不高。随着工作电压的升高,高压电连接器的耐压等级必将进一步提高,有关电气设备的绝缘问题也将逐步提升难度。当作用电压超过临界值时,绝缘被破坏而失去绝缘作用。所以高压电连接器要求特别注意电晕、爬电距离、介质的介电强度、结合面压力和绝缘材料等相关方面,这些对于高压电连接器来说是完成其功能必不可少的考量因素。

为了设计出结构合理、安全可靠的高压电连接器,重点需要掌握各类介质的介电强度,以此确定绝缘材料,并对绝缘结构进行设计,包括选择结构形式、爬电距离、绝缘尺寸等。借助 Inventor Professional 计算机辅助设计软件进行优化设计,保证高压电连接器设计结构合理、可靠性高、以满足使用需要,并对装配工艺进行探讨优化,掌握系统的高压电连接器设计制造技术,为后续其他高压电连接器的设计奠定了良好的理论与实践基础。

2　研制要求

根据某用户需求,需要一种圆形耐高压单芯连接器,根据用户设备的使用要求及 GJB 1217 和 GJB 2889 等相关标准,产品主要技术要求如下：

工作温度：−65～+125 ℃

工作电压：7 000 VDC

工作电流：5 A

绝缘电阻：≥5 000 MΩ

介质耐压：25 000 VDC

机械寿命：1 000 次

振　　动：频率 10～2 000 Hz 加速度 196 m/s^2

冲　　击：加速度 980 m/s^2

3　设计方案

3.1　设计原理

高压电连接器设计时主要考虑的因素有爬电距离、界面间隙、绝缘材料、导线及接触件结构、镀层以及装配。

3.1.1　爬电距离

爬电距离指的是两导电部分之间沿绝缘介质表面的最短距离。想要取得良好的电气绝缘性能，需要考虑在结构满足的情况下增加足够的爬电距离。当绝缘间隙足够大时，高电压虽然能形成电弧但不足以电离绝缘间隙，可以有效地限制高电压形成击穿的阈值。工作电压的有效值或直流值和介质材料的介电强度会直接影响导电零件之间漏电流的大小，因此爬电距离的大小是由工作电压的大小决定的。

3.1.2　界面密封

为了满足高压电连接器的技术条件，连接器的各个部分必须要有足够的介电强度，从高电位到低电位或到地之间的所有路线必须形成一个均质的固体绝缘体，这需要通过密封实现。如果绝缘介质内存在空气间隙，通常这些间隙会填充有击穿强度低于固体的介质（气体或液体），填充介质的介电常数一般会低于固态绝缘介质的介电常数，这就会造成间隙的场强度高于绝缘介质的场强度，在高电压下，间隙两端的电压可能就会超过击穿临界值形成电弧，并形成击穿。由空气击穿而引发的放点会对绝缘介质造成烧蚀，这种烧蚀会使绝缘介质表面变得粗糙并缓慢渗入介质内部，烧蚀到一定程度就会形成逐渐生长的树状通路，通路的壁会被碳化，且通路又会形成空气间隙，在高电压下，通路被击穿，从而造成绝缘介质被击穿。所以在高压电连接器的设计和生产制造中，需要尽量避免空气间隙，即要考虑密封。连接器插合后接触界面也应无空气间隙，这对连接器的界面及导线端接处都提出了特殊要求。

3.1.3　绝缘体

绝缘体考虑选用介电强度高、体积电阻率大的材料，如聚四氟乙烯、硅橡胶等。这两种材料击穿电压高、耐电弧、耐漏电流，绝缘性能良好，材料内部结构紧密，成型过程中形成的小气泡非常少，这就很大程度上减少了潮气吸附作用。通过减少或消除绝缘体内部的空气间隙，可以有效防止电晕、提高连接器的绝缘耐压能力。

3.1.4　导线及接触件结构、镀层

高压连接器中使用的导线多采用氟塑料耐高压导线，这类导线耐压性能优良。接触件结构为带台阶圆柱形，表面镀金处理。接触件的电荷均匀分布在表面，可以将接触件表面等效为均匀电场，在同等条件下，其气隙击穿电压比其他类型的电极要高。接触件表面镀金，形成光滑致密的表面，可以有较小的气体吸附率，从而使其气隙击穿电压也较高。为了减少或避免连接器正常工作时被热击穿和电击穿，需要将接触件的接触电阻设计得尽量低。

3.2　连接器结构方案

想要设计无空气间隙的连接器，需要对连接器的绝缘结构、插合界面及导线端接处处理进行

研究,在高电压下,需要重点考虑爬电距离的影响。当前连接器都有小型化发展需求,连接器尺寸越来越小,接触件之间及接触件与壳体之间的距离越来越小,想要在小尺寸范围内保证足够的爬电距离,必须在绝缘介质上通过增加凸台或凹槽结构来实现。另外,为了达到界面密封的要求,需要在插合界面设置界面密封垫,同时在绝缘介质空隙处以及接触件与导线端接处进行封胶处理。产品结构如图1和图2所示。

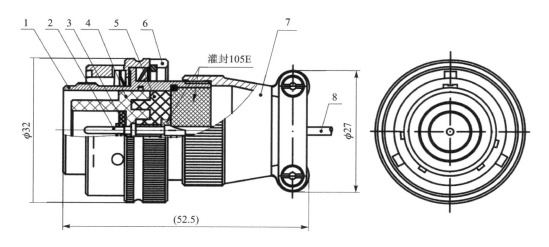

1—外壳;2—插针接触件;3—界面密封垫;4—前绝缘体;5—后绝缘体;
6—连接螺帽组件;7—尾部附件;8—氟树脂绝缘高温高压安装线。

图 1　插头结构示意

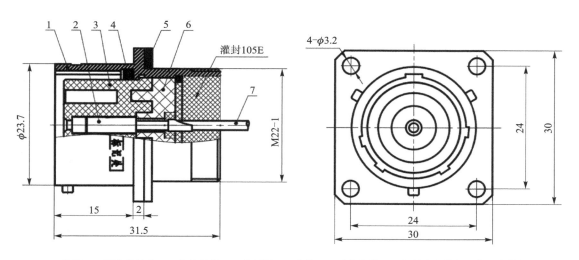

1—外壳;2—插孔接触件;3—前绝缘体;4—密封圈;5—胶垫;6—后绝缘体;7—氟树脂绝缘高温高压安装线。

图 2　插座结构示意

3.2.1　爬电距离的设计和计算

由于是单芯连接器,连接器需要进行绝缘的导电部件是接触件和外壳,爬电距离的设计就考虑接触件与外壳之间的爬电距离。假定零部件表面洁净,零部件无其他异常,最小爬电距离应满足 12.5 mm(25 000/2 000＝12.5,其中介质耐电压为 25 000 V,空气的介电强度按照 2 000 V/mm 计算)。

　　在实际生产制造过程中,各个零件不可避免地会接触空气中的浮尘、导电微粒以及装配辅材等外界因素的污染等,所以考虑实际应用,为保证连接器的可靠性,爬电距离设计为理论最小值的 2 倍,即 25 mm。

　　连接器的插合界面如图 3 所示。

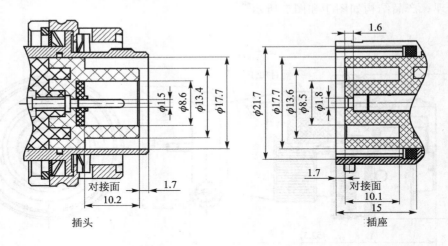

图 3　连接器插合界面

　　插头端:接触件与外壳爬电距离 = (17.7−13.4)/2＋10.2*2＋(13.4−8.6)/2＋(8.6−1.5)/2＝28.5

　　插座端:接触件与外壳爬电距离 = (17.7−13.6)/2＋10.1*3＋(13.6−8.5)/2＋(8.5−1.8)/2＋1.6＝39.85

　　插头座的接触件与外壳爬电距离可以满足要求。

3.2.2　界面间隙的控制

　　考虑到连接器对插后,要尽量在接触件与外壳间形成密闭空间,避免空气间隙的存在,在插头插座绝缘介质对接面上,设置有界面密封垫。连接器采用的是卡口式锁紧机构,连接快速可靠,产品设计后借助 Inventor Professional 计算机辅助设计软件进行优化设计,保证插头插座对接锁紧后,压缩界面密封垫将对接面的空气排出,实现界面的密闭,从而实现接触件与外壳的密封隔离。插头插座对接图如图 4 所示。

3.2.3　绝缘材料的选择

　　绝缘材料主要考量介电强度高、易加工成型等因素,结合既往设计经验,选择聚四氟乙烯作为绝缘材料,其介电强度达 60 kV/mm;界面密封垫材料为硅橡胶,其介电强度为 20~25 kV/mm。两种材料完全能够满足项目连接器的耐高压需求。

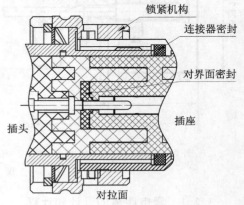

图 4　插头插座对接示意图

4　高压连接器的装配工艺技术

4.1　零部件表面清洁

零部件表面的洁净程度对高压电连接器耐电压性能影响较大,不洁净的表面是造成高压连接器耐压击穿的主要因素之一。电极(接触件、导电的外壳、导电的附件等)表面黏附灰尘、绝缘微粒、氧化膜、有机污物,带电粒子就会聚集在这些非导电膜层和杂质上,并在此处建立新电场,使发射电子增多,从而引起耐电压性能下降甚至耐压击穿。因此必须保证零部件表面的清洁,在装配前进行清洗。

4.2　导线的端接

导线与接触件端接方式为焊接,在焊接时,需要注意两个问题:一是导线剥线长度需要控制,绝缘层与接触件焊接端要尽量无缝隙,这样是为保证绝缘性能;二是需要保证焊点面积小且与接触件表面齐平,这一方面可以避免由于焊点面积大破坏接触件表面镀层,另一方面也可以避免由于焊点的凸起或凹陷而引起的尖端放电等。

4.3　灌　封

高压连接器除了考虑材料、结构、爬电距离等因素外,还需要重点做好连接器的密封,连接器插合界面密封通过设计结构及材料予以保证,而连接器的导线端接端的密封需要采用环氧树脂 E105 进行灌封。由于采用的是氟塑料材料的导线,氟塑料与一般环氧树脂粘接剂粘接困难,需要对导线粘合部位进行喷砂处理,使其表面粗糙,必要时再采用强氧化性处理剂腐蚀导线,使导线表面分子形成自由基的含碳膜,以提高环氧树脂与氟塑料材料的粘接强度,从而起到密封作用。

5　结束语

本文介绍了一种圆形单芯高压电连接器,经上述设计研究,生产了产品样品,并进行了设计验证试验,全部试验结果符合设计要求。产品随后正式生产,提供客户使用,并通过了客户的各项考核,目前已完成产品定型。通过本圆形单芯高压电连接器的设计研究,掌握了系统的高压电连接器设计制造技术,为后续其他高压电连接器的设计奠定了良好的理论与实践基础。

参考文献

[1] 信息技术设备(包括电气事物设备)的安全(GB 4943—1995)[S].电子标准化研究所,1995.

[2] 梁斌.高压电连接器原理与设计研究[D].武汉:华中科技大学,2006.

[3] 王强,张军.QH 型系列圆形高压电连接器的设计[J].机电元件,2002,9:60-62.

[4] 王小波.高压电连接器设计技术的研究[J].机电元件,2008,3:17-21.

一种快速抗跟踪干扰测试方案设计

徐健　赵金龙　李晓慧

(中电科思仪科技股份有限公司,山东·青岛,266555)

摘要:传统抗跟踪干扰测试方案需要多台设备搭建而成,设备间的信号传输会浪费大量时间,降低了干扰成功率,尤其是对快速跳频信号无法实施有效的干扰。且传统的测试方案针对单个输入信号进行干扰测试,无法同时对多个目标信号进行干扰。基于此,本文提出了一种收发一体化的测试方案,采用基于 FPGA 的快速数据筛选方法实现对检测数据的快速筛选以确定优先级,采用复杂干扰基带信号模拟产生技术,模拟产生多路干扰基带以实现对多个目标的同时干扰。

关键词:抗跟踪干扰;多目标信号;收发一体;快速数据筛选;基带模拟

0 引　言

在战场环境中,无线通信装备受到的干扰主要来自于两个方面,一是外场复杂电磁环境无意识的干扰,二是对方有意识的干扰。随着通信干扰技术的提升,干扰方式也从传统的预放式干扰发展为现在的反应式干扰,反应式干扰的一种典型形式就是跟踪式干扰。跟踪式干扰通过在指定频率带宽内对未知的干扰信号进行检测分析,当检测到干扰信号后,模拟相应的信号,产生的信号载频与对方通信信号频率重合,频谱宽带基本相同,而且功率明显强于对方通信信号。由于跟踪式干扰信号的带宽较窄,因而利用率高、干扰效果好,同时又可以避免对己方的通信信号造成误干扰。此外,跟踪式干扰大大降低了干扰源暴露地风险。目前,国内不具有专用的抗跟踪干扰能力的测试与验证仪器,如何测试和验证无线通信装备的抗跟踪干扰能力是目前的一大测试难题。

本文提出的测试方案集信号接收、分析与干扰激励于一体,主要用于无线通信装备抗跟踪干扰性能验证测试,且能并行跟踪多个目标。此外,本方案采用截获接收与干扰激励一体化设计,减小了干扰信号产生的延时时间,可大大提高对快速跳频信号的跟踪干扰能力。

1 传统抗跟踪干扰测试方案实现

传统的抗跟踪干扰测试方案利用接收机、基带信号发生器、信号源等设备搭建而成,该方案由多个设备组成,如图 1 所示。

该方案通过远程控制的方式实现对各部分设备的控制,首先由测试系统发送命令控制接收机完成射频信号的接收,在接收机内部对信号进行实时分析处理后提取信号的频率、幅度等信息,提取到的信号信息传递给基带信号发生器,测试系统控制基带信号发生器根据接收到的信号信息模拟产生对应的干扰基带信号输出,最后由测试系统控制矢量信号发生器将基带信号调制到射频信号输出,用于测试通信设备的抗干扰能力。

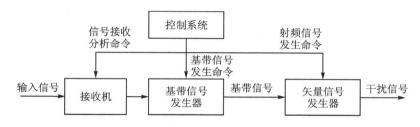

图 1 传统抗跟踪干扰测试方案

整个测试系统包含了多个测试设备,信号需要在设备之间进行多次传输,仪器间的接口会对性能造成很大的限制,延长了处理时间,可干扰的跳频速度只能达到 300 跳/s,远远无法满足对快速跳频信号的干扰测试需求。此外,传统的抗跟踪干扰测试方案只能针对单个信号进行抗干扰测试,无法同时对多个信号进行干扰模拟。

2 改进抗跟踪干扰测试方案实现

本发明采用收发一体的跟踪式信号模拟器先进架构,在一个整体设备中即可实现对信号的接收、分析、识别以及干扰发生,如图 2 所示。将信号的接收、实时处理、干扰基带信号的模拟等多个功能模块集成在一起,有效消除了各设备接口间造成的性能限制,可在最快 1 μs 的时间内对接收到的信号进行有效干扰。

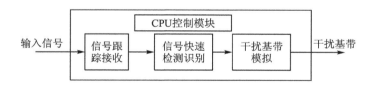

图 2 改进抗跟踪干扰测试方案

该方案包含了三个主要的功能单元——信号接收、信号识别以及干扰基带模拟。为了实现同时对多个目标信号的干扰,信号接收部分需要同时接收多个信号,在设计上要实现大动态范围以及低失真;信号识别部分则主要负责完成对接收的信号进行实时的跟踪检测,提取出信号的频率、带宽等相关参数信息;干扰基带模拟部分负责根据信号识别部分提取的参数信息产生对应的干扰基带信号,所有的输出信号再合并成一路进行输出,需要在保证合路输出信号带宽与输入信号带宽一致的前提下,同时区分出不同的干扰基带。

2.1 信号快速检测识别功能模块

反应式跟踪干扰的一个重要指标是跟踪响应时间,如果反应时间过长,对于跳频通信的短时突发信号将不能实施有效的干扰。本方案可对最多 12 800 个子信道进行并行分析处理,产生的数据个数较多,直接在 12 800 个数据中选择出多个最高优先级的数据耗时较长。在信号检测部分本方案采用了数字信道化处理方案对所有的子信道进行并行检测,然后选取合适的信号阈值即可大大减少输出数据的个数,针对筛选后的输出数据进行排序,以快速确定优先级较高的信号进行后续处理。

常见的数据排序算法的时间复杂度如表 1 所列。

表 1　排序算法时间复杂度对比

排序算法	冒泡排序	快速排序	选择排序	二叉树排序	插入排序	堆排序
平均时间复杂度	$O(n^2)$	$O(n\log_2 n)$	$O(n^2)$	$O(n\log_2 n)$	$O(n^2)$	$O(n\log_2 n)$

上述基于软件的排序算法平均时间复杂度较高,在实时性要求较高的场合,无法满足设计要求。考虑到当前跳频信号的跳速高达数十万跳/s,信号的检测筛选时间应控制在微秒级进行实现,针对软件排序算法存在的时间复杂度问题,本方案采用了一种基于 FPGA 的快速确定优先级的多目标快速跟踪技术,在保证实时性的同时也兼顾了资源的消耗问题。该技术在 FPGA 的具体实现原理框图如图 3 所示。

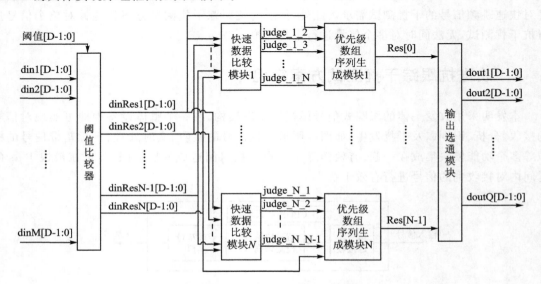

图 3　信号快速检测识别功能模块原理框图

各部分功能介绍如下:

(1) 阈值比较器

假定数字信道化处理后得到的数据个数为 M,数据位数为 D 位,数据经过阈值比较器进行并行处理,通过设定的阈值多数据进行初步筛选,大于阈值的输入数据为有效数据进行后续处理。通过选取合适的阈值,该子模块可以大大降低数据量,减小后续处理的压力,处理后的数据量记为 N。

(2) 快速数据比较部分

该部分包含了 N 个比较模块,由阈值比较器的有效输出数据作为输入数据进行并行比较,各比较模块的处理方式相同,以第 1 个比较模块为例对处理过程说明如下:dinRes1 分别与其他的 $N-1$ 个输入数据进行比较,比较结果记为 judge_1_i($i=2,3,\cdots,N$),如果 dinRes1≥dinResi($i=2,3,\cdots,N$),则 judge_1_i 赋值为 1,否则,judge_1_i 赋值为 0。经过 $N-1$ 次比较以后,得到 $N-1$ 个结果 judge_1_i 进行后续处理。

(3) 优先级数组序列生成部分

该部分包含了 N 个序列生成模块,由每个比较模块得到的 $N-1$ 个比较结果及 dinResi($i=1,2,3,\cdots,N$)作为输入数据,各子模块的处理方式相同。首先初始化一个寄存器型二维数组：Reg[D−1:0] Res[N-1:0]。该数组存储的数据位数为 D 位,存储数据个数为 M。对每个序列生成模块采用如下规则进行赋值：Res[judge_i_2 ＋ index_1_3＋……＋ index_1_N]<＝dinResi($i=1,2,3,\cdots,N$)。数据经该部分处理后,输出有序数据流 Res[0]到 Res[N−1]。

(4)输出数据选通模块

假定需要输出的数据个数为 $W,W \leqslant N$,该模块的操作可表示如下：douti<＝ Res[i]($i=1,2,\cdots,W$)。如果出现 $W>N$ 的情况,则需要对阈值比较器部分的阈值进行重新设置以确保 $W \leqslant N$。

2.2 干扰基带信号产生模块

信号快速检测识别功能模块可并行识别输出多个优先级较高的目标信号,干扰基带信号产生模块则根据目标信号的参数模拟产生相应个数及频点位置的干扰基带信号,该模块的原理框图如图 4 所示。

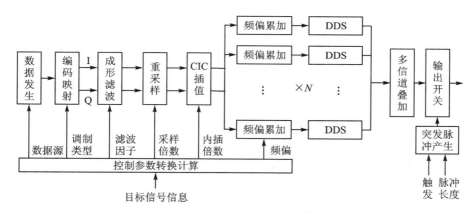

图 4　复杂干扰基带信号模拟产生

整个过程包括数据发生、编码映射、成形滤波、重采样、CIC 插值、频偏累加、多信道叠加、输出开关等子模块。信号识别过程检测得到的目标信号信息经过控制参数转换计算单元处理后,得到模拟产生干扰基带所需要的数据源、调制类型、滤波因子、采样倍数、插值倍数、频偏等参数。数据发生模块用于产生多种伪随机序列,根据设定的码元速率产生对应的数据源;编码映射模块根据需要进行数字调制映射,将串行比特数据流转换成 I、Q 两路调制信号;成形滤波模块用来完成对基带信号的滤波,限制基带信号频带范围,同时减小符号间干扰,消除带内噪声,首先进行插值操作,然后用滤波器将插值过程中产生的多余信号滤掉;重采样及 CIC 插值模块主要负责完成对基带数据的重采样,实现大范围的码元速率,首先通过重采样过程将原始码元速率的数据源重采样到合适的采样率,然后通过 CIC 插值,将基于不同码元速率的数据恢复到同一采样率。

针对同时对多个目标信号进行干扰模拟的问题,本方案可同时产生对应数量的干扰基带信号,多路基带信号产生后如果直接输出,则需要具有 N 对 I、Q 信号输出接口,因此本方案考虑通过对每路基带信号叠加频偏后再进行合路输出的方式,既可以确保输出基带信号带宽与输入信号带宽一致,又可以区分出不同的干扰基带。首先,通过频偏累加模块对模拟产生的每路基带信号的 I、Q 信号分别叠加一个频率偏移(该频率偏移由信号识别部分识别得到),生成对应不同频率点的基带信号,然后将 N 个信道进行叠加,最终合并成一路 I 信号和一路 Q 信号进行输出。此外,为了控制基带信号的输出时间长度,在输出开关部分本方案支持进行突发脉冲长度的设置,突发脉冲的长度决定了基带信号的输出时间长度。

3 实验结果

本方案已应用于产品当中,可采用图 5 所示的连接方式对本方案进行验证测试。

实验一:设置信号源为多音模式,同时输出 16 个信号,信号间隔为 5 MHz,输出幅度相同,通过信号输入端口接入本产品,本产品设置接收频率同信号源频率,带宽设置为 80 MHz,在本产品中可观察检测到的所有输入信号,如图 6 所示。

将本产品的基带信号输出接口连接到频谱分析仪中,可以在频谱分析仪中观察

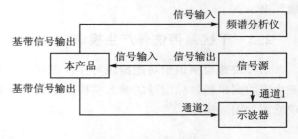

图 5　本方案测试框图

到针对每个检测信号模拟产生的干扰基带信号,频谱分析仪的观测结果如图 7 所示。

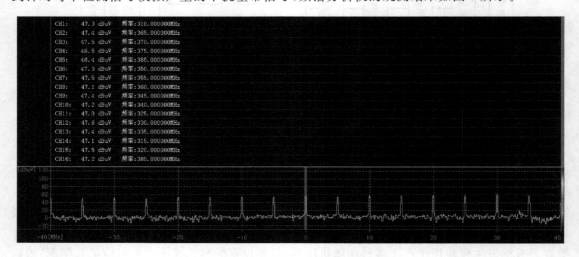

图 6　本方案信号检测结果

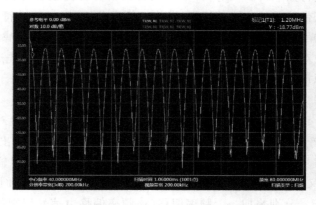

图 7　本方案干扰基带信号模拟产生结果

由上述测试结果可知,本产品可同时针对多个目标信号进行并行跟踪检测,并针对检测结果模拟产生对应的干扰基带信号进行模拟输出。

实验二:设置信号源为脉冲调制,输出脉冲信号周期为 1 ms,脉宽 10 μs,脉冲信号通过功分器分别接入本产品的输入端口及示波器的通道 1,本产品的基带信号输出接口连接到示波器的通道 2,同时设置本产品接收频率同信号源频率,示波器设置为端口 1 触发,由此在示波器中观测到的通道 1 及通道 2 之间的时间差即为本产品的信号跟踪响应时间,本产品测得的最小跟踪响应时间测试结果如图 8 所示。

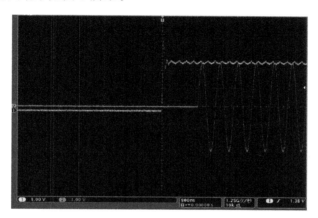

图 8   本方案最小跟踪响应时间测试结果

由图 8 测试结果可知,本产品可在最快 960 ns 的时间内完成信号的检测及干扰基带模拟输出,可大大提高对跳频信号的跟踪干扰能力。

4   结   论

本文提出了一种可对通信信号进行快速抗跟踪干扰测试的方案,收发一体化设计,消除了设备间的接口导致的传输延时,提高了对快速跳频信号的跟踪干扰能力;在信号检测识别方面,采用了一种基于 FPGA 的快速数据筛选方法,数据筛选速度快,在数据量增加的情况下,实时性良好;在干扰基带信号产生方面,描述了一种复杂干扰基带信号模拟产生技术,该技术不仅减小了干扰信号的模拟产生延时,并且满足了同时产生多路干扰基带信号以实现对多个目标信号同时进行干扰的测试需求。

参考文献

[1] 沈斌,王建新. 窄带干扰条件下含有未知载频的直扩信号的伪码序列估计[J].电子与信息学报,2015,37 (7):1556-1561.

[2] 韩晓.无人机网络欺骗式抗干扰方法研究[D].北京:北京邮电大学,2016.

[3] 李国建,张海勇,姚磊,等.跳频电台抗跟踪干扰性能[J].火力与指挥控制,2006(9):46-49.

[4] 侯聪.短波宽带数字接收机信道化处理技术应用及研究[D].成都:电子科技大学,2010.

[5] 刘模群. 排序算法时间复杂度研究[J].软件导刊,2012(6):35-38.

一种宽带本振源结构设计

张文兴　　吴强

（中电科仪器仪表有限公司，山东·青岛，266000）

摘要： 宽带本振源是微波接收组合的关键部件，本文对一种微波接收组合宽带本振源的结构进行了研究，在材料选择、热设计方面对方案进行了优化，提出了采用硅铝合金为材料，芯片直接焊接到腔体底部的方案，提高了宽带本振源模块的整体性能。实现了宽带本振源的小型化、轻量化设计，并满足了密封和散热要求。

关键词： 宽带本振源；结构设计；硅铝合金；热设计

1　引　言

宽带本振源是微波接收组合的关键部件，其性能决定着接收组合的性能。由于微波接收组合的最终应用场合较为严苛，所以对宽带本振源的尺寸、工作温度、可靠性、功耗等提出了更为严苛的要求。本文所述宽带本振源模块源于某项目，前期已完成样机的研制生产。

微波接收机组合逐渐向着高频化、小型化、集成化方向发展，内部电子器件的功耗越来越大，宽带本振源产生的热量也越来越多，随之带来的散热及热应力等问题尤为突出，并且组合对本振模块的尺寸及重量要求也很苛刻。

2　腔体材料选择

宽带本振源的结构件主要起到模块安装、保护内部微波电路、屏蔽外部干扰信号、安装射频接插件和供电接插件及保证密封等作用。宽带本振源结构件选材重点考虑的三大要素是材料的密度、热导率和热膨胀系数。本文基于这三点，详细对比了几种常见材料的特性，结合不同热传递方式的优缺点，对宽带本振源的结构进行优化设计。

宽带本振源内有多个功率放大芯片，这是主要的热源。常规方法是将芯片焊接到垫片上再装入腔体，芯片的热量先传递到垫片上再传递到腔体上，热阻很大。若是将芯片直接焊接在腔体上，热量由芯片直接传递到腔体上，热阻减小，提高了散热效率。但是当发热量很大时，腔体温度升高容易导致腔体发生变形，相同温度下，腔体变形量的大小取决于材料的热膨胀系数。为了防止因腔体变形导致芯片受力被破坏，腔体材料的热膨胀系数须与芯片材料接近。

常用的工程材料有铝合金、铜合金及可伐合金等，芯片材料是硅，电子元器件材料大多数是砷化镓，这些材料的参数如表 1 所列。

表 1   常用电子封装材料性能指标

材　料	密度/(g·cm^{-3})	热导率/(W·m^{-1}·K^{-1})	热膨胀系数 CTE/(10^{-6}K^{-1})
硅	2.3	150	4.1
砷化镓	5.3	45	5.8
氧化铝	3.9	21	6.3
氧化硼	2.9	248	6.7
铝合金	2.7	167	23.6
黄铜	8.5	130	18.5
钨铜	15.6	185	8.3
钼铜	9.83	160	6.7
可伐合金	8.3	16.5	5.3
因瓦合金	8.1	11	0.4
铝基碳化硅	3.02	192	7.0

由表 1 可以看出，常用的铝合金和黄铜都有较高的导热系数，但其热膨胀系数是芯片的 3～5 倍，温度变化时腔体和芯片的尺寸变化不一致，温度变化大时容易导致芯片碎裂。可伐合金和钼铜合金的导热系数较高且热膨胀系数与芯片的相差无几，但其密度太大，难以满足宽带本振源对体积和重量的设计要求。

铝基碳化硅复合材料具有热导率高、密度低、热膨胀系数低的特点，并且碳化硅强化作用使材料的强度和刚度显著提高，但碳化硅过于坚硬以至于用普通刀具难以加工，且加工后表面难以电镀处理，芯片和微波电路难以装配到材料表面，不适合应用于宽带本振源模块。

由表 1 可以发现，铝合金有良好的导热性，硅的热膨胀系数较低，且它们的密度都比较低，经二者复合形成的硅铝合金材料能够保持各自的优异性能。高硅铝合金密度为 2.3～2.7 g/cm^3，热膨胀系数为 4.1×10^{-6}～23.6×10^{-6} K^{-1}。同时，高硅铝合金还具有热导性能好，比强度和刚度较高，与金、银、铜、镍的镀覆性能好，与芯片基材可以焊接，易于精密机加工等优越性能。

早期硅铝材料由国外垄断，比较著名的是由 Osprey Metal 公司生产的 CE 系列硅铝合金，其性能如表 2 所列，目前国内也有类似的产品，比较成熟的厂家有百恩威、沈阳金属研究所等，其产品性能与 Osprey Metal 公司的相似。

表 2   Osprey Metal 硅铝合金牌号及性能

牌　号	成　分	热膨胀系数(25 ℃)/(10^{-6}K^{-1})	密度/(g·cm^3)	热导率(25 ℃)/(W·m^{-1}·K^{-1})
CE20	Al-12%Si	20.0	2.70	180
CE17	Al-27%Si	16.0	2.60	177
CE13	Al-42%Si	12.8	2.55	160
CE11	Al-50%Si	11.0	2.50	149
CE9	Al-60%Si	9.0	2.45	129
CE7	Al-70%Si	6.8	2.40	120

由表 2 可以看出，CE11、CE9、CE7 合金由于热膨胀系数与 Si 和 GaAs 匹配度较高，且热导系数较高，密度较低，是宽带本振源模块较为合适的材料。同时考虑到材料的加工及封焊性能，宽带本振源选用 CE11 作为腔体材料。

3 热设计

3.1 散热方式选择

目前,国内外的热设计技术已经发展得比较成熟和实用,常用的散热方式主要包括:自然对流冷却、强迫对流冷却(风扇,液冷等)、蒸发冷却、热电制冷、热管冷却和其他冷却方式。

选择冷却方式时,主要考虑设备的热流密度、体积功率密度、温升、使用环境、用户要求等。工程中还需要注意以下几点:

① 保证采用的冷却方法有较高的可靠性;

② 冷却方法具有良好的适应性;

③ 所采用的冷却方式便于测试、维修和更换;

④ 所采用的冷却方式具有良好的经济性。

当电子设备的热流密度小于 0.08 W/cm^2,体积功率密度不超过 0.18 W/cm^3 时,通常采用自然对流散热。自然对流散热是空气流过物体表面时的能量交换。

当电子设备的热流密度超过 0.08 W/cm^2,体积功率密度超过 0.18 W/cm^3 时,单靠自然冷却不能完全解决冷却问题,需要外加动力进行强迫空气冷却。

宽带本振源的芯片发热功率为 1 W,数量为 2,发热总功率为 2 W,模块表面积为 40 cm^2,热流密度为 0.05 W/cm^2,热流密度不算太高,且应用环境要求气密,所以本模块采用自然传导散热。

3.2 热仿真

腔体材料选用导热率较高的硅铝合金,芯片直接焊接在腔体上,减小接触热阻,为了验证宽带本振源热设计方案的可行性,现应用 Flotherm 软件对方案进行仿真计算。为了便于仿真,节省计算时间,对模型进行简化,去掉圆角、倒角和影响较小的圆孔等特征,简化前后的模型如图 1 所示。

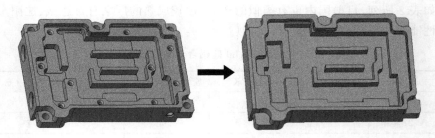

图 1 简化前后宽带本振源模块模型

对模型进行网格划分,设置边界条件,环境温度设为 35 ℃,压力边界条件为一个标准大气压,材料的导热系数和芯片的发热量按照实际设置,热仿真结果如图 2 所示,最高温度在芯片处,为 90.6 ℃,腔体温度为 86 ℃,温差不超过 6 ℃,芯片的热量可以很好地传导出去。

4 结 论

通过以上分析,结合激光封焊对材料的要求,宽带本振源腔体和盖板材料均选用硅铝合金。激光封焊后的实物图如图 3 所示。所设计宽带本振源模块能够满足所有设计要求。

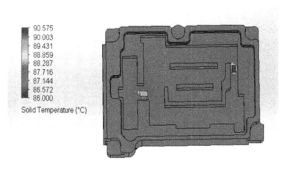

图 2 宽带本振源热仿真结果

图 3 宽带本振源实物图

该方案的优点有:材料密度不高,特定体积下模块重量能够满足要求;芯片直接焊接在腔体上,热阻小,可将芯片的发热量迅速传递到外表面;材料热膨胀系数与芯片相当,保护芯片不会因基体膨胀而破坏。

参考文献

[1] 邱成悌,赵惇殳,蒋全兴.电子设备结构设计原理[M].南京:东南大学出版社,2001.
[2] 杨世铭,陶文铨.传热学[M].北京:高等教育出版社,2008.
[3] 赵惇.电子设备热设计[M].北京:电子工业出版社,2009.

基于软件无线电的 PCM/FM 基带调制研究

肖慧敏[1]　刘霄[1]　张娟[1]　刘明刚[2]　孙旭波[3]

(1. 山东航天电子技术研究所,山东·烟台,264000;

2. 海军航空大学,山东·烟台,264000;

3. 海装驻青岛地区某代表室,山东·青岛,266000)

摘要:虽然 PCM-FM 遥测体制是当前航天遥测领域中应用最广泛的一种体制,但是传统的模拟电路的特性使系统使用不够灵活,电路布局布线困难,并且低频响应特性不够理想。PCM/FM 体制在遥测系统中被广泛采用,其具有较高的精度,并且遥测的形式灵活多变,且便于收发两端信号的数字处理,适应数字技术。本文采用全数字化 FPGA 来实现 PCM-FM 算法,遥测形式灵活多变,调试简单方便,具有较高的精度、参数化配置等特点,并且便于收发两端信号的数字处理。实验结果表明,利用 FPGA 芯片实现数字信号处理算法进行 PCM-FM 全数字化基带调制,能够满足 1 kbps~10 Mbps 宽范围基带码率调制的要求。

关键词:软件无线电;PCM/FM;FPGA;基带调制

1　引　言

PCM/FM 遥测体制是遥测领域内应用最广泛的体制,PCM/FM 遥测系统有较高的能量效率和较强的灵活性。较高的能量效率使得可以在一定的发射功率下,传输更多的数据;较强的灵活性可以适应各种存储手段和可编程遥测系统;其次,PCM/FM 系统有较好的噪声性能和较高的通信可靠性,具有同时处理模拟信号和数字信号的能力,PCM/FM 系统的编码可以很方便地加入检错码或纠错码来提高系统的抗干扰性,而且对系统电路的非线性失真要求较低。

软件无线电是一种新型的无线电体系结构,通过硬件和软件的结合,使系统具有可重配功能。软件无线电思想就是通过动态的软件编程,提供一种多频段、多模式、多功能的解决方案,用软件的编程实现了整个系统功能的改变和提高。软件无线电的各个功能由模块化和标准化的独立构件组成,通过升级软件模块,增加新的功能,软件无线电不仅可以实现和新体制通信系统的通信,还可以实现和旧体制通信系统的兼容,保证了各种通信系统的生命周期,实现了很好的扩展。

2　PCM/FM 设计原理

PCM 信号进行调制之前首先要经过一个低通的预调滤波器,其主要作用是滤除 PCM 信号的高频分量,保留基频分量,这样可以节约了传输带宽,并节省有用发射功率(有利于有用功率的集中),然后经过 FM 调制得到相位连续的基带调频信号。

PCM-FM 调制的输入信号为 PCM 码流,为了消除码间串扰、提高频带利用率、抑制频带外扩散,首先需要对输入 PCM 码流进行脉冲成型滤波。再利用数字波形合成技术对成型后信号 $m(n)$ 进行正交分解,得到其同相、正交分量 $I(n)$ 和 $Q(n)$,PCM-FM 基带调制原理如下:

调频(FM)是载波的瞬时频率随调制信号成线性变化的一种调制方式,FM 中频调制后遥测信号的数学表达式可写为

$$s(t) = A\left[\cos\left(\omega_c t + k_f \int_0^t m(t)\mathrm{d}t\right)\right]$$

式中,ω_c 为载波角频率,$m(t)$ 为音频调制信号,k_f 为调制角频偏。其对应数字域的表达式为

$$s(n) = A\left[\cos\left(\omega_c n T_s + k_f \int_0^T m(\tau)\mathrm{d}\tau\right)\right]$$
$$= A\cos\left(2\pi \frac{f_c}{f_s} \cdot n\right)\cos\left(k_f \int_0^T m(\tau)\mathrm{d}\tau\right) - A\sin\left(2\pi \frac{f_c}{f_s} \cdot n\right)\sin\left(k_f \int_0^T m(\tau)\mathrm{d}\tau\right)$$

根据正交调制法原理,$s(n) = A\cos(\omega_c n)I(n) + A\sin(\omega_c n)Q(n)$,得到 $I(n)$、$Q(n)$ 信号:

$$\begin{cases} I(n) = \cos(\varphi(n)) = \cos\left(k_f \int_0^T m(\tau)\mathrm{d}\tau\right) \\ Q(n) = \sin(\varphi(n)) = \sin\left(k_f \int_0^T m(\tau)\mathrm{d}\tau\right) \end{cases}$$

对上式中 $\varphi(n)$ 的积分采用复化求积的方式计算积分,得

$$\varphi(n) = k_f T_s \sum_{i=1}^n \frac{m(iT_s) + m((i-1)T_s)}{2}$$

则 PCM/FM 基带调制信号的离散数学表达式为

$$\begin{cases} I(n) = \cos\left(k_f T_s \sum_{i=1}^n \frac{m(iT_s) + m((i-1)T_s)}{2}\right) \\ Q(n) = \sin\left(k_f T_s \sum_{i=1}^n \frac{m(iT_s) + m((i-1)T_s)}{2}\right) \end{cases}$$

利用波形查询法可实现 I 路与 Q 路的基带调制。

3 PCM/FM 的 FPGA 实现

3.1 系统硬件设计

PCM/FM 遥测系统采用以 FPGA 系统为核心的技术方案,FPGA 选用目前 Xilinx 公司主流的 XC7K325T-2FFG900I 芯片。I/O 电源 1.8 V,1.2 V,3.3 V 可选,核电源 1.0 V。系统的硬件功能框图如图 1 所示,可以分为电源模块、时钟管理模块、A/D 数据采集模块、并串转换模块、上采样滤波模块、PM_FM 调制模块以及数据发射模块。其中,A/D 采集数据单元负责采集数据,通过 PCM_FM 调制单元进行预调滤波、PCM 调制以及 FM 调制,将调制完成的数据送往数据发射模块,然后通过天线发射出去。电源模块为系统各个模块提供电源。

3.2 FPGA 软件设计

FPGA 软件设计功能框图如图 2 所示,整个模块可以分成并串转换模块、滤波模块、基带调制模块三个部分。并串转换模块主要将 16 位并行数据转换为位宽为 1 的串行数据;滤波模

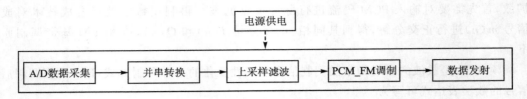

图 1　硬件的功能框图

块的主要功能是对串行数据进行滤波;基带调制模块的主要功能是对滤波器的输出结果进行 FM 调制。

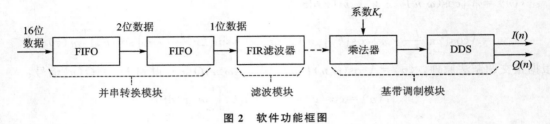

图 2　软件功能框图

3.2.1　并串转换模块

(1) 并串转换模块概述

并串转换模块使用 IP 核 FIFO(先入先出队列)来进行实现,由于一个 FIFO 核读出数据的位宽最多为输入数据位宽的八分之一,因此,使用两个 FIFO 核来进行并行与串行的转换。

(2) 控制字配置

FIFO 的写入数据与读取数据速度须进行控制,而由于使用分频时钟太浪费资源,所以本次设计采用配置 FIFO 的写使能 wr_en 与读使能 rd_en 的方式控制 FIFO 的写入与读取速度。

假如采样倍数为 40,则可知,由于时钟信号为采样频率的两倍,所以每经过 80 个时钟周期,第二个 FIFO 进行一次 1 位数据的读取。以此类推,可以得知:每 1 280 个时钟周期,第一个 FIFO 进行一次 16 位数据的写入,每 160 个时钟周期,第一个 FIFO 进行一次 2 位数据的读出,每 160 个时钟周期,第二个 FIFO 进行一次 2 位数据的写入,每 80 个时钟周期,第二个 FIFO 进行一次 1 位数据的读出。

对写使能与读使能的配置可以通过计数的方式来进行。比如,对第一个 FIFO 的写使能进行配置,可以设置一个定值为 1 279,设置一个每一时钟周期加 1 的变量,当变量的值等于定值时,此时将写使能的值拉高一个时钟周期,FIFO 进行数据的写入。通过 4 个变量与 4 个定值就可以完成对两个 FIFO 的使能信号的配置。

因为对于不同的采样倍数,控制字定值也是不同的,所以设置一个采样倍数控制字,用 case 来选择不同采样倍数控制字对应的定值,则可以达到预期的效果。

下面是 FIFO1 的写使能的配置代码:

```
process(ce,clk,fifo1_full)
begin
if  ce = '0'  then
    fifo1_wren   <=  '0';
    elsif  rising_edge (clk) then
        if  fifo1_full = '1'  then
```

```
        fifo1_wren    <= '0';
    elsif count_wr1 = cons_wr1  then
        fifo1_wren  <= '1';
        count_wr1 <= (others =>'0');
    else  fifo1_wren  <=  '0';
      count_wr1 <= count_wr1 + 1;
    end if;
  end if;
end process;
```

3.2.2 滤波模块

（1）FIR 滤波模块概述

滤波模块使用 5.0 版本的 IP 核 FIR 滤波器实现，滤波器的系数由 MATLAB 产生的 COE 文件导入，将并串转换输出的 1 为数据首先变为有符号数，作为滤波器的输入，截取一定位数的滤波器输出作为输出结果。

（2）FIR 滤波器核设置

首先，需要导入滤波器系数，滤波器系数是从 MATLAB 产生的 coe 文件导入的，在 Filter Coefficients 里面设置 Select Source 为 COE File，将 COE 文件导入，如图 3 所示，

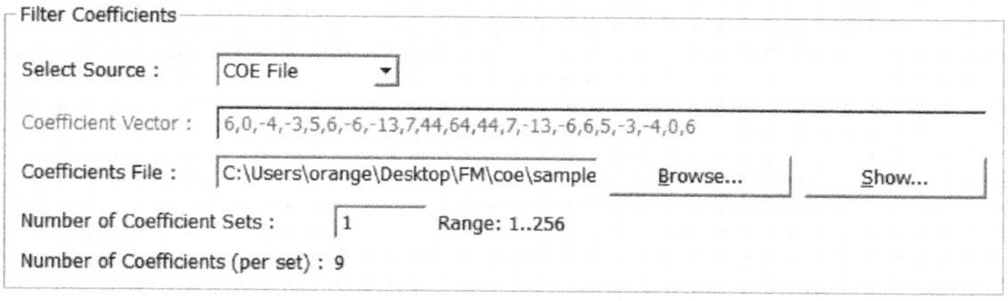

图 3　FIR 滤波器 coe 文件设置

由于时钟频率是采样频率的两倍，因此，需要在两个时钟周期输出一个滤波结果，这可以在滤波器的核里面进行设置实现。

在 Hardware Oversampling Specification 设置下，将 Select format 选择为 Sample Period，同时在 Input Sample Period 设置数值为 2，如图 4 所示。

同时由于输入为两位，所以需要设置输入位宽为有符号数的两位位宽，如图 5 所示。

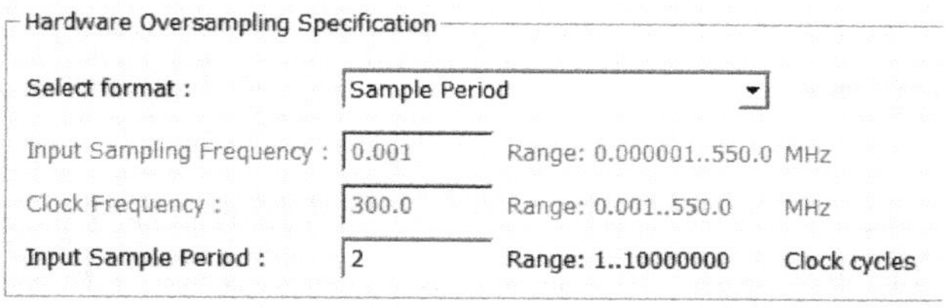

图 4　滤波器核采样设置

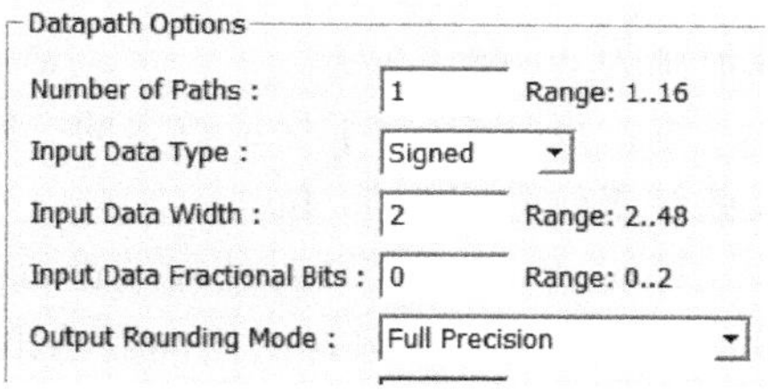

图 5　滤波器输入设置

（3）滤波结果选取及截位

由于不同情况下可能需要使用不同的采样倍数，每一采样倍数对应一个滤波器，所以使用 case 语句来选择所对应的滤波器。代码如下所示：

```
case sample_mode is
    when "000" = >   dataout < = filter_dout1(18 downto 3);
    when "001" = >   dataout < = filter_dout2(19 downto 4);
    when "010" = >   dataout < = filter_dout3(21 downto 6);
    when "011" = >   dataout < = bip_data & "00000000000000";
    when "100" = >   dataout < = filter_dout4(20 downto 5);
  when others = > dataout< = (others = >'0');
end case;
```

由于不同滤波器所输出的位数不同,同时数据位的最高位的权值也不一定相同,所以需要通过截位来使输出结果数据位的最高位的权值都相同。选取滤波结果位数的规则为:使输出结果 dataout 的最大值为 +1,用 0100000000000000 来表示,最小值为 -1,用 1100000000000000 来表示,按照这个规则,可以选定滤波结果的位数。

3.2.3 基带调制模块

(1) 基带调制模块概述

基带调制模块主要是将滤波器输出的结果进行基带调频调制,从理论分析得到,只要将滤波器输出结果乘以一定的系数作为相位的增量值,就可以得到基带调频的实部以及虚部结果。

(2) DDS 核介绍及配置

在基带调制模块中,DDS 核是对滤波器结果与系数相乘以后的结果进行调频调制,DDS 核的内部构造如图 6 所示。

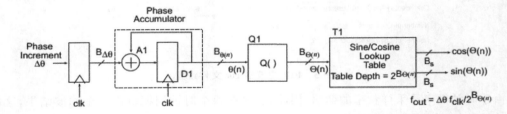

图 6 DDS 核内部构造图

从图中可以看出,输入为一个相位增量值 $\Delta\theta$,通过一个累加器完成相位的累加,将累加结果作为 Sine/Cosine 表的地址,读出对应的 Sine/Cosine 值。

假设前一时刻输出的余弦值为 $\cos\theta$,那么经过一次数据写入后,在下一个时钟,输出的余弦值则为 $\cos(\theta+\Delta\theta)$。

本次设计中,为了保证数据的一定精度,将相位增量值的位数定为 24 位,输出的正弦以及余弦结果位数定为 11 位。

同时,DDS 核需要对使能端进行配置,这是因为所使用的时钟频率为两倍的采样频率,而我们希望在每一个采样时间间隔输出一对正余弦数据,所以需要配置使能端,使 DDS 核每一个采样时间间隔(也就是两个时钟周期)读取一次数据。

使能端的配置可以采用时钟二分频的方式,这样每两个时钟周期,使能端会有一半时间为高,一半时间为低,只读取一次数据。代码如下:

```
process(clk,ce)
begin
    if ce = '0'   then
```

```
        dds_ce  <= '0';
    elsif  rising_edge(clk) then
        dds_ce <= not dds_ce;
end if;
end process;
```

（3）调制系数的确定

从前面理论分析可以知道,调制系数的十进制值为 $K_f = 0.35\dfrac{f_b}{f_s}$,为 0.35 除以采样倍数。将调制系数从十进制转为二进制时,最需要注意的是权值问题。由于 DDS 输入为 24 位,所以实际的相位增量值＝输入二进制数/2^{24},所以对于系数权值的确定,最主要看乘法器的输出结果除以 2^{24} 的结果是否等于实际的相位增量值,也就是 $K_f * f(n)$,$f(n)$ 为十进制滤波器输出结果。下面列出几种采样倍数所对应的调制系数值:

```
process(sample_mode)
begin
    case sample_mode is
        when "000" =>  FM_kf <= "000101100110011100110011";      --sample:8
        when "001" =>  FM_kf <= "000010110011001100110011001";   --sample:16
        when "010" =>  FM_kf <= "000000101100110011001100110";   --sample:64
        when "011" =>  FM_kf <= "000000000010110011001100110";   --sample:1024
        when "100" =>  FM_kf <= "000001000111101011110000";      --sample:40
        when "101" =>  FM_kf <= "000001000111101011110001";      --sample:20
        when others => FM_kf <= (others =>'0');
    end case;
end process;
```

4 仿真测试及实际测试结果

4.1 对滤波器输出及调制仿真测试

针对上面设置的滤波器进行验证,当采样倍数为 20 时,滤波器输出为 20 位,可以先从 20 位截取 5 位来进行观察。

```
when "001" =>  dataout <= filter_dout2(19 downto 4);
```

选用 ISE 自带的 ISIM 进行仿真,仿真结果如图 7 所示。

对于滤波器截位,首先可以看到,滤波器输出的最大值为 00111111111111111111,基本等于 0100000000000000。最小值为 11000000000000000001,基本等于 11000000000000000000。最高位作为符号位,次高位作为有效位最高位,所以可以从最高位开始截取,即

```
when "001" =>  dataout <= filter_dout2(19 downto 4);
```

若滤波器输出的最大值为 00100000000000000000,则需要从次高位开始截取,保留截取后的数据的最高位为符号位,次高位为有效位最高位。

滤波器输入/输出仿真如图 8 所示,从－1 到＋1,中间有 20 个数据,也就是滤波器的阶

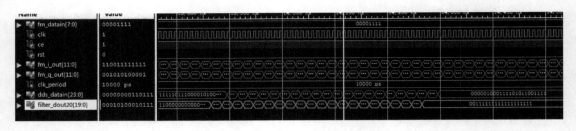

图 7　滤波器截位仿真图

数,所以滤波器正常工作。同时 DDS 的输入 dds_datain 最大为 293 583。

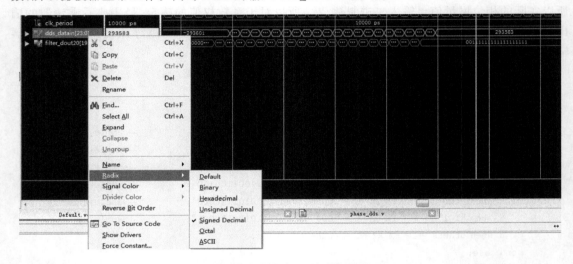

图 8　滤波器输入/输出仿真图

因为 DDS 的输入除以 2^24 应该等于 K_f 的值 293 583/(2^24)＝0.017 498 91。理论上的 K_f 应该为 0.35/采样倍数＝0.35/20＝0.017 5。所以相差很小,可以确定 DDS 的输入无误,也就是调制过程无误。

4.2　调制实际功能测试

对系统加电,采用频谱仪实际测试 FM 调制后的射频输出的波形如图 9 所示。

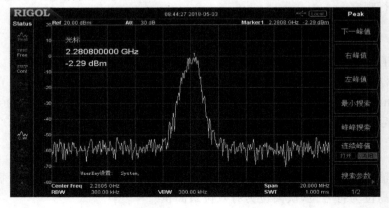

图 9　实际测试频谱图

5 结 论

本文设计的基于全数字化的 PCM/FM 基带调制发送器,码速率、采样倍数可灵活配置,硬件结构简单,调试方便,达到小型化、低成本设计目的。利用 FPGA 搭建的软件无线电平台可以实现频点可变、系统带宽兼容以及采样率可调等功能。目前,该全数字化基带调制发送器已应用于多个型号的航天遥测项目,性能稳定可靠。

参考文献

[1] Proakis J G. 数字通信[M]. 4 版. United States:McGraw-Hill Companies,Inc,2001.

[2] Pyndiah R M. Near Optimum Decoding of Product Codes:Block Turbo Codes[J]. IEEE Transactions on Communications,1998,46(8):1003-1010.

[3] 刘彦刚. 一种基于 FPGA 的软件无线电平台设计与实现[D]. 成都:电子科技大学,2016.

[4] Rice M,Satorius E. Equalization Techniques for Multipath Mitigation in Aeronautical Telemetry[J] Military Communications Conference,2004. Milcom 2004. IEEE,2004(1):65-70.

[5] Geoghegan M. Experimental Results of Multi-symbol Detection of PCM/FM[C]//Proc ITC 2001:413-422.

[6] 杜勇. 数字通信同步技术的 MATLAB 与 FPGA 实现[M]. 北京:电子工业出版社,2013.

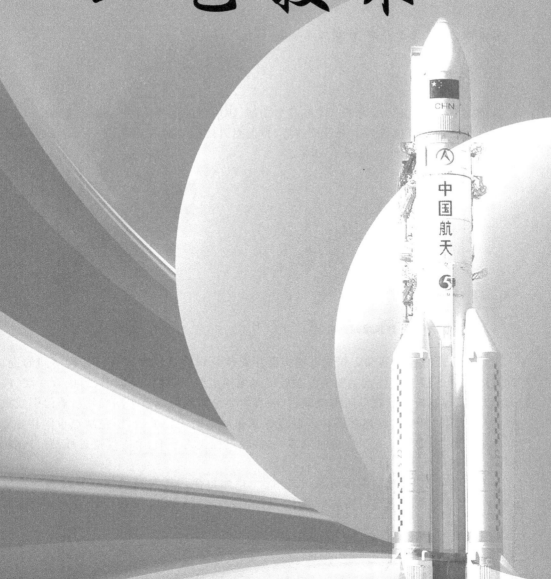

2022

工艺技术

焊线式电连接器与印制板
互联方式工艺方法改进研究

冯本成 张铮 郭传家 李数数 姜山

(山东航天电子技术研究所,山东·烟台,264000)

摘要:目前针对航天电子产品中使用的焊线式电连接器,与印制板的互联方式完全依赖电装人员手工焊接,对于电装过程中出现的焊接工序繁琐、手工焊接过程容易引入多余物、接地焊点过锡量不足的问题,借鉴了弯针直插式电连接器的焊接方式,采用转接线代替铜导线,利用成形工装对铜导线成形后装联至电连接器上,使用波峰焊或选择性波峰焊的方式焊接转接线,实现了电连接器与印制板之间的电气互联。通过此种方式解决了手工焊接导线效率低下、过程容易引入多余物、接地焊点锡量不足的问题,有效提高了产品质量,保证了产品的一致性。

关键词:航天电子产品;焊线式连接器;转接线;波峰焊

1 引 言

目前在航天军工领域,为了适应产品多功能、集成化的需要,方便与外界实现电气连接,产品上加装对外连接器已成为主流设计趋势,目前对外螺装电连接器主要分为弯针直焊式和焊线式两种类型,具体形式参见图 1 和图 2。

图 1 弯针直焊式连接器   图 2 焊杯式连接器

弯针直焊式电连接器和焊线式电连接器在安装及焊接过程中均有着各自不同的优缺点。弯针直焊式电连接器的优点主要为:在焊接时无须走线、引线无须标识、焊接效率高、检验过程无须量线、印制板焊盘布局所需空间小,缺点主要是印制板焊盘布局必须与器件引线点位图一致,布局受限;焊杯式电连接器在印制板焊盘布局方面比较灵活,但是缺点也同样显著:生产准备须装联焊杯导线、手工焊接时须布线、检验过程较为繁琐、手工焊接过程易引入多余物、印制板焊盘布局所需空间大。

针对此类问题,通过前期调研及工艺试验,摸索出使用转接线代替软导线进行焊接的方式,可以在使用焊线式电连接器的情况下,通过使用转接线、采用波峰焊的方式有效提高生产效率,保证产品的一致性。

2 转接线焊接电连接器方式介绍

2.1 适用范围

使用转接线焊接电连接器的工艺方法适用于 J14A、J14T 系类和 J36A(W)、J6W 系类焊杯式电连接器与 PCB 转接线互联。各厂家具体适配的器件型号规格详见表 1。

表 1　各厂家适配器件型号表

系　列	具体型号
J14A 系类	J14A-nZJB J14A-nZKB
J14T 系类	J14T-nZJB J14T-nZKB
J36A(W)系类	J36A(W)-nZKB J36A(W)-nZJB
J6W 系类	J6W-nA(B/C/D/E/F)01(02)J1(K1)NMB(NMC/空)

注:n 代表连接器针数。

2.2 电连接器型谱分析及焊盘设计

通过分析电连接器的型谱及具体尺寸信息,可以在设计阶段明确印制板焊盘的设计需求,针对所需焊接的电连接器设计相应封装的焊盘尺寸。

J14A、J14T 系类电连接器的焊杯直径为 0.6 mm,J36A(W)和 J6W 系类电连接器的焊杯直径为 1 mm,J14A、J14T 系类电连接器自带密封垫的厚度为 1.5 mm、行×列间距为 2 mm×2 mm,J36A(W)系类电连接器自带密封垫的厚度为 1.2 mm、行×列间距为 2.8 mm×2.5 mm,其余尺寸信息见图 3 和图 4。

J6W 系类电连接器行×列间距见表 2,其余尺寸信息见图 5。

表 2　J6W 系类电连接器行×列间距信息

序　号	适用器件	壳体号	器件行×列间距/mm
1	J6W 标准密度	E、A	2.74 * 2.84
2	J6W 标准密度	B、C、D	2.76 * 2.84
3	J6W 高密度	E、A、B	2.29 * 1.98
4	J6W 高密度	C、D、F	2.41 * 2.08

通过上述转接线型号和弯曲半径(见表 3)、器件尺寸信息可计算得出器件对应焊盘位置信息,其中 H 为下侧引线距印制板距离,A 为下侧引线焊盘距器件安装面距离(下侧引线为靠近印制板侧对应电连接器焊杯),具体电连接器焊盘位置信息和位置示意图见表 4、图 6 和图 7 所示。

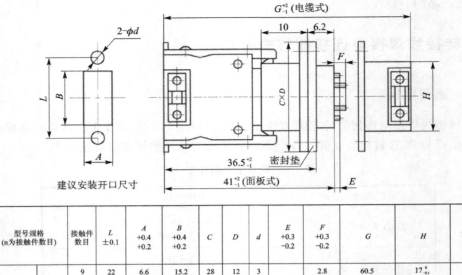

建议安装开口尺寸

型号规格 (n为接触件数目)		接触件 数目	L ±0.1	A +0.4 +0.2	B +0.4 +0.2	C	D	d	E +0.3 -0.2	F +0.3 -0.2	G	H	备注
J14A-n J14P-n J14W-n	TK TJ ZKB ZKL ZJB ZJL	9	22	6.6	15.2	28	12	3		2.8	60.5	$17_{-0.1}^{0}$	J14P为 复合材 料外壳 的产品
		15	28	6.6	21.2	34	12	3		2.8	60.5	$23_{-0.1}^{0}$	
		20	34	10	25	41	16	3.5		2.8	60.5	$28.2_{-0.15}^{0}$	
		26	42	10	25	41	16	3.5	2.8	2.8	60.5	$28.2_{-0.15}^{0}$	
		38	52	10	33	49	16	3.5		2.8	60.5	$36.2_{-0.15}^{0}$	
		51	52	10	43	59	16	3.5		2.8	J14A: 62.5 J14W: 60.5	$46.1_{-0.15}^{0}$	
		62	58	10	49	65	16	3.5		2.8	60.5	$52.2_{-0.15}^{0}$	
		74	54	12	45	61	18	3.5		2.8	60.5	$47.4_{-0.15}^{0}$	
		101	58	14	49	65	20	3.5		2.8	60.5	$52.2_{-0.15}^{0}$	

图3　J14A、J14T系类电连接器尺寸信息

表3　引线弯折半径

mm

引线直径 D	引线弯曲内侧半径 r
≤0.6	>1倍引线直径
0.6<D≤0.9	>1.5倍引线直径
0.9<D≤1.3	>2倍引线直径

表4　电连接器焊盘位置信息

mm

序　号	电连接器	壳体号	转接线弯曲半径	行×列间距	H_{min}（注1）	A_{min}（注1）	A 推荐
1	J14A 系类	—	0.75	2×2	2	9.25	9.5
2	J14T 系类	—	0.75	2×2	2	9.25	9.5
3	J36A(W)系类	—	1.5	2.8×3	2	10.1	10.5
4	J6W 标准密度	E、A	1.5	2.74 * 2.84	2	12.7	13
5	J6W 标准密度	B、C 、D	1.5	2.76 * 2.84	2	12.9	13.5
6	J6W 高密度	E、A、B	1.5	2.29 * 1.98	2	16.71	17.0
7	J6W 高密度	C、D	1.5	2.41 * 2.08	2	16.71	17.0
8	J6W 高密度	F	1.5	2.41 * 2.08	2	15.82	16.0

注：数值为最小值，可根据实际应用情况增大调整。

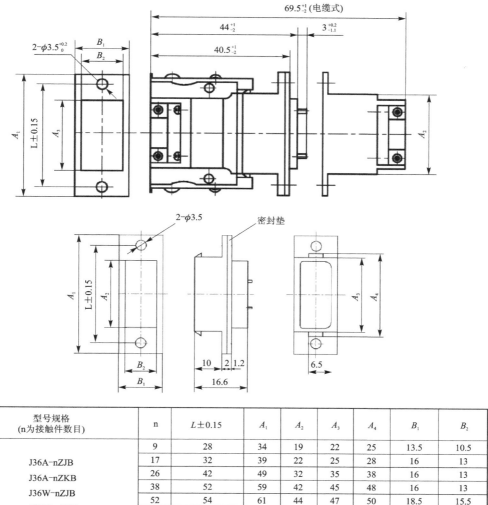

图 4 J36A（W）系类电连接器尺寸信息

型号规格 (n为接触件数目)	n	$L\pm0.15$	A_1	A_2	A_3	A_4	B_1	B_2
	9	28	34	19	22	25	13.5	10.5
J36A–nZJB	17	32	39	22	25	28	16	13
J36A–nZKB	26	42	49	32	35	38	16	13
J36W–nZJB	38	52	59	42	45	48	16	13
J36W–nZKB	52	54	61	44	47	50	18.5	15.5
	62	52	59	42	45	48	21	18
	74	60	67	50	53	56	21	18

2.3 转接线材料分析

目前调研的七一八厂电阻腿为镀锡铅铜线，材质为紫铜，铜含量＞99.95％，型号规格为 $\phi0.5$、$\phi0.6$、$\phi0.8$、$\phi1.0$。

转接线和电连接器引线参数对比参见表 5。

表 5 转接线和电连接器引线参数对比表

参数	转接线	电连接器引线
材质	紫铜（铜含量＞99.95％）	黄铜 H12Y（锌）
镀层	锡铅（63/37）	镀铜镍金
电阻率	$0.018\ \Omega/mm^2/m$	$0.071\ \Omega/mm^2/m$

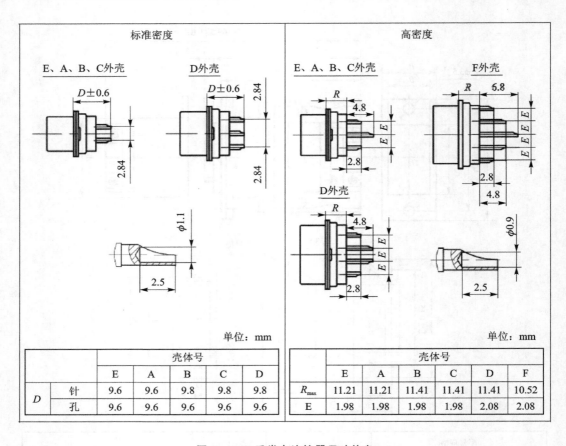

图 5   J6W 系类电连接器尺寸信息

图 6   J14A、J14T 系类电连接器焊盘位置信息

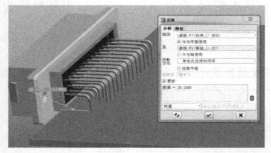

图 7   J36A(W)系类电连接器焊盘位置信息

各型号电连接器焊杯直径与适配转接线情况见表 6。

表 6　焊杯直径与适配转接线

参　数	J14A、J14T	J36A(W)	J6W 标准密度	J6W 高密度
焊杯直径/mm	0.6	1	1.1	0.9
适配转接线/mm	0.5	0.8	0.8	0.8
额定电流/A	3	5	7.5	7.5

依据 QJ 3103A—2011《印制板电路板设计要求》中 5.4.2 电流负载能力曲线图(见图 8)查表可知负载电流与镀锡铅铜线的截面积关系(表中数据已降额 10%),安装 QJ 3103A—2011 建议从安全使用考虑再降额 15%,降额后信息详见表 7 和表 8。

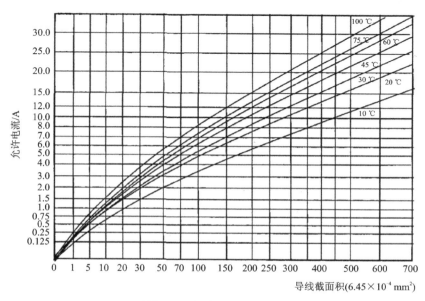

图 8　镀锡铅铜线(紫铜)电流负载曲线图

表 7　电流与镀锡铅铜线直径对应表(温升 10 ℃)

序　号	电流/A	查表截面积/mm²	理论直径/mm	推荐直径/mm
1	15	0.49	0.79	0.80
2	10	0.35	0.67	0.80
3	5	0.11	0.19	0.50

表 8　电流与镀锡铅铜线直径对应表(温升 20 ℃)

序　号	电流/A	查表截面积/mm²	理论直径/mm	推荐直径/mm
1	20	0.49	0.79	0.80
2	15	0.31	0.63	0.80
3	10	0.19	0.49	0.50
4	5	0.07	0.14	0.50

通过对比可知,转接线的过电流能力远大于电连接器本体的额定电流,因此,使用转接线可以满足电连接器的过电流能力。

2.4　工艺流程分析

使用转接线装联焊线式连接器和使用导线焊接连接器的流程见图 9 和图 10。

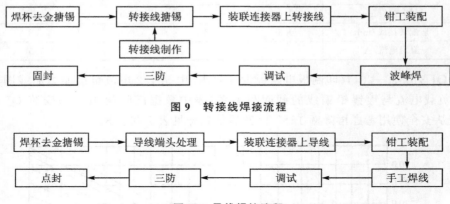

図 9　转接线焊接流程

图 10　导线焊接流程

通过现场调研,以 74 芯连接器为例,装联电连接器上导线与装联电连接器上转接线所需时间基本相同;使用软导线焊接印制板所需时间约为 30～40 min,使用转接线焊接至印制板所需时间约为 10～15 min,使用选择性波峰焊所需时间可缩短到为 5 min,所需时间仅为焊杯式连接器的 1/6～1/3,效率提高 2 倍以上,采用波峰焊的焊接方式大大提高了产品的一致性,同时对印制板接地焊点的过锡情况进行了有效改善。

3　试验验证

3.1　焊接应用

目前此种焊接情况已完成了样件焊接,并成功应用于某型号产品的样机上,产品功能指标正常,性能稳定,各项指标均能满足设计要求,具体参见图 11～图 14。

图 11　试验件正面

图 12　试验件背面

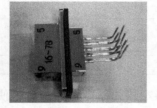

图 13　原理样机连接器焊接后

图 14　原理样机正面

3.2　试验情况

3.2.1　样件通电试验

为了验证样件性能，对试验样件进行加电测试，加载过程对焊点发热情况进行检测，试验后焊点外观无变化，符合要求。加载试验数据见表9，发热监测结果见图15～图17。

表9　加载试验数据（环境温度 25 ℃）

序　号	转接线直径	电　流	加载时间/mm	温度/℃	温升/℃	备　注
1	0.45 mm	3 A	10	32.1	7.1	电连接器额定负载
2	0.45 mm	6 A	10	34.1	9.1	电连接器2倍负载
3	0.45 mm	9 A	15	42.1	17.1	电连接器3倍负载

图15　额定负载发热监测结果

图16　2倍负载发热监测结果

3.2.2　样件温循试验

电连接器转接线焊接试验样件经过－35～70 ℃的温度循环试验，试验共进行 24 个循环。试验后检查器件焊点状态，器件焊点光滑，未见疲劳纹及裂纹。

3.2.3　样件力学试验

电连接器转接线焊接试验样件在力学试验台上进行了均方根加速度值为 6.06g 的随机振动试验，试验后器件焊点光滑，未见疲劳纹及裂纹。

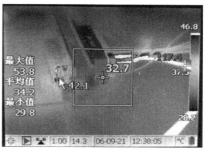

图17　3倍负载发热监测结果

4　结　论

通过上述分析及试验结论，转接线焊接方式具有无须走线、引线无须标识、焊接效率高、检验过程无须量线、方便检验、印制板焊盘布局所需空间小的优点，目前通过试验验证，电性能满足设计要求，温度性能、力学性能均能满足设计指标要求，该焊接方式在批产产品中应用前景广阔，可有效提高批产产品的生产效率，并提高产品的一致性。

高压电源模块的有机
硅凝胶真空灌封工艺优化

李英杰　于辉　陆明军　许春雨　闫经纬

（山东航天电子技术研究所，山东·烟台，264001）

摘要：近年来，我所灌封工艺已应用于众多航天器电子产品的生产，但该工艺中的材料和流程在批量化生产中效率较低，制约了产品的生产效率。本文通过对真空灌封工艺流程进行梳理，研制辅助工装和提高胶液固化温度的方法缩短灌封周期，解决了真空脱泡时间长、胶液固化周期长的问题，极大提高了生产效率，可满足产品大批量生产。

关键词：高压电源模块；真空灌封；硅凝胶

1　引　言

随着高压电源模块在航天和军工产品中的广泛运用，对高压电源模块的工艺要求也逐渐提高，通过对高压电源模块用有机硅凝胶进行灌封，可有效提高电源模块的绝缘、抗振等可靠性。为了避免气泡在低气压环境中发生放电现象，采用真空方式进行灌封。由于 GN512 有机硅凝胶在真空脱泡过程中会产生大量的气泡，极易造成胶液溢出，目前采用多次灌封的工艺防止气泡溢出。灌封后硅凝胶的固化需在室温下放置 24 h，固化周期长。多次灌封工艺方法和长时间的固化周期严重限制了高压电源模块的生产效率。

为了满足高压电源模块能够批量化生产的发展需求，亟须对高压电源模块的真空灌封工艺进行进一步优化。本文从设计辅助工装和提高固化温度等方面进行研究，在确保产品可靠性的同时，满足高压电源模块能够批量化生产的要求。

2　高压电源模块结构设计

我所研制的高压电源模块主要应用于商用小卫星产品，其结构采用铝合金壳体，材质厚度为 1.5 mm，壳体的长、宽、高尺寸分别为 103.8 mm、50.8 mm、25.4 mm。其内部印制板由高压电路部分和低压电路部分组成，印制板安装在机壳内部底部的凸台上，与机壳之间的间距为 2 mm。印制板与机壳底部之间有 4 mm 的空间，印制板由变压器、电阻、分立电容、插针、线束等组件组成，其具体尺寸如图 1 所示。

3　传统灌封工艺

3.1　传统灌封流程

传统的工艺流程（见图 2）是对高压电源模块进行两次灌封操作，第一次灌封是将胶液进

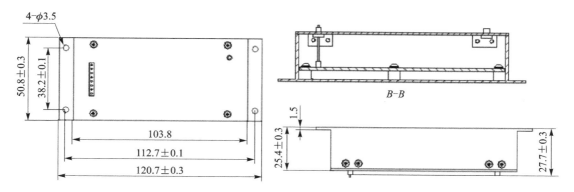

图 1　高压电源模块结构图

行预脱泡,然后将脱泡后的胶液倒入机壳内,厚度与印制板上表面平齐,再次进行真空脱泡,在室温下固化 24 h,完成第一次灌封。第二次灌封是根据第一次方法进行,胶液高度须超过器件高度,继续在室温下固化 24 h,完成电源模块的灌封工作。

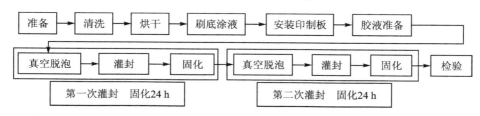

图 2　传统灌封流程图

3.2　存在的问题

传统灌封方法是将 GN512 有机硅凝胶放置在烧杯中进行真空脱泡,由于烧杯底面积小,胶液在脱泡过程中需要多次抽放气,才能将气泡消除,所以脱泡工序需要较长的时间,每次操作时间需要 15 min 左右,导致胶液在高压电源模块中的可操作时间较短,而且胶液混合后时间越长胶液黏度越大,脱泡难度越大,容易出现胶液底部的气泡无法消除的情况。

GN512 有机硅凝胶在真空脱泡时会产生大量的气泡,气泡增多后胶液迅速上升,高度一旦超过机壳顶部则会溢出,无法完成脱泡。由于气泡生长的空间不足,极大地限制了胶液脱泡的速度和脱泡程度。

GN512 有机硅凝胶的固化在室温(25 ℃)下至少需要 24 h,两次灌封方法使固化时间长达 48 h,灌封周期长,无法满足批量化生产需求。

4　灌封工艺优化

4.1　灌封流程优化

为了解决高压电源模块须多次灌封的问题,通过设计专用的脱泡工装和灌封工装,可保证高压电源模块实现一次灌封,有效提升生产效率;将 GN512 有机硅凝胶在 60 ℃下固化 4 h,极大缩短了生产周期。优化后的工艺流程(见图 3)是对高压电源模块进行一次灌封操作,并在

60 ℃下固化 4 h,完成电源模块的灌封工作。

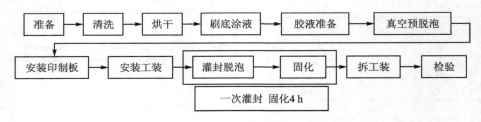

图 3　优化后灌封流程图

4.2　灌封技术优化

通过设计专用的脱泡工装和灌封工装,并提高固化温度条件,可解决高压电源模块灌封周期长的问题。

4.2.1　专用脱泡工装设计

为了解决 GN512 有机硅凝胶需要多次灌封的问题,设计了专用的脱泡工装,其长宽高尺寸分别为 220 mm * 220 mm * 120 mm,其材质采用 5 mm 厚的亚克力板,消泡板上的圆孔尺寸为 10 mm,圆孔间距为 12 mm。其三维模型和实物图如图 4 所示。

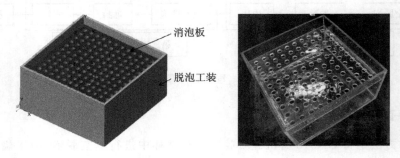

图 4　专用脱泡工装图

脱泡工装由透明的亚克力板制作,可观察脱泡情况;工装的底面积大,为烧杯的三倍左右,真空脱泡速度快,无须多次抽放气;脱泡工装可盛放的胶液量大,适合批量化灌封;工装上方内部设计有消泡板,当胶液的气泡生长到该位置后,消泡板上的空洞会使体积较大的气泡迅速破碎,实现气泡消除和防止胶液溢出。将 GN512 有机硅凝胶放置在工装内脱泡,可以实现快速脱泡。

经过试验验证,利用专用的脱泡工装进行脱泡,仅需要 5 min 左右即可完成脱泡,脱泡时间与传统工艺相比提升了 2 倍。为后序在高压电源模块内进行脱泡节省了可操作时间,便于更好地消除气泡,缩短了真空脱泡的时间。

4.2.2　专用灌封工装设计

为解决 GN512 有机硅凝胶在脱泡时产生大量气泡的问题,设计了专用的灌封工装,安装在电源模块的顶部,灌封工装的长宽高尺寸分别为 104 mm * 51 mm * 60 mm,工装材质采用铝合金材料,工装与电源模块之间通过电源模块顶部螺钉相互连接,并在工装底部位置设计了走线孔,准确控制印制板上线束的走线位置,防止合盖时线束受力。灌封工装的三维模型如图 5 所示。

通过增加高度来增大硅凝胶的脱泡空间,能更好地消除气泡。利用灌封工装可以实现一次灌封,有效解决了传统灌封方法中需要两次固化的问题,灌封周期缩减一半。

4.2.3 提高固化温度

为了解决 GN512 有机硅凝胶下固化时间长的问题,根据其固化机理,M 组分和 N 组分在铂金属催化剂作用下,发生加成反应,最终完成固化。与常用湿气固化的胶粘剂不同,加成反应的速率与催化剂的效率成正比,温度升高,催化剂效率提高,反应速率加快,固化时间缩短。

采用 60 ℃进行加温固化,将真空脱泡后的样件在室温中放置 30 min 后,水平放置在 60 ℃恒温烘箱内进行固化,每 1 h 观察一次固化情况。根据结果(见表 1)得到,GN512 有机硅凝胶在 60 ℃固化只需要 4 h。

图 5　专用灌封工装结构图

表 1　样件固化情况表

固化时间/h	固化情况
1	未固化
2	未完全固化,表面粘手
3	基本固化
4	完全固化

通过加温固化的工艺方法可以使硅凝胶的固化周期缩短至 4 h,可有效提升高压电源模块的生产周期。

5　总　　结

采用优化后的灌封流程对高压电源模块进行灌封试验。试验样件的气泡满足小于 0.025 4 的标准要求;固化后的胶液与机壳结合紧密,无脱落现象,可以有效提高电源模块可靠性。对高压电源模块进行加电测试,在 10 kV 输出电压下,试验结果正常。对电源模块进行低气压放电测试试验,其在低气压环境压力下未发生放电现象。

通过以上试验和测试结果可知,高压电源模块经过灌封工艺优化后,采用专用灌封工装和脱泡工装进行一次灌封并采用 60 ℃加温固化的工艺方法,符合标准要求,可将灌封周期由 48 h 缩短至 4 h,可有效提升高压电源模块生产效率,并已成功应用于正式产品的生产。

参考文献

[1] 冯传均,王传伟,戴文峰,等. 高压模块的有机硅凝胶灌封工艺设计与改进[J]. 电子工艺技术,2015,36(249):51-54.

[2] 袁翠苹. 真空技术在电装工艺中的应用[J]. 中国科技投资,2021(23).

[3] 高华. 某高压电源组件灌封工艺技术分析与研究[J]. 电子工艺技术,2007,28(3):174-175,178.

[4] 解海峰,巨军政. 有机硅凝胶灌封高压电器元件工艺研究[J]. 粘接,2007,28(4):49-50.

[5] 洪彬. 空间用高压绝缘组件真空灌封技术研究[D]. 天津:天津大学,2021.

自动固封工艺在航天电子产品中的应用研究

于辉　腾义前　赵德刚　丁海波　闫丛丛

（山东航天电子技术研究所,山东·烟台,264001）

摘要: 宇航军工电子产品任务量增加,完全靠手工生产已无法满足生产任务需要,亟须实现工序自动化,进行生产模式转型。通过对自动固封工艺实施过程中存在的问题进行梳理,开展了自动固封一致性和自动固封参数稳定性研究,解决了点胶一致性差、可重复性差、硅橡胶拉丝等一系列工艺性问题,成功将自动固封工艺应用于航天电子产品生产,极大提高了固封质量和生产效率。

关键词: 自动固封工艺;硅橡胶;固封一致性

1　引　言

宇航、军工电子产品应用环境苛刻,对产品的抗力学性能提出非常高的要求。因此,印制电路板上部分尺寸大、重量大的电子元器件装联后须使用硅橡胶或环氧胶进行固封,以满足电子元器件的抗力学加固要求。随着宇航军工电子产品任务量增加以及生产模式转型,亟须实现工序自动化,用自动化设备替代人工,以提高生产效率和产品的一致性。

由于宇航军工电子产品器件种类多、尺寸大、对点胶位置和点胶量要求精准,在自动固封工艺实施过程中往往易出现点胶不一致性等问题;宇航军工电子产品电子元器件固封用硅橡胶的黏度对自动固封工艺参数的影响较大,出胶气压、胶头移动速度等自动固封参数调整不当,在自动固封工艺实施过程中往往易出现点胶量不足、拉丝、气泡等问题,因此,基于自动固封工艺中存在的工艺性问题,本文主要围绕以下几方面开展自动固封工艺研究。

2　自动固封一致性研究

点胶固封标准的一致性是指保证点胶固封后器件的点胶形状和点胶量满足标准要求,赋予器件优良的抗力学性能,而且点胶固封过程中硅橡胶润湿良好、无明显拉丝。

2.1　点胶位置和点胶形状满足标准一致性

根据宇航军工电子产品电子元器件粘固相关标准,按电子元器件点胶位置和点胶形状进行总结分类,建立典型器件的点胶位置和点胶轨迹数据库,具体自动点封器件封装类型、标准点胶要求、自动点胶图示见表1。

表 1　自动点封器件清单

序　号	点胶类型	标准点胶要求	自动点胶图示
1	两侧点胶	粘固器件两端 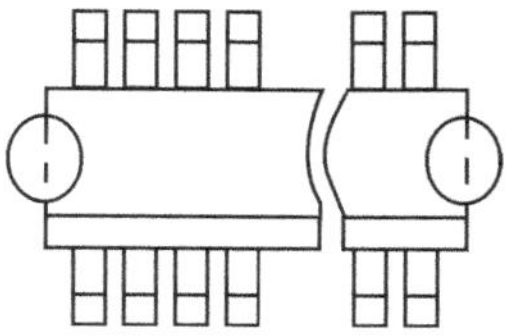 SOP/FP/SOIC/SOJ/SON/封装	  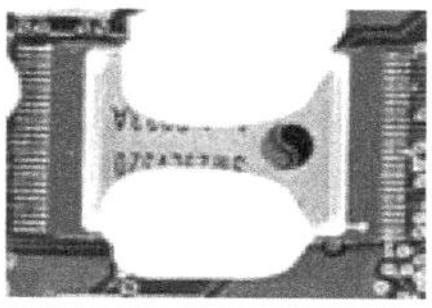
2		沿元器件本体长度粘固一条线,粘固长度应大于元器件本体长度的 3/4,粘固高度约为元器件本体高度的 2/3(Chip/MLD/SOD/SMD 封装分立电阻、熔断器、二极管等) 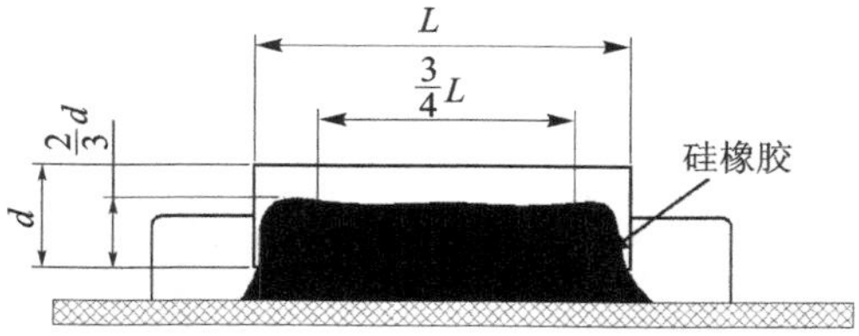 	  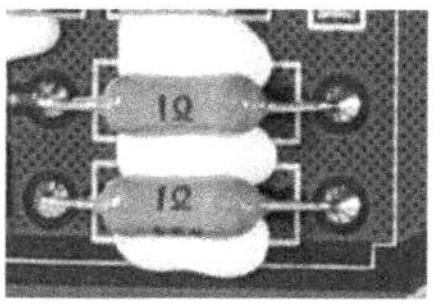
3	四角点胶	粘固器件四角 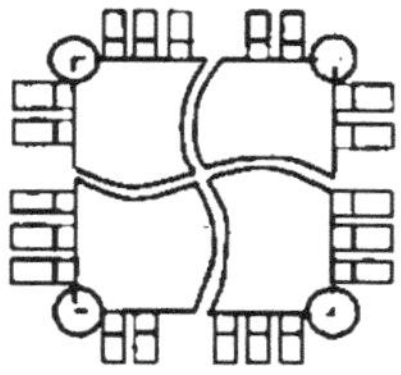 (LCC/LCCC/QFP/QFN/PLCC)	 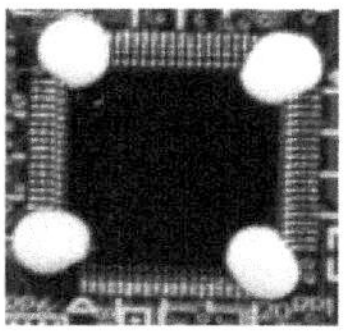

续表 1

序 号	点胶类型	标准点胶要求	自动点胶图示
4	四边点胶	粘固位置位于印制板与元器件之间,粘固高度约为元器件本体高度的1/2 硅橡胶 h $\frac{h}{2}$ (分立继电器、分立电源模块等)	
5	缝隙点胶	主要是针对器件离得较近的情况,点胶标准由封装类型决定	

在自动固封工艺中,器件的点胶形状由点胶针头的轨迹决定,不同封装的器件、相同封装不同尺寸的器件对应着不同的点胶位置和点胶轨迹,如图 1 和图 2 所示。对不同点胶位置和点胶轨迹的器件建立数据库,通过软件程序、算法调用数据库器件信息可重复实现对不同封装器件、相同封装不同尺寸器件的点胶位置和点胶轨迹的精准控制,保证自动固封工艺实施过程中电子元器件点胶的一致性。

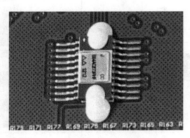
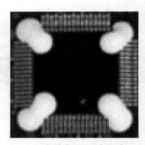

(a) 点胶位置:非引线两侧   (b) 点胶位置:点四角

图 1　不同封装器件不同的点胶位置

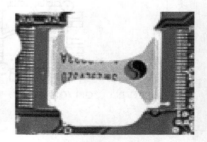

(a) 点胶轨迹:"点"形   (b) 点胶轨迹:"线"形

图 2　同类器件不同的点胶轨迹

2.2 点胶量满足标准一致性

GD414硅橡胶属于中性单组份室温硫化硅橡胶,常用于航天电子产品元器件的粘固,是理想的粘固材料。但GD414硅橡胶的黏度受批次影响较大,在自动固封工艺中,使用自动点胶机施胶时黏度过大或过小将会造成同一点胶参数下硅橡胶的出胶量存在较大差异,甚至出现拉丝、遮挡元器件标识等不良点胶现象。因此,解决硅橡胶GD414不同批次黏度差异大的问题是实现点胶量一致性的重要前提。

在点胶轨迹数据库和点胶量数据库不变的基础上,经反复试验验证,可通过调整胶筒的供胶气压来保证不同黏度的GD414硅橡胶在60 s内出胶量相当,且当出胶量在60 s内控制在(0.9±0.05)g的范围内时,在自动固封工艺中可实现不同批次GD414硅橡胶点胶量的一致性,且点胶量满足标准规范要求,如图3所示。

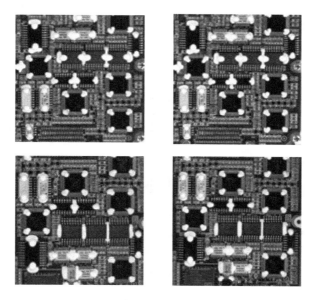

图3 产品自动固封示意图

3 自动固封工艺参数稳定性研究

3.1 硅橡胶拉丝问题的研究

在自动点胶固封工艺中,硅橡胶拉丝现象是影响其应用的重要因素,严重影响印制板组件的固封质量,因此解决自动点胶固封过程中的硅橡胶拉丝现象同样是实现其广泛应用的必要条件。通过自动点胶机的应用调试,发现点胶针头未贴器件本体抬离、点胶针头抬离速度过快以及点胶量过多均会使硅橡胶出现不同程度的拉丝现象。

为了增加点胶过程中硅橡胶与器件侧面的贴合面积,通过设计专用工装将点胶针头剪切成斜口状,且点胶过程中点胶针头的斜口方向始终紧贴器件本体,见图4,可解决因点封完成后点胶针头未紧贴器件本体抬离导致的拉丝问题。

通过设定点胶轨迹和点胶延时,点封完成后点胶针头将有"向下顿一下"的慢动作,可解决

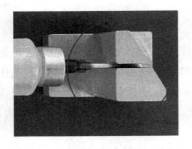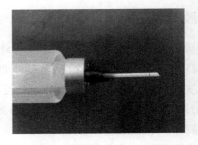

图 4 针头剪切工装及斜口状点胶针头

因点封完成后点胶针头抬离速度过快导致的拉丝问题。

胶筒的供胶气压过大,使得在原有点胶轨迹的基础上硅橡胶出胶量增大,点胶完成时点胶针头周围均被硅橡胶包裹,导致点胶针头抬离时出现严重的拉丝现象,见图 5 所示。从图 5 中可看出降低胶筒的供胶气压,硅橡胶拉丝的现象明显改善,当胶筒的供胶气压降至 0.5 MPa 时,硅橡胶拉丝现象消失,器件点胶量满足标准要求。可见,通过调整胶筒的供胶气压可精准控制点胶针头的出胶量,进而可避免点胶过程中出现的硅橡胶拉丝现象。

气压0.7 MPa点胶效果　　　　　　　　　　气压0.6 MPa点胶效果

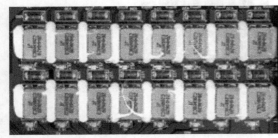

气压0.55 MPa点胶效果　　　　　　　　　气压0.5 MPa点胶效果

图 5 硅橡胶拉丝示意图

综上所述,通过精确调整点胶针头剪切形状、点胶轨迹和点胶延时以及供胶气压可完全解决自动点胶固封工艺中出现的硅橡胶拉丝问题。

3.2 硅橡胶气泡问题研究

硅橡胶灌入点胶枪的过程容易造成气泡残留,由于气泡不易检测,自动点胶的胶量往往达不到要求,为此,通过离心机对灌胶后的胶管进行离心处理可保证气泡充分排出。

3.3 点胶针头或针筒更换时位置偏移研究

考虑到点胶过程中点胶针头存在误伤元器件的风险,因此采用 PVC 材质的软胶头作为自动固封的点胶针头。当更换胶管或更换针头时,软质点胶针头存在针头的末端位置、针头上斜口的相对位置差异大的问题,同样会对不同批次同一产品点胶固封一致性产生较大影响。因此,更换胶管或点胶针头后保证胶头相对位置以及斜口相对位置精准可控是实现点胶固封一致性的必要条件。

通过设计胶头专用点胶针头剪切工装(见图 6)可实现胶头斜口位置与机构的相对位置、胶头的长度可控。通过增加位置传感器(见图 7)可保证软质点胶针头相对胶筒的偏移距离、偏移角度可通过结构和软件校准,实现点胶精度可控。结合点胶针头剪切工装和位置传感器可解决更换胶头或针筒时点胶针头位置偏移的问题,更换针头后仍可保证点胶固封的一致性。

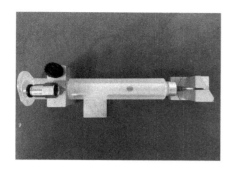

图 6 斜口状点胶针头的剪切工装   图 7 位置传感器

4 结 论

通过对不同点胶位置和点胶轨迹的器件建立数据库,并嵌入软件程序、算法中,可实现对不同封装器件、相同封装不同尺寸器件的点胶位置和点胶轨迹的精准控制;通过调整供胶气压来控制不同黏度硅橡胶出胶量的方式可实现对不同批次同一器件点胶量的精准控制;通过制作专用工装、调整供胶气压、离心脱泡、设置位置传感器等方式可实现自动固封工艺参数的稳定性。综上,可保证自动固封工艺实施过程中的一致性,并在宇航军工电子产品生产中成功应用,保证固封质量,提高生产效率。

参考文献

[1] 罗安.轮数字化自动化设备的可靠性[J].电子工艺技术,2016,37:1-3.
[2] 肖宇.非标自动化设备的创新设计方案分析[J].科学技术创新,2019(3):167-168.

光纤传感器清除残胶方法与应用

高翔 张建德 罗玉祥 徐延东

(山东航天电子技术研究所,山东·烟台,264003)

摘要:光纤光栅应变传感器具有体积小、重量轻、抗电磁干扰能力强、耐腐蚀能力强等优点,可应用于卫星、飞船、空间站等航天器结构形变健康监测。本文针对金属封装光纤光栅应变传感器胶粘安装过程由于安装舱体曲面结构造成胶粘剂偶尔溢出的问题,进行了理论分析和试验验证,证明了溢出胶液将对传感器测量精度产生影响;设计了多种胶液清理工装工具,制定了操作工序及检验方法,并通过试验验证了工装工具和操作方法的可行性和正确性,保证了传感器应变测量的准确性。

关键词:光纤光栅应变传感器;金属封装、溢胶;清胶装置

1 引 言

光纤传感器是近几十年来迅速发展起来的一种新型传感器,它具有抗电磁干扰、电绝缘性好、灵敏度高、重量轻、能在恶劣环境下工作等一系列优点。与传统电、磁及机械传感器相比,光纤传感器集传输、传感于一体,具有诸多独特优势,在各领域中均存在广泛、特殊的应用前景和潜力。空间站采用了光纤测量系统,主要对舱体结构的温度和应变等信息进行实时在线监测。由于裸光纤纤细质脆,抗剪切能力差,不适合直接应用于航天器结构表面应变测量,因此需要对裸光纤光栅进行封装。金属封装光纤光栅传感器具有可标定、灵敏度可设计、稳定性和重复性好等优点,但是其应变传递和温度补偿系数与封装金属材料、待测结构材料以及胶粘剂的胶粘安装均相关,这些都将影响光纤光栅传感器的测量精度。

光纤光栅应变传感器在胶粘安装过程中,通过控制涂胶量、按压力和固化时间,能够保证传感器完美地贴装在平面结构上,但由于舱体是曲面结构,传感器与舱体贴合空间不均匀,传感器安装后存在胶液偶尔溢出的现象,经过理论分析和试验验证,溢出胶液将对传感器测量精度产生影响,因此需要清除溢出的胶粘剂。

本文通过对某型光纤传感器本体结构特点、粘贴后的溢胶情况进行分析,设计了多种工装工具对残胶进行清理,验证了针对该型光纤传感器清除残胶方法的可行性和正确性,保证了传感器应变测量的准确性。

2 技术分析

传感器粘胶区分析:应变传感器结构片形状为长方形,两端区域为刚性区,中间区域为弹性区。刚性区域有粘胶区和非粘胶区,粘胶区是接触舱体表面,通过胶液与舱体粘接在一起,接触面积只有 8 mm×3 mm,和非粘胶区高度差为 0.1 mm,如图 1 所示。

舱体形状为圆柱体,内壁为圆弧面,要在该位置粘接 3 片三个方向的传感器,即 0°、45°、

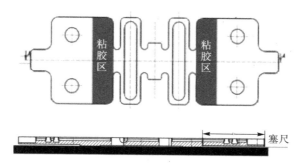

图 1　传感器示意图

90°,要求三个方向的传感器与舱体贴合紧密,如图 2 所示。为了要满足传感器与曲面舱体粘接贴合的要求,经过测量计算,在粘接表面刮胶厚度为 0.02 mm,并且不能让胶液溢出到非粘接区,如果有溢出将会影响监测质量。

溢胶情况分析:溢胶是液体物质的一种特性,当液体落在平面上时形成散发状,是一种弧形状态。当被粘接件刮匀胶液后压在粘接表面上时,胶液随粘接件表面形状受压溢出,周边溢出量有差异,当长方形表面胶液压在表面上时,长边胶液散发比短边散发要明显,单边中部多些,两边略少些,形成山形,中部区域有略多情况,如图 2 所示。

(a) 单个传感器溢胶情况示意图

(b) 中间传感器溢胶

(c) 边缘传感器溢胶

图 2　传感器溢胶工况示意图

安装光纤应变传感器时,理想情况是胶粘剂完整地填充满粘接区,并且不溢出。虽然设计了专用的涂胶网板能够控制胶粘量,但是实际安装时,仍有部分胶粘剂溢出到非胶粘区,这将会对测量结果产生影响。传感器在研制过程中进行了大量试验,经过筛尺检查和测试,获得了不同的溢胶情况,并将这些传感器测量结果与电阻应变片进行了对比测试,获得了溢胶量对光纤应变传感器测量结果的影响,如图 3 所示。

当溢胶长度≥0.75 mm 时,单侧溢胶对测量结果的影响≥1%;当溢胶长度≥2.5 mm 时,单侧溢胶对测量结果的影响>4%,溢胶已经对测量结果产生了非常大的影响,无法满足应用需求,因此需要对溢出的胶粘剂进行清理。

光纤传感器粘胶区为凸起的长方形,凸起高度为 0.10 mm,在凸起表面刮完胶后,压在舱体表面时,容易出现液体胶液特性,造成散发形状走势。正常贴合时胶液溢出在允许范围,对光纤检测数据影响较小,可忽略。由于舱体环境和位置不固定,局部有曲面粘接后有滑移现象,容易造成溢胶,这种多余胶液对传感器信号造成精度影响,导致数据偏差,所以要清除多出部分的残胶。

传感器粘接具体分析:传感器粘贴在舱板表面是两部分 8 mm×3 mm 的凸起,凸起高度

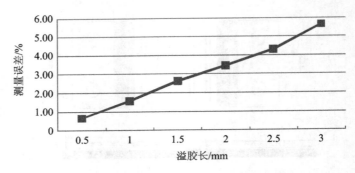

图 3　溢胶对光纤应变传感器测量结果的影响

为 0.10 mm,这是粘接传感器区域,剩下部分不允许有胶。从截面图看无胶区离表面距离有 0.1 mm,理论上用 0.1 mm 以下塞尺能插入缝隙,如果这里有残胶,可设计薄片进行清除。但是舱体整体直径为 5 m 左右圆柱体,内壁为圆弧面,传感器两端到粘接凸起位置呈扇形,两端位置间隙更窄,插进薄片的尺寸只能很窄,如何清除残胶是必须解决的问题。

实际经验告诉我们,产品组件中任何一个细节出现问题,都会给整机可靠性带来影响,尤其在产品后续阶段出现产品质量问题,将对整个系统的工作状态带来严重的影响。该项工作必须注意把控细节,通过分析,存在的技术难点如下:

① 如何清除传感器下部残胶;残胶在 0.1 mm 缝隙中形成波浪胶区,图形不规则并且坚硬,对于微量物质的清除是一项难题。

② 如何保证传感器残胶清理彻底;空间站是密闭洁净舱体,在轨时任何物质都会飘逸在空间内,清除残胶是保证洁净度重要环节。

③ 如何在狭小空间进行操作;

④ 如何保证传感器安全,不受损伤。

3　模组设计

解决方案设计:传感器粘接在舱板底部后缝隙小于 0.1 mm,舱壁呈圆弧曲面,缝隙由根部逐渐变窄,插进缝隙塞片只能选择窄片。0.07 mm×3 mm 的弹簧锯齿钢片(自制)可插入缝隙中,长度可根据拉动方便为宜。但锯齿片贴舱壁左右拉动容易损伤舱壁,提起拉动容易损伤传感器两边,并且容易使传感器受力。为了使方法可进行,设计一种导向压块,如图 4 所示。压块为长方体,长边开长槽尺寸刚好跨在传感器上方,两侧底面铣 0.08 mm×3.5 mm 的间距槽。当锯片塞过传感器缝隙时,把导向压块放在对应位置上面,压紧,拉住锯片两端均匀拉动,这样锯片受压块的限位,在 0.08×3.5 mm 间隙内来回移动,切割残胶。来回移动几次可停下,向残胶方向推移,再来回拉动。重复几次后就会将残胶清除掉。

这种方法适合清除单独传感器片残胶,对于传感器片之间距离较近的位置不太适用。设计一种加长压块,如图 5 所示,长度和传感器长度一致,在压块对应清胶位置处开 0.08 mm×4 mm 的槽,缝隙高度也是 0.08 mm,便于 0.07 mm 锯片来回运动,从顶端部开 4 mm 槽是为了限位压块伸入可操作位置时压紧。这种方法不能推动锯片进给,要靠顶住锯片和操作经验来完成清胶工作,操作有难度。

对于一些特殊情况,如缝隙浮胶较乱,遮堵不规则,窄锯片伸不进去等,设计针对性工具,

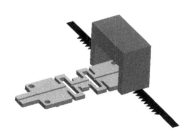

图 4　清胶(锯齿钢片)示意图

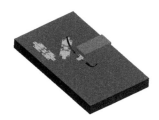

(a) 清胶(长压块)示意图　　　　　　(b) 清胶(窄小区域)示意图

图 5　清胶示意图

如各种清胶、取胶器,采用单侧剥离的办法进行清胶。具体方法为:制作 0.06 mm 厚的清胶器,将清胶器裁成 45°斜角,尖部锋利,便于刺在残胶上。当刺酥残胶后,用剥离工具,轻轻顺序挑开胶沫,勾挠残胶,最终清通传感器,达到清理残胶目的。

舱内洁净要求非常高,不允许有颗粒物存在。一旦有颗粒物,在舱体失重环境下就会漂浮在舱体内,造成危险。清理残胶是剔除微量颗粒物的过程,这种情况容易导致微量物存在缝隙中,所以能否清理干净很关键。清理方法为全过程勾挠残胶时利用多余物吸附装置将吸嘴对准勾挠部位全程吸附,对每个部位洁净处理,达到洁净安全的效果。

4　操作工序及检验

在理清清理残胶方法的同时,要考虑舱体环境是否可实施。舱体空间较大,安装各种设备、仪器、挡板较多,操作环境较复杂,须按照以下操作工序进行。

基本操作工序:

① 首先找准被清胶点,确认需要清除残胶的具体位置,选择清胶最佳方法。

② 目标确认后,进舱实施。首先操作者确认好受力位置,身姿要稳定,可方便运用工具。

③ 用 3M 胶带保护好被清胶传感器周边区域,包括线束、相近传感器等,防止多余物进入。

④ 选取清胶工具,按照预先演练的方法对要清除的位置进行操作,这个操作是经验、技能、耐心、细致的体现,要有良好的心态和坚强的决心,慢慢清除干净。

⑤ 全过程用多余物吸附装置将清除的残胶吸附干净。

⑥ 去除保护,工作完成。

按照操作工序完成后,用塞尺塞过两个小孔即为合格,塞的不通畅就要清胶,TS04 则需要清胶,如图 6 所示。

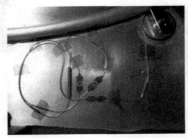

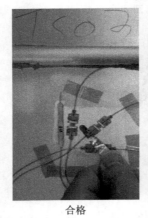  

合格   合格   不合格

图 6   清胶后状态及测试

5   结   论

通过对某型光纤传感器本体结构特点、粘贴后的溢胶情况进行分析,设计了多种胶液清理工装工具,制定了操作工序及检验方法,并经过实际操作检测,验证了针对该型光纤传感器清除残胶方法的可行性和正确性,保证了传感器应变测量的准确性。

参考文献

[1] 丁小平,王薇,付连春.光纤传感器的分类及其应用原理[J].光谱学与光谱分析,2006(06): 1176-1178.

[2] 崔洪亮,常天英.光纤传感器及其在地质矿产勘探开发中的应用[J].吉林大学学报(地球科学版),2012, 42(05): 1571-1579.

[3] 王玉龙,孙守红.大面阵多引脚 IC 组件力学加固及底部除胶工艺[J].电子工艺技术,2012(5):704-708.

基于接插件导线自动化焊接的工艺与方法

高翔　陈玮　刘军华　任晓刚　李宗栩

（山东航天电子技术研究所，山东·烟台，264670）

摘要： 微电子技术的迅猛发展促进了电子器件和电子产品的小型化的发展。通过 SMT 自动化生产解决了宇航、武器以及民用电子产品的高密度手工组装的难题，但目前电连接器和印制板之间的导线焊接难题仍然需要攻克，原因在于线束在印制板上的焊接一直存在线束导线种类多、粗细不等、焊点紧密、线束柔韧性各样的问题，导致其与自动化设备结合匹配缓慢。为解决该问题，本文提出并设计了一种与自动化生产相匹配的线束焊接的模组，通过生产线的生产验证，相比传统的手工焊接方式，其效率提高了 150%，质量问题降低了 61%。

关键词： 导线；自动化；焊接；模组

1　引　言

随着电子技术的发展，印制板设计规范性提高，目前电连接器和印制板之间的导线连接可依靠操作者的熟练技术将导线整齐排列、一一对应排列焊接，使线束整齐规范。

随着电子生产线设备不断更新，电子自动化设备不断引进，大部分的元器件实现了自动化生产，如贴装器件、分立器件等实现了高速贴装和焊接。但线束在印制板上焊接由于电连接器种类繁多且匹配的线束型号各异，导致当前自动化设备无法适配应用。

目前选波自动化焊接设备、波峰焊设备能够将锡料吹到一定峰值，印制板过锡时直接将被焊器件直接焊接完全，达到自动化焊接目的。对于线束上的设备焊接，必须考虑周密，传统的改进方法存在很多弊端，要求生产焊接的每个环节固定可靠，同时满足工艺规范，因此电连接器和印制板之间的导线焊接至关重要，是制约产品生产进度和高质量控制的重要因素。因此提升装配自动化水平，实现产品装配的数字化，建设数字化装配生产线，对于提升产品质量一致性、可靠性和生产效率具有非常重要的意义。

2　技术分析

问题提出：

（1）导线焊接到印制板焊盘时，按照工艺要求需要线芯穿过焊盘，线皮离印制板抬高距离为 0.5 mm，那么如何将整排线束抬高固定？

（2）焊接是高温过程，防护材料是否安全可靠，对导线焊接非常重要。

（3）焊接后工装是否能安全拆除，尤其对于焊盘周围器件较近、容易干涉位置（见图 1），是否也能实施拆除？

（4）对于盲腔产品（见图 2），单独导线是否能进行设备焊接？

（5）对于不规则长导线能否进行安全焊接？

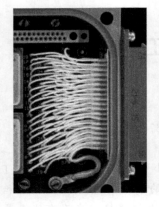

图 1　线束较密　　　　　　　　　　　　　图 2　盲腔产品

生产线也做了很多相应改进，如提高焊接技能，提高生产效率。粘贴防护装置，结合自动化设备焊接，但是焊接不理想，清理防护装置耗费很多时间，方法未解决问题。

目前单机产品设计大部分都是模块化组合在一起的，单模块由金属框架支撑，将印制板和电连接器安装在框架上，电连接器导线焊接到印制板焊盘上。手工焊接由于其品质保证条件的多样性，因此对操作者的技能要求较高；由于其品质的不易探测性，往往焊接完成品的质量缺陷在通电后才能显现出来。由于各种模块尺寸不同、形状不同，电连接器位置及数量也不一样。导线排列、线束长短都有不同规定，所以操作者一直是将导线一对一地焊接在不同点位上。手工操作效率提升缓慢，一致性也得不到保证，所以引入自动化焊接一直是研究的课题。

本文介绍一种导线上自动化设备焊接的方法。设计一种抬高定位导线方法，把线束对应固定，对接自动化设备完成焊接，解决手工逐点操作效率低的问题。该方法是将工作重点放在导线提前预处理上，实现自动化焊接。

需要克服的技术难点：

（1）导线焊接到印制板焊盘时，按照工艺要求需要线芯穿过焊盘，线皮离印制板抬高距离为 0.5 mm，在此条件下，实现整排线束抬高固定；

（2）焊接是一个高温工作过程，防护材料的安全可靠对导线焊接非常重要；

（3）确保焊接后工装能安全拆除，尤其对于焊盘周围器件较近、容易干涉位置；

（4）对于盲腔产品，单独导线必须能实现设备焊接；

（5）对于不规则长导线必须能进行安全焊接。

需要的焊接技术要求：

（1）线芯穿过焊盘时线皮距离焊盘 0.5～1 mm；

（2）导线插入焊盘的垂直度在误差范围内；

（3）焊点焊接后饱满；

（4）焊点检测方便。

3　模组设计

本方案设计两层硅胶板垫，贴近印制板焊盘层是下保护垫，主要作用是腾出操作空间，满足焊接爬锡饱满的需要。上层垫叫上支撑垫，形状与下保护垫一致，主要作用是阻挡线皮控制

线芯高度,两层垫厚度就是导线抬高的尺寸。下面是几个工装单件的具体说明:

(1)下保护垫。选用 0.5 mm 硅胶板,耐高温,透明,对中方便,尺寸适中。在中间位置制作与印制板焊盘对应的通孔,孔径与焊盘外径一致,可方便焊接时爬锡留存饱满。将整行孔用刀片割通,方便焊接后拆除。

(2)上支撑垫。同样选取 0.5 mm 厚硅胶板,透明,尺寸与下板一致。中间制作小孔,与下板空位一致,孔径小于线芯。当导线线芯穿过小孔时线皮被阻挡在上支撑板面上。同样将整行孔割通。

(3)导线隔离条。选用耐高温非金属材料,尺寸适中。当导线每插入一排上支撑点孔后,放一条隔离条。所有导线插完,隔离条放好后,将两端金属插块对齐插稳。

(4)金属插块。选用铁或磁性材料,制作对应槽,最外端尺寸与外端导线平齐,方便磁条贴合。

(5)磁条。磁条尺寸长短适中,两端吸在金属插块上,中部贴合在导线上。与另一端磁条产生的吸力相互吸引,起到固定作用。

4 装配流程

模具装备的具体流程如下:

(1)将下保护垫对应贴在印制板上,保证焊盘与垫上孔对正。将上支撑垫粘贴在下保护垫上,同样将孔找正对齐。由于胶垫是通明的,可方便操作。保护垫安装如图 3 所示。

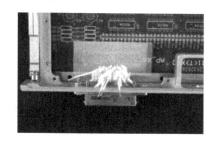

图 3 保护垫安装示意图

(2)将剥离好线皮搪锡的线头按顺序一一插入胶垫孔,插到线皮到上支撑垫位置时停止,插完一排放一条导线隔离条,再插完一排再放一排隔离条,直到所有线束插完,如图 4 所示。

图 4 线束安装调整示意图

(3)将金属插块从两端对应插到各层导线隔离条,使金属插块平稳放置。将磁条从前后两面粘到金属插块上,完成线束约束(根据线束软硬情况可适当加胶带防护)。

（4）自动化设备焊接完成后，用镊子捏住上、下垫，由于支撑垫为柔性材料，并且从抬高孔割通，所以直接将上下垫剪开撤掉，最后拆除所有保护，如图 5 所示。

图 5　完成状态示意图

5　工艺方法优势及扩展

上述设计的自动化导线焊接模具的优势明显：

（1）选取的材料硅胶板是目前生产线的常用材料，耐高温、抗老化、本身具有轻黏性，选材方便。

（2）下硅胶垫成排大孔能有效避让焊盘锡润湿，关键创新点是成排孔割通方便拆卸。上硅胶垫小孔阻挡导线线皮，起到控制导线、满足焊盘抬高的要求。关键创新点是将成排小孔割通但不完全割透，即限制线束外皮又可以方便拆除。

（3）该方法满足目前大部分电连接器导线上选波焊，包括印制板上器件比较多的离焊盘较近位置，达到安全可靠的效果。

该工艺方法可延伸出两种不同情况的线束上选波焊：

（1）短导线独立焊接，如盲腔壳体线束焊接，具体如下：对于盲腔壳体电连接器导线焊接，如图 6 所示。运用该创新方法将线束摆放好，用隔离条和磁条控制间距，上选波安全焊接。提前焊接导线，可以运用该方法固定上自动化设备焊接。印制板按照工艺要求需要提前焊接线束，线束为一对一短导线，按照常规工序只能手工逐点焊接。结合此方法将上、下保护垫粘贴在对应放置，再将导线逐排放置在对应孔位，每排安装隔垫，最后用磁条、磁块固定，完成上自动化设备焊接固定。

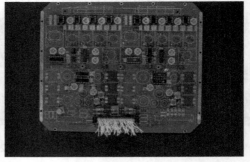

图 6　盲腔壳体电连接器导线焊接示意图

（2）长导线长度不好控制，也可以采用此方法，另外设计支撑架约束线束有效位置，达到安全上选波焊的目的。如图7所示，具体如下：固定、调节装置可根据印制板大小调整，紧固后调节两端滑块将支撑架调整到合适位置，把导线一一摆放好，上端用弹簧夹具固定导线，避免导线乱摆。印制板一般安装在机壳中，所以印制板都有安装孔。一般安装孔布局在印制板周边，尺寸是根据紧固件合理性分配的，利用这些安装固定孔位置来设计工装，达到对整板支撑的目的。工装可随印制板尺寸位置调节，以求安装不同尺寸印制板的通用性。

图7　长导线焊接示意图

6　结　论

本文通过对接插件导线自动化焊接的工艺与方法进行分析，设计了多种模组，通过各种实验，已经在正样产品选波焊接正式应用，充分验证了导线上选波焊各种情况的可行性，且该方法可有效扩展至其他类似方面，有效提高了工作效率，降低了手工操作的风险。

参考文献

［1］杜盛曦,周伟江.航天电连接器数字化装配生产线浅析[J].设计与分析,2019(12)：103-104.
［2］赵菲,李艳.手工焊接电路板的技巧与方法研究[J].科学与财富.2020(5)：545.

储能焊工艺及成品率影响因素

王书娟　牛玉成　马朝辉　李文浩

（中国航天科技集团公司五院五一三所，山东·烟台，264003）

摘要：在宇航用微电子产品研制生产中，储能焊工艺是实现高质量、气密性密封的重要焊接工艺方法。本文结合微电子产品研制生产过程中储能焊焊接质量控制方面的经验、体会，重点从工艺实施、原材料质量、检验方法等方面探讨影响焊接成品率的主要因素。

关键词：储能焊；成品率；影响因素

1 引 言

随着星载电子设备朝着小型化、轻量化方向发展，混合集成电路、多芯片模块等成为实现微电子部组件小型化、功能集成的重要手段。储能焊工艺作为微电子部组件金属封装的主流焊接方法，具有焊接质量可靠、外形美观、生产效率高等优点，适用于中小腔体、平板式的金属外壳气密封。焊接设备局部外形如图1所示。但在微电子部组件储能焊焊接质量检验及试验考核时，往往存在焊接金属飞溅物、气密性失效等工艺性质量缺陷。例如某型号微电子部组件（如图2所示），采取 MDIP2117 型金属外壳（密封区尺寸：21 mm×17 mm），产品筛选试验阶段 PIND（多余物检测试验）检测不合格率高达 30%。

图1 储能焊设备局部图　　　　图2 某型号微电子部组件焊接后外观图

2 储能焊的基本原理

储能焊（又称凸焊）是将一焊件（底座）接合面上预先成型的凸点与另一焊件（管帽）表面相接触、加压，并通电加热，凸点压溃后，使这些接触点形成一个或多个焊点，如图3所示。储能焊是一种瞬间低电压、大电流脉冲的电阻熔焊工艺，输出电流一般在几万安培，在金属间界面温度瞬间可达 1 500 ℃左右。储能焊工作原理如图4所示，当把开关S打到S_1，电容器C_p充电，C_p达到所需电压后，S再与S_2点接触，电容器C_p通过焊接变压器T_2的一次绕组放电。电阻器R_1用于控制充电电流和充电时间。由于焊接回路的电阻很小，因此，电流很大，产生的瞬时热量多,便于焊接。

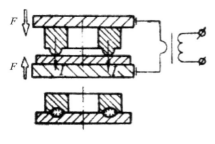

图 3 储能焊示意图

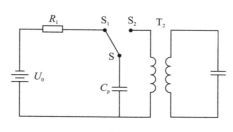

图 4 储能焊工作原理

3 影响储能焊成品率的主要因素

3.1 焊接工艺参数影响

储能焊焊接参数主要为:充电电压、放电时间、保持时间、电极压力等,各焊接参数间相互影响。若焊接参数匹配性不好会出现喷溅、缩孔和裂纹等缺陷。接下来简单介绍下各参数对焊接质量影响。

电容柜储存能量的多少跟充电电压大小的平方成正比,如公式(1)所示。在焊接过程中,电容柜储存的这些能量经设备变压器线圈转换,输出电路为低电压(0~20 V),大电流(3~80 kA),在输出电路一定的情况下,充电电压越大,焊接电流越大。

$$E_K = \frac{C_p U_c^2}{2} \times 10^{-6} \tag{1}$$

式中:E_K 表示电容器储存的能量,C_p 表示电容柜电容,U_c 表示充电电压。

放电时间是焊接电流通过焊接件并产生熔核的时间(焊接加热时间),时间越长,熔核尺寸越大;时间越短,熔核尺寸越小;保持时间(焊接冷却时间)是焊接电流切断后,电极压力继续保持的时间。在此时间内,熔核冷却结晶,组织致密,强化接头强度。

在熔核尺寸稳定条件下,焊接电流与放电时间 t_w 的关系如图 5 所示。Ⅰ区为过硬焊接区间,焊接电流大,焊接时间短,焊接时,产生早期金属飞溅倾向大;在Ⅲ区,焊接电流较小,焊接时间长,对电流的波动敏感,产生组织过热现象。一般在Ⅱ区内选取焊接参数为宜。

焊接过程中,合适的压力可以压实熔核,防止产生裂纹和缩孔。同时电极压力关系到电极与外壳接触电阻的大小。如公式(2)所示:压力过小,焊接面接触不良,界面电阻大,焊接面产生热量多,导致熔核体积过大,易产生金属飞溅现象;压力过大,界面电阻小,焊接面产生热量少,熔核体积过小,焊接强度低。

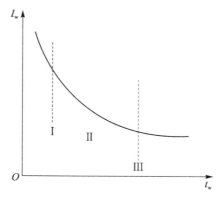

Ⅰ—过硬的焊接参数区(伴随有飞溅);
Ⅱ—正常焊接参数区;Ⅲ—过软焊接参数区。

图 5 焊接电流与放电时间的关系图

$$E = I_{mms}^2 \times R_c \times t \tag{2}$$

式中：E 表示电容器释放的能量，I_{rms} 表示焊接电流，R_C 表示接触电阻，t 表示放电时间。

经工艺参数优化及参数匹配后，器件储能焊密封不合格率控制在 1% 以内，PIND 不合格率控制在 3% 以内。

3.2　外壳质量影响

外壳质量是保证储能焊质量的基础。在外壳质量控制方面，重点检验外壳内部可动颗粒（毛刺）和镀层质量。毛刺主要是外壳生产电镀时侧壁未打磨充分造成的。在产品组装封装后，这些毛刺可能会形成可动多余物，如图 6 所示。外壳镀层是关系焊接质量的关键因素，一般外壳的表面都要进行镀覆，镀层是镀金或镀镍金，镀镍又分为化学镀镍和电镀镍。与电镀镍相比，化学镀镍具有镀层均匀、熔点低、抗蚀性好的特点，但是化学镀镍层中存在 6%～9% 的磷和部分添加剂，在焊接高温下汽化极易形成气孔或飞溅，造成焊接处漏气或熔融金属飞溅物。同时采用化学镀镍的管帽在储能焊焊接后，封帽檐处出现细微的裂纹，如图 7 所示，而采用电镀镍管帽，没有出现类似问题。

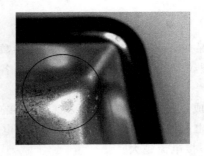
图 6　可动金属毛刺

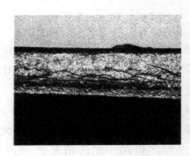
图 7　化学镀镍管帽焊接后微裂纹

3.3　电极工装模具影响

电极工装模具为储能焊重要的焊接工具，电极模具质量直接关系到储能焊焊接的好坏。在电极质量控制方面，重点保证电极表面无油污等多余物；产品安装凹槽区域无毛刺、缺损等缺陷；电极上下面平面度优于 0.05 mm，粗糙度优于 1.6。

4　焊接质量检测手段

4.1　气密性检漏

气密性检漏为无损检测，包括细检漏和粗检漏，细检漏可采用示踪气体氦（He）背压法，根据组件内腔体积大小，确定加压条件及合格判据，一般检测漏率小于 10^{-6} Pa·m^3/s 量级；粗检漏可采用碳氟化合物检测法，根据检测液和指示液不同的物理特性，有效识别漏气位置，一般检测漏率大于 10^{-6} Pa·m^3/s 量级。检漏试验应先进行细检漏，再进行粗检漏。

4.2　X 射线检测及拆盖光学检查

X 射线检测可以有效观察到产品内部及焊缝区域有无异常，如键合丝断裂或塌陷、较大可动多余物、焊接空洞等（见图 8）。在不破坏产品的情况下，X 射线检测可作为多余物检测的一种辅助手段。若须进一步定位多余物特性,可拆盖后使用光学显微镜进行检验,如图 9 所示。

图 8　X 射线检测照片

图 9　储能焊焊接飞溅物

4.3　PIND 检测

PIND 检测为无损检测,是国内元器件质量保证单位检测多余物的重要手段,在产品筛选试验、用户验收及 DPA 试验中,均须进行 100% 的 PIND 试验检测,目前试验条件已加严至"条件 A"。试验过程为:试样通过声耦合剂黏接到试验台(见图 10)上,按照 GJB 548B《微电子器件试验方法和程序》方法 2020.1 条件 A 依次进行冲击、振动试验。当产品内部存在可动多余物,多余物会与外壳内壁发生碰撞,经换能器转换为电信号,并通过示波器捕捉到(见图 11)。

图 10　PIND 设备试验台

图 11　示波器多余物显示波形

5　结　论

高可靠、高质量的焊接是我们不断追求的,在储能焊工艺实施过程中,影响其成品率的因素是多方面的,包括焊接设备稳定性、焊接工艺参数、外壳质量、工装模具以及操作技能等。本文主要结合日常工作中对储能焊工艺的一些认识和体会而撰写,供大家交流、参考,在实际工作中,还需要不断进行研究和总结,综合考虑各方面因素,从而更好地提高焊接的成品率。

参考文献

[1] 任爱华,王亚平.储能焊机的工作原理及应用.[J].电子元器件应用,2004(01).

[2] 常青松,姜永娜.表面镀层对封帽质量的影响[J].半导体技术,2011(6):483-486.

[3] 微电子器件试验方法和程序,GJB 548B—2005.

功率 MOSFET 器件平行缝焊
工艺抗盐雾腐蚀技术研究

牛玉成　孟祥磊

（中国航天科技集团公司五院五一三所，山东·烟台，264003）

摘要：为提高军用功率 MOSFET 器件的抗盐雾腐蚀能力，满足高可靠性要求，本文从器件盐雾腐蚀机理出发，在封装材料选用、平行缝焊工艺参数等方面，对功率 MOSFET 器件平行缝焊工艺抗盐雾腐蚀技术进行了大量基础性研究。

关键词：平行缝焊工艺；抗盐雾

1 引　言

功率 MOSFET 是一种单极型电压控制器件，具有工作频率高、开关速度快、安全工作区宽、驱动电路简单等优点，广泛应用于各种电子设备中，如高速开关电路、开关电压、高功率放大电路、控制电路与功率负载之间的接口电路等。在高可靠领域，星载/机载/舰载等军用电子产品用的功率 MOSFET 与普通功率 MOSFET 相比，须经受恶劣的环境试验考核，如高温高湿、盐雾环境、宇宙辐射等，对器件平行缝焊工艺抗盐雾腐蚀能力提出更加苛刻要求。

考核功率 MOSFET 器件封装制造质量的指标之一就是抗盐雾能力，其抵抗盐雾腐蚀能力直接影响产品的长期可靠性。国内外相关军用标准中规定了器件盐雾考核标准，例如，在美军标 MIL-STD-883 中，要求 B 级（军用）、S（宇航用）级器件必须满足"抗盐雾 24 h 试验"的指标要求。功率 MOSFET 抗盐雾腐蚀封装工艺研究是目前高可靠封装领域的重要研究课题。

2 盐雾腐蚀对器件封装质量的影响

2.1 盐雾腐蚀影响

功率 MOSFET 的封装一般采用金属或金属-陶瓷全密封结构，常用封装形式为 SMD 或 TO 型，一般采用平行缝焊工艺进行最后封盖，保证器件内部气氛可控。MOSFET 产品经受 24 h 盐雾试验时，发现在封盖焊缝区域出现大面积锈蚀现象，如图 1 和图 2 所示。焊缝腐蚀部位会随着产品使用或存放时间的增加，腐蚀面积缓慢生长，甚至引起封装体气密性失效，导致外界有害物质进入封装内部，最终造成 MOSFET 功能失效，大大降低产品可靠性。

图 1　焊缝腐蚀外观

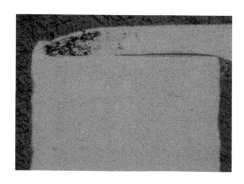

图 2　焊缝腐蚀剖面图

2.2　盐雾腐蚀的机理

为明确盐雾腐蚀的机理,须掌握腐蚀物成分。借助光学显微镜和扫描电镜可对产品盐雾腐蚀部位进行观察和成分分析。如图 3 所示,在焊缝腐蚀部位存在大量腐蚀凹坑,镀层间组织排布疏松;在成分分析方面,观察到在焊缝部位表现出大量铁(Fe)元素,说明 Fe 元素已经暴露在表层,如图 4 所示。经分析认为:盖板所用的基材为可伐合金(4J29),材料组成为 Fe53% Ni29% Co17% 以及其他微量元素。在平行缝焊封盖过程中,往往会损伤盖板表面镀层(Ni 或 Au),当焊缝区域暴露出的 Fe 暴露在盐溶液(气)环境时,Fe 相对于镍(Ni)、金(Au)化学性质更活跃,电极电位较低,与其他金属间的电位差较大,很容易与空气中的氧反应,形成原电池腐蚀,生产氧化铁腐蚀物。

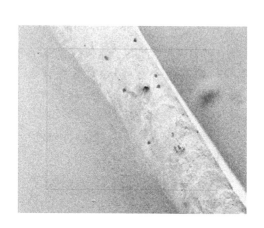

图 3　焊缝腐蚀

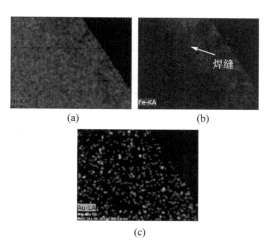

(a)　　　(b)

(c)

图 4　成分分析图

为进一步验证上述分析,对腐蚀生成物开展显微观察和成分分析。如图 5 所示,腐蚀生成物呈菌落堆状分布,且存在微小裂纹;成分分析结果如图 6 所示,腐蚀生成物中 Fe、O 含量很高,证实表面腐蚀生成物主要成分为铁的氧化物(FeOx),而表层镀层 Ni 含量降低,说明镀层 Ni 已被完全破坏。

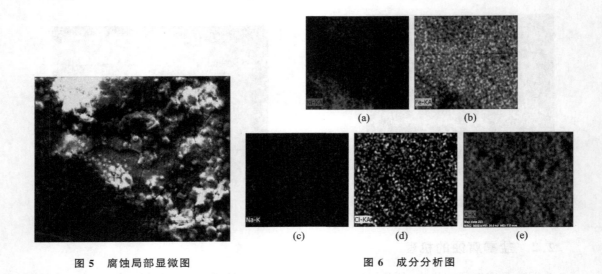

图 5 腐蚀局部显微图　　　　　　　　图 6 成分分析图

3　平行缝焊工艺抗盐雾腐蚀技术

根据器件盐雾腐蚀机理,器件抗盐雾腐蚀能力的高低取决于外界盐溶液(气)侵蚀到封装体基材 Fe 的接触度,接触度越低,抗盐雾能力越好,反之,抗盐雾能力越差。在 MOSFET 抗盐雾腐蚀工艺方法方面,主要从以下两方面进行说明:① 盖板镀层材料选用,如提高基材 Fe 表面镀层质量,防止发生原电池腐蚀;② 平行缝焊参数控制,降低平行缝焊工艺施加的焊接应力,抑制焊接应力对镀层腐蚀的影响。

3.1　材料选用

金属盖板材料一般选用可伐合金(4J29),表面镀层金属为镍或金,由于盖板镀镍或镀金层厚度较薄(1~5 μm),镀层表面空隙较多,造成盖板本身抗盐雾能力差,同时封盖后焊缝部位镀层遭到破坏,抗盐雾能力会更差。为提高材料镀层质量,采用图 7 所示的镀层涂覆方式:采用多层涂覆工艺,即镀层间的镍金层采用"三明治"结构,在 NiAu 镀层上再镀一层 NiAu,使得金与镍的晶格错位排列,可以有效减少外壳表面镀层的孔隙率,消除腐蚀原动力。实物照片如图 8 所示。

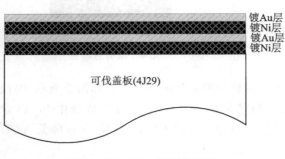

图 7　NiAuNiAu 镀层剖面图

图 8　实物照片

采用 NiAuNiAu 复合涂覆工艺的镀层结构可以有效提高镀层金属间致密度和镀层厚度，有效避免底材 Fe 材料长期暴露在周围环境中，其镀层厚度测量值如表 1 所列。

表 1　NiAuNiAu 镀层厚度测量值

μm

样品编号	国内某单位金属盖板				
	底层 Ni	底层 Au	顶层 Ni	顶层 Au	总厚度
1#	5.32	1.12	3.86	1.47	11.77
2#	6.13	1.23	4.37	2.20	13.93
3#	5.52	1.32	3.16	1.69	11.69

3.2　平行缝焊工艺

平行缝焊是一种电阻熔焊工艺，将盖板与底座熔焊在一起，焊接过程会对金属盖板镀层造成损伤，甚至会严重破坏掉镀层，这样导致盖板底材金属 Fe 暴露在周围环境中。根据盐雾腐蚀机理，当产品处于盐雾条件下时，暴露出的金属 Fe 会发生腐蚀。因此平行缝焊封装工艺控制直接关系到镀层损伤程度，进而关系到封装抗盐雾质量。

平行缝焊的工艺参数有：功率(P)、脉冲宽度(PW)、脉冲重复时间(PRT)、速度(V)、压力(F)、管壳长度(L)。根据焦耳定律，产生的热量(E)与各参数之间的关系为

$$\text{Energy} = [\text{Avg} \cdot \text{power}] \times t = P \times \frac{\text{PW}}{\text{PRT}} \times \frac{L}{V} \tag{1}$$

根据上述公式及焊接原理可知，当焊接线能量密度越大时，焊点熔池越深，热影响区也越大，对镀层金属组织的损伤也就越大，有效的保护镀层(Ni 或 Au)就越薄，底层材料 Fe 暴露出的面积就越大。在优化封装工艺参数方面，做了大量工艺试验，其中对于 TO-254 封装，平行缝焊工艺参数如表 2 所列。

表 2　平行缝焊工艺参数

分　组	平行缝焊工艺参数					线能量密度 /(J·mm^{-1})
	功率 /W	脉冲时间 /ms	脉冲周期 /ms	焊接压力 /gf	速度 /(mm·s^{-1})	
A	2 000	3	60	350	3	33.5
B	1 950	6	80	350	2.6	56.3
C	2 500	10	60	350	3	138.9

试验样品封盖后，检漏和盐雾试验结果如表 3 所列，检漏试验按照 MIL-STD-883 要求，合格判据：细检漏漏率值≤5×10^{-3} Pa·cm^3/s(He)，粗检漏时无连续气泡产生。盐雾试验要求：盐雾时间 24 h，合格判据：腐蚀面积小于 5%。

表 3　检漏、盐雾试验结果

分　组	试验数量	检漏结果	盐雾试验
A	5	5 只均合格	5 只均合格
B	5	5 只均合格	3 只合格，2 只不合格
C	5	5 只均合格	1 只合格，4 只不合格

　　对 A 组盐雾试验合格的产品，抽取 1 只，产品外观图如图 9 所示，焊缝区域未发现明显腐蚀区域。同时对焊缝位置进行显微观察和电镜成分分析，焊缝光滑、连续，且无腐蚀凹坑等缺陷，如图 10 所示。成分分析如图 11 和图 12 所示，焊缝区域 Au 层明显密度疏松，焊缝区域仍有明显 Ni 层，可以保护底层 Fe 金属。

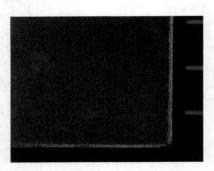

图 9　NiAuNiAu 盖板试验后外观图

图 10　焊缝局部图

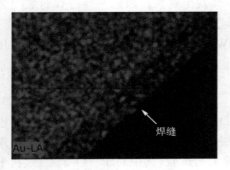

图 11　焊缝 Au 镀层分布图

图 12　焊缝 Ni 镀层分布图

4　结　语

　　功率 MOSFET 抗盐雾能力是军用器件的必备要求，平行缝焊封盖后会造成盖板 Ni 或 Au 镀层破坏，导致产生盐雾腐蚀问题。本文从材料选用、封装工艺控制两方面，结合工艺试验验证情况，提出提高功率 MOSFET 产品抗盐雾封装工艺的途径。

参考文献

[1] LICARRI J J，ENLOW L R. 混合微电路技术手册-材料、工艺、设计、试验和生产[M]. 2 版. 朱瑞廉，译. 北京：电子工业出版社，2004.

航空电磁功能结构装配喷涂
智能柔性生产线规划

高祥林　张聘　薛洪明　陆富刚　刘华秋

（航空工业济南特种结构研究所，山东·济南，250023）

摘要：针对航空电磁功能结构装配喷涂工艺特点，明晰了电磁功能结构装配喷涂智能柔性生产线构建关键技术。探索应用信息与通信技术、先进制造技术，提出了电磁功能结构装配喷涂智能柔性生产线的架构及系统组成。描述了各智能生产模块的原理和组成，阐述了智能柔性生产线系统功能特征。通过智能制造技术与业务的有机融合，可显著提升生产效率和质量稳定性，提高企业经济效益。

关键词：电磁功能结构；智能制造；柔性装配；自动喷涂

引　言

　　智能制造是构建制造业竞争优势的关键技术，各制造业强国均将发展智能制造技术写入本国的工业发展战略。随着先进信息化技术与先进制造技术的发展，智能制造技术与理念在航空制造领域的应用愈来愈广泛。于成龙与周宏明等分别研究了多品种变批量产品智能生产线构建思路以及制造单元的生成方法，王焱等分析了此类产品智能生产系统的结构、组成及关键要素。刘锡朋等结合自动化识别技术，实现多工位智能装配生产线的物流控制和产品信息追溯。针对柔性车间的调度排产难题，多种理论算法被提出用于提高排产的效率。潘志豪等利用混合优化算法，优化了飞机总装脉动生产线平衡求解效率低的问题。

　　在航空制造方面，先进纤维复合材料在各类飞行器的重要结构件中应用广泛。B787、A380等大型飞机复合材料用量已经超过飞机构件的50%。国产大飞机C919复合材料应用率为12%，目前仍在研发阶段的远程宽体客机CR929复合材料使用率将有望超过50%。电磁功能结构作为一类集结构、气动、透波等于一体的复合材料结构，与其他航空复合材料结构件相比，对装配、喷涂质量的要求更加严苛。以C919飞机雷达罩为例，装配环节需严格保证与机框对接的接口外形尺寸、交点空间位置精度，铰链孔的位置度要求在0.1 mm以内；作为飞机雷达的"眼镜"，雷达罩需要满足电磁透波性能，对功能涂层厚度与涂层均匀性也有严格要求，厚度偏差要求小于5 μm。

　　复合材料在我国航空制造领域的应用还处于起步阶段，复合材料制件的生产工艺还相对落后。虽然在制造流程中部分使用了数字化制造装备，掌握了一定的数字化设计制造能力，但是由于航空电磁功能结构工艺流程复杂、结构尺寸跨度大、多品种小批量等因素的综合影响，加之缺少有效的信息化管控手段，生产过程仍以手工操作为主，生产资源难以快速有效的配置，生产效率低下且质量稳定性不足。随着国内民机行业的快速发展，现有制造模式无法满足民机产业对生产效率以及经济性的要求。为此，本文围绕航空电磁功能结构装配喷涂业务特点和需求，将先进数字化制造技术、信息与通信技术、人工智能技术引入到复合材料构件装配喷涂生产过程中,开展数智化柔性生产线相关技术研究,提出航空电磁功能结构装配喷涂智能柔性生产线构建方法与具体实施内容,实现智能制造技术与航空电磁功能结构柔性生产的深度融合,促使智能柔性制造技术在电磁功能结构装配喷涂生产环节的落地,为进一步实现电磁功能结构及其他航空复合材料构件全生产流程的智能柔性制造打下基础。

1 智能柔性生产线总体架构

针对航空电磁功能结构装配喷涂需求,规划建设由柔性装配系统、高效喷涂系统、智能物流仓储系统、智能管控系统等构成的智能柔性装配喷涂生产线。图 1 所示为航空电磁功能结构装配喷涂智能柔性生产线体系架构。按纵向集成的技术需求,分为四个层次。最底层的是由自动喷涂单元、自动打磨单元、自动切边单元、自动钻铆单元等先进数字化制造装备、物联网设备以及智能物流仓储设备等构成的设备执行层;在执行层之上,各类传感器、数据采集装置以及 SCADA 系统构成了数据采集与控制层;在集控层之上构建具备高级排程、物料管理、生产管控、数字孪生功能的管理层,实现生产线的智能管控;管理层生产线数据会与企业级的信息化系统进行数据交互,构建完备的运营层,为各级管理者实施决策提供有力支撑。系统间通过明确的功能层次划分以及各层级间数据的有机整合,形成拓扑结构合理、架构先进、兼容性强的集成系统。

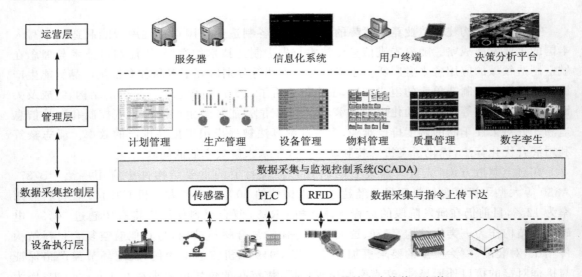

图 1 航空电磁功能结构装配喷涂智能柔性生产线体系架构

2 柔性装配系统构建

典型航空电磁功能结构如图 2 所示,其装配环节包括结构外轮廓加工、制孔、零组件与标准件安装等工序。航空电磁功能结构作为飞行器气动外形的一部分,装配工艺对阶差对缝、钉头凹凸量与连接孔位有较高的精度要求,手工装配模式很难完全保证其精度要求,需要大量的修配工作。

在深入梳理装配工艺指标与工序流程基础上,通过优化装配流程、合理站位设置以及研发先进数字化制造装备,建立多产品共用的柔性装配系统,如图 3 所示。系统主要由自动切边单元、自动钻铆单元、标准件自动安装单元、柔性装配型架等组成,系统各部分组成及功能如下:

(1)自动化切边单元(见图 3(a))由龙门式高速五坐标数控铣床、零点定位系统、双工位上下料系统、除尘系统等组成,配合真空吸附切边夹具可实现复合材料自动上下料、自动找正以及外轮廓和倒角的精准加工。

(2)自动钻铆单元(见图 3(b))集成在AGV 移载平台上,配备多功能末端执行器

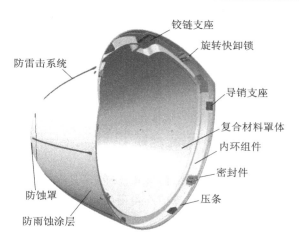

图 2　典型航空电磁功能结构

的工业机器人可实现铝合金、复合材料、钛合金同种材料以及混合叠层材料等的制孔、锪窝及铆钉的紧固等功能。移载平台可沿任意方向移动,并自动依照工装基准进行找正、定位及锁紧,可满足不同装配型架加工需求。

(3)标准件自动安装单元主体结构与自动钻铆单元类似,为实现标准件安装功能,在自动钻铆单元的基础上配备了带有螺栓安装末端执行器的协作机器人。自动钻孔末端在完成连接孔位的精确制孔后,协作机器人抓取对应尺寸螺栓进行安装及旋紧。标准件自动安装单元亦具备自主移动定位功能。

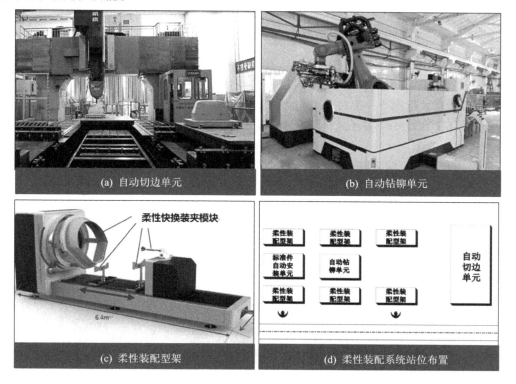

图 3　柔性装配系统组成

（4）由于航空电磁功能结构外形尺寸的复杂多样性，需对其进行产品族划分，相似外形尺寸的构件划分为同一产品族，设计一类柔性装配型架。图 3（c）所示为柔性装配型架的一种，主要用于雷达罩产品族的装配，由主框架及柔性快换装夹模块组成。柔性快换装夹模块与构件外表面符型，安装在主框架后，可任意调整其位置实现构件的精准装夹。主框架设计有高精度旋转定位机构，可实现产品 360°旋转，以满足产品全轮廓的装配需求。

3　高效喷涂系统设计

航空电磁功能结构形式多样，多品种混线生产，喷涂工序具有单批次喷涂量小、漆料更换频繁、涂料类别多、节拍不均衡的生产特点，属于典型的多品种、小批量制造模式，部分产品的喷涂工艺数据统计如表 1 所列。

表 1　航空电磁功能结构喷涂工艺数据统计

工艺数据	产品 1	产品 2	产品 3	产品 4	产品 5
年产量/件	98	30	23	46	15
表面防护用时/min	60	40	20	20	10
表面打磨用时/min	60	60	20	30	5
漆层喷涂用时/min	3	3	1	3	2
漆层晾置用时/min	60	120	60	240	240
漆层固化用时/min	120	120	120	360	180
涂料种类	4	4	4	3	4
单种涂料用量/kg	0.4	0.35	0.1	0.1	0.1

针对航空电磁功能结构喷涂工艺特点，基于前期建设的自动喷涂单元（见图 4（a））、自动打磨单元（见图 4（b）），引入自动喷涂、自动打磨等数字化制造技术，并配置自动供调漆装备、自动烘干设备，建设适用于多品种、小批量喷涂模式的高效喷涂系统。自动喷涂单元可识别产品类型调取相应喷涂程序，实现涂料的自动喷涂与管路的自动清洗；自动打磨单元完成复合材料喷涂基底表面的粗化处理；自动供调漆装备根据排产计划完成漆料的精确配比与输送；烘干设备根据固化制度的不同，智能组合产品烘干顺序及烘干数量，自动执行产品烘干程序；产品通过程控的桁架机械手自动完成各工序及各功能间的流转。

(a) 自动喷涂单元　　　　　　　(b) 自动打磨单元

图 4　高效喷涂系统部分自动化装备

高效离散喷涂系统通过四项优化措施来解决多品种小批量混线喷涂所造成的效率低下、涂料浪费问题。

（1）喷涂流程中打磨与涂层固化时间较长,生产节拍不均衡。通过生产线喷涂过程仿真分析,发现并消除生产资源瓶颈,规划适宜自动打磨单元、自动烘干设备、晾置间的数量,以平衡生产节拍,提高生产效率。

（2）通过智能排产系统综合生产计划、产品工艺及生产资源等因素,自动计算涂料的经济批量,制定产品组合喷涂计划,以延长同种涂料一次喷涂时长,降低换漆清洗频次。生产线配备 400 库位的智能立体仓库 1 套,以满足产品等待喷涂时的缓存需求。

（3）研制了符合电磁功能结构喷涂生产特点的自动调漆装备,配有定制的涂料组分桶、液位计、涂料输送泵、清洗模块、过滤模块、涂料注射模块、自动称重系统。通过涂料组分的自动注射与自动称重计量,可实现以下目标:涂料配比熟化过程自动化;涂料封闭储存以延长涂料保存期;配比过程无需清洗管路;无公共管路设计,规避不同特性涂料兼容性问题。

（4）在机器人底座上配备自动供漆装置,以缩减喷涂机器人供料管路,减少管路中涂料残留浪费。自动供漆装置通过控制隔膜泵与换色阀实现涂料的自动供料、管路的快速清洗换色。自动清洗过程与自动喷涂过程相互独立,可同时进行。

自动调漆、自动供漆装备原理如图 5 所示。

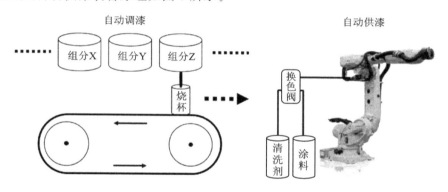

图5　自动供调漆装备原理

4　智能物流仓储系统搭建

传统生产模式采用人工转运的方式实现物料资源和产品在工序间的流转,运输效率低且时效较性差。生产线综合应用智能物流技术、自动化立体仓储技术、RFID 识别技术,建立了面向航空电磁功能结构装配喷涂生产线的智能仓储物流系统,实现全生产过程生产资源的无人自动配送。

（1）自动化立体仓库

由于生产线空间有限,为满足产品生产时的物料储存需求,生产线建设 400 库位的智能立体仓库一套,用于储存物料托盘、半成品及成品。配合双伸位堆垛机,通过仓库控制系统（WCS）与仓库管理系统（WMS）,可实现产品的无人化、高效准确出入库作业,以及仓库库存管理和追溯管理。

（2）基于 RFID 的物联系统

在工装夹具、物料托盘、料箱等生产载体上配置 RFID 标签，作为该载体的唯一身份标识。通过 RFID 识别装置以及红外通信装置，可实现机器互联、机物互联、人机互联，打通系统中所有信息通道，由 SCADA 系统实时采集各生产单元制造过程的生产以及质量数据，进行信息集成，实现制造资源的物联化。

（3）智能物流系统

智能物流系统综合了智能立体仓库、物联系统、AGV、桁架机械手、物料托盘等物流载体，基于物流调度系统，利用 WiFi 网络导航、激光导航装置、磁条二维码导航等技术，实现产品在各个功能区间的无人自动输送。

5　智能管控系统构建

以产线工业物联网为基础，以 MES 为核心构建智能管控系统。通过 SCADA 系统实时获取产线信息化设备生产数据，并与 ERP、PDM、MDC、质量管理系统等信息化系统数据互通，在高级排产、物流调度等算法支持下实现生产全过程的自主运行。图 6 所示为智能管控系统体系架构，主要包含计划管理、生产管理、设备管理、物料管理、质量管理、基础数据管理等功能模块，并基于三维实体建模技术与工业大数据技术建立了数字孪生系统。

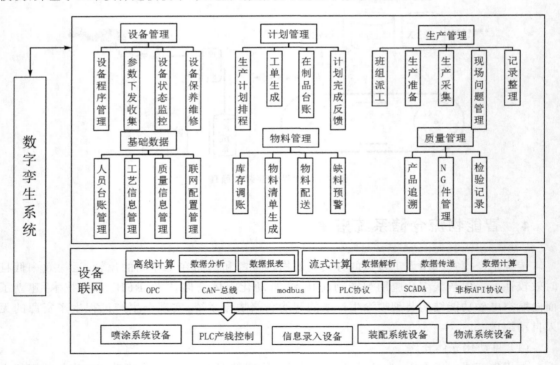

图 6　智能管控系统体系架构

管控系统基础数据模块主要承接 ERP、PDM、MDC、质量管理系统等其他信息化系统数据，并进行数据解析及数据整合，作为支撑系统运行的基础数据。基于生产计划及产线生产资源、工厂日历等约束，计划管理模块可实现柔性化车间多品种混线生产下的计划排程，以充分利用设备资源使生产线产能最大化,并可有效降低涂料等物料损耗。物流管理模块能够对车间的原材料、在制品和成品的流向进行管理,由 AGV 基于配送路径自动识别技术完成配送,配送完毕后执行计划生产任务。各生产单元可与物流控制系统协同作业,实现生产物料的自主输送以及生产计划的自动执行。针对航空产品的质量管理程序建立质量管理模块,结构化检验项目内容,提升检验信息录入效率。设备管理模块基于工业物联网实时采集设备数据并实时监控,具备设备故障自动报警功能,异常处理流程会动态调度生产资源,避免设备故障造成生产线停产,降低因设备故障造成的经济损失。

6   结　语

针对航空电磁功能结构装配喷涂工艺特点,规划了以信息物理融合系统为支撑的智能柔性生产线。重点构建了航空电磁功能结构数字化装配喷涂装备、生产物料的智能出入库与配送、基于工业物联网的生产线动态感知、智能信息化管控系统集成等内容。通过引入自主研制的自动切边、自动钻铆、自动喷涂、自动打磨等数字化作业平台,并通过信息化技术与物联网技术实现生产线的智能感知、实时分析、自主决策和精准执行,可显著提升生产过程的制造技术水平和管理水平,降低生产成本,提高质量稳定性,为企业带来可观的经济效益。

参考文献

[1] 于成龙,侯俊杰,赵颖,等.多品种变批量产品智能制造系统框架[J].航空制造技术,2019,62(10):98-102.

[2] 于成龙,侯俊杰,陆菁,等.多品种变批量产品智能生产线应用框架[J].航空制造技术,2020,63(6):73-79.

[3] 周宏明,周余庆,陈亚绒,等.面向多品种变批量生产的制造单元生成方法[J].计算机集成制造系统,2010,18(12):2589-2595.

[4] 王焱,王湘念,王晓丽,等.智能生产系统构建方法及其关键技术研究[J].航空制造技术,2018,61(1):16-24.

[5] 刘锡朋,王国辉,何川.面向智能制造的多工位自动生产线物流控制技术[J].兵器装备工程学报,2018,39(8):173-175.

[6] Xia W J,Wu Z M. An effective hybrid optimization approach for multi-objective flexible job-shop scheduling problems[J]. Compmers & Industrial Engineering,2005,48(2):409-425.

[7] 梁迪,谢里阳,隋天中,等.基于遗传和禁忌搜索算法求解车间调度优化问题[J].计算机应用,2006,26(4):857-860.

[8] 张庭.柔性车间调度问题中的智能优化算法研究[D].无锡:江南大学,2016.

[9] Wannaporn Teekeng, Arit Thammano. Modified Genetic Algorithm for Flexible Jop-Shop Scheduling Problems [J]. Procedia Computer Science,2012,12:122-128.

[10] 潘志豪,郭宇,查珊珊,等.基于混合优化算法的飞机总装脉动生产线平衡问题[J].计算机集成制造系统,2018,26(10):2436-2447.

[11] Georgiadis S,Gunnion A J,Thomson R S,et al. Bird-strike simulation for certification of the Boeing 787 composite moveable trailing edge[J]. Composite Structures,2008,86(1):258-268.

[12] 贺福,孙微.碳纤维复合材料在大飞机上的应用[J].高科技纤维与应用,2007(06):5-6.

[13] 徐建勋.飞机舱门长桁与蒙皮连接界面损伤失效仿真与试验研究[D].哈尔滨:哈尔滨工业大学,2021.

微米 TiB_2 粉体制备及烧结性能研究[*]

马丽　穆旭

（山东交通学院，山东·济南，250357）

摘要： 采用碳/硼热还原法合成了微米 TiB_2 粉体，研究了煅烧温度和失重率对其影响，研究发现当煅烧温度为 1 600 ℃时可制得晶体形貌较好的 TiB_2 粉体，理论失重率与实际失重率接近时碳/硼热还原基本完成，并采用 XRD 和扫描电镜研究了粉末的相组成和微观结构。采用自制的 TiB_2 粉末和 YAG 作为烧结添加剂，采用热压法制备了单相 TiB_2 陶瓷。当 YAG 含量为 5wt%时，样品致密性，相对密度、硬度、抗弯强度和断裂韧性分别为 99.1%、49.3 GPa、607 MPa 和 12.68 MPa·$m^{1/2}$。

关键词： TiB_2 粉体；陶瓷；碳/硼热还原法；热压烧结

1　引　言

二硼化钛（TiB_2）是硼和钛最稳定的化合物，为 C32 型结构，具有良好的物理和化学性能，如较高熔点、高硬度、高耐磨耐蚀性、良好的导热导电性、化学稳定性及高温下优异的力学性能。TiB_2 及其复合材料在航天航空、机械、武器装备、化工、冶金、电工电子、石油及采矿等领域得到广泛应用。但由于其晶体结构中的硼原子面和钛原子面交替出现构成二维网状结构，其中 B⁻ 外层有四个电子，每个 B⁻ 与另外三个 B⁻ 以共价键相结合，多余的一个电子形成离域大 Ⅱ 键，这使得 TiB_2 晶体中 a、b 轴为共价键，c 轴为离子键，此特性也导致了其性能的各向异性，致使在制备 TiB_2 材料时该特性会导致晶体生长出现择优取向，且随着晶粒的长大，材料中的残余应力加大，导致大量的微裂纹产生，使材料的力学性能下降。同时在离子键与 σ 键的共同作用下，Ti⁺ 与 B⁻ 在烧结过程中均难发生迁移，使得 TiB_2 的原子自扩散系数很低，烧结性很差。因此要制备性能优异的 TiB_2 陶瓷，需要获得粒径较小且不团聚的 TiB_2 粉体。目前 TiB_2 粉体的制备主要有还原法、溶胶-凝胶法、自蔓延法等。A. K. Khanra 等以 TiO_2、H_3BO_3 和 Mg 为原料采用高温自蔓延制备 TiB_2 粉体，研究发现随着稀释剂 NaCl 的增加，TiB_2 粒径趋势减小。A. Rabiezadeh 等采用溶胶凝胶法，以 TTIP 和氧化硼为原料制备纳米 TiB_2 粉体，并利用该粉体分别采用无压烧结和热压烧结制备二硼化钛陶瓷，研究结果表明在热压下烧结可制得较高致密度和力学性能的单相 TiB_2 陶瓷，其最高维氏硬度可达 25.9 GPa，最高断裂韧性可达 5.7 MPa·$m^{1/2}$。但目前很少有文献对亚微米级的 TiB_2 粉体烧结性能的研究，因此本文采用碳/硼热还原法制备亚微米级 TiB_2 粉体并利用该粉体采用热压烧结工艺制备单相 TiB_2 陶瓷。

---

　　* 山东交通学院博士启动资金，NO.50004915；中国博士后科学基金，NO.2019M660165。

2 实验过程

2.1 TiB₂ 粉体的制备

以锐钛矿二氧化钛(1 μm,纯度 98%,济南,中国)、碳化硼(5 μm,纯度 98%,莱芜,中国)和炭黑(5 μm,纯度 98%,济南,中国)为原料,采用碳/硼热还原合成 TiB_2 粉体。二氧化钛：碳化硼：炭黑的质量比为 72.4：16.2：11.4。在氧化铝球磨罐中,二氧化钛、碳化硼和炭黑以碳化硼球石为研磨体,采用湿法球磨 30 min 混合。干燥后,用 45 号网筛筛分后,放入石墨模具中,置于无压炉中煅烧,在流动的 Ar 气氛下,在不同的煅烧温度下,以 10 ℃/min 的上升速度煅烧粉体 60 min,随炉冷却到室温,制得 TiB_2 粉体。

2.2 TiB₂ 陶瓷的制备

采用自制 TiB_2 粉、酚醛树脂(PF、莱芜,理论碳含量 45.0%,作为黏合剂和碳源)、自制 YAG 为原料制备单相 TiB_2 陶瓷。TiB_2：PF：YAG 的质量比为(88.5~96.2)：(1.8~1.9)：(9.7~1.9)。将 TiB_2 粉体与 PF 和 YAG 粉末混合,在氧化铝坩埚中用碳化硼球和乙醇湿球磨 20 min。球磨后,混合粉末在 50 ℃下干燥 24 h,用 60 网筛筛分。将混合物放入石墨模具中,然后在 30 MPa 的真空压力下以 1 650 ℃ 热压 60 min。在烧结过程中,加热速率为 20 ℃/min,温度为 1 400 ℃时保温 30 min,最后烧结温度升至 1 650 ℃并保温 60 min,随炉冷却至室温,制得单相 TiB_2 陶瓷。

2.3 分析与测量

采用 Cu-Kα 辐射的 X 射线衍射(D/MAX-γC)对相组成进行了表征。采用场发射扫描电镜(SU-70,Hitach)观察其微观结构。烧结后采用阿基米德法测定样品的密度。烧结后的样品被加工成 3 mm 或 2 mm×4 mm×40 mm 的棒,以测量断裂韧性或弯曲强度。断裂韧性和抗弯强度的测量由万能试验机(CMT 5105,深圳三思纵横科技股份有限公司)进行。三点弯曲强度的测量是在室温下以 0.5 mm/min 的速度进行的,跨度为 20 mm。采用三点加载和单边缺口梁技术测量样品的断裂韧性,切口宽度为 0.1 mm,深度为 1.0 mm,跨度为 20.0 mm,速度为 0.05 mm/min。采用显微硬度计(DHV-1000,上海蔡康光学仪器有限公司)在 5 N 的载荷下停留 20 s,测量具有镜面抛光表面的样品的显微硬度。对每个样本进行了 5 个单独的压痕测定。

3 热力学分析

以 TiO_2、B_4C 和炭黑为原料,制备 TiB_2 粉体。为了确定 TiB_2 粉体的合成温度,通过热力学计算来确定其生成条件。物质的 Gibbs 自由能(ΔG)为负值时,反应方程式可向右进行。因此,可以根据公式(1),通过查找相应热力学手册得知热力学数据,计算在理论上标准状态下不同温度时的反应吉布斯自由能的变化(ΔG),从而初步判断反应发生的温度条件及发生的先后顺序。

$$\Delta_r G_m = \sum \nu_i \Delta_f G_m (\text{生成物}) + \sum \nu_i \Delta_f G_m (\text{反应物}) \tag{1}$$

式中，$\Delta_r G_m$——摩尔反应吉布斯自由能（kJ/mol）；ν_i——方程式系数；$\Delta_f G_m$——摩尔生成吉布斯自由能（kJ/mol）。

对反应合成 TiB_2 可能发生的化学反应分别进行标准状态下的热力学计算，结果如表 1 所列。

表 1　反应合成 TiB_2 的热力学计算

编号	化学反应式	$\Delta G_T^{\theta}/(kJ \cdot mol^{-1})$	开始反应温度/℃
1	$7TiO_2(s)+5B_4C(s)=7TiB_2(s)+3B_2O_3(s)+5CO(g)$	$\Delta G_T^{\theta}=258\,090-863.64T$	26
2	$TiO_2(s)+B_2O_3(s)+5C(s)=TiB_2(s)+5CO(g)$	$\Delta G_T^{\theta}=1\,326\,920-883.77T$	1 228
3	$3TiO_2(s)+B_2O_3(s)+B_4C(s)+8C(s)=3TiB_2(s)+9CO(g)$	$\Delta G_T^{\theta}=2\,174\,690-1\,586.76T$	1 098
4	$TiO_2(s)+3C(s)=TiC(s)+2CO(g)$	$\Delta G_T^{\theta}=527\,850-352.17T$	1 226
5	$TiC(s)+B_2O_3(s)+2C(s)=TiB_2(s)+3CO(g)$	$\Delta G_T^{\theta}=799\,070-531.58T$	1 230
6	$2TiO_2(s)+B_4C(s)+3C(s)=2TiB_2(s)+4CO(g)$	$\Delta G_T^{\theta}=847\,770-702.99T$	933
7	$2TiO_2(s)+2B_2O_3(s)+5C(s)=2TiB_2(s)+5CO_2(g)$	$\Delta G_T^{\theta}=1\,791\,690-900.52T$	1 717
8	$2B_2O_3(l)+C(s)=B_4C(s)+6CO(g)$	$\Delta G_T^{\theta}=1\,769\,590-1\,049.89T$	1 413

根据标准状态下的热力学计算，可以推断反应的优先顺序为 1＞6＞3＞4＞2＞5＞8＞7。

4　结果与讨论

4.1　粉体的制备

4.1.1　煅烧温度对 TiB_2 粉体的影响

图 1 所示为不同煅烧温度下合成 TiB_2 的 XRD 图。从图中可知，煅烧温度对粉体的物相组成有很大影响。当煅烧温度为 1 400 ℃时，粉体样品的 XRD 图谱上存在 TiO_2、C、TiB_2 的衍射峰，表明在 1 400 ℃下开始发生碳热还原反应。当煅烧温度为 1 500 ℃时，粉体的 XRD 图谱主要为 TiB_2 和 B_4C 的衍射峰，而 TiO_2 和 C 的衍射峰消失。当煅烧温度为 1 600 ℃时，所得粉体仅有 TiB_2 衍射峰，表明碳热还原反应已基本完成，而且 TiB_2 的特征峰的峰形尖锐，这表明生成的 TiB_2 的结晶度好。煅烧温度进一步升高到 1 700 ℃时，所得粉体的 XRD 图谱上存在 C、TiO_2 和 TiB_2 的衍射峰，虽然 TiB_2 特征峰的峰形尖锐，结晶度好，但因为高的煅烧温度导致硼源的损失加剧，使得硼源不足，导致 C 和 TiO_2 的剩余，使得所得粉体纯度不高。

4.1.2　失重率对 TiB_2 粉体制备的影响

失重率可衡量反应物挥发损耗程度，也可判断反应进行的程度，它对配料起着重要的指导作用。当实际失重率大于理论失重率时，表明反应的挥发损耗大，生成物产率低；当实际失重率小于理论失重率时，表明反应没有进行完全，生成物含量低。TiB_2 粉体合成过程中理论失重率和实际失重率随煅烧温度的变化如图 2 所示。随着煅烧温度的升高，实际失重率也随之增加。当煅烧温度为 1 400 ℃时，理论失重率和实际失重率相差为 31.48%。煅烧温度升高至 1 600 ℃时，理论失重率和实际失重率相差 0.39%，表明碳热还原反应已基本完全。当煅烧温度继续升高到 1 700 ℃时，实际失重率超过了理论失重率，主要原因是：B_4C 反应生成的 B_2O_3 在高温下，随着 CO 一起从系统中逸出，从而造成实际失重率超过理论失重率。

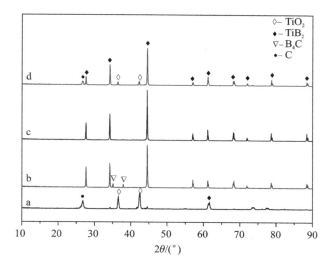

a—煅烧温度为 1 400 ℃；b—煅烧温度为 1 500 ℃；c—煅烧温度为 1 600 ℃；d—煅烧温度为 1 700 ℃。

图 1　不同煅烧温度所得最终粉体的 XRD

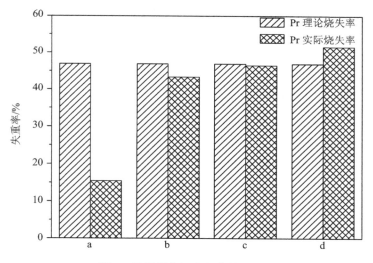

图 2　不同煅烧温度粉体的烧失率

4.1.3　TiB$_2$ 粉体的 SEM 图

图 3 所示为在不同煅烧温度下保温 60 min 制得的 TiB$_2$ 粉体 SEM 图片。从图中可见，在 1 400 ℃合成的粉体微观形貌主要以近似球状的小颗粒尺寸存在，综合前面的 XRD 和失重率分析，可以推断出，近似球形的小颗粒主要为原料粉体中的 TiO$_2$ 和炭黑，以及新生成的 TiB$_2$ 粒子。在 1 500 ℃合成的 TiB$_2$ 粉体的微观形貌发生一定改变，主要为短棒状、片状的颗粒。当煅烧温度为 1 600 ℃制得的 TiB$_2$ 粉体，粉体主要六边形的片状结构。在 1 700 ℃制得的 TiB$_2$ 粉体的微观形貌，以颗粒形貌存在，颗粒尺寸明显增加。

综合煅烧温度和失重率的分析可知，在煅烧温度为 1 600 ℃保温时间为 60 min 时，可以得到纯度较高、粒度适中的 TiB$_2$ 粉体。

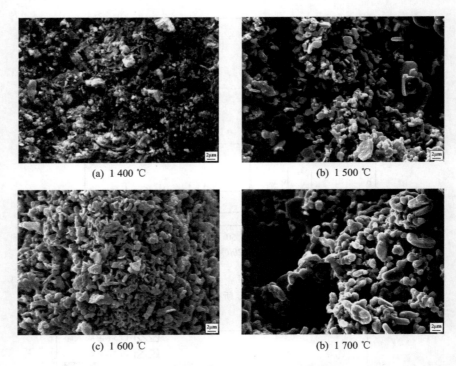

(a) 1 400 ℃　　　　　　　　　　　　(b) 1 500 ℃

(c) 1 600 ℃　　　　　　　　　　　　(b) 1 700 ℃

图 3　不同煅烧温度所得最终粉体的 SEM

4.2　单相 TiB_2 陶瓷的制备

　　选取在 1 600 ℃保温 60 min 合成的 TiB_2 粉体进行热压烧结,烧结条件是在真空热压烧结炉中于 30 MPa 压力条件下进行,其中烧结温度和烧结时间分别设定为 1 650 ℃和 60 min。着重研究烧结助剂的添加量对所制备的单相 TiB_2 陶瓷的致密度、硬度、抗弯强度、断裂韧性和显微结构的影响。

　　图 4 所示为样品在 1 650 ℃下热压烧结后试样断口的 SEM 形貌图片。如图 4(a)所示,加入 2 wt％YAG 时,TiB_2 陶瓷断裂有明显的孔隙,说明由于缺乏液相,致密度较低。在图 4(b)中加入 5 wt％的 YAG,足够的液相可以使颗粒重新排列,填充孔隙,从而提高烧结体的相对密度。随着图 4(c)、图 4(d)中 YAG 含量的增加,晶粒尺寸有所增加,而由于液相过量,晶粒尺寸明显增大,导致烧结体的相对密度降低。如图 4(b)所示,断裂面粗糙,断面有较多因颗粒拔出而留下的凹坑,这在材料断裂时均会增加颗粒拔出所需的力。事实上,在断裂过程中,颗粒的断裂并不在同一裂纹平面上,所以主裂纹发生在晶粒的不同位置上,这也将增加抗裂纹扩展的能力,从而增加韧性。在图 4 中,当烧结助剂含量为 5wt％YAG 时,TiB_2 颗粒均匀且排列紧密,使 TiB_2 的力学性能最好,而加入 2％、8％和 11％YAG 的 TiB_2 陶瓷,由于产生的液相较少或较多均使其致密度和力学性能较低。

　　表 2 所列为不同烧结助剂下制备样品的致密度、硬度、抗弯强度及断裂韧性。从表 2 可以看出:样品的相对密度、硬度、抗弯强度和断裂韧性都随着烧结助剂含量的增加,先增加后减小,当烧结助剂为 5wt％时,样品已经致密化,相对密度为 99.1％,维氏硬度为 5 029,抗弯强度为 607 MPa,断裂韧性为 12.68。在 1 650 ℃保温 1 h 的热压烧结驱动力的推动下,促使 TiB_2 颗粒逐渐相互连接,产生颗粒重排、塑性流动和晶界滑移等而促进物质间的扩散,加速烧结体

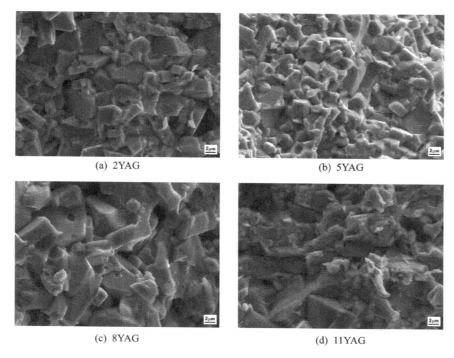

(a) 2YAG   (b) 5YAG
(c) 8YAG   (d) 11YAG

图 4   热压烧结的 TiB_2 的断口 SEM 图

的致密化。加入烧结助剂 YAG 烧结原料虽为固相系统,但烧结中会有液相生成,液相可以填补孔隙,同时坯体中的气体也会扩散或通过液相冒气泡而逸出,固体颗粒也会在毛细管力作用下,发生较大的流动,使颗粒重新分布而致密化。毛细管力 P 与液相表面张力 V 成正比,与凹面的曲率半径 d 成反比,即 $P = -V/d$。在此应力作用下,粉末颗粒相互靠近,从而发生致密化过程,提高了坯体的致密度。所以在烧结过程中,温度越高,液相数量越多,烧结体的致密度越高,因此烧结助剂促进了复合材料的致密化,同时由于液相中扩散传质阻力小,流动传质速度快,也可以降低烧结温度。

表 2   不同烧结助剂下制备样品的致密度、硬度、抗弯强度及断裂韧性

YAG 含量	性 能			
	致密度/%	维氏硬度/GPa	抗弯强度/MPa	断裂韧性/(MPa · m$^{1/2}$)
2YAG	95.4	26.1	395	6.45
5YAG	99.1	49.3	607	12.68
8YAG	96.2	26.2	332	5.61
11YAG	92.9	7.2	259	4.43

5   结 论

采用碳/硼热还原法,在 1 600 ℃,60 min 条件下制备了微米尺寸的 TiB_2 粉末。在 1 650 ℃条件下,热压烧结 60 min,制备了添加 YAG 作为烧结助剂的单相 TiB_2 陶瓷。当 YAG 含量为 5wt% 时,样品致密度、硬度、抗弯强度和断裂韧性分别为 99.1%、49.3 GPa、607 MPa 和

$12.68 \text{ MPa} \cdot \text{m}^{1/2}$。

参考文献

[1] Pian Xu，Gang Lu，Lei Zhang，et al. Effect of holding time on the growth morphology of in-situ TiB$_2$ particles[J]. Material Today Communications，2021(29)：102953.

[2] Y. Zhao，In-situ Synthesized Aluminum Matrix Composites[M]. Beijing：Science Press，2016.

[3] S. Furuta，A. Minagawa，I. Matsui，et al. Direct observations of nucleant TiB$_2$ particles in cast aluminum by synchrotron radiation multiscale tomography[J]. Materialia，2020(10)：10063.

[4] N. S. Karthiselva，B. S. Murty，S. R. Bakshi，Low temperature synthesis of dense TiB$_2$ compacts by reaction spark plasma sintering[J]. International Journal of Refractory Metals & hard Materials，2015(48)：201-210.

[5] J. C. Yu，L. Ma，et al.，Carbothermal reduction synthesis of TiB$_2$ ultrafine powders[J]. Ceramics International，2016(42)：3916-3920.

[6] M. Lv，W. Chen，C. Liu，Fabrication and mechanical properties of TiB$_2$/ZrO$_2$ functionally graded ceramics[J]. International Journal of Refractory Metals & hard Materials，2014，46(9)：1-5.

[7] Z. Zhang，C. X，X. Du，et al.，Synthesis mechanism and mechanical properties of TiB$_2$-SiC composites fabricated with the B$_4$C-TiC-Si system by reactive hot pressing[J]，Journal of Alloys and Compounds，2015(619)：26-30.

[8] 马丽. TiB$_2$ 基复相陶瓷制备及抗侵彻性能研究[D]. 济南：山东大学，2018.

[9] 余锦程. TiB$_2$ 粉体与 TiB$_2$-SiC 复合材料制备及性能[D]. 济南：山东大学，2017.

[10] 纪嘉明，李志章. TiB$_2$ 和 ZrB$_2$ 晶体结构与性能的电子理论研究[J]. 中国有色金属学报，2000，10(3)：358-360.

[11] A. K. Khanra，L. C. Pathak，S. K. Mishra，M. M. Godkhindi. Effect of NaCl on the synthesis of TiB$_2$ powder by a self-propagating high-temperature synthesis technique[J]. Materials Letters，2004(58)：733-738.

[12] A. Rabiezadeh，A. M. Hadian，A. Ataie. Synthesis and sintering of TiB$_2$ nanoparticles[J]. Ceramics International，2014(40)：15775-15782.

[13] 梁英教，车荫昌. 无机物热力学数据手册[M]. 沈阳：东北大学出版社，1993.

[14] 周玉. 陶瓷材料学[M]. 哈尔滨：哈尔滨工业大学出版社，2004.

超薄铍青铜膜片热校形强化工艺研究

王世雷　谢旭

(青岛前哨精密仪器有限公司,山东·青岛,266000)

摘要:铍青铜是一种高硬度、高强度极限、高弹性极限、良好耐磨性、耐寒性、耐腐蚀性、良好导热性、良好导电性的无锡青铜,因其还具有无磁性和冲击无火花等优良性能而被广泛用于精密仪器、电子行业、航天事业。随着现代科技的发展,对用于精密设备中的铍青铜材料的普适性的要求也越来越高,对铍青铜参与制作各种精密弹性机构如传感器内弹簧、电子计算仪器中使用的插接件等的平整度要求也不断提高。

本文通过金属热处理相变超塑性理论及相变晶格常数转变理论,利用光学原理与掠入射X射线技术对铍青铜膜片平整度进行测量分析,结合不同温度参数的热处理校正工艺得到了更有助于对铍青铜膜片的方法。试验结果表明,330~345 ℃的峰值时效热校正工艺校正效果较小,330~345 ℃的二级时效热校正工艺校正效果有了明显的改善,但仍未达到规定标准,350~370 ℃的过时效热校正工艺成果则到达标准,铍青铜膜片在该工艺下校正效果最好。最终得出了过时效热校正工艺最适合铍青铜膜片,也为今后铍青铜膜片的生产处理校正提供一定的参考。

关键词:铍青铜;热校形;铜合金热处理工艺

1 前　言

铍青铜作为一种高强度铜合金拥有"有色金属弹性之王"的美称,因其出色的性能而被用于各种高屈服强度、高弹性极限、高耐磨性、高灵敏度、无冲击火花等要求的精密设备部件。铍青铜作为一类主要合金组元为铍元素的无锡青铜金属,铍含量在 0.5%~2.7% 之间,含有少部分的钛、铬、镍等微量元素,并进行综合性能调配,出厂的铍铜带材硬度指标一般低于HV200,塑性好,具有良好的冷加工性能,再经过一定时效硬化处理后可以超过 360 HV,强度极限可以媲美一些合金钢,达到 1 400 MPa。铍青铜的塑性在高温热处理状态下仍然维持在较高水平,可以满足较宽的力学性能要求,硬度可调范围在 100~400 HV 以上。随着铍铜性能潜力的挖掘,越来越多的铍青铜精密电子元件应用于航空航天、传感器、精密检测仪器中,其高端产品精度要求已经跨入微纳尺度。本文研究对象超薄铍青铜弹性机构就是属于上述的精密电子元器件之一,带材厚度 0.05 mm,薄片加工平面度达到微纳尺度,其他尺寸精度要求也在微米范围之内。其制作工艺一般为:固溶处理+多次冷轧减薄+去残余应力热处理+冷冲压成型+热强化平整,以达到铍铜弹性电子元件力学性能、表面质量要求。本文主要探究冷冲压后的薄片热校形强化工艺。

热校形强化过程因为复杂的微观组织结构变化导致超薄铍铜膜片三维尺度的残余应力消长、衰减,表现为宏观表面质量的变化,如体积收缩、线性变化不均匀、表面凹凸不平、翘曲变形、强度、硬度不均匀等现象,严重影响了超薄膜片的质量和产量,成为制约高精端装备加工的制约因素。本文基于此研究超薄铍青铜膜片热校形强化工艺,进一步完善精密铍青铜电子元件热加工工艺理论基础,为企业降低能耗、提高质量提供量化数据,具有重要的理论和社会价值。

　　金属工件校形工艺分为冷校形与热校形。冷校形工艺直接使用校正工具,利用金属材料的可塑性使工件达到屈服极限来实现校形功能。冷处理校形不能同时实现膜片的强化和校形效果,在精密零部件的加工中受到很大的限制。热处理校形工艺具有较好的校形、强化同步性,但该技术涉及多学科理论,国外对该技术专利一直处于保护状态。Chakrabarti 等国外学者研究了铍青铜合金的组织结构以及各项性质,Tsubakino 和 Hylinski 等国外团队则在铍青铜性质的基础上进一步研究铍青铜合金过时效热处理过程中的组织相变及析出情况。国内也有许多专家学者对热校形强化理论进行深入的研究。北京科技大学团队研究了铍青铜合金中不稳定 γ'',γ' 与稳定 γ 的析出方式与特点,对硬度、平整度等参数在热处理工程中变化原理做出了合理的解释。刘淑凤团队与武婧亭团队先后对铍青铜热处理前后金相组织的鉴别与力学性能影响进行了研究总结;袁正江对铍青铜热处理工艺参数的选择和时效强化机理进行了阐述与分析;贾锦红等曾分析利用热处理相变过程中钢具有的超塑性来对弹簧进行尺寸的校正和调整,夏期成则探究了金属材料的超塑性在热处理校形中的作用与应用,并提供了几种代表性金属零件的热校形方法;侯奕冰则在铝合金的加工热处理基础上利用蠕变原理来对工件进行校正。近些年,随着研究的持续深入,对铝合金、钢等常见金属的校形强化技术研究逐渐完善,但对于超薄铍青铜金属膜片类的金属强化校形方法研究还停留在较为初级的阶段。

　　结上所述,铍青铜在热处理过程中发生的组织结构相变及晶格常数转变与其他金属相似,在热处理中铍青铜也因相变发生塑性变形,三维尺度发生体积收缩变形,具有良好的超塑性。所以铍青铜同样适用在热处理过程中结合超塑性对其工件进行校形和强化,实现超薄铍铜膜片的形性调控。

2　超薄铍青铜热校形强化原理

　　铍青铜膜片热时效原理参考铍铜合金相图,如图 1 所示。当铍含量在 2% 左右时,随着温度的降低会出现 α,β,γ 三种不同相组织。α 相是一种固溶体,以铜作为基体,面心立方结构,晶格常数为 0.360 75 nm;β 相为高温固溶处理产生而在室温下得到保留的以 $CuBe_2$ 电子化合物为基体的部分无序固溶体;γ 相则是一种在一定条件下由 β 相产生的以 CuBe 为基体的有序固溶体,晶格常数约为 0.271 nm,并且该晶格呈体心立方结构。因为本文所使用的铍青铜膜片经过固溶处理快速冷却,不存在 β 相,所以在一定温度条件下让 α 相的相变进行得更加充分且稳定,让 γ 相从过饱和固溶体弥散稳定析出分布在金相中,而这种弥散分布 γ 相能够提升铍青铜本身的硬度,使其符合使用的强度标准。各析出相的硬度特点如表 1 所列。

表 1　铍青铜中各相的显微硬度

金相及其状态	维氏硬度/HV	金相及其状态	维氏硬度/HV
α 相 780 ℃淬火	100～130	β 相 780 ℃淬火	200～240
α 相冷变形	200～280	β 相冷变形	340～400
α 相 320 ℃时效 2 h	320～400	γ 相 320 ℃时效 2 h	600～660

铍铜合金材料时效过程中会有大约 0.6% 的体积收缩与 0.2% 的线收缩,相变化与组织比

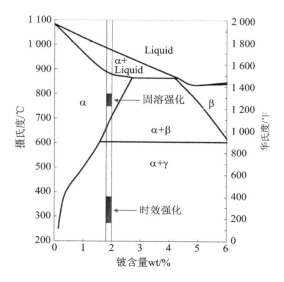

图1　二元铍铜合金相图

例的改变导致铍铜合金在体积、尺寸、密度上的改变,赋予热处理过程中合金材料良好的塑性,
为校形平整提供了理论依据。

时效处理机制就是将材料置于一定的温度条件下,保温一定的时间,使其发生相态的持续
演化过程,使 β→α+γ 过程充分进行,从过饱和的固溶体中析出高度弥散的 γ 相,从而提高铍
青铜的强度,就是一种过饱和固溶体脱溶的过程。该过程可以具体描述为:首先在最初的过
饱和 α 相中形成铍原子的偏聚区(GP区),该区域主要形态为在基体 α 相晶粒之中的{100}晶
面族析出一层铍原子,给其命名为 γ″,这是一种亚稳定相,如图2中的黑色点状物,此过程可
能在固溶处理后降温过程初步进行;然后通过时效处理,随着铍原子沿着此晶面族一层层的析
出,形成一种介于 γ 相和 α 相之间的亚稳定相称之为介稳相 γ′,该相与母相处于半共格状态;
最后共格关系破坏,介稳相 γ′形成稳定的 γ 相,至此脱溶完全结束。析出过程如图2所示。

黑色圆点为铍原子,透明圆点为铜原子

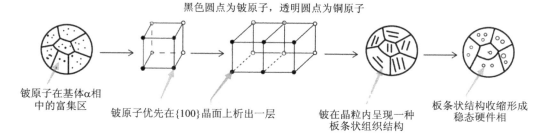

铍原子在基体α相
中的富集区
　　　铍原子优先在{100}晶面上析出一层
　　　　　　铍在晶粒内呈现一种
　　　　　　板条状组织结构
　　　　　　　　　　板条状结构收缩形成
　　　　　　　　　　稳态硬件相

图2　铍铜合金热时效强化析出相态变化

在热时效强化相变过程中,从 α 固溶体再到 GP 区析出片层状单层铍原子,再到不稳定
γ″,γ′与稳定 γ,这其中的相变也同样是一种塑性变形。徐建军、吴心晨、贾锦虹等人研究相变
时各种金属的性能及校形能力,发现在相变过程中的金属拥有更高的塑性,这种性能也被称为
超塑性。这种性能也为之后的校形强化提供了参考。

3　超薄铍青铜热校形工艺试验方案设计

3.1　试验材料与设备

实验材料选用铍铜合金,型号为 QBe2.0,合金中铍的含量为 1.8%～2.0%,以及少量的镍、铬、钛等微量元素。由于铍铜会在 100℃就开始快速氧化,所以加热炉需有极好的气密性以隔绝氧气,因此在气氛加热炉和真空加热炉之中选用真空加热炉。铍青铜的固溶处理温度大约 740 ℃,因此需要炉子留出一定的升温空间。选择加热炉至少需要 1 000 ℃,并且要求加热炉有一定的温控精度。

热校形强化设备选用真空管式加热炉,采用机械泵和分子泵双重真空保证,真空度可以达到 10^{-4} Pa,热处理温度从室温到 1 000 ℃,温度上、下偏差小于 ±5 ℃,升温速率能达到 200 ℃/h,以保证满足不同的升温速率,并应按照设备操作规程进行试验。

3.2　热校形强化工艺规程试验方案设计

3.2.1　优化膜片热校形强化拧紧力大小

热校形强化工艺通过施加拧紧力给膜片一定的压力场,设计拧紧力矩分别为 40,50,60(N·m)通过硬度对比,确定优化拧紧力参数。

3.2.2　确定升温速率大小

真空炉的升温速率直接影响热校形强化效果和效益,选取热处理温度 345 ℃,根据优化的拧紧力矩,设定三组升温速率进行试验,取值为 100 ℃/h、120 ℃/h、150 ℃/h。

3.2.3　热时效校形强化处理工艺

热校形强化工艺包括升温速率、拧紧力矩、保温温度、保温时间的确定,即优化的升温速率一次升温至保温温度,保证铍铜片和夹具可以在规定的升温时间内均匀传递热量,形成均匀的温度场,使得膜片能够在均匀的热力场中保持一定的保温时间。本文膜片热校形强化工艺采用一步时效热处理法,即采用优化的升温速率进行升温至峰值温度,然后保温一定的时间,开炉强风冷却至 50℃,强风冷后开炉取件检测,通过金相观测、宏观硬度对比、厚度和直径的变化,综合评估热校形强化效果。热校形强化工艺示意图如图 3 所示。基本试验技术参数:时效温度作为自变量取 315 ℃、330 ℃、345 ℃、370 ℃,保温时间 2 h;保温时间作为自变量选取 0.5 h,1.0 h,1.5 h,2.0 h。取过时效温度,拧紧力升温速率分别为试验优化的参数。

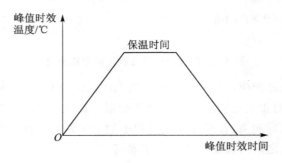

图 3　热校形强化工艺规程

3.3　检测设备与方法

在热校形时,由于使用田口法选择热校正参数,导致微观尺寸随热校正工艺参数变化而变化,个别热处理参数无法单独通过硬度、金相组织来进行比较,并且铍青铜膜片在热处理中应力无法完全释放,导致热处理后期形变不稳定,所以在进行热校正实验的前后也需要对铍青铜膜片的前后平整度进行量化测量,以求符合使用标准。对比前后热校正的平整度能够更好地结合金相组织、硬度等其他检测参数对热处理工艺进行更深的完善与分析。为了更好地探究热处理的各项参数对铍青铜膜片表面平整度的影响程度,对铍青铜膜片的平整度进行大致观察、对比,实现先通过主观观察对比再到客观检测的规范流程如下。

- 对超薄铍铜进行人工表面检测及平整度初检;
- 利用金相分析仪对超薄铍青铜进行金相检测;
- 利用硬度计对超薄铍青铜进行硬度检测;
- 利用影像仪等设备对超薄铍青铜进行直径和厚度检测;
- 最终通过海克斯康 PMM Gold 07.07.05 非接触检测设备,实现平整度的亚微米级检测,如图 4 所示。

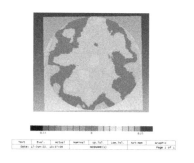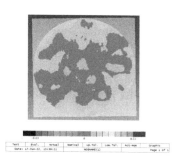

图 4　平整度检测结构

4　超薄铍青铜热校形工艺实验结果与探讨

4.1　拧紧力和升温速率参数实验

4.1.1　拧紧力的实验优化

拧紧力大小会影响膜片压力场,根据勒沙特列原理,压力的存在会对材料的组织结构演化过程有促进作用。由表 2 的试验结果可以看出,拧紧力对材料硬度属于微扰状态,硬度没有发生显著的变化,大致规律是随着拧紧力的增加硬度呈现缓慢增加趋势,但不同拧紧力下硬度的均匀性具有选择性,在 50 N·m 条件下的铍青铜膜片具有更好的均匀性,各点硬度值未发生明显的突变,因此膜片的平整度也更好一些。因此暂定夹紧力为 50 N·m 进行后续时效强化处理。

表 2　拧紧力实验组硬度

HV

试验编号	中心硬度	左下硬度	右上硬度	单片平均值	5 片硬度平均值
101	338.7	308.4	325.0	324.0	342.0
102	349.1	339.8	342.8	343.9	342.1
103	328.1	327.1	336.9	330.7	342.3

4.1.2　升温速率的实验优化

104,105,106 三组热处理实验数据显示,升温速率过快会导致材料硬度出现一定程度的下降,硬度均匀性较差;反之升温速率越慢,温度场更均匀,硬度较高,而且均匀度更好。工业生产中需要考虑生产效率,由此选择硬度和均匀性较好的 105 组试验方案,即升温速率好,热处理时间也相对较短的 105 组,升温速率为 120 ℃/h。

表 3　升温速率实验组硬度

HV

试验编号	中心硬度	左下硬度	右上硬度	单片平均值	5 片硬度平均值
104	338.8	367.4	333.8	346.7	352.7
105	345.6	363.1	349.6	352.8	358.7
106	361.5	352.1	341.4	351.7	354.5

综合上述得知,铍青铜真空时效处理所需的真空度至少为 5.0×10^{-3} Pa。峰值时效温度 345 ℃,保温时间为 2 h,升温速率为 120 ℃/h,拧紧力矩为 50 N·m,这些参数作为后续试验参数。

4.2　热校形强化工艺实验优化

膜片热校形强化工艺采用一步时效热处理法,采用优化的升温速率升温至峰值温度,然后保温一定的时间,开炉冷却。基本参数有:升温速率 120 ℃/h;时效温度作为自变量取 315 ℃、330 ℃、345 ℃、370 ℃,保温时间 2 h;保温时间作为自变量选取 2.5 h,2 h,1.5 h;时效温度取 370 ℃,拧紧力矩设置为 50 N·m。试验结果讨论如下。

4.2.1　热校形强化温度对金相组织结构的影响

合金金相组织结构才是影响硬度的根本原因。对于铍铜合金,目标硬度通过金相表征来看,即铍青铜中 γ 相充分的析出,形成弥散状分布于基体铜合金中,以此达到最大强化效果,并保证进行均匀性的强化。图 4 所示为时效温度作为变量,分别设计 315 ℃、330 ℃、345 ℃、370 ℃,保温时间 2 h,不同温度下的金相组织结构特点。

图 5 和图 6 最明显的特征就是金相组织颜色的变化,从未处理状态的金黄色,随着温度的增加,析出不同的相,颜色变为浅紫色、深蓝色、黄棕色,315 ℃金相图中铍青铜合金中晶界变得更加清晰,与未处理组织结构相比,晶粒大小分布不均匀,存在明显的大晶粒和小晶粒。由图 5(a)和图 6(a)不难看出,原本存在于基体中由于固溶处理所呈现的亚稳相 γ″,经过时效处理后并未出现与大部分脱离母相、小部分与母相保持半共格的状态。也就是 315 ℃时效处理所提供的热力场不足以支持其完成脱溶析出,但是亚稳相 γ″的弥散程度有明显的增加,以此可判断 315 ℃条件下的时效处理是欠时效处理。

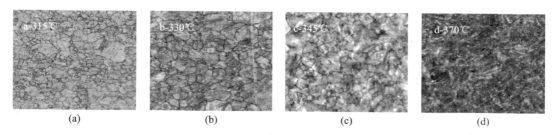

图 5　不同热时效校形强化温度下保温 2 h 的 100 倍金相组织结构特点

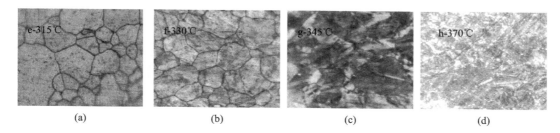

图 6　不同热时效校形强化温度下保温 2 h 的 500 倍金相组织结构特点

由图 5(b)和图 6(b)可以看出,晶界依然明显清晰可见,而且晶粒得到了极大地优化,晶粒结构大小分布更加均匀,无明显过大或者过小的晶粒,,已经析出少量稳定相,即基体晶粒内部白色的小圆点。通过分析可以得知,330 ℃时效处理仍然处于不完全时效过程,强化相析出量太少,难以满足强度要求,不能满足实际的工艺要求。由图 5(c)和图 6(c)可以看出,晶界明显变粗,界面出现瘤析出相,颜色变为深蓝色,亚稳相依然存在,可以确定 345 ℃达到了峰值时效温度。由图 5(d)和图 6(d)可以看出,晶界已经模糊状态化,而且晶粒大小基本无法判断。大量析出相在晶界和晶体内部析出,晶界处硬化相呈现带状瘤状物,晶体内部析出物呈板条状结构并连接成一片分布于晶体内部,表明 370 ℃热强化处理白色 γ 相析出明显超过 345 ℃,可以确定 370 ℃热强化为过时效强化工艺。因为电子元件需要信号的稳定性,过时效有助于减少蠕变,保证信号的稳定性和鲁棒性,所以本文采取过时效工艺。

4.2.2　热校形强化保温时间对金相组织的影响

热处理强化工艺中,热处理强化温度是保证强度和硬度的主要因素之一,另一个重要因素就是保温时间,保温时间长短直接决定析出强化相的比例。本文选取热处理强化温度为 370 ℃,保温时间分别为 0.5 h,1.0 h,1.5 h,2.0 h,试验的金相组织结构特点如图 7 和图 8 所示。

由上述两组金相结构图可以看出,保温时间的变化导致金相组织结构演变的过程和温度的变化类似,最明显的特征仍然是金相组织颜色的变化,并伴随白色析出相和板条状结构的变化。随着保温时间的延长,铍青铜合金金相逐渐呈现出由最初保温 0.5 h(图 7(a)和图 8(a))灰蓝色变为保温 1 h(图 7(b)和图 8(b))的紫蓝色,组织结构中白色析出相的比例随着保温时间的延长继续增加,从晶界弥散的点状结构开始发展为整个晶界倍弥散点填充,晶界明显变粗,有瘤状结构析出,蓝色版条状结构减少;在保温 1.5 h(图 7(c)和图 8(c))后,紫蓝色消退,逐渐变为暗黄色,组织结构中白色析出相的比例随着保温时间的延长而增加,在晶界继续发展形成连续的瘤状晶界区域,同时晶体内开始出现弥散点状析出相,蓝色版条状结构明显减少,棕黄色组织结构比例增加;保温 2 h(图 7(d)和图 8(d))后紫蓝色基本消失,金相整体颜色呈现

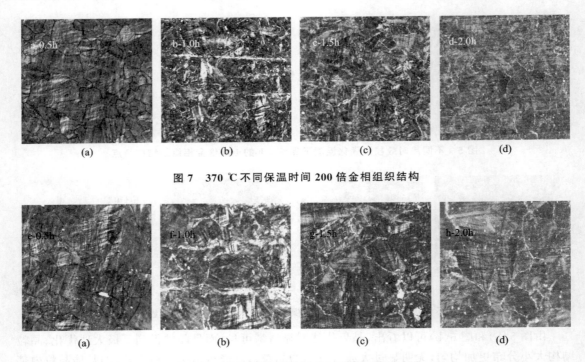

图 7　370 ℃不同保温时间 200 倍金相组织结构

图 8　370 ℃不同保温时间 500 倍金相组织结构

为棕黄色,白色析出相在晶界继续增长,晶体内部白色析出相数量继续增加,体积变大。

4.2.3　热校形强化温度和保温时间对硬度的影响

分别测试不同热时效强化温度和保温时间的硬度,选取膜片上下左右和中间 5 个点测试,取其平均值。试验结果如图 9 所示。

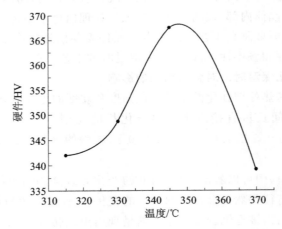

图 9　不同热校形强化温度下硬度的变化

热校形强化在不同温度下,硬度出现一定变化,平均硬度变化在 340～370 HV 之间,因此可以看出温度变化对硬度有影响,需根据对超薄铍青铜材料的实际性能需求,结合金相检测结果等其他扰动因素进行热校形工艺调整,以满足实际生产需求。

基于不同保温时间的热时效结果反映出超薄铍青铜材料随保温时间增长有缓慢下降趋势,平均硬度变化在 345～365 HV 区间,如图 10 所示。可以看出保温时间的变化对硬度有一定影响,需根据对超薄铍青铜材料的实际性能需求,综合其他扰动因素进行热校形工艺适当调整,以满足实际生产需求。

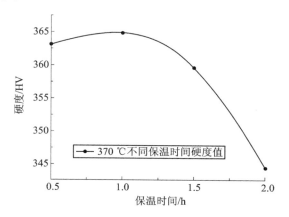

图 10 不同热时效保温时间硬度的变化

4.2.4 热校形温度和时间对表面质量和膜片尺寸的影响

对不同热处理规程的膜片表面质量观测和尺寸检测,观察发现铍铜合金真空热处理强化后的膜片表面无氧化皮,说明真空管式炉的真空度完全可以达到铍铜合金无氧化热校形强化。

检测膜片热校形强化前后直径和厚度尺寸结果见表 4。由表 4 中的数据可见,热处理校形强化过程是一个收缩过程,收缩率在 0.124 8%～0.310 3%之间,但是径向和厚度方向变化趋势不同,厚度检测也可能受到检测设备精度限制,变化范围可能在纳米范围,常规的检测工具难以检测出来,如表 4 所列。

表 4 不同热校形强化温度下膜片厚度的变化

热校正温度/℃	拧紧力矩/(N·M)	热校正保温时间/h	热校正前厚度/mm	热校正后厚度/mm
315	50	2	0.052	0.052
330			0.052	0.052
345			0.052	0.052
370			0.053	0.053

表 5 不同热校形保温时间下膜片厚度的变化

热校正温度/℃	拧紧力矩/(N·M)	热校正保温时间/h	热校正前厚度/mm	热校正后厚度/mm
370	50	0.5	0.053	0.053
		1	0.052	0.052
		1.5	0.053	0.053
		2	0.053	0.053

直径收缩率随着温度的增加而增加,在 315～370 ℃范围内,直径线收缩率线大致保持在 0.32%以下,370 ℃保温时间见表 6 和表 7。在 0.5～2 h 直径的收缩率在 0.26%范围内;在所有的数据热处理强化过程中厚度值基本不变(见表 6 和表 7)。这可以说明热校正所伴随的组织析出、晶粒长大现象对厚度的影响微乎其微,变化主要集中在径向,且说明铍铜合金热处理强化过程确实具有一定的可塑性,但是在三维方向塑性有较大差别。这一方面为热校形提供

了理论依据和数据支撑,另一方面也预示了热校形过程的复杂性,如何保证三维方向均匀变形,形成均匀的组织结构和残余应力是热校形技术需要克服的技术难点。

表6 不同热校形强化温度下膜片直径的变化

热校正温度/℃	拧紧力矩/(N·m)	热校正保温时间/h	热校正前直径/mm	热校正后直径/mm	收缩率/%
315			28.055	28.02	0.124 8
330	50	2	28.016	27.968	0.171 3
345			28.027	27.971	0.199 8
370			28.039	27.952	0.310 3

表7 不同热校形保温时间下膜片直径的变化

热校正温度/℃	拧紧力矩/(N·m)	热校正保温时间/h	热校正前直径/mm	热校正后直径/mm	收缩率/%
370	50	0.5	28.051	28.004	0.167 6
		1	28.015	27.965	0.178 5
		1.5	28.025	27.973	0.185 5
		2	28.065	27.994	0.253 0

5　总　结

本文基于精密仪器、电子行业、航天航空等高精尖行业对超薄铍青铜高平整度强化定型的需求,结合铍青铜的各项性能和热校正工艺对超薄铍青铜QBe2.0材料进行了热校形强化工艺的设计与实验。该实验借助理论实践相结合的手段,从温度、升温速率、拧紧力矩、保温温度、保温时间等多个方面入手,并就热校形强化工艺对平整度、硬度、金相组织等因素的影响进行研究及探讨。实验证明,过时效热处理校正工艺能够对超薄铍青铜膜片的平整度、硬度等多方面起到改善作用;所选用的热校正参数及方法具有一定的实用性和有效性,为超薄铍青铜材料强化定型的设计与应用提供参考。

参考文献

[1] 刘金城.铍青铜合金的性能[J].铸造,2021,70(01).

[2] 岳丽娟,王艳婷,郑学清,等.铍青铜合金元件生产及应用研究[J].中国金属通报,2019,(10):214-215.

[3] Frank Dunlevey, Clarence Lorenz Jr,涂祖顺.铍青铜合金的热处理方法[J].国外金属热处理,1991,(12):41-44.

[4] 潘震.铍青铜代替高性能铜基弹性合金的开发现状[J].材料开发与应用,2014,29(02):99-104.

[5] 王伟.铍青铜合金的生产和应用前景分析[J].有色金属加工,2014,43(02):9-12.

[6] 陈乐平,周全.铍青铜合金的研究进展及应用[J].热加工工艺,2009,38(22):14-18.

[7] 贾锦红,李绍忠,黄威,王冶.利用相变超塑性精整弹簧尺寸[J].机械工程师,2005(05):130.

[8] 夏期成.相变超塑性在回火校正中的作用和应用[J].新技术新工艺,1987(06):7-9.

[9] 侯奕冰.2A14铝合金蠕变校形工艺数值模拟及实验研究[D].哈尔滨工业大学,2014.

[10] Chakrabarti D J, Laughlin D E, Tanner L E. The BeCu (Beryllium-Copper) system Bull[J]. Alloy Phase Diagrams, 1987,2(1):269-288.

不同干膜润滑涂料对某 GH4169 十二角法兰盘自锁螺母安装预紧力的影响

宫兆泉　陈晓芳　曲凤英　高超　陈锴

(东方蓝天钛金科技有限公司,山东·烟台,264003)

摘要: 某军机型号用十二角法兰盘紧公差螺栓和十二角法兰盘自锁螺母进行安装试验时,规定安装扭矩为 40 N·m。针对螺母安装力矩高的问题,设计了验证试验,验证不同干膜润滑涂料对安装试验预紧力、预紧力变异系数、扭矩系数 K、扭矩系数变异系数的影响。通过验证试验,得出螺母表面涂覆 HR-7201 牌号或 Everlube620C 牌号干膜润滑剂,螺栓与螺母的安装预紧力平均值分别为 55.26 kN、56.52 kN,扭矩系数平均值分别为 0.089、0.090,与国外进口螺栓、螺母预紧力接近,可以达到较好的装配效果。

通过验证试验,确定了满足螺母安装试验要求的干膜润滑剂,为螺母研制、生产提供了技术支持。

关键词: 安装试验;干膜润滑剂;预紧力;扭矩系数

1　引　言

机载设备用紧固件(十二角法兰盘紧公差螺栓和十二角法兰盘自锁螺母)用于某军机型号用作动筒的装配。螺栓与母装配安装力矩较大,为 40 N·m。螺栓表面处理为钝化,而螺母表面处理为涂覆二硫化钼干膜润滑剂。在高扭矩下装配,对干膜润滑涂层的承载能力及涂层润滑性能提出了更高的要求。如果干膜润滑膜层润滑性能差,会导致螺栓与螺母装配预紧力小,密封不严,可能出现漏油问题。

国内外相关涂料生产企业等单位已对干膜润滑剂进行了系统性研究。如国外标准 AS 5272F《热固化耐腐蚀干膜润滑采购规范》及 AS 1701F《干膜润滑》,对干膜润滑涂层的承载能力、耐磨寿命、耐腐蚀能力等技术要求及试验方法进行了明确规定。AS 5272F 规定,按 ASTM D2625 程序 A 测试涂层耐磨寿命,在 1 000 磅力下,涂层平均耐磨寿命为不低于 250 min,单独一组样件的耐磨寿命不低于 210 min;按 ASTM D2625 程序 B 测承载能力,涂层平均承载能力不低于 11 120 N,单独一组样件的承载能力不低于 10 000 N。国外生产的涂料,其技术数据表中包含的信息也十分完善。如 Everlube 620C 涂料,在技术数据表中,明确了涂料应满足 AS 5272F 的要求,同时规定涂层摩擦系数、抗磨损能力等性能的技术要求及试验方法。

国内众多科研院所,如北京航空材料研究院、兰州化学物理研究所等单位,也对干膜润滑涂料进行了系统研究,干膜润滑涂料的耐盐雾腐蚀、润滑性能均有较大提升。如兰州化学物理研究所研发的 ZK 系列干膜润滑剂,涂覆钢制镀铜螺母,涂层厚度为 5~12 μm,按 GJB 715.1

进行中性盐雾试验,经 648 h 中性盐雾试验后,基体仍未锈蚀。

　　本文对涂覆螺母的干膜润滑涂料进行验证,将不同牌号干膜润滑剂涂覆在螺母上,使用试验机与螺栓进行装配,装配力矩为 40 N·m。检验螺栓、螺母装配后的预紧力、预紧力变异系数、扭矩系数和扭矩系数变异系数,通过与进口螺栓、螺母的预紧力、预紧力变异系数、扭矩系数和扭矩系数变异系数进行对比,摸索出能够满足安装试验的干膜润滑剂牌号。

2　试验原理、设备及方法

2.1　试验原理

　　螺栓与螺母装配时,预紧力与扭矩系数的关系为

$$F = \frac{M}{Kd} \tag{1}$$

式中,F 为预紧力;M 为安装力矩;d 为螺栓公称直径;K 为扭矩系数(扭矩系数 K 为综合系数,不等同于摩擦系数)。

　　扭矩系数与摩擦系数的关系为

$$K = \frac{1}{2}\left[\frac{d_2}{d}\left(\mu \sec \frac{\alpha}{2} + \tan \lambda\right) + \mu_1 \frac{d_n}{d}\right] \tag{2}$$

式中,d_2 为螺纹中径;α 为牙型角;λ 为螺纹升角;μ 为螺纹间的摩擦系数;μ_1 为支承面间摩擦系数;d_n 为支承面的平均直径;d 为螺栓公称直径。

　　其中,M、d 一定,则预紧力 F 的大小取决于扭矩系数 K 的大小。式(2)中,在影响扭矩系数 K 的众多因素中,螺纹中径 d_2、牙型角 α、螺纹升角 λ、支承面的平均直径 d_n、螺栓公称直径 d 是由机加工艺决定的,机加工艺可确保精度达到微米级,相对而言,螺纹副摩擦系数 μ、螺母与被连接件支撑面间的摩擦系数 μ_1 影响最为显著。

　　摩擦系数与扭矩系数呈正相关关系、与预紧力呈负相关关系。即摩擦系数越小、扭矩系数越小、螺纹副的阻力矩以及螺母与被连接件支撑面间的摩擦阻力矩越小、剩余部分的安装力矩越大、转化形成的预紧力越大。

　　由此可知,摩擦系数会影响扭矩系数,而扭矩系数又影响安装预紧力。影响摩擦系数大小整体水平的主要因素为二硫化钼干膜润滑剂的类型。

2.2　试验设备及方法

　　分别选取了 12 个牌号的二硫化钼干膜润滑剂,涂覆十二角法兰盘自锁螺母。从每组螺母中随机抽取 10 件,在相同试验条件下与进口件开展了预紧力对比试验,本轮试验的目的在于优选出与进口件润滑水平最接近的干膜润滑涂料。具体方案设计见表 1。

　　扭拉试验机(见图 1)设备型号为 QBN-200,可设置安装力矩,并显示安装试验预紧力、摩擦系数等试验数据。扭拉试验垫片见图 2。

表 1　涂覆不同牌号干膜润滑剂螺母预紧力对比试验

组　别	干膜润滑剂牌号	干膜润滑剂生产厂家	试验方法
进口螺母	—	—	固定螺栓拧螺母,试验机(见图1)以 3 r/min 的速度加载至 10 N·m,停顿 10 s;再以 2 r/min 的速度加载至 30 N·m,停顿 10 s;再以 1 r/min 的速度加载至 40 N·m。每次试验均选用新垫片(见图2);每次均用指定润滑脂(见图3)涂抹螺栓螺纹部位
国产件 I	Everlube620C	Everlube 公司	
国产件 II	HR-7201	北京航空材料研究院	
国产件 III	上海厂家(1)	上海亿霖润滑材料有限公司	
国产件 IV	上海厂家(2)		
国产件 V	ZK01	兰州化学物理研究所	
国产件 VI	ZK01-1		
国产件 VII	ZK05		
国产件 VIII	ZK06		
国产件 IX	ZK06-1		
国产件 X	ZK06-2		
国产件 XI	ZK06-3		
国产件 XII	ZK06-4		

图 1　扭拉试验机

图 2　扭拉试验垫片

试验时,在扭拉试验机上固定螺栓一端,螺栓螺纹处均匀涂抹长城 7008 通用航空润滑脂(见图3),螺栓、螺母两侧装有材料为 15-5PH,硬度为 36～39 HRC 的试验垫片,分别在力矩加载至10 N·m、30 N·m、40 N·m 时记录轴向预紧力值,并观察安装至 40 N·m 时螺栓螺纹的表面质量。试验后的样件实物如图4所示。

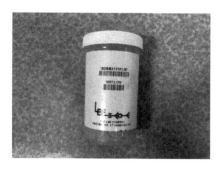

图 3　长城 7008 通用航空润滑脂

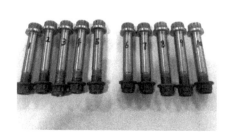

图 4　试验后的样件实物图

3 不同干膜润滑涂料对安装试验的影响

使用同批次螺栓进行安装试验。对比进口螺母与涂覆 12 个牌号干膜润滑剂的螺母预紧力平均值、预紧力变异系数、扭矩系数平均值和扭矩系数变异系数。其中,变异系数$(C_v)=$标准差/平均值。

3.1 各组样件预紧力平均值、预紧力变异系数

各组样件预紧力平均值、预紧力变异系数柱形图见图 5 和图 6。

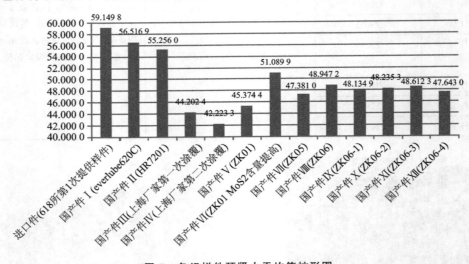

图 5 各组样件预紧力平均值柱形图

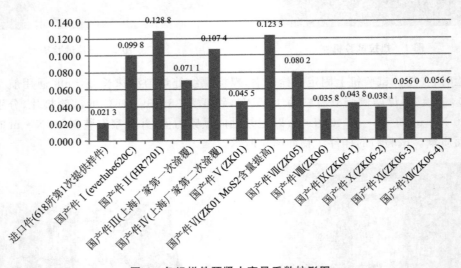

图 6 各组样件预紧力变异系数柱形图

3.2 各组样件扭矩系数平均值、扭矩系数变异系数

各组样件扭矩系数平均值、扭矩系数变异系数柱形图见图 7 和图 8。

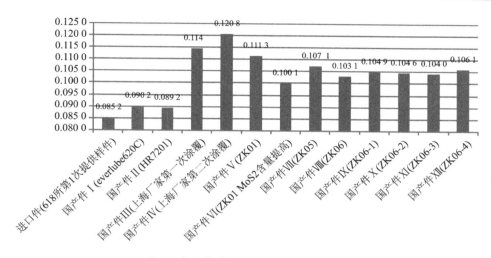

图7　各组样件扭矩系数平均值柱形图

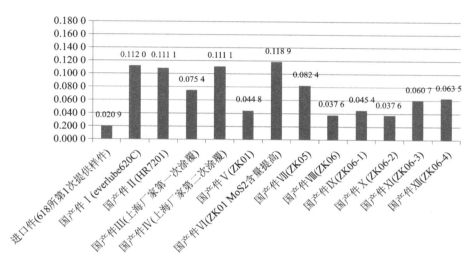

图8　各组样件扭矩系数变异系数柱形图

4.3　数据分析

统计学中,算术平均值反映样本数据大小的平均水平;变异系数反映样本数据离散程度的大小,变异系数越大,说明数据离散程度越大,变异系数越小,说明数据离散程度越小。

根据公式 $F = \dfrac{M}{Kd}$,M 与 d 为定值,故预紧力 F 与扭矩系数 K 具有相同的变化趋势及分析意义。

相同试验条件下,根据图5~图8试验数据,对比涂覆不同种类干膜润滑剂的螺母与进口件综合预紧力/扭矩系数的平均值、变异系数可以发现:

(1)国产件涂覆上海亿霖润滑材料有限公司研制的2种牌号的二硫化钼,预紧力平均值为42 kN左右,与涂覆其他干膜润滑剂种类的螺母预紧力平均值相比最小,约为涂覆 HR-7201 干膜润滑剂的螺母预紧力平均值的75%,首先排除涂覆上海亿霖润滑材料有限公司研制的2种牌号的二硫化钼作为优选方案。

(2) 各组预紧力/扭矩系数的变异系数比较,涂覆 ZK01 牌号、ZK06 牌号、ZK06-1 牌号、ZK06-2 牌号干膜润滑剂的螺母,变异系数相当且相对而言与进口件最为接近,说明预紧力/扭矩系数离散程度相对较小,数据相对较为稳定,ZK 系列干膜润滑涂层润滑效果受涂层厚度等因素影响较小;但预紧力/扭矩系数的平均值与进口件相比存在显著差异:涂覆 ZK 系列干膜润滑剂的螺母预紧力平均值不超过 51 kN,显著低于进口件预紧力平均值,扭矩系数平均值显著高于进口件扭矩系数平均值,说明上述四种 ZK 系列牌号的干膜润滑剂整体平均润滑性能与进口件存在显著差异。

涂覆 ZK01 牌号、ZK06 牌号、ZK06-1 牌号、ZK06-2 牌号干膜润滑剂的螺母虽然预紧力/扭矩系数相对较为稳定,但预紧力大小整体水平显著小于进口件,考虑到预紧力太小,可能无法满足设计所预期的紧固需求,存在漏油风险,故 ZK01 牌号、ZK06 牌号、ZK06-1 牌号、ZK06-2 牌号的干膜润滑剂目前也无法作为优选方案。

(3) 涂覆 HR-7201 牌号的干膜润滑剂或涂覆 Everlube 620C 牌号干膜润滑剂的螺母,进行安装试验时,预紧力平均值分别为 55.25 kN、56.52 kN,扭矩系数平均值分别为 0.089、0.090。而进口螺母预紧力平均值为 59.15 kN,扭矩系数平均值为 0.085 kN。通过对比试验,HR-7201 及 Everlube 620C 干膜润滑剂可用于 GH4169 十二角法兰盘自锁螺母的涂覆,螺母能够满足高扭矩安装试验的要求。

4 总 结

通过试验验证,不同干膜润滑涂料对安装试验预紧力、预紧力变异系数、扭矩系数和扭矩系数平均值等性能有显著的影响。不同涂料的使用条件如下:

(1) 兰州化学物理研究所研制生产的 ZK 系列干膜润滑涂料,施工后,涂层摩擦系数稳定,预紧力均匀,涂层润滑效果不受涂层厚度等因素影响,且 ZK 系列涂层耐盐雾腐蚀性能优异,因此,ZK 系列干膜润滑剂适用于低安装力矩、高防腐要求的紧固件。

(2) 螺母涂覆 HR-7201 干膜润滑剂或 Everlube 620C 干膜润滑剂,使用扭拉设备进行安装试验,在高安装力矩下,预紧力/扭矩系数的整体平均值水平与进口件最为接近。因此,当螺栓与螺母在高安装力矩下装配,可选用 HR-7201 或 Everlube 620C 干膜润滑剂。

参考文献

[1] 雷天觉. 新编液压工程手册[M]. 北京:北京理工大学出版社,1998.

[2] 万冰华,林忠亮. 紧固件二硫化钼干膜润滑剂涂覆技术研究[J]. 航天标准化,2018(1):15-19.

[3] 任春红. 对螺纹联接预紧力控制方法的分析[J]. 煤矿机械,2005(6):43-44.

[4] 王朋,陈安生,张会武,等. 螺栓扭矩系数影响因素的试验研究[J]. 试验力学,2013(3):307-313.

[5] 吕伟,李桂芹. 摩擦系数与螺栓拧紧力矩系数关系的讨论[J]. 沈阳航空工业学院学报,1998(4):29-34.

[6] YAMAMOTO A. Principle and design of screw joint[M]. Tokyo:Yokendo Ltd.,1995.

[7] Meiler, Prestrof M, Geiger M, et al. The use of dry film lubricants in aluminum sheet metal forming[J]. Wear,2003,255:1455-1462.

二次时效对 17-4PH 组织及性能影响研究

孙嫣然　董志林　赵玉振　闫红文　霍晓峰　肖飞

（东方蓝天钛金科技有限公司，山东·烟台，264003）

摘要：本文采用金相显微镜、洛氏硬度仪及电子万能试验机等设备，研究二次时效对 H1025 态 17-4PH 沉淀硬化不锈钢显微组织、洛氏硬度及力学性能影响。结果表明：H1025 时效后相同温度二次时效和提高温度二次时效都会导致板条马氏体中析出的第二相富铜粒子 ε-Cu 颗粒增多变大，生成更多逆转变奥氏体，从而使硬度和拉伸强度降低。相同温度二次时效，硬度平均降低 0.9 HRC，抗拉强度降低 19 MPa。提高 6 ℃ 二次时效，硬度平均降低 1.3 HRC，抗拉强度减低 28 MPa。

关键词：二次时效；17-4PH；显微组织；力学性能

1　研究背景

17-4PH 材料对应国内牌号 0Cr17Ni4Cu4Nb，是一种马氏体沉淀硬化不锈钢，该钢种主要通过固溶后马氏体相变及时效过程中析出的沉淀相作为主要强化手段，在 400 ℃ 以下具有较强的抗氧化性及耐弱酸、碱、盐腐蚀性的同时能够保持较高强度的优点，已被广泛使用于压力容器、飞机关键部件、汽轮机片、紧固件及核工业等重要领域。

17-4PH 力学性能受时效保温温度和保温时间影响。国内外学者对 17-4PH 的研究主要集中在不同固溶时效参数对材料性能影响及析出相的演变规律，而工厂实际生产中遇到硬度超标开展返工处理对材料组织和性能的影响则鲜有涉及。不锈钢热处理规范 AMS 2759/3 推荐的返工方法有相同时效温度再次时效和提高时效温度再次时效两种方法，本文研究了 H1025 状态 17-4PH 材料经不同返工时效方式处理后对材料组织和性能影响规律，为后续工厂实际生产提供指导性建议。

2　工艺试验

2.1　工艺试验方案确定

AMS 2759/3 规范规定按照推荐的时效工艺制度热处理后，当硬度超出规范上限要求时，17-4PH 材料推荐返工热处理制度为：将材料重新加热到与时效温度相同的温度（552 ℃）进行返工时效；或重新加热至高于时效温度 6 ℃（558 ℃）返工时效。为了与 H1025-552℃和 558℃ 单次时效组织和性能作对比，选择固溶态 17-4PH 材料，按照表 1 所列不同试验方案对应的热处理制度进行热处理，并开展相应的试验项目。

表 1 试验方案

编 号	热处理制度	试验项目		
		金相	拉伸性能	硬度
制度 1	552 ℃下保温 4 h	1	3	3
制度 2	552 ℃下保温 4 h 空冷到室温后,重新加热到 552 ℃继续保温 4 h,空冷	1	3	3
制度 3	558 ℃下保温 4 h	1	3	3
制度 4	552 ℃下保温 4 h 空冷到室温后,重新加热到 558 ℃继续保温 4 h,空冷	1	3	3

2.2 试验材料

本次试验选择原材料为沉淀硬化不锈钢 17-4PH 棒材,直径 ϕ 为 10.32 mm,供货状态为固溶态,符合 AMS 5643 材料规范规定。用光谱分析法对其化学成分进行检测,检测结果见表 2。

表 2 17-4PH 原材料成分

合金元素	C	P	S	Cr	Ni	Nb	Cu
标准值	≤0.07	≤0.04	≤0.03	15.00~17.50	3.00~5.00	5×C-0.45	3.00~5.00
含量(wt/%)	0.024	0.017	0.023	15.83	4.284	0.180	3.644

2.3 试验方法

2.3.1 硬度试验

硬度试验规范执行 GB/T 230.1,硬度试样高度为 10 mm,热处理后经砂纸打磨抛光,然后利用 KH3000 自动数显洛氏硬度计进行硬度测试,加载力 150 kgf(1 kgf＝9.8 N),保载时间为 3 s。每个试样测四个点,第 1 个点不计数,记录后 3 点数据和平均值,以平均值代表每件硬度试验块硬度值,3 件硬度块平均硬度代表每组试验方案硬度值。

2.3.2 拉伸试验

拉伸试验规范执行 GB/T 228.1,拉伸试棒经车削和两头滚丝后加工成拉伸试样,使用电子万能试验机进行力学性能测试。按照规定的拉伸速率进行拉伸试验,拉伸速率分为两个阶段:第一阶段为 0.555 mm/min,第二阶段为 4.2 mm/min,试验温度为室温(25±2)℃。每组进行三次试验,以 3 件拉伸试样平均值代表每组试验方案抗拉强度值。

2.3.3 金相试验

金相试验规范执行 GB/T 13298,将金相试样打磨抛光,用苦味酸盐酸酒精溶液腐蚀 60~120 s,利用 HAL 100 型光学显微镜对固溶态及不同试验方案下的显微组织进行观察,观察部位为棒料横截面 1/2 半径处,通过比对法判断金相组织变化趋势。

3 实验结果及数据分析

3.1 洛氏硬度

洛氏硬度是 17-4PH 时效后性能评价的一个重要指标,AMS2759/3 规定,17-4PH H1025 状态下洛氏硬度范围为 32~42 HRC。按照表 1 制定的试验方案对试样热处理后,进行洛氏硬度测试并计算平均值,检测数据见表 3,硬度与时效状态变化趋势如图 1 所示。

表 3   不同热处理制度对应的试样洛氏硬度

HRC

热处理制度	各试样硬度平均值			平均值
	1#	2#	3#	
制度 1	38.2	37.9	38.5	38.2
制度 2	37.3	37.0	37.7	37.3
制度 3	37.6	37.2	38.0	37.6
制度 4	37.0	36.6	37.2	36.9

由图 1 可见,17-4PH 材料按照表 1 制度 1 在 552 ℃保温 4 h 时效处理后硬度平均值为 38.2 HRC,按照制度 3 提高时效温度至 558 ℃时效后硬度降低了 0.6 HRC。按照制度 2 在温度 552 ℃经过 2 次时效后,硬度下降了 0.9 HRC。按照制度 4 经过 2 次时效后,硬度下降了 1.3 HRC。随着时效温度的提高和保温时间的增加,材料的硬度均呈现下降趋势。

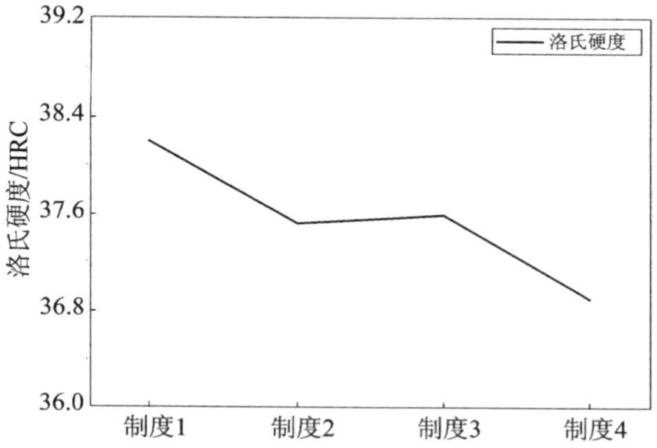

图 1   17-4PH 在不同热处理制度下的洛氏硬度结果

3.2   力学性能分析

按照表 1 制定的试验方案对试样热处理后,进行拉伸性能测试并计算平均值,检测数据见表 4,热处理制度与各力学性能变化趋势如图 2 所示。

表 4   17-4PH 不锈钢在不同热处理下的力学性能

热处理制度	试样编号	抗拉强度 /MPa		屈服强度 /MPa		伸长率/%		断面收缩率 /%	
		实测值	平均值	实测值	平均值	实测值	平均值	实测值	平均值
制度 1	1	1 151		1 122		13.0		58	
	2	1 163	1157	1 127	1125	13.5	12.8	62	59.7
	3	1 157		1 125		12.0		59	
制度 2	1	1 140		1 119		13.0		62	
	2	1 137	1 138	1 114	1 116	12.5	13.0	62	61.7
	3	1 137		1 115		13.5		61	
制度 3	1	1 147		1 121		13.0		62	
	2	1 140	1 144	1 115	1 118	14.0	13.5	61	61.3
	3	1 145		1 117		13.5		61	
制度 4	1	1 130		1 112		13.5		61	
	2	1 131	1 129	1 109	1 110	14.0	13.5	62	61.3
	3	1 126		1 109		13.0		61	

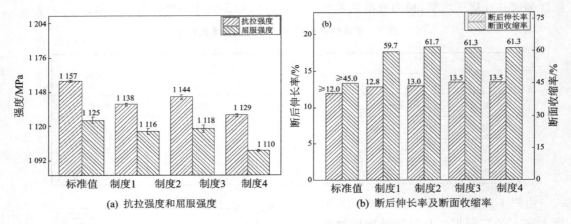

图 2　17-4PH 在不同热处理制度下力学性能

从表 4 和图 2(a)可看出,17-4PH 材料按照表 1 制度 1 在 552 ℃保温 4 h 抗拉强度最高,为 1 157 MPa。按照制度 3 提高时效温度至 558 ℃抗拉强度降低了 13 MPa。正常工艺时效后,按照制度 2 在温度 552 ℃经过 2 次时效后,抗拉强度下降了 19 MPa。按照制度 4 经过 2 次时效后,抗拉强度下降了 28 MPa。随着时效温度提高和保温时间增加,材料的抗拉强度均呈现下降趋势。屈服强度和抗拉强度呈现相同变化趋势。

从表 4 和图 2(b)可看出,断后伸长率及断面收缩率,随着时效温度提高和保温时间增加,呈上升趋势,由于数值较为接近,趋势变化并不显著。

3.3　显微组织分析

固溶态 17-4PH 显微组织如图 3 所示,从图中可以看出 17-4PH 固溶态组织主要为淬火马氏体,组织中存在奥氏体和少量 δ-铁素体。

图 4 所示为 17-4PH 经不同时效试验方案热处理后对应的显微组织。时效后显微组织主要为板条状回火马氏体组织。通过金相图对比可知,时效温度由 552 ℃提高 6 ℃对金相组织略有细化,但是并不明显。正常生产保温 4 h 和返工时效总时长 8 h 后金相对比发现,金相组织变化较大。虽然8 h 组织仍为板条状马氏体,但是板条结构内析出物明显增多增大。

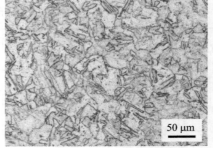

图 3　固溶态 17-4PH 显微组织

3.4　理论分析

结合参考文献资料可知,17-4PH 材料固溶组织主要由硬度较低的淬火马氏体组织组成。在 552 ℃×4 h 时效后,淬火马氏体转变为回火马氏体,固溶于马氏体中的合金元素扩散,ε-Cu、NbC、$M_{23}C_6$ 等第二相粒子析出。以 ε-Cu 颗粒为主的强化相析出,使得金属基体得到强化,材料强度硬度提升,塑性下降。但随着保温时间的延长以及时效温度的升高,析出的第二相富铜粒子 ε-Cu 颗粒增多变大,富铜颗粒与马氏体基体的共格结构逐渐转变为半共格或不共格结构,导致弥散分布的析出相在材料拉伸过程中与位错的交互作用下降,使材料的抗拉强度及屈服强度下降,塑性上升。17-4PH 在 500~650 ℃时效,板条马氏体中会生成逆转变奥氏体。

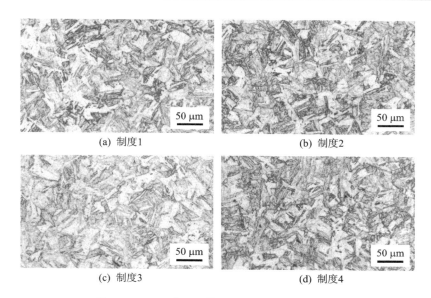

(a) 制度1   (b) 制度2

(c) 制度3   (d) 制度4

图4   17-4PH 在不同热处理制度下的显微组织

逆转变奥氏体是一个软相。随着时效温度提高,逆变奥氏体增加,也会导致强度和硬度降低。

综上所述,弥散颗粒长大和逆转变奥氏体生成可以使 17-4PH 材料硬度和拉伸强度随着时效温度提高和时效时间增长而降低,塑性指标随时效温度提高和时效时间增长而提高。

4   结   论

(1)沉淀硬化不锈钢 17-4PH H1025 按照生产规范推荐的工艺制度在 552 ℃保温 4 h,硬度和拉伸指标最高。随着时效温度升高和时效累计时间的增长,17-4PH 材料析出的第二相富铜粒子 ε-Cu 颗粒增多变大,板条马氏体中生成逆转变奥氏体增多,从而导致材料抗拉强度和硬度降低,塑性指标提高。

(2)H1025 时效后相同温度二次时效,硬度平均降低 0.9 HRC,抗拉强度降低 19 MPa。H1025 时效后提高 6 ℃二次时效,硬度平均降低 1.3 HRC,抗拉强度减低 28 MPa。该试验数据可用于指导实际生产中硬度超过上限时产品返工处理工艺的制定。

参考文献

[1] 赵义,王福. 热处理工艺对 17-4PH 钢耐海水腐蚀性能的影响[J]. 中国腐蚀与防护学报,2011,31(6):5.

[2] Hsiao C N,Chiou C S,Yang J R. Aging reactions in a 17-4 PH stainless steel[J]. Materials Chemistry & Physics,2002,74(2):134-142.

[3] Wang J,Zou H,Cong L,et al. The effect of microstructural evolution on hardening behavior of type 17-4PH stainless steel in long-term aging at 350℃ [J]. Materials Characterization,2006,57(4-5):274-280.

[4] 关庆丰,邱冬华,李艳,等. 17-4PH 不锈钢时效析出相的形成过程[J]. 吉林大学学报:工学版,2011,41(3):5.

[5] Viswanathan U K,Banerjee S,Krishnan R. Effects of aging on the microstructure of 17-4 PH stainless steel[J]. Materials Science and Engineering A,1988,104(6):181-189.

针对螺栓 R 角冷挤强化效果的验证研究

皇万宇　夏杰　于洋　邱林阳　李新宇

(东方蓝天钛金科技有限公司,山东·烟台,264003)

摘要:主要验证冷挤参数与冷挤 R 轮,对螺栓头下 R 角冷挤变形的效果,在螺栓 R 角稳定的情况下,通过使用不同的加工参数、不同规格的冷挤 R 轮,对螺栓进行 R 角冷挤强化,一方面确定了不同规格冷挤 R 轮对螺栓 R 角冷挤变形效果不同;另一方面,也对该类螺栓产品冷挤强化参数的控制有了充分的了解,保证该类螺栓产品性能的稳定性。

关键词:R 角冷挤变形;塑性变形;冷挤 R 轮

1　引　言

随着航空航天行业的发展,高强度螺栓作为在航空领域应用的标准件,其类型也越来越多样化,机型的更新换代更是提高了对螺栓在抗拉、抗剪、疲劳等性能上的要求。疲劳性能作为高强度螺栓的主要性能指标之一,加工过程的控制尤为重要,螺栓 R 角冷挤强化是保证产品疲劳性能的根本要素。

对螺栓 R 角的冷挤强化是利用金属材料冷变形加工硬化的特性,对螺栓 R 角进行转动挤压,使螺栓 R 角位置发生塑性变形,表面形成有利的残余应力,从而使螺栓不易从 R 角处被破坏,从而达到提高产品疲劳性能的要求。影响螺栓产品疲劳强度的因素主要与螺栓 R 角的冷挤强化参数、冷挤 R 轮的选用存在直接联系。由于高强度螺栓一般存有较高的硬度,螺栓 R 角冷挤强化过程中不易发生塑性变形,因此,冷挤加工参数及冷挤 R 轮的选用对螺栓 R 角冷挤压变形是否到位存在直接关系。本文主要验证使用不同冷挤强化参数、不同尺寸冷挤 R 轮对螺栓 R 角的冷挤塑性变形的效果。

2　试验材料及方法

2.1　试验用螺栓

产品采用硬度较高的 GH4169 六角头、GH4169 十二角头螺栓产品进行验证,产品规格均为 MJ8,分组使用不同冷挤强化参数、不同规格挤 R 轮对产品进行冷挤强化验证。

2.2　实验前准备

(1) 为保证螺栓 R 角冷挤前原始尺寸一致性,对螺栓 R 角进行车削加工,对准备螺栓样件 R 角车削至 $R0.85\sim R0.90$;

(2) 试验开始前用激光标记给所要测试的试样用阿拉伯数字 $(1,2,3,\cdots,n)$ 依次编号,试验时按编号进行试验;

（3）为识别冷挤后螺栓头下 R 角塑性变形是否充分，对产品进行表面处理，螺栓冷挤后头下 R 角表现形式为亮色，与其他位置形成明显差异；

（4）开始试验前均须对每个试验样件及冷挤 R 轮进行外观检查，目视检查螺栓表面是否平整、光滑，无裂纹、鼓包等缺陷，经检查和确认，所有试验件均符合检测要求。

2.3　螺栓头下 R 角冷挤操作流程

产品头下 R 角冷挤的操作流程分为三部分：冷挤前工装准备、产品原始 R 角尺寸测量、选用合适工装加工。冷挤前准备主要包含设备开机、工装准备、参数设置；原始 R 角尺寸测量主要是产品冷挤前对头下 R 角的实际尺寸进行测量；选用合适工装加工主要是现场操作人员根据产品测量的头下 R 角尺寸选用合适规格的挤 R 轮进行冷挤强化加工。产品头下 R 角冷挤的操作流程工艺流程如图 1 所示。

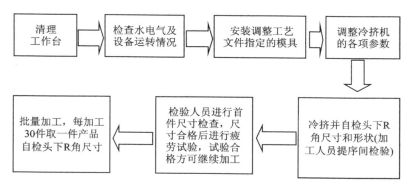

图 1　头下圆角挤压操作流程

2.4　挤 R 轮规格影响分析

螺栓 R 角想要冷挤塑性变形到位，理论上挤 R 轮（见图 2）应该被产品 R 角包含才可实现，所选挤 R 轮规格与产品头下 R 角尺寸不匹配可能是造成产品头下 R 角冷挤形变不到位的主要原因。

选用 R 角尺寸为 $R0.85$ 的螺栓样件，挤 R 轮选用 $R0.8$、$R0.85$、$R0.9$、$R1.0$ 四个规格，使用挤压转速 300 r/min、挤压时间为 3 s（加工参数为经验控制），挤压力为 120 kgf，对样件进行冷挤验证。加工后发现，使用 $R0.8$、$R0.85$ 规格的挤

图 2　冷挤 R 轮

R 轮对螺栓 R 角进行冷挤，R 角位置可进行完全塑性变形，使用 $R0.9$、$R0.1.0$ 规格的挤 R 轮对产品进行冷挤，产品 R 角位置无法完全塑性变形（详见图 3～图 6）。由此可见，当选用的挤 R 轮规格大于冷挤强化前螺栓 R 角尺寸时，螺栓 R 角会出现塑性变形不到位的情况。

2.5　挤压力影响分析

使用一个工艺区间内的挤压力进行冷挤，都能使产品满足标准疲劳性能要求。考虑到产品使用不同大小挤压力冷挤时，螺栓的塑性变形量不同，可能存在选用挤 R 轮规格大于冷挤

---

① 1 kgf=9.8 N

前螺栓 R 角尺寸但挤压力值在合格力值上限而螺栓 R 角塑性形变完全的情况。针对此种情况,对产品进行了如下验证。

选用头下 R 角尺寸为 $R0.85$ 的螺栓样件,挤 R 轮选用 $R0.9$、$R1.0$ 两个规格,使用挤压转速 300 r/min、挤压时间为 3 s,挤压力分别为 120 kgf 和 180 kgf 对样件进行冷挤。加工后发现,两种挤压力加工的螺栓 R 角塑性变形均不到位(详见图5、图7,图6、图8)。由此可见,当挤 R 轮选用的规格大于产品挤压前头下 R 角时,在工艺要求的挤压力值范围内,挤压力值的大小对产品头下 R 角冷挤形变是否到位无影响。

图 3　$R0.8$、120 kgf 加工图

图 4　$R0.85$、120 kgf 加工图

图 5　$R0.9$、120 kgf 加工图

图 6　$R1.0$、120 kgf 加工图

图 7　$R0.9$、180 kgf 加工图

图 8　$R1.0$、180 kgf 加工图

2.6　冷挤时间与冷挤转速影响分析

根据实际加工经验,M8 及以上规格产品冷挤加工的挤压力及挤压时间均为固定值(500 r/min、3 s)。考虑到使用不同冷挤转速、不同冷挤时间会导致螺栓 R 角的变形量不同,对螺栓样件进行如下验证。

选用螺栓 R 角尺寸为 $R0.9$ 的 GH4169 十二角头样件,挤 R 轮选用 $R1.0$,挤压力为300 kgf,分别在转速为 500 r/min、时间为 3 s、6 s、9 s 及时间为 3 s、转速为 500 r/min、700 r/min、1 000 r/min 的情况下对样件进行冷挤。验证显示,当挤 R 轮规格大于产品头下 R 角时,延长时间与加大转速冷挤加工的螺栓样件仍存在 R 角冷挤变形不到位的情况(详见图9和图10)。图 9 中样件从左到右分别为冷挤时间为 3 s、6 s、9 s 的样件,图 10 中样件从左到右分别为冷挤转速为 500 r/min、700 r/min、1 000 r/min 的样件。随着时间的增加、转速的增大,产品头下 R 角冷挤变形量越来越大,但因挤 R 轮规格大于产品头下 R 角,产品 R 角中间部位均存有未挤压到的位置。因此,在挤压力值合格的情况下,冷挤时间与转速对产品头下 R 角冷挤变形是否到位无影响。

综上所述,在挤压力值合格的情况下,螺栓 R 角冷挤形变是否到位仅与选用的挤 R 轮规格大小有关。产品头下 R 角的加工应在保证满足标准要求的前提下选用小于等于产品冷挤前头下 R 角尺寸的挤 R 轮。

图 9　不同时间加工图

图 10　不同转速加工图

3　验证结论

　　为验证上述结论的正确,选取规格为 MJ8、螺栓 R 角为 $R0.85$ 的 GH4169 六角头螺栓,冷挤强化前对其进行表面处理,表面处理后,选用 $R0.80$、$R0.85$、$R0.90$、$R1.0$ 四种规格冷挤 R 轮及 120 kgf、180 kgf 的挤压力,对螺栓 R 角进行冷挤强化加工,加工后的详细信息见表 1 及图 11。

　　经验证,螺栓在满足疲劳性能的前提下,选用比螺栓 R 角尺寸小的挤 R 轮进行加工,螺栓 R 角可完全达到塑性变形,选用比螺栓 R 角尺寸大的挤 R 轮进行加工,螺栓 R 角无法完全塑性变形。

表 1　冷挤验证结论

选用冷挤 R 轮规格	冷挤 R 轮实际尺寸/mm	挤压力/kgf	组别	序号	冷挤前 R 角/mm	冷挤后 R 角/mm	是否冷挤到位	疲劳是否合格
$R0.8$	0.817	120	1	1	0.866	0.854	是	是
				2	0.867	0.846	是	是
				3	0.889	0.860	是	是
		180	2	4	0.875	0.842	是	是
				5	0.863	0.840	是	是
				7	0.853	0.841	是	是
$R0.85$	0.845	120	3	8	0.854	0.847	是	是
				9	0.88	0.845	是	是
				10	0.853	0.845	是	是
		180	4	11	0.856	0.850	是	是
				12	0.877	0.843	是	是
				13	0.877	0.852	是	是
$R0.90$	0.924	120	5	14	0.860	0.883	否	是
				15	0.885	0.890	否	是
				16	0.858	0.876	否	是
		180	6	17	0.856	0.901	否	是
				18	0.87	0.912	否	是
				19	0.852	0.90	否	是

续表 1

选用冷挤 R 轮规格	冷挤 R 轮 实际尺寸/mm	挤压力 /kgf	组　别	序　号	冷挤前 R 角/mm	冷挤后 R 角/mm	是否冷 挤到位	疲劳 是否合格
R1.0	1.02	120	7	20	0.899	0.987	否	是
				21	0.852	0.985	否	是
				22	0.876	0.996	否	是
		180	8	23	0.853	0.996	否	是
				24	0.859	0.994	否	是
				25	0.86	0.989	否	是

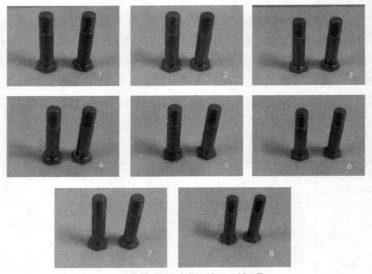

图 11　验证结论图（按组别标号）

4　结束语

　　针对本次使用不同冷挤参数、不同冷挤 R 轮对螺栓 R 角进行冷挤强化验证的结论分析，在螺栓满足性能的前提下，挤 R 轮规格是决定螺栓 R 角塑性变形是否完全的唯一因素，且通过试验结果得出以下结论：

　　（1）螺栓冷挤强化前应提前测量出 R 角尺寸，根据螺栓 R 角实际尺寸选用合适的挤 R 轮进行冷挤强化加工；

　　（2）随着冷挤时间的增加、冷挤转速的增大、挤压力的增大，均可使螺栓 R 角塑性变形更加充分，可作为提高螺栓疲劳性能可控变量；

　　（3）螺栓加工过程中应控制 R 角一致性，且建议往合格尺寸的中上差进行控制，螺栓 R 角控制在中上差可以更好地选用冷挤工装。

参考文献

[1] 黄翔,慕晓鸣,张晓平,等.中国机械工业标准汇编[M].3 版.北京：中国标准出版社,1998.

[2] 余述凡,王自勤,刘凤章.高强度螺栓圆角冷挤机[J].航空制造工程,1997(5)：24-25.

[3] 国家质量技术监督局.六角头螺栓[S].北京：中国标准出版社,2000.

基于弱化算子扩充的灰色模型故障预测方法

苏艳琴[1]　张光轶[2]　张磊[1]

(1. 海军航空大学，山东·烟台，264001；

2. 烟台理工学院，山东·烟台，264003)

摘要： 为提高灰色模型的预测精度，在分析研究灰色 GM(1,1)经典模型及新陈代谢、弱化算子两种典型改进模型的基础上，提出了一种基于弱化算子扩充的灰色模型故障预测方法，并在某型无人机高频信号检测器的微波灵敏度测试指标故障预测中进行应用验证，结果表明，基于弱化算子扩充的改进算法能够有效减小灰色模型预测的相对误差，从而提高预测精度，可为电子设备预防性维修、故障状态监测等工作提供有力的技术支持。

关键词： 灰色模型；弱化算子；故障预测，GM(1,1)

0　引　言

故障预测技术能较好地为预防性维修、设备故障诊断、装备状态监测等提供决策支持，已成为近年来研究的难点和热点问题。常见的故障预测方法有神经网络预测法、支持向量机预测法、状态估计预测法、灰色模型预测法等，灰色模型预测法与其他方法相比，不需要先验概率、训练网络等大样本信息或复杂的映射关系，且具有所需样本量少、运算基于数据和微分方程的特点，这使得其在故障预测领域具有较好的应用前景。

在灰色模型预测中常用的是基于 GM(1,1)经典模型的预测，该方法一种是面向单变量序列的预测方法，其中，"GM"为灰色模型(Grey Model)英译首字母，"1"代表 1 个变量、"1"代表一阶方程求解。GM(1,1)经典模型适用于发展趋势呈增长或下降的序列预测，如雷达长期使用功耗持续变大、高温高湿下电路阻抗增加等。虽然 GM(1,1)经典模型可对序列发展趋势进行预测，但由于在处理小样本序列或样本间数值波动较大的序列时，预测精度较差，因此学界围绕 GM(1,1)经典模型改进也提出较多方法。文献[7]和文献[8]采用新陈代谢改进模型对原始序列进行了扩充，并在激光陀螺仪随机误差预测、基坑工程预测中进行了验证，结果表明新陈代谢改进模型能够提高降低预测误差、提高预测精度；文献[9]和文献[10]将弱化算子应用到 GM(1,1)模型当中，也证明了弱化算子方法可对预测精度进行改进。通过分析可知，无论采用新陈代谢改进模型或采用弱化算子改进模型，其核心思想是对原始序列进行背景值优化，新陈代谢改进模型聚焦在背景值的扩充，而弱化算子改进模型聚焦在背景值的平滑调整，在此，综合两种方法的特点，提出了一种基于弱化算子扩充的预测方法，以兼具背景值扩充与平滑调整的优点，并经算例分析验证了新算法的有效性。

1　灰色 GM(1,1)经典模型

1.1　基本原理及步骤

设待预测的原始序列 $X=\{x(1),x(2),\cdots x(n)\}$,采用灰色 GM(1,1)经典模型预测分为以下 4 步。

(1) 构建累加序列 $Y=\{y(1),y(2),\cdots y(n)\}$ 和紧邻均值序列 $Z=\{z(1),z(2),\cdots,z(n)\}$,其中

$$y(i)=\sum_{i=1}^{i} x(i) \tag{1}$$

$$z(i)=\frac{y(i)+y(i-1)}{2} \tag{2}$$

(2) 根据灰色微分方程 $x(i)+az(i)=b$ 以及灰色白化方程 $\dfrac{dy}{di}+ay=b$,采用最小二乘估计法求出 GM(1,1)模型的发展系数 a 和灰色作用量 b。最小二乘估计矩阵为

$$(a,b)=(\boldsymbol{B}^{\mathrm{T}}\boldsymbol{B})^{-1}\boldsymbol{B}^{\mathrm{T}}\boldsymbol{Y} \tag{3}$$

$$\boldsymbol{B}=\begin{bmatrix} -z(2) & 1 \\ -z(3) & 1 \\ \vdots \\ -z(n) & 1 \end{bmatrix} \tag{4}$$

$$\boldsymbol{Y}=\begin{bmatrix} x(2) \\ x(3) \\ \vdots \\ x(n) \end{bmatrix} \tag{5}$$

(3) 使用时间响应式得到时间响应序列,即

$$\hat{x}_{i+1}^{1}=\left(x(1)-\frac{b}{a}\right)\mathrm{e}^{-ai}+\frac{b}{a},\quad i=1,2,\cdots,n \tag{6}$$

(4) 使用还原式解算预测序列:

$$x_1^{yc}=x(1) \tag{7}$$

$$x_{i+1}^{yc}=\hat{x}_{i+1}^{1}-\hat{x}_i^{1},\quad i=1,2,\cdots,n \tag{8}$$

预测序列 $X^{yc}=\{x_1^{yc},x_2^{yc},\cdots,x_{n+1}^{yc}\}$。

1.2　算例分析

某型无人机长期担负着中近海地区的巡航任务,该机高频信号检测器承担着机上无线电高度表、机上数据链系统等 2 型机载设备的检测工作,核心部件为微波延迟组件,其中微波灵敏度测试指标应在(20±5)dB(工作环境温度−50~85 ℃,工作频率范围为 4.5(1±10%)GHz,实际使用发现,该无人机服役 2 年的微波灵敏度测试指标不够稳定且呈上升趋势,每 200 飞行小时间隔的定检维护采样数据如表 1 所列。

表 1 微波灵敏度 200 小时定检采样数据

dB

序　列	测量值	序　列	测量值
1	16.23	5	22.89
2	17.76	6	23.26
3	19.97	7	24.65
4	20.92	8	25.46

设 $X = \{16.23, 17.76, 19.97, 20.92, 22.89, 23.26\}$（把序列 1～6 作为原始序列）。

累加序列 Y 为

$$Y = \{16.23, 33.99, 53.96, 74.88, 97.77, 121.03\}$$

紧邻均值序列 Z 为

$$Z = \{16.23, 25.11, 43.97, 64.42, 86.32, 109.4\}$$

发展系数 $a = -0.0654$

灰色作用量 $b = 16.6487$

计算得到预测值与采样值之间的关系如表 2 所列。

表 2 灰色 GM(1,1) 经典模型预测结果

dB

序　列	采样值	预测值	相对误差
过程值			
1	16.23	16.23	
2	17.76	18.30	
3	19.97	19.54	
4	20.92	20.86	
5	22.89	22.27	
6	23.26	23.78	
预测结果			
7	24.65	25.39	3.00%
8	25.46	27.11	6.48%

表 2 中序列 7、8 的预测值为灰色 GM(1,1) 经典模型对序列未来 2 步的预测结果,通过序列 7、8 的预测值与采样值之间的比较可知,灰色 GM(1,1) 经典模型预测结果的相对误差较大。特别是,序列 7 的预测值存在误报情况,即预测值表示高频信号自检器微波灵敏度测试指标超差(26.39 dB,超过 25 dB 的上限),而实际的采样值未见测试指标超差。

采样值和预测值之间的曲线关系如图 1 所示,可以看出灰色 GM(1,1) 经典模型虽然能够对原始序列的发展趋势进行预测,但预测值偏差程度较大。

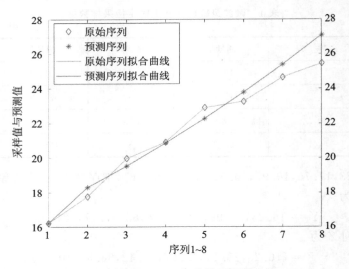

图 1　灰色 GM(1,1)经典模型预测曲线

2　灰色 GM(1,1)的两种典型改进模型

为对灰色 GM(1,1)经典模型的预测精度进行改进,学界先后提出了两种典型改进模型,包括新陈代谢改进模型、弱化算子改进模型。

2.1　新陈代谢模型

该模型的基本原理是将研究对象新生成的数据纳入原始序列,从而扩大序列样本量,并使得新序列与原始序列的发展趋势更加趋同。具体方法为:将研究对象新生成的数据 $x(n+1)$ 纳入原始序列 X,扩充形成新的序列 X_1 为 $X_1=\{x(1),x(2),\cdots,x(n),x(n+1)\}$,将 X_1 代入 1.1 节中灰色 GM(1,1)经典模型进行计算预测。

算例分析:对于表 1 中的数据。

设 $X=\{16.23,17.76,19.97,20.92,22.89,23.26\}$(把序列 1~6 作为原始序列)。

将序列 7 的数据 24.65 dB 对 X 进行扩充,得到的 $X_1=\{16.23,17.76,19.97,20.92,22.89,23.26,24.65\}$,将 X_1 代入 1.1 节,计算得到的发展系数 $a=-0.060\,4$,灰色作用量 $b=16.910\,7$,计算得到的预测结果如表 3 所列。

表 3　新陈代谢模型预测结果

dB

序　列	采样值	预测值	相对误差
过程值			
1	16.23	16.23	
2	17.76	18.44	
3	19.97	19.59	
4	20.92	20.81	
5	22.89	22.11	

续表 3

序　列	采样值	预测值	相对误差
6	23.26	23.49	
7	24.65	24.96	
预测结果			
8	25.46	26.51	4.12%

由表 2 和表 3 序列 8 的数据对比可知,新陈代谢模型可以减小相对误差,进而提高预测精度,但相对误差仍然较大。

2.2　弱化算子模型

该模型的基本过程是对原始序列进行弱化算子变换,并生成弱化算子序列,然后将弱化算子序列代入 1.1 节中灰色 GM(1,1)经典模型进行计算预测。弱化算子变换的计算公式如下:

设原始序列 $X = \{x(1), x(2), \cdots, x(n)\}$。

构造的弱化算子序列为 XD$= \{x(1)d(1), x(2)d(2), \cdots, x(n)d(n)\}$,其中 $d(i)$ 为弱化修正因子,其计算公式如下:

$$d(i) = \frac{1}{n-i+1} * \sum_{i=1}^{n} x(i) \qquad (9)$$

算例分析:对于表 1 中的数据。

设 $X = \{16.23, 17.76, 19.97, 20.92, 22.89, 23.26\}$(把序列 1~6 作为原始序列)。

按照公式(9)得到弱化算子序列 XD$= \{20.17, 20.96, 21.76, 22.35, 23.07, 23.26\}$,将 XD 代入 1.1 节,得到的发展系数 $a = -0.026\ 4$,灰色作用量 $b = 20.308\ 9$,计算得到的预测结果如表 4 所列。

表 4　弱化算子插值的模型

dB

序　列	采样值	预测值	相对误差	序　列
过程值				
1	16.23	20.17	16.23	
2	17.76	20.96	21.11	
3	19.97	21.76	21.68	
4	20.92	22.35	22.26	
5	22.89	23.07	22.85	
6	23.26	23.26	23.46	
预测结果				
7	24.65		24.09	2.27%
8	25.46		24.74	2.83%

由表 4 与表 2、表 3 序列的相对误差对比可知,弱化算子模型的相对误差较小,优于灰色 GM(1,1)经典模型和新陈代谢模型的计算精度。但从图 2 曲线可知,弱化算子模型虽然会将预测值作处理平滑,但由于平滑处理的结果趋从于"后段"序列(序列 4、5、6)的发展趋势,从而使得计算结果容易出现误报。如表 4 中序列 8 的实际采样值为超差状态(采样值 25.46 dB 大

于 25 dB 的上限),而预测值未能告警(采样值 24.74 dB 小于 25 dB 的上限)。

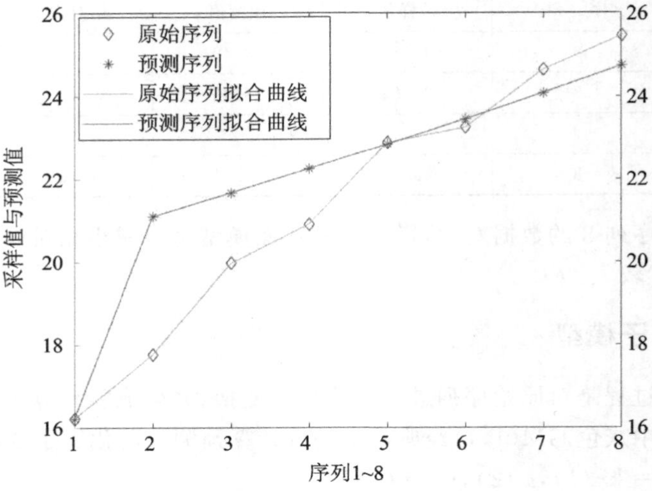

图 2　弱化算子模型预测曲线

3　基于弱化算子扩充的改进模型

3.1　改进模型的原理及步骤

由 2.1 节和 2.2 节可知,降低预测误差、提高预测精度是算法改进的主要目标,预测误差较大的主要原因是当灰色 GM(1,1)模型样本量较小或样本之间波动较大时,原始序列通过累加序列公式(1)、指数型时间响应序列公式(6)计算后,其预测值也会波动较大。新陈代谢模型和弱化算子模型可以在一定程度上降低预测误差、提高预测精度,但并非最优,因此,综合新陈代谢模型和弱化算子模型的优势,提出了一种组合式算法,具体步骤如下:

设原始序列 $X = \{x(1), x(2), \cdots, x(n)\}$。

(1) 计算原始序列的弱化算子序列,$XD = \{x(1)d(1), x(2)d(2), \cdots, x(n)d(n)\}$。

(2) 将弱化算子序列 XD 的计算结果插入原始序列 X,形成扩充序列 $N = \{x(1), x(1)d(1), \cdots, x(n)d(n), x(n)\}$,其中,$x(i), x(i)d(i)$ 的按数值由小到大排序,当 $x(i) = x(i)d(i)$ 时两项合并。

(3) 将新序列 N 带入 GM(1,1)经典模型计算得到预测结果。

3.2　算例分析

对于表 1 中的数据。设序列 1~6 作为原始序列,$X = \{16.23, 17.76, 19.97, 20.92, 22.89, 23.26\}$。

按照式(9)得到弱化算子序列 $XD = \{20.17, 20.96, 21.76, 22.35, 23.07, 23.26\}$。将弱化算子序列 XD 的计算结果插入原始序列 X 得到扩充序列 $N = \{16.23, 17.76, 19.97, 20.17, 20.92, 20.96, 21.76, 22.35, 22.89, 23.07, 23.26\}$。

将 N 代入 1.1 节 GM(1,1)经典模型得到的发展系数 $a = -0.025\,2$,灰色作用量 $b = 18.329\,1$,计算得到的预测结果如表 5 所列。

表 5　弱化算子插值的模型

dB

序　列	采样值	预测值	相对误差
过程值			
1	16.23	16.23	
2	17.76	18.97	
3	19.97	19.46	
插值 1	20.17	19.95	
4	20.92	20.46	
插值 2	20.96	20.98	
插值 3	21.76	21.52	
插值 4	22.35	22.07	
5	22.89	22.63	
插值 5	23.07	23.21	
6	23.26	23.81	
预测结果			
7	24.65	24.41	0.97%
8	25.46	25.04	1.65%

由表 2～表 4 的预测数据及相对误差与表 5 比较可知,基于弱化算子扩充的改进模型相对误差最小,从而能有效提高预测精度。同时,从发展系数 a 的绝对值比较可知,基于弱化算子扩充的改进模型的取值最小,数值较小的 a 代入到时间响应序列公式(6)计算,可以使得预测数据的指数型计算结果降低,从而使得预测数值曲线与原始序列曲线更加贴近,如图 3 所示。

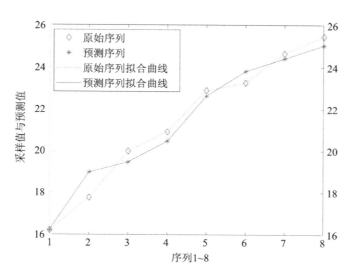

图 3　基于弱化算子扩充的改进模型预测曲线

4　结　语

通过研究可知,灰色 GM(1,1)经典模型能够对原始序列的发展趋势进行预测,但误差较大;新陈代谢与弱化算子典型改进模型可以在一定程度上对预测精度进行改进,但不是最优;研究提出的基于弱化算子扩充的改进模型能够有效提高预测精度,降低相对误差,该方法较优。同时,由灰色模型在某无人机微波灵敏度测试指标预测的算例应用中可知,灰色模型可在电子设备故障预测中有效发挥作用,这也为该方法在其他电子设备指标趋势分析、故障预测等领域的应用推广提供了借鉴参考。

参考文献

[1] 韩春阳,王宁.航空故障预测与健康管理技术[J].电子世界,2015,13(36):184-186.

[2] 曹飞,叶枫桦,于宪龙.水下无人航行器故障预测与健康管理框架研究[J].数字海洋与水下攻防,2020,3(12):73-77.

[3] 赵媛媛,陈姝.国外军用车辆故障预测与健康管理系统的最新发展[J].国外坦克,2017,11(38):38-41.

[4] 张建新,李锋,张震,等.基于自适应模糊 H 网的火箭炮故障预测[J].兵工自动化,2021,9(9):11-15.

[5] 刘思峰.灰色系统理论以其应用[M].北京:科学出版社,2017.

[6] 党耀国,刘思峰.灰色预测与决策模型研究[M].北京:科学出版社,2009.

[7] 李想,汪立新,沈强.基于改进 GM(1,1)模型的激光陀螺仪随机误差预测[J].光学学报,2020,6(40):5-8.

[8] 缪智勇.灰色新陈代谢 GM(1,1)模型在深厚软土地段基坑工程预测中的应用研究[J].绍兴文理学院学报,2021,2(41):10-13.

[9] 刘基伟,阎素芹,金梦迪.随机弱化缓冲序列及其在 GM(1,1)模型中的应用[J].统计与决策,2021,11(551):37-39.

[10] 杨力.基于缓冲算子和 GM(1,1)模型的电商代运营市场规模预测[J].兰州文理学院学报,2019,5(33):3-5.

[11] 张光轶,苏艳琴,许爱强.灰色模型在装备故障预测中应用分析[J].测控技术,2012,2(31):20-22.

[12] 孙旭,晋民杰,王晓军,等.基于灰色优势分析的区域物流 GM(1,1)预测模型[J].太原科技大学学报,2021,4(42):297-300.

[13] 魏东涛,刘晓东,丁刚,等.基于熵理论的复杂装备费用测算模型[J].北京航空航天大学学报,2021,3:1-11.

[14] 孙旭,晋民杰,王晓军,等.基于灰色优势分析的区域物流 GM(1,1)预测模型[J].太原科技大学学报,2021,4(21):296-302.

[15] 黄大荣,黄丽芬.灰色系统理论在故障预测中的应用现状及其发展趋势[J].火炮发射与控制学报,2009,9:88-92.

2022

测试技术

基于 XDMA 的 TLK2711 高速传输测试系统

刘霄　周林　栾东海　唐健　林晓君

(山东航天电子技术研究所,山东·烟台,264000)

摘要：针对实时型相机对于高速数据传输的需求,本文提出了一种基于 XDMA 的多路 TLK2711 高速传输测试系统。该测试系统可以灵活快捷地组建针对多路 TLK2711 的测试设备,并通过 XILINX 公司 FPGA 提供的 XDMA IP、MIG IP 以及自研的 FPGA DMA 解决接口芯片的大数据量与 CPU 之间实时传输的难点。该高速传输测试系统采用通用化 3U 板卡级设计,可扩展性强。其中单板卡支持带宽 4 路 TLK2711 共 8 Gbps,有效解决了多路 TLK2711 大数据量串行高速数据的带宽问题。

关键词：TLK2711;XDMA;测试系统

1 引　言

随着科学技术的快速发展,图像采集和存储传输系统在空间技术、工业以及民生等各领域的应用越来越广泛。目前,有相当多的图像采集系统应用 CCD/CMOS 高速图像传感器,对于数据传输速率和稳定性的要求也越来越高。我国遥感卫星的载荷数据率已经发展到每秒数个吉比特,同时还继续向数十吉比特的高速方向发展。目前,图像传输系统很多应用 TLK2711 来完成。TLK2711 是基于 SERDES 的高速串行技术,将时钟和数据合并在一起通过差分信号传输,并采用时钟恢复技术,增强了抗干扰能力,同时解决了信号时钟偏移问题,单路串行传输速率高达 2.5 Gbps,这就对测试设备的性能提出了同样的要求。此外,星上设备研制过程中,留给测试设备的开发时间通常要小于星上设备,因此,对于 TLK2711 的测试设备,快速搭建高速、高可靠性的测试系统就成了常规需求。本文从测试设备的角度,探讨一种基于 XDMA 的 4 路可拓展 TLK2711 高速测试设备的设计及实现。

2 TLK2711 工作原理

本系统的 TLK2711 实现采用 TI 公司的 TLK2711 芯片,其接口速率在 $1.28 \sim 2.5$ Gbps 之间,提供了高达 2 Gbps 的有效数据带宽。通过并/串之间的转换,实现在一个受控阻抗的传输线上建立一个高速 IO 数据传输通道。串行高速接口电路相对于并行数据传输系统可节省大量线缆和电连接器,显著降低成本和功耗,并可提供更高的数据传输速率。其功能框图见图 1。

TLK2711 芯片内集成了 PHY 来实现时钟提取功能,片内的 PLL 将输入参考时钟(TX-CLK)进行 20 倍频用作串行数据流发送时钟。

发送器使用外部提供的参考时钟(TXCLK)上升沿采样 16 bit 输入并行数据,在芯片内部经 8b/10B 编码器被编成 20 bit,这 20 bit 数据经过并串转化电路,以参考时钟的 20 倍频率发

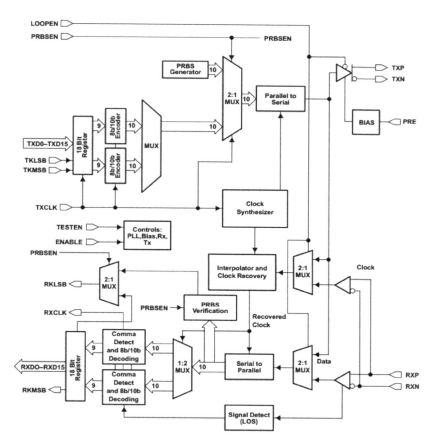

图 1　TLK2711 功能框图

送至差分线上传输。

接收器实现串并转换。接收器从串行流中提取时钟和数据,提取到的时钟经 20 分频得到同步的 20 bit 数据和恢复时钟(RXCLK),20 bit 数据经 8b/10B 译码后恢复成 16 bit 数据输出。

TLK2711 使用"comma"对其并行数据。"comma"包含于多个 K 码当中,通常选用 K28.5。K28.5 可被译码为 001111_1010 或者 110000_0101。需要注意的是,TLK2711 仅能用过 001111_1010 来实现对齐,更准确地说是 0011111。这要求使用者必须发送包含 0011111 的 comma,由于 RD 的不确定性,可使用连续的两个/K28.5/D5.6/组合来保证 TLK2711 可以搜索到 0011111。

3　高速 TLK2711 图像传输测试系统实现

对于 TLK2711 的测试设备,不仅要具备相同的各项功能和性能,同时还要满足通用化、低成本、可快速搭建、高性能等要求,可以快速响应不同型号、不同需求的任务。为此,本文介绍一种基于 XDMA 的 TLK2711 高速传输测试系统。

3.1　硬件组成

系统搭载于 PXIE 机箱内,其所支持的板卡槽位根据机箱型号不同,支持 8 块、10 块等不同数量的板卡扩展。

系统框图如图 2 所示，4 路 TLK2711 测试设备分为发送设备和接收设备，其基本架构为 PXIE 机箱、PXIE 载板、FMC 扣板，软件功能由 FPGA 配合机箱内的上位机来实现。

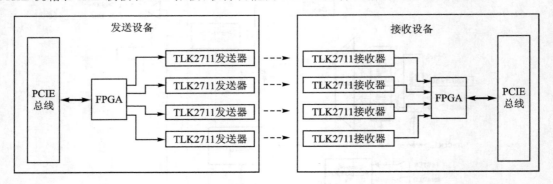

图 2　4 路 TLK2711 测试系统框图

PXIE 载板为通用板卡，搭载 XILINX 公司 XC7K325TFFG900 型号 FPGA，通过 FMC 连接器与 FMC 扣板连接，通过机箱背板和 PCI Express 总线与 CPU 进行通信。

FMC 扣板负责功能扩展，实现不同功能需求。目前使用特定型号的 FMC 扣板可以实现 4 路 TLK2711 发送或 4 路 TLK2711 接收。当设计需要更多路的 TLK2711 时，在机箱内装备更多的载板——扣板组合即可。

FPGA 控制 4 路 TLK2711 的配置、传输，通过 XDMA 与上位机进行通信，满足大数据量、高可靠性的数据传输。系统搭建具有快速、灵活、可靠、高性能的特点。

通过机箱—载板—扣板的方式，实现硬件的通用化、产品化，极大地简化了系统搭建的复杂度和时间消耗。

3.2　软件实现

3.2.1　TLK2711 软件设计

TLK2711 部分的软件设计主要围绕 TLK2711 芯片与 FPGA 之间的控制接口时序、配置以及传输协议展开。

（1）发送接口时序

发送接口控制包括 TXCLK、TKLSB、TKMSB、TXD0-TXD15，其关系见表 1。

表 1　发送接口控制

TKLSB	TKMSB	TXD0-TXD15
0	0	TXD0-TXD7：有效数据 TXD8-TXD15：有效数据
0	1	TXD0-TXD7：有效数据 TXD8-TXD15：K 码
1	0	TXD0-TXD7：K 码 TXD8-TXD15：有效数据
1	1	TXD0-TXD7：K 码 TXD8-TXD15：K 码

TKLSB、TKMSB、TXD0-TXD15 与 TXCLK 必须是同步关系,TLK2711 芯片使用 TX-CLK 上升沿锁存 TKLSB、TKMSB、TXD0-TXD15。其时序关系见图 3。其中 t_{SU} 应大于 1.5 ns, t_H 应大于 0.4 ns。

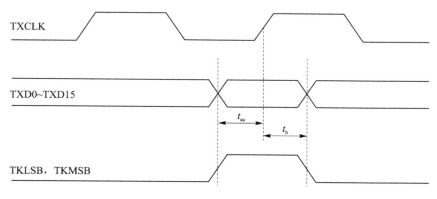

图 3　发送接口时序

（2）接收接口时序

接收接口控制包括 RXCLK、RKLSB、RKMSB、RXD0-RXD15,其关系见表 2。

表 2　接收接口控制

RKLSB	RKMSB	RXD0-RXD15
0	0	RXD0-RXD7：有效数据 RXD8-RXD15：有效数据
0	1	RXD0-RXD7：有效数据 RXD8-RXD15：K 码
1	0	RXD0-RXD7：K 码 RXD8-RXD15：有效数据
1	1	RXD0-RXD7：K 码 RXD8-RXD15：K 码

TLK2711 输出的 RKLSB、RKMSB、RXD0-RXD15 与 RXCLK 为同步关系,其时序关系见图 4。FPGA 端应使用 RXCLK 上升沿来锁存 RKLSB、RKMSB、RXD0-RXD15。在 TX-CLK＝80 MHz 时, $t_{SU} \geqslant 3$ ns, $t_H \geqslant 3$ ns;在 TXCLK＝125 MHz 时, $t_{SU} \geqslant 2.5$ ns, $t_H \geqslant 2$ ns。

（3）数据传输协议

本高速串行接口电路使用的 TLK2711 功能上相当于物理层芯片,芯片本身并未定义任何数据传输协议,使用者可根据实际需求采用标准的或定制的传输协议。例如,实现一个具备基本的控制和数据传输功能的简单协议(见图 5),协议中用到的原语说明见表 3。

表 3　协议原语说明

原语说明	编　码	助记符
同步字符	/K28.5/D5.6/	/SP/
帧头	/K28.2/K27.7/	/SF/
帧尾	/K29.7/K30.7/	/EF/

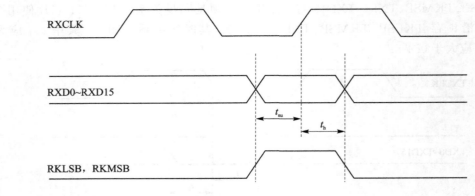

图 4　接收接口时序

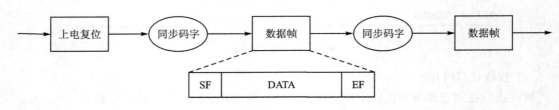

图 5　简单的数据传输协议

系统上电后,首先发送同步码字进行通信链路的同步,然后即可发送数据帧(由帧头、数据、帧尾组成)。数据帧发送完毕后,继续发送同步码字维持链路同步,直至发送新的数据帧,依次循环。

(4) 工作模式

软件通过 ENABLE、LCKREFN、LOOPEN、PRBSEN 几个管脚来控制 TLK2711 电路的工作模式以适应不同工况,可分为表 4 所列的几种。其中,低功耗模式是无数据传输时为了节省功耗而设置的模式,此时 TXN、TXP、RXD0-RXD15、RKLSB 处于高阻状态,芯片功耗≤15 mW。

表 4　各种模式下芯片管脚配置

管　脚	电　平					
	数据发送模式	数据接收模式	低功耗模式	LOS 检测模式	自环测试模式	PRBS 验证模式
ENABLE	1	1	0	0	1	1
LCKREFN	X	1	X	X	1	1
LOOPEN	X	0	X	X	1	X
PRBSEN	0	0	X	X	0	1

自环测试模式是除了发送/接收模式外,比较常用的配置模式,通过芯片的串行输出在内部直接连接至芯片的接收器,通过接收器的并行输出芯片,从而达到自环测试的目的。这种模式可以在没有对测设备的情况下,无需外部连接,即可验证自身软件及通路的正确性。

PRBS 验证模式:TLK2711 芯片内建了伪随机比特流(Pseudo-Random Bit Stream, PRBS)生成器和比特错误率测试(Bit Error Rate Test, BERT)。当 PRBSEN 为 1 时,发送器的 PRBS 生成器使能,此时忽略外部并行输入数据,芯片向外输出 PRBS;当 PRBSEN 为 1 时,接收器的 BERT 电路使能,检测 PRBS 中的错误(RKLSB=0 表示检测到错误)。PRBSEN 和

LOOPEN 同时为 1 时,发送器的 PRBS 直接内部自环给接收器的 BERT,芯片处于自环 PRBS 验证模式。

3.2.2 XDMA 设计

测试系统往往会包含上位机,上位机负责数据的收发、处理,大数据量的传输对于 FPGA 和上位机都是一个考验。在本测试系统中,单块板卡最多支持 4 路 TLK2711 收发,最大有效数据吞吐速率可达 8 Gbps,这对于系统的传输带宽也提出了很高的要求。为此,系统在FPGA 和上位机之间应用了 PCI Express 总线技术,采用高速差分串行的方式进行数据传输,具有高带宽、高可靠性、高扩展性等优点。

XDMA 的全称为 DMA subsystem for PCIExpress,是 XILINX 提供的 PCIE IP 核的升级版本 IP。该 IP 核能够完成与 PC 的 PCIE 总线通信,主要是进行数据传输,此 IP 核还集成了 DMA 功能,方便用户简单调用。在进行 DMA 读写事务操作时总线能达到同时读写 16 Gbps,能同时满足 4 路 TLK2711 数据传输的速率要求。

包含了 XDMA 的软件架构如图 6 所示。

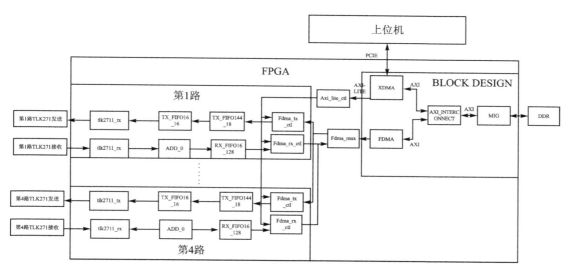

图 6 软件架构

(1) BLOCK DESIGN

BLOCK DESIGN 主要负责 CPU 与 FPGA 的业务数据交互,FPGA 与 CPU 通过 XDMA IP 进行数据交互。

当板卡需要发送 TLK2711 数据时,CPU 负责将需要发送的 TLK2711 数据通过 PCIE 发送给 XDMA,XDMA 接收到待发送的数据后,通过 AXI 总线互联器 AXI_INTERCONNECT 发送给 MIG。

MIG 是 DDR 控制器,总线端为标准 AXI 总线,用户可以通过标准化总线接口完成对 DDR 的读写控制。此软件中发送给 MIG 的数据,MIG 可以无缝转换给 DDR。用户端 FPGA 程序通过 FDMA IP 核完成 DDR 数据的读取,读取过程中也会同样通过 AXI 总线互联器 AXI_INTERCONNECT 和 DDR 控制器 MIG。

FDMA 为自定义 IP 核,能够实现数据从用户自定义总线到 AXI 总线的转换与逆转换。

当板卡需要接收 TLK2711 数据时,CPU 负责将需要接收的 TLK2711 数据通过 FDMA

IP 传送给 DDR，上位机收到数据接收中断后，再通过 XDMA 链路读取 DDR 数据。数据收发过程参考图 7。

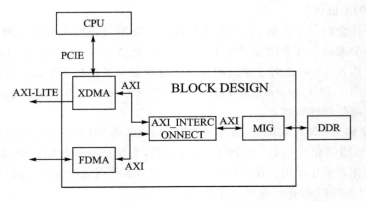

图 7　FPGA BLOCK DESIGN 数据收发流图

（2）寄存器收发模块（Axi_lite_ctl）

寄存器收发模块主要负责 CPU 与 FPGA 进行寄存器用户数据交互，CPU 对软件的所有配置通过该模块实现。

（3）FDMA 收发统筹模块（Fdma_mux）

FDMA 收发统筹模块主要负责各个收发通路的数据协调，最后形成统一的数据交互接口，与 BLOCK DESIGN 中 FDMA 模块进行数据交互。本软件中一共有 4 个发送端口和 4 个接收端口，该模块应用的 Fdma_mux 为通用的 8 路接收和 8 路发送的总裁模块，能够囊括用户需求。

FPGA 与 DDR 的数据交互采用 AXI-DMA 总线通信方式，FDMA_MUX 主要解决多个通道同时发送数据给 DDR 和多个通道同时读取 DDR 数据的冲突。解决冲突的方式如图 8 所示，板卡上电循环检测通道 burst 请求，如果通道 0 有 Burst 请求，则先处理通道 0 的数据请求；当处理完通道 0 后，再查询通道 1 的 burst 数据传输，如果通道 1 有 burst 数据传输请求，则处理当前通道 1 的数据传输请求，传输结束后再循环查询后续通道的 burst 数据传输请求，如此反复循环。数据收发流程如图 8。

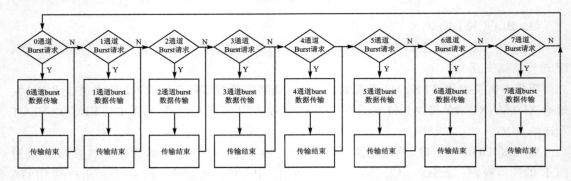

图 8　FDMA_MUX 收发统筹模块流程框图

3.3　设计注意事项

（1）为了保证数据高速、可靠传输，收发端使用高速连接器连接，收发接口间的连线建议采用两芯同轴电缆连接,用以传输一对差分信号,信号上层屏蔽层通过连接器接地。

(2) TLK2711 芯片对参考时钟的抖动等指标要求比较严格,器件选型及电路设计时须按照手册要求的时钟抖动等参数值选取晶振,手册要求的参考时钟参数值范围如表 5 所列。在采用 FPGA 控制 TLK2711 的电路中,建议输出给 TLK2711 芯片的参考时钟由晶振经 FPGA 直接送至 TLK2711 的时钟输入端,经过 FPGA 内部 DCM 或 PLL 输出的参考时钟可能由于较大的抖动带来更高的误码率。

表 5　TXCLK 时钟要求

参　数	测试情况	最　小	典　型	最　大	单　位
频率	接收数据速率/20	−100%	—	100%	
频率容限		−100%		100%	
占空比/%	—	40	50	60	
抖动	峰峰值			40	ps

① 参考时钟(TXCLK)时序要求;

② 在推荐配置下(除非另外说明)。

(3) TLK2711 芯片的 DINRXP 与 DINRXN、DOUTTXP 与 DOUTTXN 应约束为差分对进行布线,要保证差分对的两线等长,并将差分走线以弧形方式进行平滑。

(4) TLK2711 芯片在 1.6 Gbps 速率时的功耗典型值为 275 mW,2.5 Gbps 速率时的功耗典型值为 400 mW,设计时应重点考虑接口电路的热设计。

3.4　验证情况

本套基于 XDMA 的 TLK2711 高速传输测试系统经过不断设计完善,在通信速率、误码率、稳定性等方面均能满足星上设备的测试需求,已经圆满完成了多个型号任务的测试工作。

4　结束语

本文提出的一种基于 XDMA 的 TLK2711 高速传输测试系统,该系统的设计极大降低了 TLK2711 高速图像传输测试系统的搭建难度。多路可拓展的 TLK2711 接口能够适应和解决星上设备数据量大、传输速度快的难点,XDMA 的应用保证了海量数据与上位机的实时交互。系统的搭建快捷、灵活,可以快速响应用户需求;此外,基于 FPGA 的软件设计,可以针对用户的特殊需求进行功能拓展,从而满足用户的需求。

参考文献

[1] 周宇昌,李小军,周诠. 空间高速数据传输技术新发展[J]. 空间电子技术,2009(3):43-48.

[2] 蒋志胜,吴振广,周浩,等. 高速 SERDES 接口芯片 TLK2711 宇航应用研究 [J]. 电子元器件与信息技术,2021,5(3):1-3.

[3] 陈刚,张京,唐建. 一种基于 FPGA 的 PCIE 总线及其 DMA 的设计方法[J]. 兵工自动化,2014,33(5):75-77.

基于 Lucene 的 Web 搜索引擎
在自动测试信息化领域的研究

张维亮

(中电科思仪科技股份有限公司,山东·青岛,266555)

摘要：随着自动测试系统领域信息化水平的不断发展,如何快速地从繁多的测试相关数据中检索到目标数据成为当前遇到的问题。基于 Lucene 的全文搜索引擎通过中文分词创建索引和执行搜索,实现了测试相关非结构化数据的高效检索。本文通过在具体的 Web 应用中将其引入,给出了一个基于 Lucene 的自动测试知识库 Web 搜索引擎的设计和实现。该应用引入了中文分词器,提高了中文检索的效率和精确度;实现了高亮显示搜索结果中的搜索词,改善了用户搜索体验。

关键词：自动测试;Web;全文检索;Lucene

0 引 言

作为信息化发展的技术支撑,Web 技术近年来在自动测试系统信息化领域发展迅速。但是给自动测试带来便捷的同时,也面临着如何对采集到的大量测试数据进行高效地信息检索的问题。对于结构化数据的管理通常采用数据库存储和检索的方式,但是在处理非结构化数据,尤其是以文本形式存在的大量测试相关非结构化数据时,数据库的存储和检索方式性能较差。Lucene 是此类问题的一个良好的解决方法,具体内容包括针对搜索词创建索引库,标示出该搜索词出现在测试相关数据文档中的位置和次数,检索时直接查找预先建立的索引库,该方法极大地提升了文本数据的检索效率。

1 系统结构

本文通过 Web 浏览器、服务器、自动测试系统之间的物理结构以及数据流转关系,介绍了测试相关数据从采集存储至搜索展示的整个过程,设计开发了自动测试知识库 Web 应用。需要说明的是,在自动测试系统中安装了 TestCenter 软件平台,TestCenter 具有完全自主的知识产权,主要应用于测试程序的开发、运行和管理。在自动测试知识库 Web 应用的服务器上,将 Web 程序部署在 undertow 中,该应用基于 Java EE 开发。用户通过 Web 浏览器实现数据的存储和访问,Web 浏览器推荐使用谷歌公司开发的 Chrome,该浏览器快速、稳定、安全、可调试。

1.1 测试数据的采集

在一个完整的测试活动中,测试工程师首先通过浏览器完成测试方案设计,非结构化数据的录入可以通过附件上传或者富文本编辑器的形式,然后传递给服务器,保存到数据库/文件库中。Web 页面测试方案数据传递的流程是浏览器→服务器→数据库/文件库→服务器→浏览器,如图 1 所示。

测试工程师在测试现场可以通过浏览器查看测试方案,通过 TestCenter 程控测试设备完成测试活动,测试活动数据经测试设备汇聚到 TestCenter,然后基于 WebSocket 的数据通路向服务器传递测试活动数据,包括自动测试系统配置信息、测试资源设备配置信息、UUT 信息、测试程序信息、测试项目信息、测试过程数据信息、测试活动结果信息等。服务器接收的测试活动数据存储到数据库/文件库中。测试活动数据传递的流程是测试设备→自动测试系统(TestCenter)→服务器→数据库/文件库→服务器→浏览器,如图 2 所示。

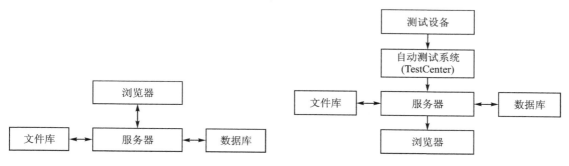

图 1　系统测试方案数据采集示意图　　　　　图 2　系统测试活动数据采集示意图

1.2　非结构化测试数据的全文检索

在自动测试知识库 Web 应用中,用户通过搜索界面进行测试相关数据的搜索操作,搜索功能是集成非结构数据和结构化数据的统一搜索。在本系统中,支持结构化数据管理,提供文件的上传/下载功能和基于 Lucene 的非结构化数据管理功能。非结构化测试相关数据的搜索过程主要包含创建索引和执行搜索,如图 3 所示。创建索引流程包括确定源文件→语言分析器进行中文分词→创建索引→保存索引文件,执行搜索流程包括获取搜索关键字→查询分词器分析关键词间逻辑→语言分析器进行中文分词→查询器查询索引文件中的对应索引→查

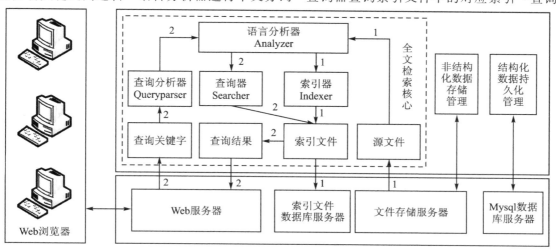

图 3　测试数据的全文搜索过程示意图

器查询索引文件中的对应索引→处理查询返回结果集。

英文的单词之间有标点符号或空格,便于区分,分词相对容易。中文的词语文法导致了分词往往涉及相邻的几个字,一句话中能拆分成的词较多,所以分词的逻辑相对困难,比如将"自动测试系统"分词后得到:自动、自动测试、自动测试系统、测试、测试系统、系统。在本系统中,为了解决中文分词的问题,选用了 IKAnalyzer 组件,该组件结合中文特点,不仅有词典分词算法,而且考虑到了文法分词。对于测试相关专业名词的拓展,提供了专门的拓展词词典文件,并有提高搜索效率屏蔽冗余搜索词的停用词词典文件。最后,利用 highlighter 包实现测试相关数据搜索结果的高亮显示,让搜索过程更加人性化。

2　系统设计

在自动测试知识库 Web 应用中,服务器利用 WebSocket 技术与自动测试系统控制的测试设备之间传输测试相关数据,将采集到的测试相关数据存储到数据库/文件库中。用户通过浏览器进入自动测试知识库 Web 应用中实现与服务器的数据交互。本文通过研究 Lucene 在自动测试系统信息化领域的具体应用,验证其可以实现快速有效地搜索测试相关数据等信息资源,给用户提供良好的搜索体验。

2.1　创建索引

在自动测试知识库 Web 应用工程中引入 commons-io-2.5.jar 包,lucene-analyzer-common-4.10.3.jar 包,lucene-core-4.10.3.jar 包以及 lucene.queryparser-4.10.3.jar 包,涉及的关键代码如下:

```
public voidmyTestCreate() throws IOException{
    DirectorymyTestDirectory = FSDirectory.open(new File("D:\\test"));
    AnalyzermyTestAnalyzer = new StandardAnalyzer();
    IndexWriterConfigmyTestConfig = new IndexWriterConfig(Version.LATEST,myTestAnalyzer);
    myTestConfig.setOpenMode(IndexWriterConfig.OpenMode.CREATE);
    IndexWritermyTestIndexWriter = new IndexWriter(myTestDirectory, myTestConfig);
    FilemyTestFile = new File("D:\\source");
    File[] myTestFileList = myTestFile.listFiles();
    for(FilemyTestFile2 : myTestFileList){
    DocumentmyTestDocument = new Document();
    StringmyTestFileName = myTestFile2.getName();
    FieldmyTestFileNameField = new TextField("fileName", myTestFileName, Field.Store.YES);
    …
    myTestdocument.add(myTestFileNameField);
    …
    myTestIndexWriter.addDocument(myTestdocument);
    }
    myTestIndexWriter.close();
}
```

指定文件夹下的一个测试文件当成一个 myTestdocument,Document 中含有 Field 信息(fileName 测试文件名称,filePath 测试文件路径,fileSize 测试文件大小,fileContent 测试文件内容等）。

2.2 查询索引

查询索引的关键代码如下：

```
public voidmyTestQuery() throws Exception{
    DirectorymyTestDirectory = FSDirectory.open(new File("D:\\test"));
    IndexReadermyTestIndexReader = DirectoryReader.open(myTestDirectory);
    IndexSearchermyTestIndexSearcher = new IndexSearcher(myTestIndexReader);
    Query query = new TermQuery(new Term("fileContent","通过"));
    TopDocsmyTestTopDocs = myTestIndexSearcher.search(query,10);
    ScoreDoc[]myTestScoreDocs = myTestTopDocs.scoreDocs;
    for(ScoreDocmyTestScoreDoc : myTestScoreDocs){
        DocumentmyTestDocument = myTestIndexSearcher.doc(myTestScoreDoc.doc);
        ...
    }
    myTestIndexReader.close();
}
```

这里针对指定文件夹下内容含有关键词为"通过"的所有测试文件进行搜索。

2.3 中文分词

将 IKAnalyzer2012FF_u1.jar 包添加到自动测试知识库 Web 应用工程的依赖库中，在工程的 classpath 路径下需要增加对应的配置文件、用于扩展词的扩展词词典文件和用于停用词的停用词词典文件。扩展词词典文件对与测试相关的一些专业名词的查询具有非常显著的效果。需要注意的是，在应用扩展词词典文件以及停用词词典文件的时候，文件格式为无 BOM 的 UTF-8 格式。中文分词器的应用也比较简单，只需要在创建分析器时，用中文分词器 IKAnalyzer 代替原来的 Analyzer 分词器即可。

```
AnalyzermyTestAnalyzer = new IKAnalyzer();
```

在应用 Analyzer 的时候还有一点需要注意，在创建索引阶段创建的中文分析器和执行搜索阶段创建的中文分析器应保持统一，避免因此导致搜索结果的错误。

2.4 高亮显示

在自动测试知识库 Web 应用工程的依赖库中导入 lucene-memory-3.0.2.jar 包、lucene-highlighter-3.0.2.Jar 包，涉及的关键代码如下：

```
SimpleHTMLFormattermyTestHtmlFmt = new SimpleHTMLFormatter("<p style=/"backcolor:turquoise;/">","</p>");
HighLightobviousShow = newHighLight(myTestHtmlFmt, newQuery Scorer(myQuery));
...
TokenStreammyTestTokenStream = analyzer.tokenStream(field.newStringReader(document.get("content")));
myTestHighLightString = myTestHighLightString.getBestFragment(myTestTokenStream, value);
```

3 结束语

本文介绍了 Lucene 技术的基本原理，并将其引入自动测试知识库 Web 应用中，实现了测试方案数据和测试活动数据的全文高效搜索功能。下一步的工作重点是如何通过优良的算法，对搜素结果进行整理排序，提高搜索的人性化、高效化。

参考文献

[1] 陈业恩.基于 MVC 模式的 Web 软件系统开发框架设计与实现[J].信息系统工程,2015,6:37.

[2] 沙阳阳,吴陈.基于 Web 的 Lucene 全文搜索排序算法的研究[J].计算机与数字工程,2019,5:1208-1211,1239.

[3] 方葛丰,刘毅.自动测试系统软件平台技术[J].仪器仪表,2009,10:199-203.

2022

检测技术

产品检验方法研究与实施

季兴远

（山东航天电子技术研究所，山东·烟台，264003）

摘要： 随着国内经济的快速发展，内需扩大，加速生产势必给各大厂商带来新的机遇，如何在新形势下抓住市场、抓住用户，提供价格合理、质量稳定的产品，依然是企业发展的必要因素。企业中，产品生产环节的检验工序是把好产品质量关的重要环节，检验部门应须优化管理流程，提出改革和创新方法，改变落后的检验方法。本文就是对产品检验提出了一种如何优化和如何实施的方法。

关键词： 检验；工装；自动化测试平台

1 概　述

现在越来越多的企业开始重视产品的检验工作。检验的目的就是保证产品质量，QA/QC的目的也是保证产品质量，只是一个是从技术角度，一个是从流程角度而已。对于检验是否需要有一个独立部门，我认为可以根据检验人员承担的角色（在产品整个检验过程中检验人员应承担的责任）以及企业的产品实际情况分别而论。一般来说，检验部门独立，带来的好处是产品质量相对会更好一些，可以更严格地控制产品的质量，而它带来的缺点就是在效率上会低一些，成本会高一些。

根据 NASA 的一项统计数据显示，独立的检验组织可使产品质量提高大约 25%（漏测问题减少 25%），但是其成本增加了 79%。但是在产品质量要求严格的高、精、尖领域，各企业成立独立的检验部门是很有必要的。本文是对企业检验部门如何提高效率、确保质量进行方法研究。

2 目前检验存在的问题分析

目前，大部分企业在产品质量检验工作中存在的问题可以说是有共性。单位在建立、发展的初期，产品数量较少，所以进行质量检验工作没有太大的工作负担，而且能够做到百分之百检验，但是随着企业生产的规模的扩大，其产品的种类以及数量越来越多，想要实现全面检验，具有非常大的难度，且对检验人员的技能有较高的要求，这就是如今产品质量检验工作做不好的主要原因之一。

3 检验质量控制方法研究

企业产品检验部门成立的核心目的是为更好地保证产品的质量，使交付的产品满足各项性能指标要求。如果单从部门性质来说，检验部门是为研发部门提供检验协助的部门。检验的职责之一即是依据技术文件完成产品检验,保证产品质量。根据本单位实际检验工作流程,我们对产品检验进行了深入的研究。

现阶段生产部门的检验工作包括硬件检验和软件检验两种。以硬件检验流程为例,检验流程图见图1。

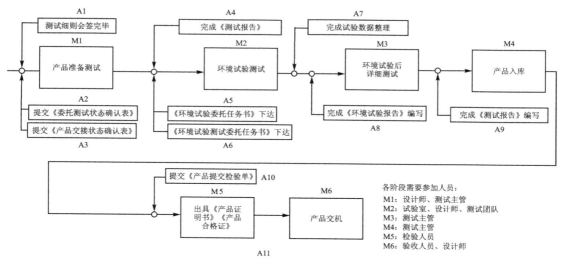

注:A1、A4、A7、A9、A11由主管测试人员完成;A2、A3、A5、A6、A8、A10由设计师完成。

图1　检验流程图

产品从设计源头开始,检验人员即按工序介入研制流程,确保过程检验的受控。为提高效率,减少人为因素的影响,可通过信息化检验平台搭建、多媒体检验记录开发、研制工装设计应用等措施,有效缓解检验的人工压力,提高检验的效率,降低成本。

3.1　开发自动检验平台

为了提高产品整机检验的安全性和准确性,以"一个平台、两个中心、多级应用"为总体目标,研究开发了"自动检验平台"(见图2)。通过该平台,将检验过程中的所有工作进行集中管理,形成统一的数据接口、设备接口和开发接口。通过两个中心——数据服务中心、集中控制中心的建立,对检验过程中产生的数据进行统一存储,集中管理,分类统计分析。通过集中控制中心对所有的检验任务集中管理,对检验设备、检验人员统一合理分配,对检验任务的执行情况集中监控。各类测试用专用设备、通用仪器等均实现了程序控制,通过矩阵开关的自主切换,改变以往的手动控制,提高了测试的效率。

同时,通过该检验系统的搭建,能够有效降低批产产品、通用产品的检验强度,该类产品的检验效率比手工操作提高了近十倍,检验过程的安全性大幅提高,并可通过后期的检验数据比对分析功能,更好地服务于设计、生产、测试等各个环节,有效提高产品的质量控制。

3.2　多媒体检验记录

以检验"数据表格化,流程标准化,数据规范化"的思维,在生产系统中开发了多媒体检验记录模块,从源头规范检验数据的录入,确保各项检验记录准确,结果客观真实。同时,搭建了检验数据中心,保证了数据来源的统一准确,确保数据库资源随时调取。通过系统实现实时监控和管理,各类生产报表和生产数据及时推送,在各工序通过数据的多样化展示,明确操作过

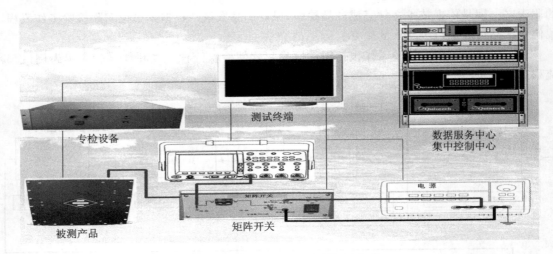

图 2　检验流程图

程关键环节,确保一致性,提升产品质量,改变了传统的纸质记录流转的随意性。多媒体检验记录示意图见图 3。

3.3　自动化设备研制及新型工装提高检验效率

针对传统检验依托"人眼"目检的项目较多误差率较大的情况,设计开发了自动化检验设备及高效能检验工装。

自动化检验设备采用了目前成熟的机器人技术和视觉检验技术,定位于中小批量产品的快速检验,利用自动检验平台,实现了自动寻址、智能核查、自动记录、智能拍照等功能,元器件安装位置、极性等可一步检测到位。自动检测平台见图 4。

图 3　多媒体检验记录示意图

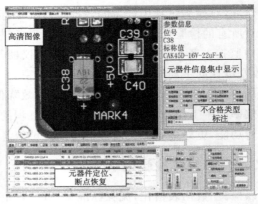

图 4　自动检验平台

结合本单位产品特性,为配合自动检验平台的应用,针对静态测试的输入/输出阻抗项目,研制了"输入/输出阻抗测试仪",其上位机软件见图5。

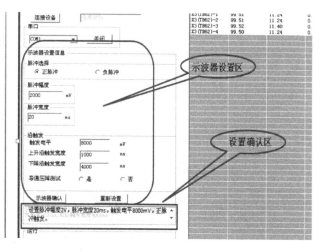

图5　输入/输出阻抗测试仪上位机软件

　　输入/输出阻抗测试仪主要由主控模块、继电器切换阵列模块、电源供电模块、数据采集模块组成。通过上位机软件发送指令,主控模块接收,实现继电器阵列切换,将待测信号引入,再通过程控选择使用万用表或示波器模块进行测试,将测试数据反馈到采集模块,从而实现输入阻抗或输出阻抗的测试工作。产品共能实现200余路选通测量功能,如需要扩展测试路数,可更换机箱,增加控制继电器阵列。

　　传统测试方法与测试仪比对如表1所列。

表1　输入输出阻抗传统测试与仪器测试比对

序　号	输入阻抗测试		输出阻抗测试	
	传统测试	测试仪测试	传统测试	测试仪测试
1	针孔线自制,需要手动更换测试点	根据提供的测试表格,通路间切换自动进行且安全可靠	自制开关和负载连接线,连接时需要注意电路连接避免连错;使用多次后自制工具易出现连接不可靠等缺点	不需要自制开关和负载等测试工具
2	需要人工设置示波器,每个信号之前需要按下"单次触发"按钮,机械重复进度缓慢,后期数据整理计算时才能发现的错误还需要重测	示波器设置和波形采集自动进行,无差错,不需要人工干预	测试时,有脉宽、幅值、前沿和后沿共计四个参数,同时测试需要三台示波器,分次测试同一路需要测试三次,其他电源线、网线等配套工具另计	示波器自动设置各个参数间的切换,测试中路序切换和波形展开不需要人工干预,可靠性和安全性得到提高
3	测试慢,效率低,易出错	可以稳定、快速、高效地自动测试,根据用户需要可以灵活地选择示波器测试和万用表模块测试	测试数据需要随时记录,且易出现误读、误听、误记等失误,测试完毕后需要检查、整理、计算,计算发现超差时还需要重测	测试数据自动判读、计算、存储,某路出错实时报错,不报错不需要人工干预

　　输入/输出阻抗测试系统的使用不仅缩短了输入/输出阻抗测试的时间,大幅度地提高了

自动化检验测试的效率,降低了检验人员的工作强度,而且易于携带,操作方便。既可以用来测试输入/输出阻抗,又可以应用于电缆测试和静态阻抗测试,有效提高了产品检验测试的工作效率和安全性。

同时,为实现焊点质量及极性元器件焊装质量快速准确的100%检验目标,开发了新型检验工装(见图6),就可一次性完成漏焊器件检查和钽电容、二极管等有极性器件的极性检查,有效解决了"目检漏检"的问题,极大地提升了检验的准确率。

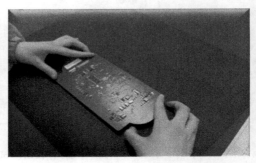

图6　检验漏板工装图

4　结束语

目前,在各企业的构架中,检验在科研生产中的作用逐渐明显。生产单位成立独立的检验部门、制定规范的检验流程,让检验部门评价每台产品的质量。同时,检验产品涉及多学科范围及设计难度的增大,也促使检验工作逐步引入更改信息化平台、自动化检验设备等措施,以提升检验的效能,降低人员的成本,也促使"检验"职能的多元化发展。

产品质量即为一个单位的"生命",谁能将质量掌握在手中,谁就能掌握"自己"的命运。

参考文献

[1] 科研管理与组织、理论和实践[M].周邦新,译.上海:上海科技出版社,2004.

[2] 周立功.PDIUSBDI2 USB固件编程与驱动开发[M].北京:北京航空航天大学出版社 2003.

[3] 许永和.EZ-USB FX系列单片机USB外围设备设计与应用[M].北京:北京航空航天大学出版社,2002.

[4] 童洪洁.USB上位机程序开发与设计.仪器仪表用户,2005(12):202-204.

石英纤维增强复合材料内部孔洞缺陷的红外热成像检测有限元分析研究

徐振业　刘志浩

（航空工业济南特种结构研究所·高性能电磁窗航空科技重点实验室，山东·济南，250023）

摘要：在石英纤维增强树脂基复合材料平板上钻直径和深度不同的盲孔，模拟材料内部的孔洞缺陷。采用数值模拟方式，建立了石英纤维增强复合材料盲孔缺陷平板试样三维实体模型，对盲孔缺陷平板试样红外热成像检测过程进行模拟计算，重点研究了盲孔缺陷大小、深度、分布等以及脉冲热源强度和加热时间对红外热成像检测信号的影响规律。结果表明，在一定范围内，缺陷径深比越大，最大温差越大，最大温差对比度越大，越容易被检出；脉冲热源强度越大和加热时间越长，最大温差越大，缺陷越容易被检出；最大温差对比度不随热源强度和加热时间的改变而改变，增加热源强度和加热时间并不能提高红外热成像图像上缺陷的清晰程度。

关键词：复合材料；红外热成像检测；盲孔缺陷；数值模拟

石英纤维增强复合材料因其组分多样性和不均匀性，结构的复杂性，以及成型制造过程中工艺的不稳定性，决定了复合材料在制造过程中不可避免地会产生内部缺陷和损伤；复合材料在服役过程中由于应力和环境载荷的影响容易导致内部产生不同程度的损伤。不论是制造过程中产生的缺陷还是服役过程中产生的损伤都会对复合材料的性能产生巨大影响。因此，采用合适的无损检测技术对复合材料制造及使用过程进行有效检测，确保内部质量至关重要。

复合材料主要的无损检测方法有超声波、红外热成像、X射线、声发射、激光剪切散斑等，其中红外热成像检测是基于热波理论的无损检测方法，通过主动对物体施加周期或脉冲等函数形式的可控热激励，使物体内部的异性结构（缺陷或损伤）以表面温场变化的差异形式表现出来，采用红外热成像仪连续观测和记录物体表面的温场变化，并对序列热图结果进行计算和处理，从而实现对物体内部异性结构的检测和定量表征。热成像技术可以直观地检测出被检对象上的热状态变化，具有可在役检测、非接触、大面积扫描检测速度快、设备便携等特点，可实现高效、快速检测复合材料内部缺陷。

研究学者采用红外热成像检测技术对碳纤维、玻璃纤维、蜂窝结构等常用复合材料进行了缺陷检测，验证了红外热成像检测技术的可行性以及适用性，取得了比较好的结果。另外红外热成像检测过程实质是热量在被检对象内部的热传递过程，可以采用数值模拟的方式对检测过程进行分析研究，学者们采用数值模拟的方式对红外热成像进行了大量研究，任鹏飞等对含有缺陷的碳纤维复合材料进行瞬态温度场的数值模拟，分析了缺陷深度、大小和厚度对碳纤维复合材料表面热像对比度的影响规律，许鑫利用 ANSYS 对玻璃纤维和高硅氧层压板脱粘缺陷的脉冲热像检测法进行数值模拟，分析了缺陷直径对检测的影响，杨正伟等对影响红外检测的缺陷影响因素如缺陷直径、缺陷埋深等做了模拟研究，林隆荣等对复合材料平底孔缺陷的影响因素进行了数值模拟。

为了系统研究石英纤维复合材料红外热成像检测，本文采用数值模拟方式，建立了石英纤维复合材料盲孔缺陷平板试样三维实体模型，对盲孔缺陷平板试样红外热成像检测过程进行模拟计算，重点研究了盲孔缺陷大小、深度、分布等对红外热成像检测信号的影响以及脉冲热源强度和加热时间对红外热成像检测信号的影响，为后续石英纤维增强复合材料红外热成像检测实验研究奠定了理论基础。

1 模型建立

图 1 所示为盲孔缺陷平板试样有限元分析三维模型示意图，图 1(a)所示为盲孔缺陷平板试样缺陷尺寸及分布示意图，首先制备实心层压板，其尺寸为 420 mm×300 mm×6 mm，然后在其背面加工不同尺寸和不同深度的平底孔，用来模拟复合材料内部孔洞缺陷。按直径分为 a、b、c、d 四组：$\phi_a = 20$ mm、$\phi_b = 15$ mm、$\phi_c = 10$ mm、$\phi_d = 5$ mm，如图 1(a)所示，盲孔离检测面的距离从左到右分别为 2.5 mm、2 mm、1.5 mm、1 mm 和 0.5 mm。采用 ABAQUS 有限元分析软件对盲孔缺陷平板试样进行了三维(3D)建模，建立了三维实体模型如图 1(b)所示，单元类型为八结点线性传热六面体单元(DC3D8)，网格采用扫掠方式划分，模型边缘体单元大小为 10 mm，盲孔缺陷边缘布置不同数量的网格种子，从模型边缘逐步向盲孔缺陷边缘扫掠，从而实现对模型的网格划分，如图 1(c)所示。盲孔缺陷平板试样材料为玻璃纤维增强树脂基复合材料，材料参数如表 1 所列。

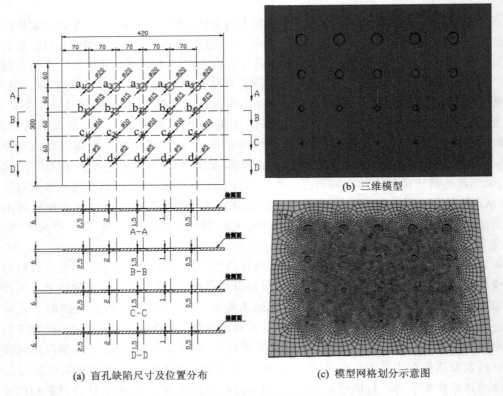

(a) 盲孔缺陷尺寸及位置分布　　(b) 三维模型

(c) 模型网格划分示意图

图 1　盲孔缺陷平板试样有限元分析三维模型示意图

表 1 复合材料的材料参数

材料属性	参　　数
密度 ρ/(kg·m^{-3})	1 690
导热系数 k/(W·m^{-1}·K^{-1})	0.329
比热容 c/(J·kg^{-1}·K^{-1})	850

目前,红外热成像检测采用的热激励源为高能闪光灯,最大可发出的能量是 9.6 kJ,闪光灯产生的光能可视为脉冲信号直接对被检物体表面进行加热,闪光灯脉冲热激励源的曝光时间为 2 ms,可视为脉冲宽度。根据红外热成像检测过程中热加载情况和材料的特性,选择有限元分析的加载方式为热流密度加载。热流密度表示单位时间内通过单位面积的热量,表达式为:

$$q = \frac{P}{S} (\text{W/m}^2) \tag{1}$$

其中,P 为热流率(功率),S 为截面面积。由式(1)可知,通过热流率和加热面的有效面积就可以估算出热流密度的大小。红外热成像检测过程中闪光灯加热的总能量为 9.6 kJ,能量传播时有多种形式的损失,约为 50%,盲孔缺陷平板试样加热面的最大面积为 0.126 m^2,最小脉冲宽度为 0.02 s,由式(1)可估算热流密度值约为 2×10^6 W/m^2。热加载时间设置为 0.002 s,与实际检测过程的加载时间相同。

红外热成像检测过程可分为 2 个阶段,脉冲加热阶段和冷却降温阶段,因此在进行有限元分析时设置了 2 个分析步,第 1 个分析步为脉冲加热阶段,时间为 0.002 s,热流密度在此分析步中加载;第 2 个分析步为冷却降温阶段,时间可根据分析计算情况进行设置。

红外热成像检测一般在室温下进行,因此有限元分析时模型的初始温度设置为 25 ℃,脉冲加热阶段除检测面施加热流密度载荷外,其他表面均按绝热边界条件处理,冷却降温阶段检测面存在表面辐射和与周围环境的对流换热,四个侧面存在与周围环境对流换热,统一取对流换热系数 $h = 10$ W/(m^2·℃),分析过程中无内部热源。

2　结果与讨论

2.1　缺陷大小和深度对红外热成像检测信号的影响

图 2 所示为不同时刻盲孔缺陷平板试样表面有限元分析的温度云图,从图中可知,在 0.488 9 s 时,缺陷 a_5、b_5 和 c_5 首先显现出来,2.464 s 时,缺陷 a_4、b_4 和 c_4 显现出来,随着时间增加,其他缺陷依次显现,在 14.660 s 时,除 d_1 缺陷外,其他所有缺陷均显现出来,之后随着时间再次增加,之前显现出来的缺陷逐渐模糊甚至消失。从温度云图(见图 2)中可见(以 a 组缺陷为例),a 组缺陷显现的时间为 $t_{a_1} > t_{a_2} > t_{a_3} > t_{a_4} > t_{a_5}$,缺陷直径相同,而深度为 $d_{a_1} > d_{a_2} > d_{a_3} > d_{a_4} > d_{a_5}$,可见对于相同直径的缺陷,缺陷越深,显现的时间越晚。d_1 缺陷未能显现出来表明红外热成像检测对于深度较深、尺寸较小的缺陷无法实现检测。

图 3(a)所示为直径为 20 mm,不同深度缺陷的温度-时间曲线,从图中可知,每一缺陷降温曲线分为 3 个阶段,各个阶段特征如表 2 所列。直径相同、不同深度的缺陷降温缺陷在第 II 和第 III 阶段存在明显差异,随着深度的增加,降温曲线逐渐下移,这是由于深度越小,温度很快扩散至底部趋于平稳,整体温度较高;不同直径缺陷降温曲线在第 II 和第 III 阶段趋于平缓的持

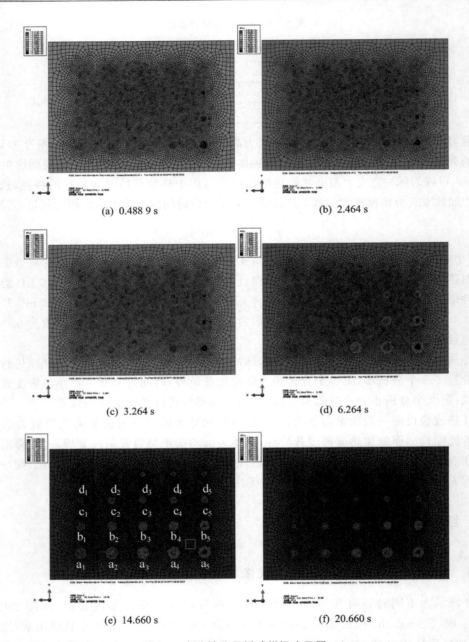

(a) 0.488 9 s　　　　　　(b) 2.464 s

(c) 3.264 s　　　　　　(d) 6.264 s

(e) 14.660 s　　　　　　(f) 20.660 s

图 2　盲孔缺陷平板试样温度云图

续时间存在明显差异,直径越大,缺陷显示最清楚的时间越长,在温度云图上显示也越持久,这与图 2 温度云图中不同缺陷显示时间长短变化规律一致。

表 2　降温曲线不同阶段的特征

阶　段	名　称	特　征
Ⅰ阶段	快速降温阶段	试样表面刚被加热,热辐射能量较高,能量扩散较快,短时间内温度迅速降低
Ⅱ阶段	缓慢降温阶段	随着时间增加,热辐射强度下降较为均匀,温度-时间曲线呈对数下降趋势
Ⅲ阶段	温度稳定阶段	热量在试样内部扩散均匀,热辐射强度下降缓慢,温度-时间曲线趋于平缓

图 3(b)所示为直径 20 mm,不同深度盲孔缺陷的温差-时间曲线,温差是通过缺陷区域温度与参考区域(如图 2(e)中框所示)温度相减后获得的。从图中可知,相同直径、不同深度缺陷温差-时间曲线存在明显差异,随着缺陷深度的增加,温差-时间曲线上最大温差值在减小,最大温差所对应时间略有增加或近似认为不变,即缺陷越深越难检测。图 3(c)所示为深度 1.0 mm 不同直径盲孔缺陷温差-时间曲线,从图中可知,不同直径温差-时间曲线存在明显差异,随着直径的增加,温差-时间曲线最大温差逐渐增大,但增大幅度逐渐减小,最大温差所对应时间增大,即缺陷越大越容易检测,但当缺陷尺寸增大至一定程度后,缺陷尺寸继续增大,检测结果不再变化。

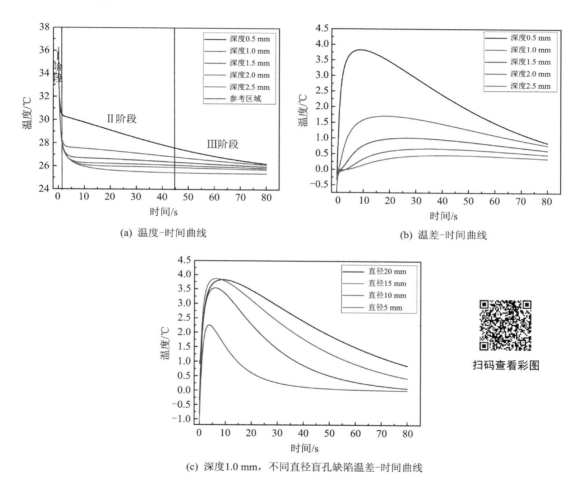

(a) 温度-时间曲线

(b) 温差-时间曲线

(c) 深度1.0 mm,不同直径盲孔缺陷温差-时间曲线

图 3　直径 20 mm 不同深度盲孔缺陷

在不同盲孔缺陷温差-时间曲线上取最大温差和最大温差对比度结果如图 4 所示,最大温差和最大温差对比度随直径和深度的变化规律如表 3 所列。

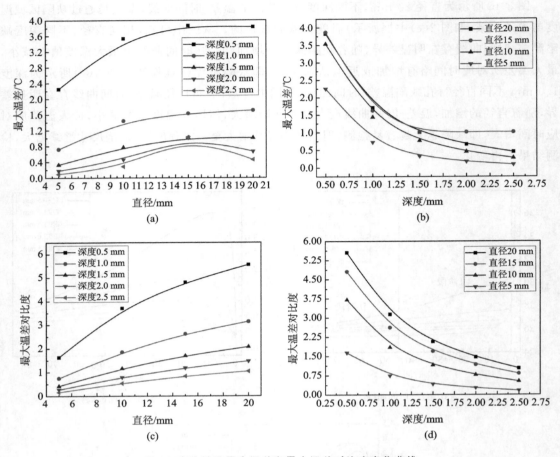

图 4　盲孔缺陷最大温差和最大温差对比度变化曲线

表 3　最大温差和最大温差对比度随直径和深度变化规律

直　径	深　度	最大温差	最大温差对比度
不同	相同	在一定范围内,最大温差随缺陷直径的增大而增大,当缺陷直径增大到一定程度时,最大温差趋于一个恒定值,这表明在一定程度上,大缺陷比小缺陷更容易被检测到,这是由于缺陷直径在一定范围内,大缺陷的热阻大,造成更大热量积累,更容易被检测到;深度较深缺陷随着直径增大出现了最大温差值减小情况,这表明最大温差受缺陷深度影响是非单向	缺陷深度一定时,最大温差对比度随着缺陷直径的增大而增大,说明缺陷直径越大,缺陷在红外热成像图像上显示的越清晰
相同	不同	缺陷最大温差随着缺陷深度的增加而逐渐减小,这表明距表面越近的缺陷,越容易被检测到;从图中还可以看出,相同深度下,直径 15 mm 缺陷最大温差存在大于直径 20 mm 缺陷最大温差的现象,这表明缺陷直径和深度共同影响最大温差的变化	缺陷直径一定时,最大温差对比度随着缺陷深度增大而减小,尤其在近表面,最大温差对比度迅速减小,说明近表面缺陷在红外热成像图像上显示得更清晰

　　图 5 所示为综合考虑盲孔缺陷直径和深度,研究盲孔缺陷的径深比对最大温差和最大温差对比度的影响,从图 5(a)中可知,随着缺陷径深比的增加,最大温差逐渐增大,但径深比增大至一定程度时,缺陷最大温差趋于恒定值,说明在一定程度下,缺陷直径越大,深度越小,越容易被检测到,此时缺陷深度对最大温差贡献较大;当缺陷深度继续减小,小到一定值时深度不能再减小,最大温差变化受缺陷直径影响变大,当缺陷直径更大时,热阻更大,而热量积累量却相同,热量积累过程需要相对较长的时间,热量才得以充分扩散,使得缺陷表面温度与其他试样表面的温度相差不大。从图 5(b)中可知,缺陷径深比越大,缺陷最大温差对比度越大,在红外热成像图像上显示得越清晰。

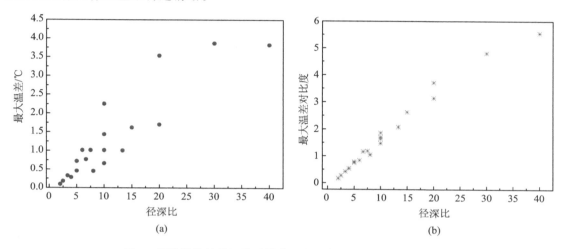

(a)　　　　　　　　　　　(b)

图 5　盲孔缺陷的径深比对最大温差和最大温差对比度的影响

2.2　脉冲热源强度和脉冲加热时间对红外热成像检测信号的影响

　　图 6 所示为加热时间为 0.002 s 时,采用 $1×10^6$ W/m^2、$2×10^6$ W/m^2、$3×10^6$ W/m^2 和

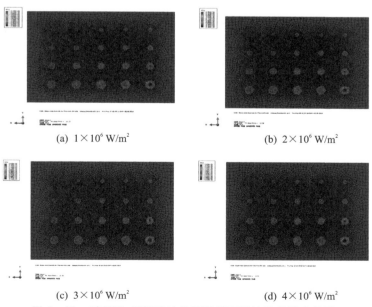

(a) $1×10^6$ W/m^2　　　　　　　　　(b) $2×10^6$ W/m^2

(c) $3×10^6$ W/m^2　　　　　　　　　(d) $4×10^6$ W/m^2

图 6　同一时刻下,不同脉冲热源强度盲孔缺陷的温度云图

4×10^6 W/m² 不同脉冲热源强度对盲孔缺陷平板试样进行加载得到的同一时刻下的温度云图,从图中可以看出,不同脉冲热源强度下,缺陷显现数量及清晰度并没有差异;缺陷区域试样表面的温度存在一定的差异,脉冲强度越大,缺陷区域表面的温度越高。

图 7 所示为热源强度为 2×10^6 W/m² 时,采用 0.001 s、0.002 s、0.003 s 和 0.004 s 不同加热时间进行盲孔缺陷平板试样的有限元分析获得的同一时刻下的温度云图。从图中可以看出,不同加热时间下,缺陷显现数量及清晰度并没有差异;缺陷区域试样表面的温度存在一定的差异,加热时间越久,缺陷区域表面温度越高。

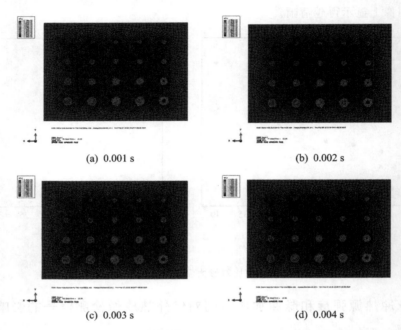

(a) 0.001 s   (b) 0.002 s

(c) 0.003 s   (d) 0.004 s

图 7   同一热源强度下,不同加热时间盲孔缺陷的温度云图

图 8 所示为加热时间为 0.002 s 不同脉冲热源强度下和热源强度为 2×10^6 W/m² 不同加热时间下,直径 20 mm、深度 0.5 mm 盲孔缺陷温度-时间曲线、温差-时间曲线和温差对比度-时间曲线,温度、温差和温差对比度随时间变化规律如表 4 所列。

表 4   不同脉冲热源强度下和热源强度温度、温差和温差对比度随时间变化规律

加热时间	热源强度	温度-时间曲线	温差-时间曲线	温差对比度-时间曲线
0.002 s	增加	温度-时间曲线整体上移,第Ⅰ阶段和第Ⅱ阶段转折点(如图中箭头所示)随之上移,最大温度整体增加	温差-时间曲线整体上移,最大温差增加,最大温差出现的时刻略有推迟	最大温差对比度基本保持不变,最大温差对比度出现的时刻略有推迟
增加	2×10^6 W/m²	温度-时间曲线整体上移,第Ⅰ阶段和第Ⅱ阶段转折点(如图中箭头所示)随之上移,最大温度整体增加,在一定的加热时间范围内,加热时间越长,最大温差越大	温差-时间曲线整体上移,最大温差增加,最大温差出现的时刻基本不变	温差对比度-时间曲线重合在一起,最大温差对比度保持不变,最大温差对比度出现的时刻保持不变

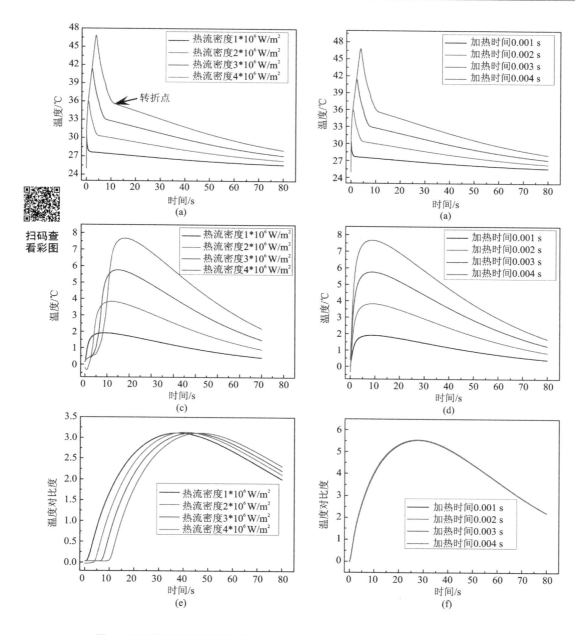

扫码查看彩图

图 8 不同脉冲热源强度和脉冲加热时间下,直径 **20 mm**、深度 **0.5 mm** 缺陷

图 9 所示为加热时间 0.002 s 不同脉冲热源强度以及热源强度为 $2×10^6$ W/m² 不同加热时间下,直径 20 mm、深度 0.5 mm 盲孔缺陷最大温差和最大温差对比度变化曲线,结果如表 5 所列。

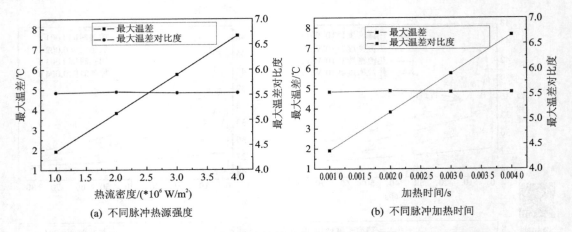

(a) 不同脉冲热源强度　　　　　　　　　　　(b) 不同脉冲加热时间

图 9　直径 20 mm、深度 0.5 mm 盲孔缺陷最大温差和最大温差对比度变化曲线

表 5　最大温差和最大温差对比度变化随脉冲热源强度和热源强度变化规律

加热时间	热源强度	最大温差变化曲线	最大温差对比度变化曲线
0.002 s	增加	最大温差与脉冲热源强度呈正比，即脉冲热源强度越大，最大温差越大，表明增加热源强度，缺陷越容易被检出	最大温差对比度与脉冲热源强度的关系曲线基本上是一条水平直线，即最大温差对比度不随热源强度的改变而改变，表明增加热源强度并不能提高红外热成像图像上缺陷的清晰程度
增加	2×10^6 W/m^2	在一定的加热时间范围内，最大温差与加热时间呈正比，即加热时间越久，最大温差越大，表明增加加热时间，缺陷越容易被检出	最大温差对比度与脉冲热源强度的关系曲线基本上是一条水平直线，即最大温差对比度不随热源强度的改变而改变，表明增加热源强度并不能提高红外热成像图像上缺陷的清晰程度

3　结　论

（1）在一定范围内，缺陷径深比越大，最大温差越大，最大温差对比度越大，越容易被检出；缺陷尺寸越大，最大温差越大，当缺陷尺寸增大到一定程度时，最大温差趋于一个恒定值，大尺寸缺陷比小尺寸缺陷更容易被检出，大尺寸缺陷在红外热成像图像上更清晰；缺陷深度越大，最大温差越小，近表缺陷容易被检出，在红外热成像图像上更清晰。

（2）脉冲热源强度越大和加热时间越长，最大温差越大，增加热源强度和加热时间，缺陷越容易被检出；最大温差对比度不随热源强度和加热时间的改变而改变，增加热源强度和加热时间并不能提高红外热成像图像上缺陷的清晰程度。

参考文献

[1] 张立功,张佐光.先进复合材料中主要缺陷分析[J].玻璃钢/复合材料,2001,1(2)：42.

[2] Staszewski W J. Intelligent signal processing for damage detection in compositematerials[J]. Composites Science and Technology，2002, 62：941-950.

[3] Costa M L, Almeida S F M, Rezende M C. The influence of porosity on the interlaminar shear strength of carbon/epoxy and carbon/bismaleimide fabriclaminates[J]. Composites Science and Technology, 2001, 61

(14)：2101-2108.

[4] Kas Y O, Cevdet K. Ultrasonic (C-scan) and microscopic evaluation of resin transfer molded epoxy composite plates[J]. Polymer Testing, 2005,24(3)：114-120.

[5] 蒋淑芳,沈京玲,杨党纲,等.铝蜂窝胶接缺陷的红外热波无损检测[J].无损检测,2006,28(1)：23-25.

[6] 杨宝刚.复合材料的射线检测技术[J].宇航材料工艺,2004(2)：26-28.

[7] 计宏伟,邵文全,李砚明,等.蜂窝纸板脱胶缺陷的检测[J].包装工程,2009,30(2)：105-106.

[8] 梁涛.复合材料脱粘缺陷红外热成像无损检测定量分析研究[D].成都：电子科技大学,2017.

[9] 华浩然,袁丽华,邬冠华,等.透射法的红外热波缺陷定量检测研究[J].红外与激光工程,2016,45(2)：99-104.

[10] 朱争光,袁丽华,汪江飞,等.复合材料红外热波检测影响因素的模拟研究[J].南昌航空大学学报：自然科学版,2017,31(4)：21-27.

[11] 李艳红,金万平,杨党纲,等.蜂窝结构的红外热波无损检测[J].红外与激光工程,2006,35(1)：45-48.

[12] Shepard S M, Lhota J R, Ahmed T, et al. Thermographic Inspection of Composite Structures[J]. SAMPLE Journal (S0091-1062),2003,39(5)：53-58.

[13] Ling H S, Ming L L, Qing Y H, et al. NDE of composites delamination by infrared thermography[J]. Proceedings of SPIE(S0277-786X), 2003, 5046(1)：219-223.

[14] 张小川,金万平,张存林,等.玻璃钢平底洞缺陷试件红外热波检测方法[J].激光与红外,2006,36(1)：16-18.

[15] 蒋淑芳,郭兴旺,沈京玲,等.固体火箭发动机绝热层脱粘的红外热波无损检测[J].激光与红外,2005,35(8)：584-586.

[16] 任鹏飞,陈芙蓉,解瑞军,等.碳纤维复合材料红外无损检测的数值分析[J].电子测量技术,2009,32(4)：138-140.

[17] 许鑫.复合材料脱粘的红外无损检测及数值模拟[J].航天制造技术,2014(3)：54-58.

[18] 杨正伟,张炜,田干,等.复合材料热波检测影响因素的数值仿真[J].系统仿真学报,2009,21(13)：3918-3921.

[19] 林隆荣,钟舜聪,伏喜斌,等.复合材料缺陷的脉冲热成像有限元模拟研究[J].机电工程,2016,33(1)：18-23.

单向石英纤维改性氰酸酯复合材料层合板低速冲击损伤研究

周翔　马占东　刘晓菲　潘爱江

（航空工业济南特种结构研究所·高性能电磁窗航空科技重点试验室，山东济南，250023）

摘要：本文以单向石英纤维改性氰酸酯复合材料层合板为研究对象，进行了低速冲击试验研究及数值仿真模拟。通过自由落体装置对层合板进行冲击，使用超声C扫描技术检测了层合板冲击后的损伤状态，获得了不同能量下层合板内部的损伤面积。通过三维渐进损伤分析方法对冲击过程进行了模拟，并以冲击有限元为基础，利用软件ABAQUS模拟层合板低速冲击过程。试验、计算结果具有一致性，为本文的数值模拟方法提供了理论依据。通过对不同层铺顺序层合板冲击后剩余压缩强度研究，发现当层合板厚度较小时(1.04 mm)，调整铺层顺序对层合板冲击性能影响不大，当层合板厚度较大时(4.16 mm)，铺层厚度的改变，将±45°的单层靠近表面铺设能获得较大的剩余压缩强度。

关键词：复合材料层合板；冲击损伤；铺层顺序；剩余压缩强度

单向石英纤维改性氰酸酯复合材料在三代、四代飞机的部件制造过程中具有广泛的应用。部件在安装过程中，或者在飞机起飞、着陆过程中，不可避免地受到各种承载力的冲击，例如安装过程中工具的掉落而受到的冲击，或在飞机起飞过程中受到石子冲击等，根据冲击物速度不同，可以分为高速冲击及低速冲击。相较于低速冲击，高速冲击所形成的损伤面积更大，一般为结构性穿透损伤，更易被检查出。相反，低速冲击由于动能较低，往往会导致基体开裂或者分层等材料内部损伤，此类损伤所造成的损伤面积较小，并不容易被发现。尤其是当损伤部位位于表层下面时，更不容易被检查出来，从而将会严重影响复合材料结构的使用寿命。在实际应用过程中，低速冲击较高速冲击而言具有更高的潜在危险。

在此背景下，大量学者针对该方向进行课题研究。沈真等人通过冲击试验以及相关冲击性能研究，发现可以通过指标法来进行复合材料抗冲击性能的表征。李泽江等人利用渐进损伤的方法，定量分析了复合材料损伤面积、位置与拉伸载荷作用力之间的关系，从而得到铺层方向与剩余拉伸强度之间的关系，结果如下：随着铺层角度的增加，其所造成的影响相应越小。屈天骄等人通过单一变量法，研究低速冲击下相关因素对复合材料的损伤性能的影响，该试验中以复合材料发生损伤面积的大小作为表征参数，最终发现材料性质、冲击力大小与形状等都与损伤面积有着十分密切的联系。Bruno等基于Reissner-Mindlin板理论，对层合板在不同堆叠方式下所产生的首次破坏进行研究，最终根据破坏准则确定破坏载荷。Kam和Jan使用分层位移理论分析了中厚板的第一层破坏。Duc等分析了由基体、增强纤维和颗粒组成的叠层三相聚合物复合板的非线性响应。Nand和Kumar也使用相同的理论研究了层合板单轴压缩面内剪切的横向载荷。Ramtekkar等利用有限元模型，根据不同的破坏理论，研究了复合材料层合板的应力和应变分量以进行破坏分析。基于三维渐进损伤法以及ABAQUS软件，本文对复合材料在不同冲击能量下的损伤展开研究，该过程所使用的表征参数为压缩强度，可用于后期试验分析,开展了铺层顺序对冲击后剩余强度的影响研究,以期为推动复合材料抗冲击机构设计的发展提供理论指导。

1 试 验

1.1 试验设备与试验件

本试验采用自由落体式冲击试验装置进行相关研究,可以更好地模拟低速物体对复合材料层合板结构的冲击过程。试验设备由美特斯工业系统(中国)有限公司生产制造,设备型号为 ZCJ9302,冲头质量为 5.5 kg,半球形冲头直径为 16 mm。图 1 所示为本试验冲击试验装置,试验件构型及尺寸详见图 2。

图 1 冲击试验装置

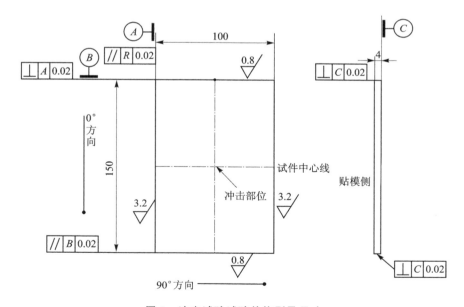

图 2 冲击试验试验件构型及尺寸

试验件尺寸为 150 mm×100mm,试验参照 ASTM D7136 试验标准进行,通过控制冲击头的下落高度达到控制冲击能力的效果。两块钢板作为固定试件装置,共同形成 125 mm ×

75 mm 的长方形区域的冲击部分。试验件材料选用航空工业济南特种结构研究所生产的单向石英纤维改性氰酸酯复合材料层合板,层合板单层厚度为 0.13 mm。试验矩阵如表 1 所列。

表 1　试验矩阵

试验件编号	试验项目	试验件铺层	冲击能量/J	层　数	试样厚度/mm	试验件数量
A_0	冲击试验	$[45/0/-45/90]_5$	6	20	2.6	5
			12			5
			18			5
			24			5
			30			5
A_1	冲击后压缩	$[45/-45/0/90]_s$	12	8	1.04	6
A_2		$[0/90/45/-45]_s$		8		6
B_1		$[(45/-45)_4(0/90)_4]_s$	30	32	4.16	6
B_2		$[(0/90)_4(45/-45)_4]_s$		32		6

1.2　冲击目视损伤检测

6 J、12 J 冲击能量层合板外部无目视可检损伤,故选取了典型的 18 J、24 J、30 J 冲击能量层合板损伤破坏,如图 3 所示。从层合板的目视评估中发现,冲击正面有明显的冲击凹坑和基体开裂,冲击背面有较大的凸起和纤维断裂。分层、基体开裂和纤维断裂是主要的损伤模式。随着冲击能量的增大,分层是主要的损伤模式,伴有纤维断裂,损伤的范围随冲击能量的增大而增大。

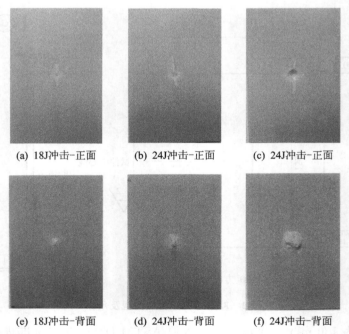

(a) 18J冲击-正面　　　(b) 24J冲击-正面　　　(c) 24J冲击-正面

(e) 18J冲击-背面　　　(d) 24J冲击-背面　　　(f) 24J冲击-背面

图 3　层合板冲击破坏损伤

1.3 冲击内部损伤检测

通过 C 扫描结果发现,受到冲击的部位损伤投影形状为圆形或椭圆形,随着冲击能量的变大,复合材料所造成的损伤面积也逐渐变大,损伤处的形状越接近于圆形。复合材料超声 C 扫描所显示的损伤面积具体可参照表 2。

表 2　层合板冲击后损伤面积

冲击能量/J	试件编号	损伤面/mm²	平均值/mm²
6	CAI-6J-1	195	196
	CAI-6J-2	196	
	CAI-6J-3	182	
	CAI-6J-4	224	
	CAI-6J-5	182	
12	CAI-12J-1	437	376
	CAI-12J-2	361	
	CAI-12J-3	360	
	CAI-12J-4	360	
	CAI-12J-5	361	
18	CAI-18J-1	525	474
	CAI-18J-2	460	
	CAI-18J-3	420	
	CAI-18J-4	483	
	CAI-18J-5	480	
24	CAI-24J-1	546	540
	CAI-24J-2	546	
	CAI-24J-3	520	
	CAI-24J-4	494	
	CAI-24J-5	594	
30	CAI-30J-1	621	749
	CAI-30J-2	594	
	CAI-30J-3	840	
	CAI-30J-4	825	
	CAI-30J-5	864	

图 4 所示为 6J、12J、18J、24J、30J 能量冲击后层合板 C 扫情况。

由表 2 数据可知,在能量一致时,冲击产生的损伤面积分散性较大,主要原因可从复合材料工艺角度进行分析,材料的厚度、基体分布的不一致等因素是导致该现象发生的原因。综合 C 扫图像可知,冲击能量与 C 扫检测出的分层损伤面积成正比关系,即冲击能量越大,损伤面积也越大。从图像中也可以看出,损伤的形状也多为圆形或椭圆形。

从上述试验不难发现,在低速冲击下,复合材料层合板内部会出现各种损伤。该材料受到的冲击能量大小与损伤程度之间成正比关系。若冲击能量超过一定限度后,材料表面甚至会

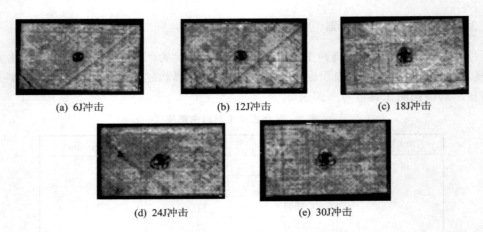

(a) 6J冲击　　　　　　(b) 12J冲击　　　　　　(c) 18J冲击

(d) 24J冲击　　　　　　(e) 30J冲击

图 4　不同冲击能量下的层合板 C 扫图像

出现裂缝、凹坑等肉眼可见的损伤。而在冲击能量较小时,虽然材料表面并不会产生肉眼可见的损伤,但是其内部仍然可能存在层间分层等不易发现的损伤,并且这些损伤会影响结构整体的稳定性以及使用寿命。

2　理论分析及数值仿真

2.1　三维渐进损伤分析方法

一般情况下,对复合材料层合板的损伤进行分析时,主要是基于应力理论以及失效理论展开相关研究。其中,应力理论是基于有限元技术对材料层合板展开分析,而失效理论是将参数退化标准和相关参数作为分析基础,将冲击荷载作用的扩展过程进行展示,通过分析对纤维、基体破坏,甚至分层在内损伤形式进行了模拟。

2.1.1　失效准则

复合材料在受到冲击后,一般会有基体损伤、纤维损伤以及层间分层的损伤形式,三维 Hashin 失效准则可以作为前两者的损伤判据,具体准则为:

(1) 纤维失效

纤维断裂$(\sigma_{xx} \geqslant 0)$

$$\left(\frac{\sigma_{xx}}{X_T}\right)^2 + \left(\frac{\sigma_{xy}}{S_{12}}\right)^2 + \left(\frac{\sigma_{xZ}}{S_{13}}\right)^2 \geqslant 1 \tag{1}$$

纤维压缩$(\sigma_{xx} < 0)$

$$\left(\frac{|\sigma_{xx}|}{X_c}\right)^2 \geqslant 1 \tag{2}$$

(2) 基体失效

基体开裂$(\sigma_{yy} + \sigma_{zz} \geqslant 0)$

$$\left(\frac{\sigma_{yy} + \sigma_{zz}}{Y_T}\right)^2 + \left(\frac{1}{S_{23}^2}\right)(\sigma_{yz}^2 - \sigma_{yy}\sigma_{zz}) + \left(\frac{\sigma_{xy}}{S_{12}}\right)^2 + \left(\frac{\sigma_{xZ}}{S_{13}}\right)^2 \geqslant 1 \tag{3}$$

基体挤压$(\sigma_{yy} + \sigma_{zz} < 0)$

$$\left(\frac{\sigma_{yy}+\sigma_{zz}}{2S_{12}}\right)^2+\left(\frac{\sigma_{yy}+\sigma_{zz}}{Y_C}\right)^2\left[\left(\frac{Y_C}{2S_{12}}\right)^2-1\right]+$$

$$\frac{1}{S_{23}^2}(\sigma_{yz}^2-\sigma_{yy}\sigma_{zz})+\left(\frac{\sigma_{xy}}{S_{12}}\right)^2+\left(\frac{\sigma_{xZ}}{S_{13}}\right)^2\geqslant 1 \tag{4}$$

（3）对于层间失效

对于层间失效，Cohesive 单元可以对发生分层损伤的子层之间进行模拟，可以模拟不同铺层角度的分层产生以及扩展。Cohesive 单元连接上下两层实体单元可作为厚度隔开的准二维单元。Cohesive 单元只需要考虑子层之间的相互作用力，主要为 XZ、YZ 方向剪应力以及法向正应力，ABAQUS 中 Cohesive 单元模拟损伤主要为初始损伤以及损伤扩展。Camanho 提出的 Quads 判据（Quadratic nominal stresscriterion）作为界面损伤初始准则。

$$\left(\frac{<\sigma_{33}>}{X_t}\right)^2+\left(\frac{\tau_{13}}{S}\right)^2+\left(\frac{\tau_{23}}{S}\right)^2=1 \tag{5}$$

其中，S，X_t 分别为界面剪切强度和拉伸强度。符号 $<>$ 是 Macaulay bracket 算子，定义为

$$<R>=\begin{cases}R, & R>0\\0, & R\leqslant 0\end{cases} \tag{6}$$

损伤扩展方面主要运用临界能量释放率准则来预测分层损伤扩展：

$$\left(\frac{G_{\text{I}}}{G_{\text{I}C}}\right)^2+\left(\frac{G_{\text{II}}}{G_{\text{II}C}}\right)^2+\left(\frac{G_{\text{III}}}{G_{\text{III}C}}\right)^2=1 \tag{7}$$

式中，G_{I} 表示界面元法向应变释放能，G_{II} 和 G_{III} 分别表示两个切向的应变能释放率。$G_{\text{I}C}$，$G_{\text{II}C}$，$G_{\text{III}C}$ 则分别是法向和两个切向的临界应变能释放率。

2.1.2 参数退化方案

在对复合材料损伤情况展开模拟分析时，主要利用限元分析法，而在对破坏单元材料参数进行折减时可采用不同的方式：一是通过影响破坏单元的刚度矩阵和刚度；二是基于破坏单元的相关属性，从材料属性入手研究其对单元刚度的影响。在研究破坏单元刚度进行试验时，所采用的是后一种方法。该试验主要是基于 Camanho 模型，在该模型中使用状态变量来表示破坏材料刚度的变化。该模型中所蕴含的思想为当材料的某一位置出现损伤之后，这种损伤会累计，从而对复合材料的整体性能产生影响。但是材料单元中的基体或者纤维受到损伤后，这种损伤不可逆且并不会再累积压缩性的损伤。

2.2 冲击损伤有限元模拟

层合板几何尺寸为 150 mm × 100 mm，厚度为 2.6 mm。铺层方式为 $[45/0/-45/90]_5$，共 20 层，单层厚度为 0.13 mm，其性能参数见表 3 和表 4。

表 3 单向石英纤维改性氰酸酯复合材料层合板的弹性性能

参数	E_{11}/MPa	E_{22}/MPa	E_{33}/MPa	v_{13}	v_{12}	v_{23}	G_{12}/MPa	G_{23}/MPa	G_{13}/MPa	ρ/(kg/m³)
数值	40 000	9 000	9 000	0.2	0.3	0.3	4 920	4 920	4 920	1 600

表 4 单向石英纤维改性氰酸酯复合材料层合板的强度性能

参数	X_T/MPa	X_C/MPa	Y_T/MPa	Y_C/MPa	S_{12}/MPa	S_{23}/MPa	S_{13}/MPa
数值	1 500	790	42.3	177	97	146	66

采用厚度为 0 的界面单元（Cohesive）对层间黏结层进行模拟，其中作为层合板分层损伤模拟的实体单元，Cohesive 在树脂材料属性方面具有一定决定性，表 5 所列为其性能参数。

表 5　Cohesive 界面单元材料性能参数

参数	E_n/MPa	G_s/MPa	σ_n/MPa	σ_s/MPa	G_{Ic}/(J·m^{-2})	G_{IIc}/(J·m^{-2})	G_{IIIc}/(J·m^{-2})
数值	9.6	6.6	58	117	280	490	490

图 5　复合材料层合板冲击有限元模型示例

有限元模型如图 5 所示。

三维有限元模型是在 Abaqus/Explicit 显式中生成。该模型由 150 mm×100 mm 的三维可变形层合板和一个直径为 16 mm 的刚性半球形冲击头组成。层合板被建模为三维可变形板实体，该板由 20 层 0.13 mm 等厚的单向复合层组成。在模型中，每一层被视为单一均匀厚层。平面内网格在冲击区域进行加密处理。

2.3　结果与讨论

图 6 为层合板在受到 6 J、12 J、18 J、24 J、30 J 能量冲击后，使用 ABAQUS 显示的仿真模拟值，由仿真模拟结果与试验测试结果对比可以看出，分层投影面积值与试验测试后 C 扫损伤面积基本一致。从图中可以看出，分层投影形状与试验结果基本一致，近似为圆形。

(a) 6 J冲击，损伤面积为218 mm²　　　(b) 12 J冲击，损伤面积为399 mm²

(c) 18 J冲击，损伤面积为458 mm²　　(d) 24 J冲击，损伤面积为566 mm²　　(e) 30 J冲击，损伤面积为713mm²

图 6　复合材料层合板分层损伤模拟图像

表 2 所列的试验值与数值模拟的计算值比对结果详见表 6，对应关系曲线详见表 7。表 2 所列数据为 5 种能量冲击后的损伤面积的平均值。

表 6　复合材料层合板分层损伤面积试验与模拟值的对比

冲击能量/J	试验平均值/mm²	模拟值/mm²	相对误差/%
6	196	218	11.2
12	376	399	6.12
18	474	458	−3.38
24	540	566	4.81
30	749	713	−4.81

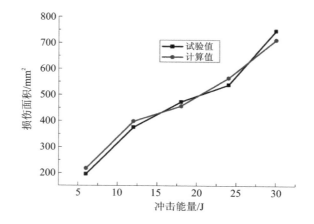

图 7　层合板冲击分层面积试验值与模拟值比较

　　数值模拟、试验结果经过比较可以看出能量对误差影响较大，小能量（如 6 J）时较中等能量所造成的误差较大。原因主要有以下两个：一是能量较小，冲击头此时主要受摩擦力影响，导致结果受到较大影响，理想冲击能量与实际冲击能量产生偏差。另一方面由于冲击能量较小，致使损伤面积小从而导致测量误差较大。总的来说，误差并没有偏离合理范围。因此，本文的计算结果与试验结果偏差吗在可控范围内，基于三维渐进损伤分析理论的有限元分析方法具有一定的可靠性，可以基本满足工程实际需求。

3　剩余强度影响因素研究

　　层合板冲击剩余压缩强度是表征复合材料损伤程度的重要指标之一，其中材料所能承受的剩余压缩强度十分重要。本文将铺层顺序与剩余压缩强度之间的关系展开分析，以此为复合材料的结构设计提供参考。

　　调整层铺顺序作为本试验的重要控制因素，本文选取 4 种层合板进行研究，并分组测试在各角度铺层比例情况下的试验情况。层合板材料为单向石英纤维改性氰酸酯复合材料，层合板几何尺寸为 100 mm×150 mm，单层厚度为 0.13 mm。层厚为 1.04 mm 以及 4.16 mm 的层合板，分别测试 12 J 以及 30 J 的冲击，并测试其剩余压缩强度，相关铺层顺序及试验结果详见表 7。

表 7　铺层顺序对层合板剩余压缩强度的影响

序　号		层合板厚度/mm	铺层方式	冲击能量/J	平均损伤面积/mm²	冲击后剩余压缩强度/MPa	剩余压缩强度平均值/MPa
A_1	1#	1.04	$[45/-45/0/90]_s$	12	395	146	147
	2#					149	
	3#					147	
	4#					150	
	5#					142	
	6#					149	
A_2	1#	1.04	$[0/90/45/-45]_s$		402	148	146
	2#					140	
	3#					149	
	4#					145	
	5#					144	
	6#					147	
B_1	1#	4.16	$[(45/-45)_4(0/90)_4]_s$	30	556	179	172
	2#					171	
	3#					173	
	4#					165	
	5#					170	
	6#					176	
B_2	1#	4.16	$[(0/90)_4(45/-45)_4]_s$		580	152	151
	2#					150	
	3#					149	
	4#					155	
	5#					147	
	6#					151	

从上述结果中不难发现：

（1）所采用的材料厚度分别为 1.04 mm 和 4.16 mm 时，受到冲击之后所表现出的压缩强度明显不同，A 组中对于冲击后剩余强度差别较小，但 B 组相对强度差别偏大。因此，层合板厚度对冲击后剩余压缩强度有明显影响，在层合板厚度较薄时铺层顺序对压缩强度的影响并不大，也就是说若层合板厚度超过一定数值后，会对压缩强度造成比较严重的影响。

（2）通过对 B_1、B_2 两组层合板进行比较发现，B_1 层合板对于相同的能量冲击，剩余的压缩强度更高些，可知若想得到较大的剩余压缩强度，可以将 ±45° 的单层靠近层合板的表面铺设，这样能获得较大的剩余压缩强度。

4　结　论

（1）本文以单向石英纤维改性氰酸酯复合材料层合板为研究对象，其受到低速冲击下所得到的试验结果基本相同，损伤处所呈现出的投影形状一般为圆形或椭圆形，在一定范围内损伤面积与冲击能量成正比,6 J、12 J 的冲击能量目视无法发现其损伤,当冲击能量增加至 18 J 时,层合板的背部会出现裂缝,若冲击能量超过 30J 之后,则其会出现凹坑。

（2）本文以三维渐进损伤分析方法进行层合板低速冲击损伤原理研究,并将相关过程通过数值进行了模拟。试验与计算结果充分证明本文选用的分析方法试验误差可控,整体可靠性强,可在工程实践方面广泛应用。

（3）当层合板厚度为 1.04 mm 时,[45/－45/0/90]s、[0/90/45/－45]s 两种铺层顺序层合板冲击后剩余压缩强度的变化不大;当层合板厚度为 4.16 mm 时,[(45/－45)4(0/90)4]s 铺层顺序层合板的剩余压缩强度大,即将±45°的单层靠近表面铺设能获得较大的剩余压缩强度。

参考文献

[1] 沈真. 复合材料抗冲击性能和结构压缩设计许用值[J]. 航空学报,2007,28(3)：561-566.

[2] 李泽江. 含损伤复合材料层合板剩余强度影响因素分析[C]. 北京：第 17 届全国复合材料学术会议,2012.

[3] 屈天骄. 复合材料层合板低速冲击损伤影响因素分析[J]. 航空学报,2011,31(6)：81-86.

[4] Bruno D, Spadea G, Zinno R. First-ply failure of laminated composite plates[J]. Theoretical and Applied Fracture Mechanics,1993,19(1)：29-48.

[5] Kam T Y, Jan T B. First-ply failure analysis of laminated composite plates based on the layerwise linear displacement theory[J]. Composite Structures,1995,32(1-4)：583-591.

[6] Duc N D, Quan T Q, Nam D. A nonlinear stability analysis of imperfect three-phase polymer composite plates[J]. Mechanics of Composite Materials,2013,49(4)：345-358.

[7] Nand P J, Kumar A. Response and failure of square laminates under combined loads[J]. Composite Structures,2002,55(3)：337-345.

[8] Ramtekkar G S, Desai Y M, Shah A H. Mixed finite-element model for thick composite laminated plates [J]. Mechanics of Advanced Materials and Structures,2002,9(2)：133-156.

[9] Hashin Z. Failure criteria for unidirectional fiber composites[J]. Journal of Applied Mechanics,1980,47 (2)：329-334.

[10] 刘德博. 复合材料低速冲击损伤分析方法[J]. 北京航空航天大学学报,2012,38(3)：422-426.

[11] Camanho P P,Matthews F L. A progressive damage model for mechanically fastened joints in composite laminates[J]. J. of Compos. Mater,1999,(33)：2248-2280.

几何参数高精度测量系统

孙佳卓　　王海川

(青岛前哨精密仪器有限公司,山东·青岛,266000)

摘要:随着我国半导体行业的不断发展,半导体检测设备作为能够提高制程控制良率、提高效率与降低成本的重要检测仪器,在半导体产业的地位日益凸显。同时,近年来我国积极推动高精尖半导体检测设备的发展,未来我国半导体检测设备有望实现国产,我国半导体检测设备市场规模有望接近 200 亿元。针对这一现状,研制一种几何参数高精度测量系统,主要用于 CMOS 传感器像面平面度和像元直线度测试,评估器件的几何参数,对器件性能进行筛选。

关键词:几何参数;半导体检测;平面度;直线度;高精度

1 引　言

几何参数高精度测量系统是一种高精度、高稳定性的计量仪器,具有 X、Y、Z 三个运动轴,同时集成应用了气浮导轨和直线导轨两种导轨形式,具有直线电机和伺服电机两种驱动形式。该测量系统充分发挥各个结构的优点,搭建了一个可用于半导体芯片几何检测的三维运动系统。

2　几何参数高精度测量系统的主要结构

几何参数高精度测量系统主要由花岗石底座、空气过滤系统、X 轴运动系统、Y 轴运动系统、Z 轴运动系统、光栅尺组件、数据采集处理系统等组成。整套测量系统主体选用"济南青"花岗石,该花岗石具有变形小、稳定性好的特点,其加工精度高、热膨胀系数小,适用于高精度测量系统的研制。三轴系统置于已经调整好水平的花岗石底座上,其中三轴系统导轨粘贴敞开式光栅尺,光栅尺作为测量反馈的标准。几何参数高精度测量系统如图 1 所示。

2.1　X 轴、Y 轴运动系统

几何参数高精度测量系统中的 X 轴运动系统、Y 轴运动系统结构类似,如图 2 和图 3 所示,均采用直线电机的驱动方式,没有机械接触,传动力在气隙中产生,消除了影响精度的中间环节,精度和重复精度高。导轨槽壁采用承载能力大的精密研磨"双燕尾"结构,通过 8 个气浮垫与精度面配合,保证工作台的平稳运行。气浮垫主体采用 304 不锈钢材质,气浮垫气浮面为微孔石墨材质,具有耐氧化、耐腐蚀、吸附性好等优点,气浮垫的气浮面是精加工面,精加工面上开有截流孔,压缩空气通过截流孔高速喷出,在气浮垫气浮面与导轨工作面之间形成一个均匀的较小的气膜,气浮面与导轨工作面的间隙可调,保证导轨几乎无摩擦的高精度运动。X 轴、Y 轴运动直线度为 1 μm/300 mm,重复定位精度为 1 μm,全闭环运动控制。

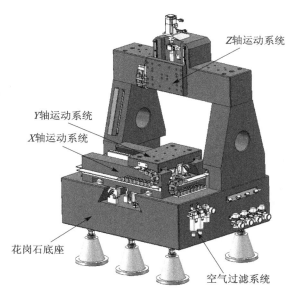

图1 几何参数高精度测量系统

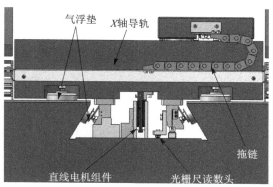

图2 X 轴运动系统

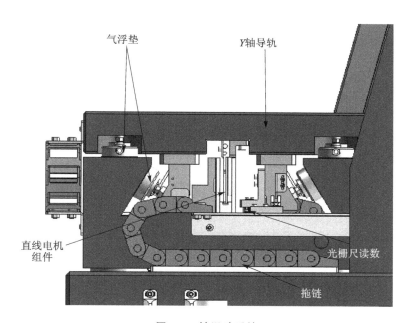

图3 Y 轴运动系统

2.2 Z 轴运动系统

Z 轴运动系统如图4所示,采用抱闸伺服电机减速机的驱动方式,通过高精密滚珠丝杠进行传动,滚珠丝杆传动为点接触滚动运动,工作中摩擦阻力小,灵敏度高,启动时无颤动,低速时无爬行现象,因此可精密地控制微量进给,同时传动过程中温升较小,并可预紧消除轴向间隙和对丝杆进行预拉伸以补偿热伸长,因此可以获得较高的定位精度和重复定位精度。Z 轴导轨底面贴有光栅尺,与滚珠丝杠、电机减速机做全闭环运动控制。Z 轴到位锁定且位移分辨

率优于 $0.1~\mu\mathrm{m}$。

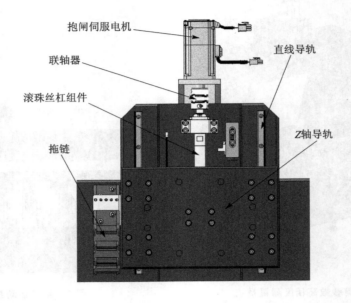

图 4　Z 轴运动系统

3　结　论

本文介绍的几何参数高精度测量系统属于半导体检测设备,该设备以精密花岗石为基础,同时集成应用了气浮导轨和直线导轨两种导轨形式,直线电机和伺服电机两种驱动,以光栅单元实现数值反馈,充分发挥各个结构的优点,具有运动重复定位精度高、运动直线度高等特点,符合半导体检测设备的发展趋势,未来具有广阔的发展前景。

参考文献

[1] 濮良贵,纪明刚.机械设计[M].7 版.北京:高等教育出版社,2001.

[2] 孔庆华,刘传绍.极限配合与测量技术基础[M].上海:同济大学出版社,2002.

[3] 周忠,汪凯.GB/T 1184—1996 形状和位置公差未注公差的规定[S].北京:中国标准出版社,1997.

[4] 刘振幅.JJG 117—2005 岩石平板检定规程[S].北京:中国标准出版社,2005.

2022

仿真技术

客机座舱新型个性座椅的数值仿真

朱乾坤 雷龙龙 管宁

（山东交通学院航空学院，山东·济南，250357）

摘要：本文针对飞机座舱环境的舒适性，设计了一种新型的个性座椅通风系统，在座椅扶手处和扶手的中部均设有可调方向的送风口，扶手处的送风口负责乘客上半身区域的热环境，扶手中部的送风口负责乘客下半身区域的热环境，控制送风口保持合适的风速和风向，从而保证乘客周围的热环境均匀舒适。为寻求最佳的送风速度和送风方向，采用数值模拟的方法，对座舱内个性座椅及人体建立了模型，并对送风位置、送风风速、送风温度不同的送风系统的客舱流场、温度场等进行了模拟计算，并基于计算结果进行了舒适性分析。结果表明，个性座椅送风方式可以减小客舱内水平与竖直方向的温度差异，有利于座舱内新鲜空气的流通，减少座舱内污染物交叉感染的风险，更好地满足乘客的局部热舒适性需求；且在送风角度为 30°，送风速度为 0.6 m/s 的送风方案下，座舱的热舒适性最佳。本文的研究结果，给新型客机送风系统提供了参考依据。

关键词：气密座舱；通风系统；个性座椅；数值模拟；舒适度

1 引 言

目前大多数客机均采用混合送风系统，这种送风方式大量采用再循环风送风，增加了座舱污染物交叉感染的风险，且座舱纵向温差较大，乘客的局部热舒适性较差。调查表明，乘客对密封座舱环境的不满意率达 25%。通风系统存在较大的缺陷，传统座舱通风系统仍须改善。

国内外不少学者对于飞机座舱通风系统开展了相关研究。王连江、赵竞全在 fluent 流体分析时考虑了太阳辐射传热对舱内温度场影响；熊贤鹏等分析了某型教练机驾驶舱内飞行员周围的流场、温度场和湿度场；林家泉等对 A320 仿真分析，得到了送风速度对座舱热舒适性的影响曲线；卢国栋提出了一种新型的座舱送风方式，可满足座舱乘客的热舒适性要求，减少座舱内污染物交叉传播的风险；林家泉、梁小贝对 B737 头等座舱内环境和飞机管道内流场进行了仿真分析，得出飞机在廊桥的最佳送风速度。孙贺江等对比混合送风方式和个性座椅送风方式的温度场、速度场，发现个性送风方式优于混合送风。Niren L Nagda 等通过监测 69 个吸烟航班和 23 个非吸烟航班，测量确定飞机座舱环境中的环境烟草烟雾和其他污染物的普遍水平。Dumyahn TS 等对 B777 飞机进行环境测量，从而了解了飞机座舱的环境状态。Sumee P 等调查得出温度为 24.5 ℃，风速 0.06 m/s 时乘客满意度较高。

本文拟设计一种新型的个性座椅，通过对座舱内流场进行仿真分析，模拟分析送风口结构和空气参数对流场环境的影响，分析个性座椅送风系统参数对机舱内部气流流动特征和空气品质的影响规律。

2 个性座舱通风系统的理论设计

2.1 个性送风系统布局及模型

本文以 B737-800 商务舱为原型。在不影响计算结果的前提下,忽略座舱窗户的影响,舱壁模型采用无厚度连续光滑的壁面,将网栅通风口和送风口简化为个性圆孔型,简化人体模型,忽略人体手臂等对气流影响不大的部位,并使其紧贴座椅后背。座舱整体结构如图 1 所示,个性座椅通风系统气流流动如图 2 所示。

图 1　座舱新型个性座椅整体结构模型

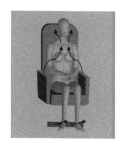

图 2　个性座椅通风系统气流流动示意图

针对上述模型,在座舱流场中采用非结构化的四面体网格,对座椅和人体及飞机座舱进风口/出风口的网格网格加密,最终将网格数量控制在 100 万左右。座舱竖直网格剖面具体划分情况如图 3 所示。人体局部加密网格如图 4 所示。

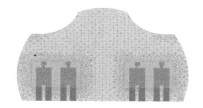

图 3　座舱网格平面剖面图

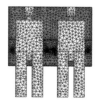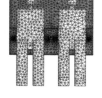

图 4　人体座椅加密网格

座舱内空气流场的控制方程如下:

$$\frac{\partial \rho}{\partial t} + \nabla(\rho \vec{u}) = 0 \tag{1}$$

$$\frac{\partial}{\partial t}(\rho \vec{u}) + \nabla \cdot (\rho \vec{u} \cdot \vec{u}) = -\nabla p + \nabla \cdot (\bar{\tau}) \tag{2}$$

$$\frac{\partial (\rho T)}{\partial t} + \nabla(\rho u T) = \nabla \left(\frac{k}{c_p} \text{grad } T \right) + s_T \tag{3}$$

其中,t 为时间,s;p 为密度,kg/m³;$\vec{u}$ 为速度矢量,m/s;τ 为剪切应力;T 为温度,K;k 为流体的传热系数,W/m³·K;C_p 为比热容,J/kg·K;s_T 为黏性耗散项。

座舱进风口的最大设计速度不超过 1 m/s,属于低速流动的问题范畴,采用层流的计算模型,考虑能量方程,不考虑空气的黏性、压缩性等性质,压力与速度耦合方式采用耦合显示 Coupled 算法,空间离散采用通量差分分裂方式。

2.2 人体热舒适性研究

热舒适性是评价民航飞机环境控制系统的关键性参数之一。在夏季感受到的最佳温度为 $19\sim24\ ℃$，冬季是 $17\sim22\ ℃$。平均温度 $24\ ℃$、风速 $0.15\ m/s$、空气压力 $850\ kPa$ 就足以满足乘客和机组人员的热舒适性要求。目前国际上主流的热舒适性评价指标有预测平均反应(简称 PMV)和预期不满意百分率指标(简称 PPD)，此外还有吹风引起的不满意率 DR。其 PMV 舒适性指标和各舒适标准具体数值要求如表 1 所列。PMV-PPD 函数如下：

$$PMV = [0.303 \cdot \exp(-0.036 \cdot M) + 0.028] \cdot L \tag{4}$$

式中，L 可以表示为

$$L = M - W - 3.96 \cdot 10^{-8} \cdot f_{cl} \cdot [(T_{cl} + 273)^4 - (T_r + 273)^4]$$
$$- f_{cl} \cdot h_c(T_{cl} - T) - 3.05 \cdot 10^{-3} \cdot [5\ 733 - 6.96(M - W) - P_a] \tag{5}$$
$$- 0.42 \cdot (M - W - 58.15) - 1.7 \cdot 10^{-5} \cdot [5\ 876 - P_a]$$
$$- 0.001\ 4 \cdot M \cdot (34 - T)$$

PPD 与 PMV 的关系为

$$PPD = 100 - 95\exp(-0.033\ 53PMV^4 - 0.217\ 9\ PMV^2) \tag{6}$$

式中，M 为新陈代谢量，W/m^3；W 为人输出的功，W/m^2；f_{cl} 着衣表面与裸体表面比；T 为当地的空气温度，$℃$；T_{cl} 为衣服外表面的温度，$℃$；T_r 为平均辐射温度，$℃$；h_c 衣服与空气间的表面换热系数，$(W/m^2) \cdot ℃$；P_a 水蒸气分压力，Pa。

表 1　PMV 舒适标准

热舒适指标	冷	凉	有点凉	中性	有点暖	暖	热
PMV	−3	−2	−1	0	1	2	3

2.3 个性座椅通风系统的设计方案

本研究共设置了 6 种方案进行数值仿真分析，具体设置如表 2 所列。

表 2　个性座椅通风系统的数值仿真方案

个性座椅通风系统送风方案	送风角度 $\theta/(°)$	送风速度 $v/(m \cdot s^{-1})$
方案 1	个性送风口 1∶15	0.4
方案 2	个性送风口 1∶15	0.6
方案 3	个性送风口 1∶15	0.8
方案 4	个性送风口 1∶30	0.4
方案 5	个性送风口 1∶30	0.6
方案 6	个性送风口 1∶30	0.8

3　送风角度对客舱舒适性的影响

保持送风速度为 0.4 m/s 不变，对比分析个性座椅通风系统在不同送风角度下客舱内的流线图，水平和竖直方向的温度场、速度场的变化。在个性座椅送风系统的送风模式下，可以看出，送风角度为 15°时，流线分布更加密集，且制冷效果更加明显，送风角度为 30°时虽然制冷效果较差,但是人体周边温度场分布更加均匀,如图 5~图 7 所示。

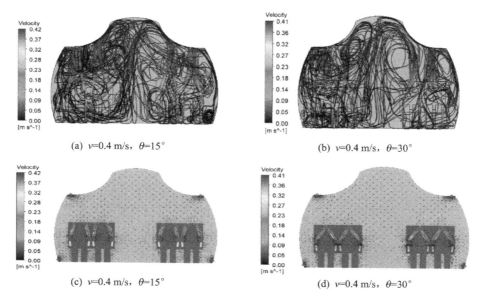

(a) v=0.4 m/s, θ=15°

(b) v=0.4 m/s, θ=30°

(c) v=0.4 m/s, θ=15°

(d) v=0.4 m/s, θ=30°

图 5   个性座椅通风系统在不同送风角度下的流线图与速度矢量图

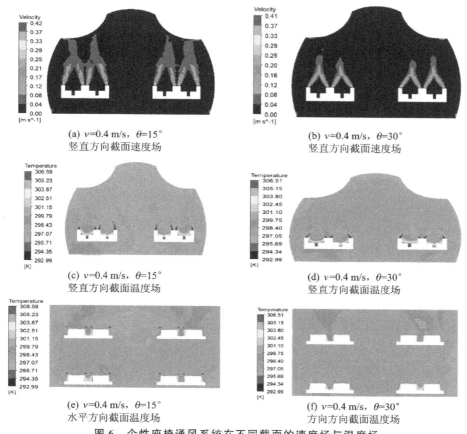

(a) v=0.4 m/s, θ=15°
竖直方向截面速度场

(b) v=0.4 m/s, θ=30°
竖直方向截面速度场

(c) v=0.4 m/s, θ=15°
竖直方向截面温度场

(d) v=0.4 m/s, θ=30°
竖直方向截面温度场

(e) v=0.4 m/s, θ=15°
水平方向截面温度场

(f) v=0.4 m/s, θ=30°
方向方向截面温度场

图 6   个性座椅通风系统在不同截面的速度场与温度场

六种不同送风角度和速度方案的舒适性分析结果如表 3 所列。

表 3　个性座椅通风系统不同送风方案的舒适性分析

送风角度/(°)	送风速度/(m·s^{-1})	座舱整体温度/K	人体周围气流速度/(m·s^{-1})	局部温度/K	竖直方向最大温差/K	水平方向最大温差/K
15	0.4	296.5	0.10	298.5	3.5	3.8
15	0.6	296.4	0.18	299.3	3.2	3.5
15	0.8	296.4	0.25	299.0	3.0	2.1
30	0.4	297.0	0.12	300.0	2.0	2.7
30	0.6	296.8	0.21	298.2	1.5	2.1
30	0.8	296.8	0.30	298.3	1.6	1.5

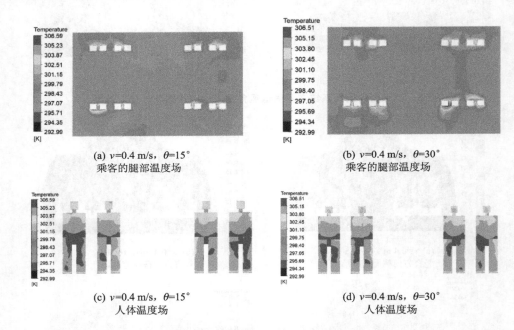

(a) v=0.4 m/s，θ=15°
乘客的腿部温度场

(b) v=0.4 m/s，θ=30°
乘客的腿部温度场

(c) v=0.4 m/s，θ=15°
人体温度场

(d) v=0.4 m/s，θ=30°
人体温度场

图 7　个性座椅通风系统局部区域温度场

对比可知，在送风角度为 30°、送风速度为 0.6 m/s 的个性座椅送风方案下，座舱内的整体温度、气流速度、水平与竖直方向的温度变化均满足座舱的控制设计要求，且局部温度（腿部）也达到了 298 K。送风角度为 30°、送风速度为 0.8 m/s 时，除人体周围气流速度偏高外无其他不适影响；在送风角度为 15° 的送风方案下，竖直与水平方向的温度变化都过大，无法满

扫码查看图 5～图 7 彩图。

图 5　　　　　　　　　　　图 6　　　　　　　　　　　图 7

足乘客的局部热舒适性需求。

4 结 论

对比混合通风系统,个性座椅通风系统有很多优势,尤其是在新冠病毒肆虐的现状下,人们对飞机座舱环境的空气流通更加重视,为了研究送风角度和送风速度对客舱空气环境的影响,共设置了六种送风方案,通过计算流体力学进行数值仿真,最终得出以下结论:

(1)个性座椅送风方式竖直与水平方向的温度变化均小于混合送风方式,可以更好地满足乘客的局部热舒适性需求。

(2)个性座椅在送风角度为30°、送风速度为0.6 m/s的送风方案下,座舱的热舒适性最佳,送风角度为30°、送风速度为0.8m/s的送风方案次之。

(3)个性座椅送风方式对腿部单独送风,有效提高了乘客腿部的热环境;每一个个性座椅都采用单独的送风口送风,客舱上下两边回风,有利于座舱内新鲜空气的流通,从而可以减少座舱内交叉感染的风险。

参考文献

[1] 吴丹,肖晓劲,杨智,等. 民用飞机客舱舒适度调查与分析[J]. 民用飞机设计与研究,2017,(01):110-113.

[2] 王连江,赵竞全.飞机座舱温度场数值仿真研究[J].计算机仿真,2008,(05):44-46.

[3] 熊贤鹏,刘卫华,昂海松,等.教练机座舱气流组织和热舒适性[J].应用科学学报,2007,(06):639-644.

[4] 林家泉,梁小贝,陈维兴,等.A320飞机客舱热舒适性的数值模拟研究[J].流体机械,2015,43(05):75-78.

[5] 卢国栋.大型客机座舱送风方式研究[J].科技创新导报,2018,15(09):9-12.

[6] 林家泉,梁小贝.基于CFD的飞机客舱热舒适性和污染物浓度分布的数值模拟[J].液压与气动,2015,(12):59-63.

[7] 孙贺江,李卫娟,杨斌.客机座舱新型个性座椅送风系统的数值仿真[J].天津大学学报,2013,46(01):16-21.

[8] Niren L N, Michael D K. Measurement of caibn air quality aboard commercial airliners[J]. Atmospheric Environment, 1992, 26(12):2203-2210.

[9] Dumyahn T S, Spengler J D, Burge HA, et al. Comparison of the environments of transportation vehicles:Results of two surveys[J]. Symposium on Air Quality and Comfort in Airliner Cabins,NEW OR-LEANS, LA,1999(10):27-28.

[10] Sumee P,Runa T H,Gunnar G,et al. Local and overall thermal comfort in an aircraft cabin and their interrelations[J].Building and Environment,2011,46(5):1056-1064.

[11] 朱学玲,任健.人体舒适度的分析与预报[J].气象与环境科学,2011,(34):131-134.

基于 VR_Forces 和有限状态机的空战建模与仿真

王文恽[1]　徐玉强[1]　李春洪[2]

(1. 海军航空大学,山东·烟台,264001;2. 海军指挥学院,江苏·南京,210000)

摘要:空战是空军和海军航空兵的重要作战样式之一。将空战流程按照有限状态机的角度分析,结合仿真平台加以实现,可开展实时空战对抗作战实验。本文在空战想定背景下,基于有限状态机对空战战斗机建立了状态迁移模型,结合 VR_Forces 仿真平台工程开发流程,规划了作战双方实体,建立了空战仿真组件,且工程开发得以实验应用,取得了较好的仿真效果。研究结果为在作战仿真系统中开发类似作战仿真案例提供了一定的借鉴和参考。

关键词:空战;VR_Forces;有限状态机

1　引　言

空战是指交战双方航空兵在空中进行的战斗,包括空中截击和空中格斗,分为空中搜索、接敌、攻击和退出战斗等阶段。20 世纪 80 年代以来,第三代和第四代战斗机相继服役,加之导弹技术、超声速巡航能力及机载探测设备探测距离的增大,导弹成为主要武器。随着装备性能的提升,在地面指挥中心或预警机的指挥下,战斗机能发挥出更强大的作战能力。

正是因为空战的重要性越来越高,关于空战的建模与仿真也逐渐成为研究的热点。文献[2]探讨了采用"规则＋有限状态机"的方法实现对海军作战兵力行为的表述和仿真应用;文献[3]提出了基于有限状态机的实体模型行为规则形式化表达模型;文献[4]提出了基于有限状态机的仿真实体状态转移规则建模方法,为仿真模拟系统的流程控制和仿真实体的状态转移过程设计实践提供了新的研究思路;文献[5]提出了采用随机有限状态机(PFSM)来描述海军航空兵作战过程的方法;文献[6]结合海军对海突击作战的特点,将有限状态自动机与行为规则相结合来实现对抗条件下 CGF 的行为仿真。

本文以某海上空中作战实验项目为背景,注重工程实践,将有限状态机对参与空战的战斗机进行建模,使用 VR_Forces 计算机兵力仿真平台开展了作战实体、仿真组件、作战想定和兵力对抗的工程化实现。某海上空中作战实验系统的总体架构主要由仿真控制器(想定加载和多样本控制等)、仿真引擎、态势显示和自动数据记录与统计器(重点分析对抗中打击、毁伤/干扰关系)组成。

2　海上空战仿真想定

红方与蓝方由于领土争端,双方关系日趋紧张。蓝方企图采取突袭方式消耗红方部分空中作战兵力。红方提升战备等级状态,一旦发现蓝方进入领空并有明显攻击意图,坚决迎敌并消灭来犯之敌。假设具体双方兵力及态势为:

红方兵力：预警机一架，担负预警以及指挥引导任务，部署于某机场以东 200 km 处，高度为 8 000 m；战斗机两架，担负接敌及对抗任务，挂载中远距和近距空空导弹，在某机场以东 350 km 处，高度为 6 000 m。

蓝方兵力：战斗机两架，执行突袭红方战斗机任务，挂载中远距和近距空空导弹，在红方战斗机以东 450 km 处，高度为 7 000 m。

3 空战有限状态机

3.1 有限状态机

有限状态机(Finite State Machine，FSM)是为研究有限内存的计算过程和某些语言类而抽象出的一种计算模型。有限状态机拥有有限数量的状态，每个状态可以迁移到零个或多个状态，输入字串决定执行哪个状态的迁移。有限状态机可以表示为一个有向图。有限状态机是自动机理论的研究对象。

3.2 空战有限状态机建模

空战有限状态机建模见图 1。基于仿真想定，对红方战斗机作战流程从有限状态机的角度分析，其可以分为 5 种状态，即状态 0(警戒巡逻状态)、状态 1(前往敌机位置/接敌状态)、状态 2(返航状态)、状态-1(规避来袭导弹状态)和状态-2(毁伤状态)。

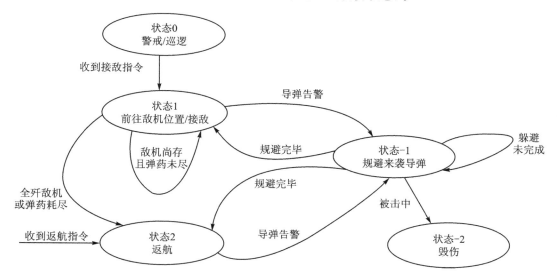

图 1 空战有限状态机建模

警戒巡逻状态下，一旦接到预警机或地面指挥所的接敌指令，即可转化为接敌状态，飞向敌机所在位置。

在接敌过程中，战斗机根据敌我态势适时开启机载雷达搜索并跟踪目标，在发射条件满足的情况下发射中远距空空导弹和近距空空导弹。如果敌机还未被歼灭并且弹药未发射完，则一直保持接敌交战状态；如果敌机全部被歼灭或者弹药消耗殆尽，即可脱离敌机并转入返航状态；在接敌过程中，敌机可能发射雷达制导的中远距空空导弹和红外制导的近距空空导弹，根据机载告警装置告警情况,战斗机将转入规避来袭导弹状态。完成规避来袭导弹状态后将继续接敌状态。

战斗机规避来袭导弹状态中,将做规避导弹机动战术动作,规避完成后继续接敌,未规避完成将持续保持规避状态。如果被导弹击中,将转入毁伤状态。

收到指挥所或者预警机的返航指令,战斗机将转入返航状态。返航过程中也有可能收到空空导弹的攻击,此时将转入规避来袭导弹状态。完成规避导弹后将继续返航状态。

4　基于 VR_forces 的空战仿真开发

4.1　VR_forces 简述

VR-Forces 是 MAK 仿真平台中的计算机生成兵力(CGF)开发包,它提供了简洁易用的图形用户界面和丰富的面向对象的应用程序接口 API,用户可以通过它的图形用户界面,利用软件已经提供的实体对象进行想定编辑,作战仿真;还可以基于它提供的 API,按照用户的实际需求进行自定义设计,并对源程序重新编译,加入作战区域环境模型,武器实体模型和作战规则等,使其能够适用于用户作战仿真的实际需求。由于 VR-Forces 在国内外的广泛使用,为空战相关实体提供了较多的任务计划和内置组件,且具有复用性较好的扩展功能,所以在某海空作战实验中选取该平台。

4.2　红蓝方仿真实体规划

在基于 VR-Forces 开发之前需要结合仿真想定对仿真过程中涉及的仿真实体开展规划,以便于系统开发过程中的条理化和清晰化。按照实体→设备(系统)→搭载关系的顺序进行分析和关联。红方仿真实体规划如表 1 所列。

表 1　红方仿真实体规划表

实体类别	实体型号	实体主要挂载系统	搭载关系
预警机	KJ-XXX	固定翼运动学系统 机载雷达系统 机载通信系统	
战斗机	J-XX	固定翼运动学系统 机载雷达系统 机载通信系统 机载火控系统 机载导弹发射系统 机载自卫干扰系统	装载中远距/近距空空导弹以及箔条弹/红外弹
中远距空空导弹	PL-XX	空空导弹运动学系统 雷达导引头系统 引信战斗部系统	

续表 1

实体类别	实体型号	实体主要挂载系统	搭载关系
近距空空导弹	PL-XXX	空空导弹运动学系统 红外导引头系统 引信战斗部系统	
箔条弹	Chaff-XX	箔条弹运动学系统 箔条弹目标特性系统	
红外弹	Chaff-XXX	红外弹运动学系统 红外弹目标特性系统	

蓝方仿真实体的规划基本上与红方仿真实体类似,具体的设备与系统的静态参数是不同的。比如固定翼运动学系统中不同机型的最大速度、巡航速度、最大航程等是不同的。

4.3 空战仿真组件

空战仿真组件是对战斗机等实体主要机载设备的仿真模型进行基于 VR-Forces 仿真引擎框架的具体实现。根据上述的仿真实体规划表,重点实现自定义的挂载系统内部的仿真组件,同时需要自定义一个有限状态机仿真组件,以控制实体主要挂载系统的协同运作。下面描述几个重点仿真组件。

4.3.1 机动规避战术动作组件

战斗机对来袭中远距空空导弹跟踪的规避,首先施放干扰,然后通过机动来破坏导弹追踪,降低其命中率,甚至将其摆脱,使其失控。规避机动战术动作主要有置尾机动、向导弹来向侧转、周期性变过载机动等。其中,向导弹来向侧转有利于增大目标线角速度,迫使导弹增加其跟踪过载,可能使导弹跟踪时因超载而失控,大体机动动作如图 2 所示。

图 2 向导弹来向侧转机动动作

向导弹来向侧转动作本质上是执行朝向导弹的一个角速度转弯,尽可能使导弹和飞机的夹角呈 90°。一旦导弹正好位于 90 度线,持续保持飞机的过载,目的是使弹道保持在 90 度线位置。该机动可以有效地扩大战斗机与空空导弹的方位角,甚至使得方位角超出导弹的最大可探测角,因而逃逸出导弹的攻击包线。战斗机受到的发射警告越早,逃逸出导弹包线的机会越大。

依据上述原理,在组件中通过判断导弹来袭位于飞机的左侧还是右侧,根据飞机机动特性计算出大体飞行出 90°的急转弯点,使飞机做一个近 90°的机动动作(临时赋予一个机动任务),并在高度方向做一定的变化,即可达到规避动作效果。

4.3.2 机载通信组件

机载通信组件在 VR-Forces 提供的 DtReportMessage 类基础上派生,封装了一个新类,命名为 DtFighterCOMMClass,模拟指挥所、预警机和战斗机之间数据链和语音通信。对于一些作战过程中使用的指令,需要提前定义好数据结构,以便发送与解析。部分命令/通报通信数据结构如表 2 所列。

表 2 部分命令/通报通信数据结构

命令/通报	具体指令	对应数据结构	具体格式
接敌	以 XX 高度、XX 速度、前往 XX 位置接敌	CloseEnemy _ ALT _ SPEED _POSTION	ALT 表示高度:XXXXX 格式,单位 m;SPEED 表示速度:XXX,单位 km/h;POSTION 表示位置:XXX. XXX(经纬度)
敌机位置	敌机第 X 批 XX 架,位置 XXX,高度 XXX,速度 XXX,航向 XXX	Enemy_ NUM _ Amount _ POS-TION_ ALT_SPEED_ Course	NUM 表示高度:XX 格式;Amount 表示该批架数:XX 格式;ALT 和 SPEED 同上,Course 表示航向:XXX. XXX,单位度
返航	以 XX 高度、XX 速度、XXX 航向返航	Return_ALT_SPEED_Course	ALT、SPEED 和 Course 同上

4.3.3 有限状态机仿真组件

有限状态机组件单独设计为一个类,命名为 DtFighterFSMClass,主要功能是:在运行中实时获取实体各系统的运行数据和状态;根据外部指令(比如返航指令)、传感器状态(比如红外/紫外告警)、实体资源情况(比如弹药数量)等决定状态迁移;判断当前状态是否完成以及完成后变化为何种状态等。

5 仿真实例效果

通过上述基于 VR_Forces 和有限状态机的空战建模与仿真开发,基本上实现了上述空战过程中的几种状态的迁移变化,整个战斗过程符合预期(见图3~图6)。

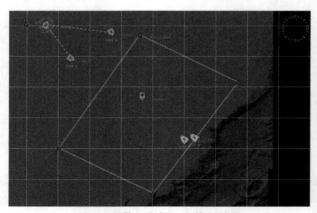

图 3 预警机指挥红方战机接敌

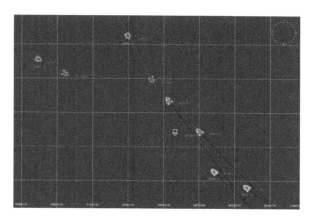

图 4　双方发射中距空空导弹

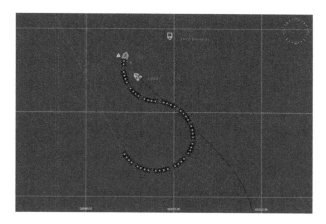

图 5　红方战机连续机动规避

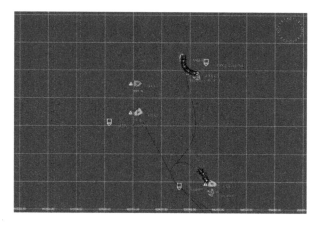

图 6　空战整体机动和毁伤效果

6　结论及展望

通过分析空战流程,与有限状态机有机结合,并采用实时仿真平台 VR_Forces 具体开发实现,空战仿真案例有了一个较好的研究基础。下一步将进一步细化各主状态内部的子状态迁移过程,并设计空战机动作库,以及构建面向不同对手、不同机型、不同敌我态势下的行为决策,以完善和丰富空战作战实验。

参考文献

[1] 顾佼佼,孙涛,王文恽. 多机协同空战建模与仿真[M]. 北京:化学工业出版社,2021.

[2] 张磊,张胜,朱琳. 海军作战兵力行为仿真研究[C]// 2009 系统仿真技术及其应用学术会议论文集,合肥:中国系统仿真学会,2009:275-279.

[3] 孙鹏,汤磊,谭玉玺. 基于有限状态机的作战实体模型行为规则可视化建模[J]. 指挥控制与仿真,2015,37(2):27-30.

[4] 王佳胤,张宏军,程恺,等. 基于有限状态机的作战仿真实体状态转移规则建模[J]. 信息系统工程,2019,(9):121-123.

[5] 刘小玲,潘巨辉,金雷,等. PFSM 在海军航空兵作战仿真中的应用研究[J]. 系统仿真学报,2011,23(5):853-856.

[6] 刘小玲,潘巨辉. FSM 在海军作战仿真 CGF 中的应用[J]. 计算机仿真,2007,24(8):24-27.

[7] 王文恽,柳鹏,徐吉辉,等. VR-Forces 中发射与毁伤仿真机制研究[J]. 海军航空工程学院学报,2016,31(5):561-566.

[8] 卢鹏,王瑾. 面向第四代战斗机的超视距空战[J]. 火力与指挥控制,2009,34(6):154-157.

[9] 朱可钦,彦非. 空战机动作库设计方式研究[J]. 航空计算技术,2001,31(4):50-52.

2022

无人机技术

无人机在数字交通领域应用
现状及发展趋势的展望

王云海　穆旭　高翔　丛伟

（山东交通学院，山东·济南，250357）

摘要： 进入 21 世纪，我国经济持续发展、科学技术不断进步，取得了令世界瞩目的成就。与此同时，国际形势正在发生着前所未有的改变，新冠病毒制约全球经济发展。面对严峻复杂的国际形势和接踵而至的巨大风险和挑战，我国指出，"建设现代化产业体系，坚持把发展经济的着力点放在实体经济上，推进新型工业化，加快建设制造强国、质量强国、航天强国、交通强国、网络强国、数字中国"。数字化平台经济助力经济发展的贡献在疫情期间得到了验证，保证了国内制造业和工业的稳定发展。本文从数字交通的视角出发，以城市交通巡检、城市交通运输、城市交通指挥为例，分析了无人机在数字交通领域的实际应用状况，并对未来数字交通的发展前景进行了展望。

关键词： 无人机；数字交通；应用与前景；科技创新

0　前　言

近些年来，围绕物联网、大数据以及移动互联的现代信息技术，对社会各个领域都产生了颠覆性影响。2021 年 12 月，交通运输部印发的《数字交通"十四五"发展规划》（下称《规划》）指出："推进综合交通大数据中心体系建设，加强数据资源的整合共享、综合开发和智能应用，打造综合交通运输数据大脑"。此外，《规划》中还明确提到了智慧邮政服务中的"无人车、无人机配送"。2022 年 8 月，广东省工业和信息化厅发布《广东省数字经济发展指引 1.0》，明确提到了无人机产业发展的问题。

所谓数字交通指的是以数据为关键要素和核心驱动，促进物理和虚拟空间的交通运输活动不断融合、交互作用的现代化交通运输体系，其首要任务是构建网络化信息体系，包括交通运输基础设施与信息基础设施一体化建设，将 5G、卫星通信信息网络纳入部署和应用。

根据数字交通的定义，未来的数字化交通离不开数字化无人机平台的建设，这是因为无人机具有运行效率高、灵活性强、覆盖范围广的特点，且在交通运输、电力巡检、国土测绘、抢险救灾、紧急救援等领域中显现出巨大的优势。类似于高铁和陆地客车运输的线路规划，在城市上空建立数字化无人机基础设施已势在必行，以确保无人机的飞行安全。

1　无人机简介

1903 年有人驾驶的固定翼飞机诞生不久，1914 年的英国人就提出了"AT 计划"无人机。1918 年，法国造出了世界上第一架无线电遥控飞机且试飞成功，标志着无人机正式登上了历史的舞台。西方发达国家研发先进的无人机系统大多以军事应用为目的，这一点在第二次世界大战中得到了验证,同时,也在 2022 年的"俄乌冲突"中被证明。而我国始终坚持"人民至上、共同富裕"的理念,在实现特色社会主义现代化的新征程中,也离不开数字化无人机的研发与应用。

无人机的全称是无人驾驶飞行器,简称为 UAV。它通过无线电遥控设备和自备的控制装置针对非载人的飞行器进行操作和控制,其构成主要包括"信息采集系统""飞机平台系统"以及"地面控制系统",例如美国的"全球鹰"无人机,如图 1 所示。

图 1　美国的"全球鹰"无人机,RQ-4B

无人机的特点包括:

(1) 小型化、智能化以及轻型化;

(2) 使用便捷;

(3) 环境适应性强,如执行危险任务、起飞降落方式的多样化;

(4) 作战能力强,如抗过载高、机动性强、体积小、隐身性强;

(5) 使用维护简单,如拼装组合、便于携带和运输;

(6) 制造成本低。

与有人驾驶的飞行器,无人机具有一些明显的优势:

(1) 由于废除了驾驶座椅、显示设备、方向盘、玻璃防护罩等设备,从而大大减轻了飞机的负载,使得无人机发动机的构造更简单,减重效果更明显。图 2 所示为无人机发动机和有人飞机发动机的外形结构和减重效果对比图。

图 2　无人机与有人飞机发动机的构造对比图,减重效果明显

(2) 通过安装芯片导航替代人的全面控制,释放了载人空间。

(3) 飞机结构外形的气动性能更加优越,特别是过载飞行过程中无须考虑人的生命健康。

(4) 无人机尺寸相对较小、对起飞和降落的场地要求相比有人飞机而言低,且起飞与降落的可选方式也较多。

2　无人机在数字交通应用中的现状分析

2.1　智慧公路面临转型

交通是兴国之要、强国之基。

2019年9月,国家印发《交通强国建设纲要》,指出到2035年基本建成交通强国,形成三张交通网、两个交通圈。截至"十三五"末,我国公路通车总里程达519.8万千米,其中高速公路超过16万公里,是名副其实的公路网完备的交通大国。但是,由于我国人口基数大,家庭轿车拥有量巨大,已经为城市交通埋下了隐患。2022年10月1日,高速路网监控多处路段严重拥堵。据电子出行地图实时监测显示,当天广州、深圳等粤港澳大湾区内地城市的出城高速公路拥堵突出(见图3)。另外,马路停车场的状况仍然令人担忧,2022年2月24日来自长沙的报道显示,"阳泰路本来是双向两车道,但大量车辆沿着道路中央隔离带两侧停车,将马路变成了双向单车道,甚至有人干脆将车停在人行横道上,马路俨然成了停车场"(见图4)。

图3　虎门大桥2022年10月8日15:00车流量　　　　　图4　马路(违法停车)影响安全出行

鉴于现实交通的状况,党中央、国务院相继印发了《交通强国建设纲要》《国家综合立体交通网规划纲要》,交通运输部印发了《数字交通"十四五"发展规划》《交通运输领域新型基础设施建设行动方案(2021—2025年)》《公路"十四五"发展规划》等,不断加快推进公路基础设施的数字化、信息化和智慧化。例如,上海推出了智慧停车场,降低了管理成本,提高了停车场的利用率。

随着科学技术的发展,特别是云计算、动态数据信息接入技术的广泛应用,逐步解决了智慧公路设计中的复杂计算问题,有效提升了智慧公路的瞬时反应能力,实现了及时预测、及时响应、智能化运行管理的目标,推动了数字化交通发展的现代化进程。

2.2　无人机在数字交通领域中的地位和作用

随着数字中国战略的实施,数据作为一种新型的生产要素已经写入相关文件中,与土地、劳动力、资本、技术等传统要素并列为要素之一。基于大数据支持的无人机设备在智慧交通领域的地位得到了新的认识,其应用场景逐年增加。

2.2.1 智慧交通巡检中的无人化

中国的陆地交通治理正在进入"车路协同时代",车辆自带路侧感应器装置,可以应对更加复杂的道路场景,有助于提升自动驾驶的安全性。但是,更多的基础设施、智能装备出现在道路上,必将导致道路巡检的工作内容和工作量显著增加。

装载自动飞行系统和自动巡检系统的无人机不仅能够代替人力实现车辆巡查与车流量监控的任务,而且还可以利用其空中作业的特点,在确保道路顺畅(在不封锁)的情况下对基础设施进行巡逻,保障了正常的公路运输生产。

2.2.2 数字化无人机平台建设保证了空中运输的安全性

随着数字化交通理念的提出,国内无人机数字制造业快速发展。以京东为代表的无人机数字平台的建立,使得国内空中无人机运输业务成为可能,例如 2018 年京东自主研发的全自动化配送无人机,无需人工参与就能完成自动装载、自动起飞、自主巡航、自动着陆、自动卸货、自动返航等一系列智慧化动作,如图 5 所示。

图 5　京东无人自动化配送
无人机,2018 年人民日报

2.2.3 交通事故的快速处理

2016 年,安徽交警将无人机应用于交通管理中,飞行半径约 7 km,最高时速约 65 km/h,无人机摄像头续航时间约 68 分钟,具有自主航路飞行、悬停、自主降落、捕获、道路预警和语音交互等多项功能。截至 2018 年,安徽省主要公路路段事故率下降了 16%。此前的交通管理中,大部分工作由警察亲自完成,工作强度稿、执行效率低。这说明,无人机协助交通管理不仅具有重要的现实意义,而且具有可观的经济效益。

2.2.4 其他场景的应用价值

无人机在数字交通领域还有很多应用,简单列举如下:

(1) 交通指挥

利用高清晰摄像头技术,无人机能够实现交通现场的全方位记录,对涉嫌违法人员的"空中喊话",以避免交通事故的发生。据报道,深圳交警在面对高速公路车辆的违法行为时,利用无人机空中执法,达到了确保道路畅通的目的。

(2) 抓拍违章

面对交通拥堵、乱停乱放等违章行为,无人机具有自动识别车牌、抓拍违法行为的功能。例如,2018 年 7 月,海南警方利用无人机抓拍到 400 m 外的违章车牌号码;2019 年,上海警方利用无人机抓拍到车辆驾驶人员正在拨打电话的违法行为。

(3) 交通巡逻和追踪违法车辆

在警方的交通设卡检查中经常会出现不配合的车辆。警车在追踪这类违法车辆的过程中具有相当大的危险性,而无人机跟踪技术可以确保违法车辆无法摆脱警方的追踪,且不影响正常的道路畅通。

(4) 城市抢险救灾工作

近些年来,城市暴雨导致受灾,无人机数字化技术得到了淋漓尽致的展现。无人机搭建的空中通信基站,发挥出巨大的作用。汶川地震抢险救灾过程中,基于无人机数字化平台的远程控制,达到了预期的救灾抢险的效果。

3　无人机在数字交通领域的发展趋势预测

2022 年 10 月 16 日,我国提出了"交通强国、网络强国、数字中国",强调了发展数字经济,促进数字经济与实体经济深度融合,对信息技术、信息产业给出了非常明确的发展规划。其中,发展数字经济,需要突破云计算、5G 网络、工业互联网、人工智能、大数据、基础软件、区块链、光电子等许多数字关键技术。因此,我们有理由相信无人机在未来的数字交通领域中大有作为,简单预测如下:

(1) 随着农村通信基础设施的改善,在保证耕地不被破坏的前提下,基于 5G 网络支持的空中无人机运输方式将替代传统的汽车运输方式。特别是贵州等山区,无人机运输使黔货出山成为现实。

(2) 数字化无人机综合管理平台的功能更加丰富,显著提升了交通管理部门的工作效率,绝大部分的静态管理设备将被淘汰,节省了维护成本。

(3) 会飞的汽车和水陆两用的运输工具将诞生,以满足特殊的出行需求。

(4) 基于物联网支持的无人机将会提供自动送货上门服务,以满足高楼层住户的需求。

4　结束语

本文以城市交通巡检、城市交通运输以及城市交通指挥为例,分析了无人机在数字交通领域中的应用,以及无人机在未来数字化交通领域发展前景的预测。

参考文献

[1] 孟繁和,尹沫洋,吕潭,等. 交通指挥中心无人机远程控制台设计[J]. 数字技术与应用,2022,40(06):182-185.

[2] 李江涛,史慧. 浅谈无人机技术智能化应用及展望[J]. 中国设备工程,2022(04):31-32.

[3] 吕建丽. 无人机技术在公共交通运输管理领域的应用研究[J]. 南方农机,2019,50(12):191.

[4] 陈方平,朱胜利,马辉. 云圣智能:四维能力打造空中交通互联网的信息高速路[J]. 交通建设与管理,2020(03):124-129.

[5] 赵晋,龙浩,张雅婷. 基于无人机航拍影像处理的车速检测研究[J]. 物联网术,2020,10(01):16-18,23.

无人机编队组网技术研究与分析

张磊　刘传辉　苏艳琴　潘耀宗

（海军航空大学，山东·烟台，264001）

摘要： 无人机编队组网技术是近来的热点研究领域。通过对全球无人机编队组网技术领域及其各分支技术的专利进行检索并深入分析，明晰了近年来无人机编队组网技术的研究热点领域以及其发展路线，为无人机编队组网技术的后续研究提供参考。

关键词： 无人机；编队组网；专利分析

随着科学技术的进步，无人机技术得到迅速发展并广泛应用于各个领域。民用方面，广泛应用于工业、农业和服务业等各领域，如搜索救援、地质勘探、农业遥感、网络中继和应急通信保障等。军事方面，包括侦察巡逻和远程打击等，能深入敌方执行环境恶劣和危险性高的任务。但近年来，随着人工智能技术的不断发展，无人机的应用逐渐由"单打独斗"向"编队集群智能作战"发展。特别是在军事领域，组织多架性能不同、功能各异的无人机协同执行侦察、监视、多目标攻击等任务将是信息化战争中无人机作战的一种重要军事行动方式。而无人机群编队作战的前提是在无人机群内组建具有较强通信能力、信息感知能力和抗毁性强的无人机网络，使其具有优异的可扩充性、灵活性、健壮性、生存力强、适应性高的特点。因此，面向任务的无人机编队组网技术研究成为无人机发展的重点方向。

1　序　言

多无人机协同编队执行危险任务是一种必然趋势。由于无人机在强对抗环境中的优秀表现，各国相继开展了无人机作战技术的研究项目。以美军为例，为了维持在军事战场上的空中优势，2014 年，美国国防部高级研究计划局（DARPA）提出了"体系综合技术和试验（SoSITE）"项目，研究分布式空中作战体系架构和技术，旨在将航空作战能力分布到多个无人平台上从而降低作战成本。此外，美军报告认为，定义为由功能相对简单的无人机组成的蜂群状分布网络的无人机集群战术比单一作战更为有杀伤力。因此着力研究 UAVs 集群作战模式，即指多架 UAVs 模拟蜂群、鱼群等行为方式，通过自主通信完成指定任务的作战方式，并先后开展了无人机集群技术（LOCUST）、山鹑（Perdix）微型无人机、小精灵（Gremlins）、近战隐蔽一次性自主无人机以及进攻性集群使能战术（OFFSET）等集群项目研究。美军在最新的《无人飞行器系统发展路线图，2017—2042》中提出：高低空全覆盖、长战区停留、微型化、多功能、高性能、集群作战将是未来 UAVs 的主要应用方向，无人机必然会成为影响战争成败的关键性力量。

无人机集群作战系统是由大量无人机基于开放式体系架构进行综合集成，以通信网络信息为中心，以系统的群智涌现能力为核心，以平台间的协同交互能力为基础，以单平台的节点作战能力为支撑，构建具有抗毁性、低成本、功能分布化等优势和智能特征的作战体系。

无人集群作战系统可填补战术与战略之间的空白,以多元化投送方式快速投送到目标区域遂行多样化军事任务,包括与其他武器平台协同攻击海上、空中、地面目标及情报侦察监视(ISR)等,实现对热点地区的常规战略威慑、战役对抗、战术行动。

2　无人机编队组网须克服的问题

多无人机进行协同编队,首先要进行信息感知,并对多源信息进行融合;其次对各种任务进行分配和决策;进而对每架无人机进行航迹规划,生成期望的轨迹;然后利用先进的编队控制方法和队形设计技术实现多机编队飞行任务;在编队控制设计过程中,需要考虑多无人机之间的组网通信问题。

多无人机系统(Multi-UAV System)协同应用比单个无人机系统具备更强的生存性和扩展性,将移动自组网(Mobile Ad Hoc Network,MANET)的概念引入无人机网络中,使网络中的无人机之间可感知态势、传递指控指令和采集数据等信息,能够提供抗毁性强、安全可靠的网络通信,有效扩展网络的系统规模,并支持多无人机战术协同,有效降低无人机的开支和负载量,同时可以辅助其他通信方式,明显提升无人机作战平台战术效能。无人机编队组网不仅具备移动自组织网络无中心、自组织、动态拓扑的特点,同时也面临着新的挑战,在高动态下拓扑结构的网络安全以及无人机网络的路由技术等方面仍然存在很多技术问题需要进一步研究。

2.1　链路不稳定性

在执行作战任务时,无人机是在三维空间里高速移动的,速度范围通常为 $30\sim460$ km/h,因此,UAVs 之间的通信链路是剧烈抖动且非常不稳定的,这给路由选择造成了许多障碍。

2.2　拓扑快速变化

由于无人机之间距离超出传输范围、任务的频繁更新和无人机的故障等都会导致拓扑的变化,而频繁的拓扑变化会造成增加网络的丢包率、路由开销以及通信时延等影响。

2.3　能量限制

无人机节点资源有限。节点的移动性决定了它的能源是有限的,且常常得不到及时补充,同时节点的体积和能源双重因素决定了其所搭载计算单元的计算能力也很有限,从而对自组网技术开发造成了一定的阻碍。

随着具有多样性和灵活性特点的无人机在战术网络中的应用越来越普遍,为了执行信息收集处理、目标监控和攻击等复杂的作战任务,无人机之间需要相互合作,但想要在动态、未知的环境中完成任务,无人机必须达到很高程度的协调合作。无人机间的有效任务协调需要高效的路由机制支持关键信息的及时可靠传递。此外,由于无人机网络中的应用场景丰富,其可靠性要求也是多种多样的。例如,上传攻击目标的位置信息可能需要 100% 可靠的传输协议,但是发送目标的图片或者视频的可靠性就可以较低,但是要保持低时延和抖动。

3　无人机编队组网技术发展路线

通过对近 20 年来的全球专利技术的检索与分析,全球无人机编队组网技术的专利申请呈现出总体增长的趋势,如图 1 所示。结合专利申请数量的多少,可以将无人机编队组网技术的发展划分为三个时期,萌芽期(2012 年前)、成长期(2013—2017 年)、快速发展期(2018 年后)。

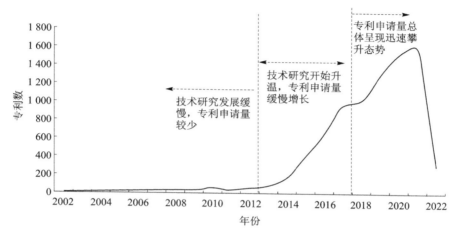

图 1　全球无人机编队组网技术专利申请趋势

虽然在 20 世纪末,国外就有人提出多无人机协同编队飞行(Coordinated Formation Flight,CFF)的概念,以提高任务完成率,拓展无人机的应用范围。但在 2012 年之前,全球范围内的无人机编队组网技术相关专利申请量增长都比较慢,早期的年申请量则只有数件。

随着人工智能、分布式系统、组网通信等技术的推进以及机载硬件水平的显著提升,无人机编队组网开始逐步迈向成长发展期。国外军事强国均在加紧无人机集群技术攻关并开展集群飞行试验,开展了一系列有关多无人机协同编队飞行的项目:美国 DARPA 资助的自治编队混合主动控制项目(Mixed Initiative Control of Automata-teams,MICA),主要以提高无人机自主能力和协同控制能力为目的,最终实现大规模集群的控制;广域搜索弹药项目(Wide Area Search Munitions,WASM);欧洲信息社会技术计划(Information Society Technologies,IST)资助的异构无人机集群实时协同与控制项目(Real-time Coordination and Control of Multiple Heterogeneous UAVs,COMETS);美国国防部于 2005 年公布了《Unmanned Aircraft System Roadmap 2005—2030》,其中规划了有人/无人系统编队技术发展路线;DARPA 资助的另一个项目为"小精灵(Gremlin)",项目中计划将"小精灵"无人机由美军 C-130 运输机投放和回收,实现无人机群的快速重复利用。而在集群飞行试验方面,美国于 2012 年完成了两架"全球鹰"无人机在 20 000 m 高空自主加油试验,此技术的突破将无人机的航程大大提高,预示着无人机集群将在不久的将来成为战场的主要武器之一。我国也开展了多无人机协同相关的预研项目和前期工程筹备。

2013 年后,全球无人机编队技术的发展取得了重要进展。2014 年,法国成功实现了将"神经元"无人机与阵风战斗机和猎鹰公务机进行有人/无人机协同编队飞行。2015 年,美国陆军组建了首个 RQ-7"影子"无人机与 AH-64"阿帕奇"武装攻击直升机混编的攻击侦察中队,将有人-无人系统编队技术推向实战应用。2016 年的 11 月,中国电科联合清华大学和泊松科技发布了宣传片,实现了 67 架无人机协同编队飞行,打破了美国所保持的 63 架编队飞行的记录。这些直接推动了无人机编队组网技术的发展,期间相关专利的年申请量迅速增长。

2018 年后,全球无人机编队组网技术研究整体呈现出快速攀升的态势。受专利延迟公开制度影响,2021 年和 2022 年数据与这两年的实际申请量存在偏差。

近年来,无人机编队组网技术全球专利申请快速增长的原因,除了其具有军事方面的发展前景外,也与无人机编队在民用领域的发展密不可分,由于无人机编队表演在图案、文字等内容的排列呈现上更加灵活多样,颇受市场的青睐,无人机表演便开始走向台前。因此,军用和民用需求都成为无人机编队组网技术快速发展的主要推动力。

图 2 所示为全球无人机编队组网技术的专利公开国别/地区/组织情况,各国或地区市场开发潜力存在着较大差异,目前我国公开的无人机编队组网技术相关专利有 5 031 件,占全球该技术领域专利的 61%,远高于其他国家的专利布局数量。美国是第二大无人机编队组网技术专利公开大国,相关专利为 1 193 件。虽然从专利数量上看,美国排名落后于我国,但是美国一直致力开展智能无人机集群的研究,并且这方面的研究已经成为无人机领域的一个重要发展方向。

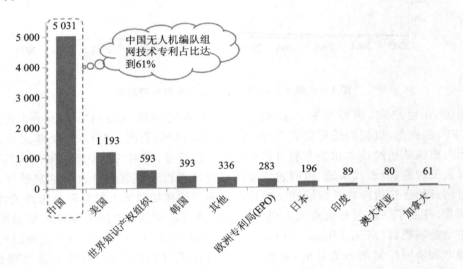

图 2　无人机编队组网技术的专利公开国别/地区/组织情况

对全球无人机编队组网主要技术分支进行近 5 年和近 10 年的专利数据提取与统计,其统计结果如表 1 所列。从表中可以看出,无论是近 5 年还是近 10 年的数据均表明,无人机编队组网领域技术领域的技术热点(专利布局热点)主要集中在编队通信和编队控制。

表 1　无人机编队组网主要技术分支专利量占比

技术领域	近 5 年	近 10 年
编队通信	31.8%	32.4%
编队控制	24.9%	24.7%
信息感知与数据融合	15.9%	16.5%
航迹规划	14.6%	14.3%

图 3 所示为无人机编队组网技术分支的全球专利年度发展趋势。由图可以看出,无人机

编队组网技术各分支的专利申请均呈现出逐年增长态势,尤其是编队通信和编队控制的的专利申请的增长幅度及趋势都比较明显,编队通信和编队控制作为无人机编队组网技术领域中不可或缺的技术,其相关创新研究的增强使得无人机编队实现更精准、更迅速地作战功能,因此,编队通信和编队控制专利申请的增长,有利于无人机编队作战功能的进一步提升。

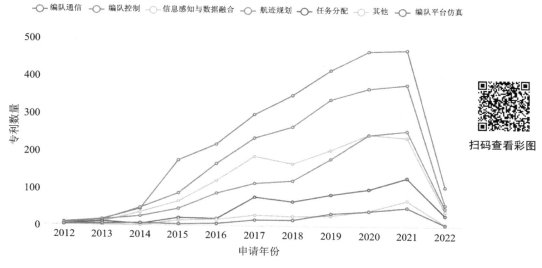

扫码查看彩图

图3 近10年无人机编队组网技术分支全球专利申请趋势

4 结束语

无人机编队组网技术作为当前无人机领域的热点研究领域,主要研究方向包括了编队通信、编队控制、信息感知与数据融合、航迹规划、任务分配和编队仿真平台等方面。本文通过对全球专利进行检索,针对无人机编队组网技术中的具体研究领域,开展了全球无人机编队组网技术各分支技术的专利分析。通过分析,明晰了无人机编队组网技术的研究热点及其发展路线,为无人机编队组网技术的后续研究提供参考。

参考文献

[1] 宗群,王丹丹,邵士凯,等.多无人机协同编队飞行控制研究现状及发展[J].哈尔滨工业大学学报,2017,49(03):1-14.

[2] 牧野.无人机集群作战技术研究进展及发展建议[EB/OL].(2017-5-28).https://max.book118.com/html/2021/0604/7151123004003130.shtm.

[3] 张彤.无人机编队组网关键技术研究[D].西安:西安理工大学,2019.

[4] 徐婷婷.面向任务的无人机编队组网技术研究[D].成都:电子科技大学,2020.

[5] 成成.多无人机协同编队飞行控制关键技术研究[D].北京:中国科学院大学,2018.

[6] 王桂芝,沈卫.国外无人系统编队技术发展分析[C]//第四届中国指挥控制大会论文集,2016,257-260.

基于自抗扰控制技术的
四旋翼无人机控制算法

张博恒[1]　柴栋栋[2]　孙明健[1]

（1. 哈尔滨工业大学（威海），山东·威海，264200；

2. 北京航天试验技术研究所，北京，100074）

摘要： 由于四旋翼无人机具有低成本、高灵活性等优点，使其在军事、农业、电力、休闲等行业都有着广泛的应用。四旋翼无人机控制是机器人控制领域中不可或缺的重要组成部分之一，目前，主流的四旋翼无人机的控制算法有：PID控制、模糊控制、滑模控制等，其各有各的优缺点。针对四旋翼无人机在室外环境中有外部干扰（如大风、负载等）的影响，本文对提高四旋翼无人机系统的抗扰性进行研究。首先，根据四旋翼无人机的飞行原理和受力分析建立无人机的数学模型；然后，分别设计PID控制器和自抗扰控制（ADRC）控制器对系统的速度和姿态环进行控制，在Simulink中进行仿真测试和实物系统进行实际抗风力测试，并将结果进行对比，结果表明：无干扰信号情况下，在调节时间和超调量上，线性自抗扰控制器比PID控制器要优越；加入干扰信号后，线性自抗扰控制器相比于PID控制器在x,y,z方向的偏离数值更小，姿态角波动值更小，重新稳定的时间也更短。因此，线性自抗扰控制算法的各种性能都要优于四旋翼无人机的传统PID算法，在四旋翼无人机抗干扰方面有着很大的应用价值。

关键词： 四旋翼无人机；自抗扰控制；抗干扰

1　引　言

无人机的全称为无人驾驶空中机器人或无人驾驶空中飞行器。四旋翼无人机利用四个电机带动四个螺旋桨翼产生升力协同作用控制自身的姿态。与固定翼无人机相比，四旋翼无人机具备垂直起飞、定点悬停等特殊功能，其机动灵活的特性使四旋翼无人机广泛应用于军事、农业、消防、民用航拍等领域。由于四旋翼无人机是一个四输入六输出的非线性、欠驱动、强耦合的系统，以及无人机在室外飞行环境中的不确定性和复杂性，这就对四旋翼无人机的控制算法的鲁棒性和抗干扰能力提出了非常高的要求。

目前常用的四旋翼无人机飞行控制算法主要有PID控制算法、串级PID控制算法、模糊控制算法、反步控制算法、自抗扰控制算法等。PID控制算法作为古典控制技术是目前市面上非常常见的四旋翼无人机飞行控制算法，它不依赖于控制对象的模型，并且理论和参数整定方法都相对成熟，但是实际的控制效果并不是十分出色，特别是当外界环境出现较大干扰的情况下，PID控制效果就会变差。反步滑模控制可以有效提高系统的抗干扰能力，但是该算法需要获得准确的被控对象的参数模型，在实际应用中四旋翼无人机的系统参数会受到机体本身的工作状态的影响而发生改变，很难对其建立十分精确的数学模型，所以此时反步滑模控制算法的优点就无法凸显。自抗扰控制（Active Disturbanceces Rejection Control，ADRC）算法是1998年由中国科学院韩京清教授对传统PID控制算法进行改进后得出的，该算法利用了现代控制理论中状态观测的优点,其核心是扩张观测器(ESO),将系统内部和外部的扰动当成一个对系统的整体扰动,扩张观测器可以对这个整体扰动进行实时估计并在控制器中进行预测和补偿,同时 ADRC 算法不要求知道被控对象精准的数学模型,所以 ADRC 可以很好地克服模型失配和系统扰动对控制效果产生的影响。

针对四旋翼无人机在飞行过程中受到飞行状态和环境干扰,尤其是风力干扰导致无人机飞行不平稳,抗干扰能力差的问题,本文基于自抗扰控制技术,开发了一种适用于四旋翼无人机飞行控制的算法。并采用仿真实验和实物测试的方法将本文设计的算法与 PID 控制做对比,对比两种算法对四旋翼无人机的控制效果。

2 四旋翼无人机动力学模型建立

四旋翼无人机通过调整四个电机转速来改变桨速度,达到升力改变,以此控制无人机的状态与高度。四旋翼飞机是带有四个输入六个自由度的系统,所以它具备一个欠驱动机构点。四旋翼无人机的运动均是由四个 X 形交叉排列的电机的不同转速调节来实现的。为了便于描述和建立四旋翼无人机的数学模型,分别定义了地面坐标系 $o_e x_e y_e z_e$ 和机体坐标系 $o_b x_b y_b z_b$,如图 1 所示。

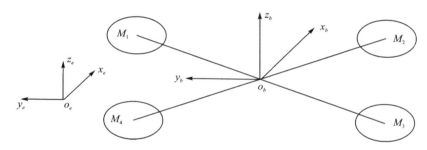

图 1 地面坐标系和机体坐标系

首先对四旋翼无人机水平移动的模型进行构建,根据动力学公式可知:

$$\begin{bmatrix} 0 \\ 0 \\ f_1 + f_2 + f_3 + f_4 \end{bmatrix} - \begin{bmatrix} 0 \\ 0 \\ mg \end{bmatrix} = m \begin{bmatrix} \ddot{x} \\ \ddot{y} \\ \ddot{z} \end{bmatrix} \tag{1}$$

式中,f_1,f_2,f_3,f_4 分别为四个旋翼所产生的竖直向上的升力;$\ddot{x}$,$\ddot{y}$,$\ddot{z}$ 表示无人机沿三个方向的加速度;m 为无人机的总质量。

因为 x,y,z 和 m 是相对地面坐标系的,而 f_1,f_2,f_3,f_4 是相对无人机坐标系的,所以需要对二者进行坐标转换,具体的坐标变换公式为

$$\boldsymbol{R}_b^e \begin{bmatrix} 0 \\ 0 \\ f_1 + f_2 + f_3 + f_4 \end{bmatrix} - \begin{bmatrix} 0 \\ 0 \\ mg \end{bmatrix} = m \begin{bmatrix} \ddot{x} \\ \ddot{y} \\ \ddot{z} \end{bmatrix} \tag{2}$$

式中,$\boldsymbol{R}_b^e$ 为地面坐标系和机体坐标系的变换矩阵。

进而对式(2)进行求解可得

$$\begin{bmatrix} \ddot{x} \\ \ddot{y} \\ \ddot{z} \end{bmatrix} = \begin{bmatrix} (\cos\psi\sin\vartheta\cos\phi + \sin\psi\cos\phi)F/m \\ (\sin\psi\sin\vartheta\cos\phi - \cos\psi\sin\phi)F/m \\ \cos\phi\cos\vartheta * F/m - g \end{bmatrix} \tag{3}$$

式中，ψ,ϑ,ϕ 为三个欧拉角，F 为所受合力。

将无人机的角速度、角加速度、姿态控制力矩和转动惯量矩阵代入欧拉方程可以进一步得到

$$\begin{bmatrix} \tau_x \\ \tau_y \\ \tau_z \end{bmatrix} = \begin{bmatrix} J_{xx} & 0 & 0 \\ 0 & J_{yy} & 0 \\ 0 & 0 & J_{zz} \end{bmatrix} \begin{bmatrix} \ddot{\phi} \\ \ddot{\theta} \\ \ddot{\psi} \end{bmatrix} + \begin{bmatrix} \dot{\phi} \\ \dot{\vartheta} \\ \dot{\psi} \end{bmatrix} \times \begin{bmatrix} J_{xx} & 0 & 0 \\ 0 & J_{yy} & 0 \\ 0 & 0 & J_{zz} \end{bmatrix} \begin{bmatrix} \dot{\phi} \\ \dot{\vartheta} \\ \dot{\psi} \end{bmatrix} \tag{4}$$

其中 τ_x, τ_x, τ_x 为姿态通道的控制力矩，J_{xx}, J_{yy}, J_{zz} 为无人机坐标系下的转动惯量。

联立式(3)和式(4)求解可得

$$\begin{bmatrix} \ddot{\phi} \\ \ddot{\theta} \\ \ddot{\psi} \end{bmatrix} = \begin{bmatrix} \dot{\vartheta}\dot{\psi}(J_{yy} - J_{zz})/J_{xx} + \tau_x/J_{xx} \\ \dot{\phi}\dot{\psi}(J_{zz} - J_{xx})/J_{yy} + \tau_y/J_{yy} \\ \dot{\phi}\dot{\vartheta}(J_{xx} - J_{yy})/J_{zz} + \tau_z/J_{zz} \end{bmatrix} \tag{5}$$

进而，求解出四旋翼无人机的数学模型表达式为

$$\begin{bmatrix} \ddot{x} \\ \ddot{y} \\ \ddot{z} \\ \ddot{\phi} \\ \ddot{\vartheta} \\ \ddot{\psi} \end{bmatrix} = \begin{bmatrix} (\cos\psi\sin\vartheta\cos\phi + \sin\psi\cos\phi)F/m \\ (\sin\psi\sin\vartheta\cos\phi - \cos\psi\sin\phi)F/m \\ \cos\phi\cos\vartheta * F/m - g \\ \dot{\vartheta}\dot{\psi}(J_{yy} - J_{zz})/J_{xx} + \tau_x/J_{xx} \\ \dot{\phi}\dot{\psi}(J_{zz} - J_{xx})/J_{yy} + \tau_y/J_{yy} \\ \dot{\phi}\dot{\vartheta}(J_{xx} - J_{yy})/J_{zz} + \tau_z/J_{zz} \end{bmatrix} \tag{6}$$

3　四旋翼无人机自抗扰控制算法设计

自抗扰控制的创新点就在于把系统内部和外部收到的不确定性扰动合并当作未知扰动，然后利用四旋翼无人机模型的输入和输出对未知扰动进行预测和补偿，在扰动影响无人机输出前，自抗扰控制器提前预测和补偿，从而降低未知扰动对机体位置和姿态的干扰，起到抗干扰的效果。

3.1　自抗扰控制器整体框架

在已经构建四旋翼无人机数学模型的基础上，以无人机姿态欧拉角为例，设计自抗扰控制器的结构，如图 2 所示。

其中过渡过程是由跟踪微分器(TD)来实现的，经过跟踪微分器得到控制信号的跟踪信号和微分信号，具有滤波和降低误差的作用。扩张状态观测器(ESO)是用于实时估计系统的总扰动，反馈系统的状态变量和扰动观测，其中二阶 ESO 的数学表达式为

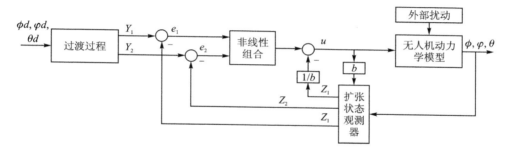

图 2　自抗扰控制器结构示意图

$$\dot{z}_1 = z_2 - k_1(z_1 - y)$$
$$\dot{z}_2 = z_3 - k_2(z_1 - y) + b_u \qquad (7)$$
$$\dot{z}_3 = -k_3(z_1 - y)$$

对 TD 与 ESO 的输出做差分求出整个系统的状态误差,再对 e,z_2 做非线性组合求出 u_0。最后,补偿总干扰估计系数 z_3,并求出控制变量 u,b_0 即是补偿因子,它的多少决定了干扰补偿的多少。一个线性的抗扰控制算法如下:

$$\dot{z}_1 = z_2 - k_1(z_1 - y)$$
$$\dot{z}_2 = z_3 - k_2(z_1 - y) + b_u$$
$$\dot{z}_3 = -k_3(z_1 - y) \qquad (8)$$
$$u_0 = k_p(v - z_1) + k_d z_2$$
$$u = u_0 - z_3/b_0$$

式中 z_1,z_2 为被控对象状态变化的实际影响统计平均值;z_3 为不确定性外扰和不确定模型的实际影响评估值;k_1,k_2,k_3 为线形状态观察器的基本参数;k_p,k_d 为线形状态误差反馈律基本参数;u 为整个控制系统的监测量;u_0 为中间监测量;v,y 为整个控制系统进口或出口值;b 为控制器增益;b_0 为控制器补偿关系。

通过参数化,$k_1 = 3w_0$,$k_2 = 3w_0^2$,$k_3 = w_0^3$,$k_p = w_c^2$,$k_d = 2w_c$,w_0、w_c 一次代表状态宽度、控制器宽度。如果不能得到 b,就以 b_0 值代替,这样 ESO 可把 b 中的未知部分也处理为已知部分。

3.2　自抗扰控制器参数整定

关于宽带 w_0 问题,在干扰频率较低时,如果用太大的宽带,会使 z_3 的抖振较大,而自然输出抖振也就较大。不过随着干扰频率的提高,用较大的宽带也不是问题,当然也不至于有自然抖振问题。当宽带增大时,对 z_3 的估算值大大增加了,干扰的补偿数量会变大。也就是说,在干扰频率提高时,用大一些的宽带就能够更好地控制干扰。补偿系数为 b,所以增加 b 也可以降低 w_0 增加时产生的抖振,不过增加 b 也会使干扰的补偿数量减小,所以控制干扰的有效性也可能会有折扣。在固定 w_0 和 b 值的情形下,增加 k_p 对干扰补偿的信号幅值并没有影响,当然也和对干扰的补偿数量没关系。不过当 k_p 增大到一定程度之后,就会引发自然抖振现象。这个时候增大 w_0,也能够降低抖震。此外,对大带宽和大 k_p 带的抑制效果也会好。同理,在这个时候增大 b 也能够降低抖震,不过抑制效果也会变差。

参数整定策略为固定一个 b,设定较小的 k_p 和 k_d,之后尽可能选用大的带宽。选定好带宽以后,逐步调高k_p和k_d,在w_0,k_p和k_d三个参数都调好后,但是控制效果依然不满意,可以尝试调整b,之后再进行一次上述过程。

3.3 四旋翼无人机控制系统

四旋翼无人机控制系统根据其自身的特性和模型简化大致分为以下几个模块,分别是信号发生器,用于模拟无人机接受的地面站或遥控器发出的指令信号;位置控制器、姿态控制器,以及用于反馈的信号发生器,整体如图3所示。

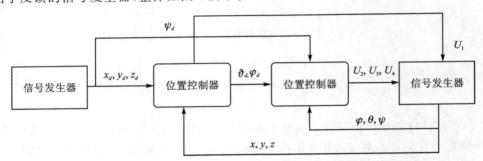

图3 四旋翼无人机控制系统框图

图4为四旋翼无人机的位置姿态控制流程图,可以看出从x,y,z三个通道控制器分别输入实际值x,y,z与期望值x_d,y_d,z_d,并在三个位置通道控制器中分别对输入量实际值与期望值进行解算,得出结果。进而输出三个不同的控制量u_x,u_y,u_z。然后三个控制量u_x,u_y,u_z作为输入,在俯仰角、滚转角姿态解算器中和新的输入量偏航角ψ_d进行计算后,得出俯仰角、滚转角和控制量U_1。然后将俯仰角、滚转角作为后续姿态通道控制器的输入,控制量U_1作为四旋翼无人机控制器的输入量。

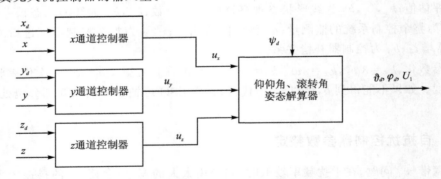

图4 四旋翼无人机位置控制流程图

根据式(3)四旋翼无人机的位置动力学模型,有

$$\begin{bmatrix} u_x \\ u_y \\ u_z \end{bmatrix} = \begin{bmatrix} U_1/m(\cos\psi \sin\vartheta\cos\phi + \sin\psi\cos\phi) \\ U_1/m(\sin\psi\sin\vartheta\cos\phi - \cos\psi\sin\phi) \\ U_1/(m-g)\cos\phi\cos\vartheta \end{bmatrix} \tag{9}$$

式中,u_x,u_y,u_z为x,y,z方向上的加速度,进而可以求解出无人机姿态解算的表达式:

$$\begin{bmatrix} U_1 \\ \phi \\ \vartheta \end{bmatrix} = \begin{bmatrix} \sqrt{u_x^2 + u_y^2 + (u_z + g)^2} \\ \arcsin\left(\dfrac{u_x \sin\psi - u_y \cos\psi}{U_1} \right) \\ \arcsin\left(\dfrac{u_x - u_y \sin\psi \sin\vartheta}{U_1 \cos\psi \cos\vartheta} \right) \end{bmatrix} \tag{10}$$

3.4　基于自抗扰控制技术的四旋翼无人机位置控制和姿态控制

以四旋翼无人机在 x 通道控制器为例,根据线性自抗扰控制算法的原理,当四旋翼无人机正常飞行时,系统的 x 通道的状态实际值 x 和控制变量 u_x 可以通过状态观测器对其进行补偿求解。首先在线性系统观测器中,通过观测器的求解方程可以计算出 x 通道状态变量的观测值 z_{1x},z_{2x} 以及系统的扰动观测值 z_{3x}。具体计算步骤如下:

$$\begin{bmatrix} z_{1x}(k+1) \\ z_{2x}(k+1) \\ z_{3x}(k+1) \end{bmatrix} = \begin{bmatrix} z_{2x}(k) - k_{1x}[z_{1x}(k) - x] \\ z_{3x}(k) - k_{2x}[z_{1x}(k) - x] + b_x * u_x \\ -k_{3x}[z_{1x}(k) - x] \end{bmatrix} \tag{11}$$

式中,k_{1x},k_{2x},k_{3x} 为线性状态观测器的增益基本参数;b_x 为线性状态观测器的补偿系数;z_{1x},z_{2x} 为状态变量观测值;z_{3x} 为系统的扰动监测值。

进而求得经过调整后的状态控制变量 u_x,求解过程如下:

$$\begin{bmatrix} u_{0x} \\ u_x \end{bmatrix} = \begin{bmatrix} k_{px}(x_d - z_{1x}) + k_{dx}z_{2x} \\ u_{0x} - z_{3x}/b_{0x} \end{bmatrix} \tag{12}$$

式中,k_{px},k_{dx} 为 x 通道的 LSEF 参数;b_{0x} 为控制量的补偿系数。

同理,可以获得无人机在 y 和 z 通道的各个数据,即

$$\begin{bmatrix} z_{1y}(k+1) \\ z_{2y}(k+1) \\ z_{3y}(k+1) \\ u_{0y} \\ u_y \end{bmatrix} = \begin{bmatrix} z_{2y}(k) - k_{1y}[z_{1y}(k) - y] \\ z_{3y}(k) - k_{2y}[z_{1y}(k) - y] + b_{0y} * u_y \\ -k_{3y}[z_{1y}(k) - y] \\ k_{py}(y_d - z_{1y}) + k_{dy}z_{2y} \\ u_{0y} - z_{3y}/b_{0y} \end{bmatrix} \tag{13}$$

$$\begin{bmatrix} z_{1z}(k+1) \\ z_{2z}(k+1) \\ z_{3z}(k+1) \\ u_{0z} \\ u_z \end{bmatrix} = \begin{bmatrix} z_{2z}(k) - k_{1z}[z_{1z}(k) - z] \\ z_{3z}(k) - k_{2z}[z_{1z}(k) - z] + b_{0z} * u_z \\ -k_{3z}[z_{1z}(k) - z] \\ k_{pz}(z_d - z_{1z}) + k_{dz}z_{2z} \\ u_{0z} - z_{3z}/b_{0z} \end{bmatrix} \tag{14}$$

在得到三个通道的数据后,求解出控制量 φ_d,u_1,ψ_d 即可完成位置控制器的任务。

通过自抗扰的控制方法可以知道,θ 通道的实际值 θ 和控制变量 U_2 进入线性状态观测器中,可以计算得到 θ 通道的状态变量 $z_{1\theta}$,$z_{2\theta}$ 和系统总扰动 $z_{3\theta}$。计算公式如下:

$$\begin{bmatrix} z_{1\theta}(k+1) \\ z_{2\theta}(k+1) \\ z_{3\theta}(k+1) \end{bmatrix} = \begin{bmatrix} z_{2\theta}(k) - k_{1\theta}[z_{1\theta}(k) - \theta] \\ z_{3\theta}(k) - k_{2\theta}[z_{1\theta}(k) - \theta] + b_\theta * U_2 \\ -k_{3\theta}[z_{1\theta}(k) - \theta] \end{bmatrix} \tag{15}$$

式中,$k_{1\theta}$,$k_{2\theta}$,$k_{3\theta}$ 为 θ 通道的 LSEF 关系;b_θ 为控制量的补偿关系。进而求出更新后的控制量 U_2:

$$\begin{bmatrix} u_{0\theta} \\ U_2 \end{bmatrix} = \begin{bmatrix} k_{p\theta}(\theta_d - z_{1\theta}) + k_{d\theta}z_{2\theta} \\ u_{0\theta} - z_{3\theta}/b_{0\theta} \end{bmatrix} \tag{16}$$

同理，可以分别求出 φ 通道和 ψ 通道的各个数据：

$$\begin{bmatrix} z_{1\varphi}(k+1) \\ z_{2\varphi}(k+1) \\ z_{3\varphi}(k+1) \\ u_{0\varphi} \\ U_3 \end{bmatrix} = \begin{bmatrix} z_{2\varphi}(k) - k_{1\varphi}[z_{1\varphi}(k) - \varphi] \\ z_{3\varphi}(k) - k_{2\varphi}[z_{1\varphi}(k) - \varphi] + b_{\varphi} * U_3 \\ -k_{3\varphi}[z_{1\varphi}(k) - \varphi] \\ k_{p\varphi}(\varphi_d - z_{1\varphi}) + k_{d\varphi}z_{2\varphi} \\ u_{0\varphi} - z_{3\varphi}/b_{0\varphi} \end{bmatrix} \tag{17}$$

$$\begin{bmatrix} z_{1\psi}(k+1) \\ z_{2\psi}(k+1) \\ z_{3\psi}(k+1) \\ u_{0\psi} \\ U_4 \end{bmatrix} = \begin{bmatrix} z_{2\psi}(k) - k_{1\psi}[z_{1\psi}(k) - \psi] \\ z_{3\psi}(k) - k_{2\psi}[z_{1\psi}(k) - \psi] + b_{\psi} * U_4 \\ -k_{3\psi}[z_{1\psi}(k) - \psi] \\ k_{p\psi}(\psi_d - z_{1\psi}) + k_{d\psi}z_{2\psi} \\ u_{0\psi} - z_{3\psi}/b_{0\psi} \end{bmatrix} \tag{18}$$

至此完成对于四旋翼无人机的位置控制器和姿态控制器的参数求解，以及两个控制器的参数表达式，为后续的仿真测试和实物飞行测试打下了基础。

4 实验结果及分析

4.1 四旋翼无人机仿真实验

利用 MATLAB 软件中的 Simulink 软件搭建四旋翼无人机模型，进而对位置控制器的 x，y，z 控制通道进行搭建，搭建的模型如图 5 和图 6 所示。

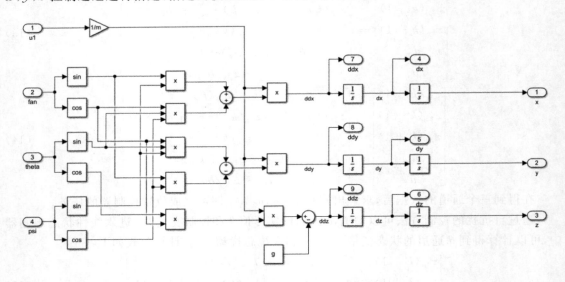

图 5　四旋翼无人机 x，y，z 控制通道模型

进一步，运用 ADRC 与 PID 控制方法分别搭建姿态控制器模型，可以看出，在三个姿态角、俯仰角、滚转角和偏航角与期望值进行计算后，再通过两个控制模块，最后得到输出量 U_2，

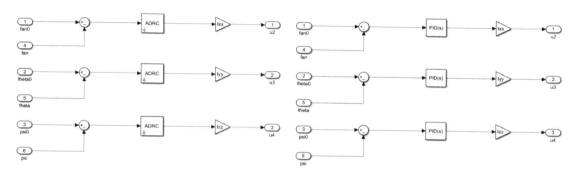

图 6　四旋翼无人机姿态控制器 ADRC 和 PID 模型

U_3，U_4，然后再将三个输出量输入到无人机控制模型中去进行进一步运算。

最后搭建 ADRC 和 PID 算法的位置控制器模型，如图 7 所示。

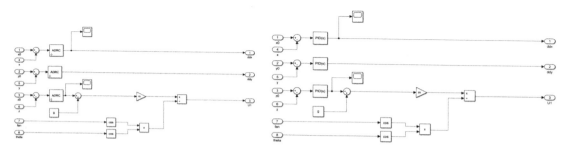

图 7　四旋翼无人机位置控制器 ADRC 和 PID 模型

在 ADRC 和 PID 的抗干扰对比实验中，对位置和姿态分别进行设置，并加入扰动，测试两个控制算法的调节效果。

（1）仿真实验 1：无干扰情况下的四旋翼无人机位置和姿态控制实验

四旋翼无人机沿 x 轴、y 轴以及固定轨迹飞行，设置初始位置为$(x,y,z)=(0,0,0)$，期望位置分别设定为$(x_d,y_d,z_d)=(100,0,0)$、$(x_d,y_d,z_d)=(0,100,0)$ 和 $(x_d,y_d,z_d)=(100,100,0)$，观察四旋翼无人机的在各自方向的位移曲线，如图 8 所示。图中，红线表示 ADRC 控制器的响应值，蓝线表示 PID 控制器的响应值。由图可知，自抗扰控制曲线的上升时间为 4.81 s，调节时间为 8.02 s，超调量为 3%。而 PID 曲线的上升时间为 5.82 s，调节时间为 15 s，超调量为 55%。得出结论，四旋翼无人机从地面起飞实验中，ADRC 控制器相比于 PID 控制器有着超调小和更好的快速性、稳定性。

如图 9 所示，ADRC 控制方法的俯仰角角度曲线和 PID 控制方法的俯仰角角度曲线在最初一段时间都有一定的波动，但是 ADRC 的曲线的稳定时间为 10 s，而 PID 的曲线稳定时间为 15 s。ADRC 控制方法稳定性更好。滚转角具有相同的性质，ADRC 控制方法的滚转角角度曲线和 PID 控制方法的滚转角角度曲线在最初一段时间都有一定的波动，但是 ADRC 的曲线的稳定时间为 5.5 s，而 PID 的曲线稳定时间为 8 s。ADRC 控制方法稳定性更好。

（2）仿真实验 2：有干扰情况下的四旋翼无人机位置和姿态控制实验

和无干扰实验相同，分别进行有干扰情况下的沿 x 轴、y 轴和给定轨迹的飞行实验。给 x 方向加入振幅为 1、脉冲宽度为 5 的脉冲信号，给 y 方向加入振幅为 -3、脉冲宽度为 5 的脉冲信号，得出图 10 所示曲线。

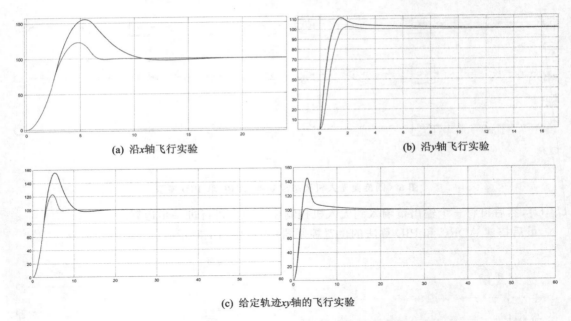

(a) 沿 *x* 轴飞行实验　　　　　　　　　　　　　　(b) 沿 *y* 轴飞行实验

(c) 给定轨迹 *xy* 轴的飞行实验

图 8　无干扰情况下的四旋翼无人机位置控制实验

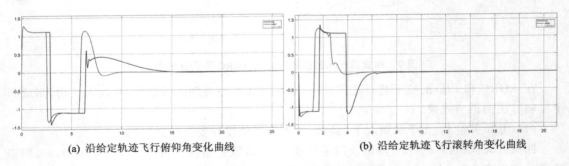

(a) 沿给定轨迹飞行俯仰角变化曲线　　　　　　　　　(b) 沿给定轨迹飞行滚转角变化曲线

图 9　无干扰情况下的四旋翼无人机姿态控制实验

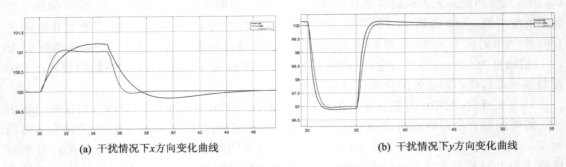

(a) 干扰情况下 *x* 方向变化曲线　　　　　　　　　　(b) 干扰情况下 *y* 方向变化曲线

图 10　有干扰情况下位置曲线

　　在加入脉冲信号后,可以看出 ADRC 控制方法的曲线偏离最大值为 1.05 和 3.05,而 PID 控制方法的曲线偏离最大值为 1.2 和 3.1,且 ADRC 控制方法的曲线回归稳定值的时间更快。综合看来,ADRC 的稳定性和快速性更好。

　　由图 11(a)可以看出,ADRC 滚转角控制曲线和 PID 控制曲线的波动值都在 1.5°以内。

在 30 s 的时候,加入脉冲宽度为 5 的脉冲信号作为干扰后,ADRC 的波动相对于 PID 来说,波动值更小,更加稳定。

由图 11(b)可知,PID 控制的无人机俯仰角波动的值比 ADRC 控制下的波动值要大一些;PID 下的俯仰角曲线跟踪性较差,反之,ADRC 下的俯仰角很好地跟踪着期望的俯仰角。表明,ADRC 控制下的无人机俯仰角波动更小,跟踪性能更好。

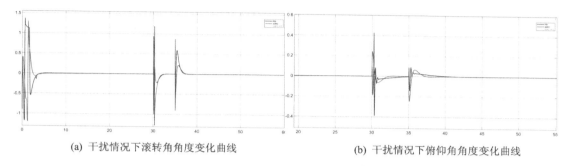

(a) 干扰情况下滚转角角度变化曲线　　　　　　(b) 干扰情况下俯仰角角度变化曲线

图 11　有干扰情况下角度变换曲线

4.2　四旋翼无人机实物实验

四旋翼无人机主要由通信链路、客户端地面站、PPM 编码器 GPS/罗盘、飞控及动力系统构成。飞控系统主要由微控制器、传感器、存储模块、驱动模块以及外部端口等组成。实物实验选用的飞行控制器是 PX4 飞控系统。由于 PX4 系统采用了位置解算与位置估计算法,当掌握了四旋翼当前的状态与位置之后就能够通过姿态控制方法与定位控制算法对飞机实现准确操控了。其中还包括了混控输出与导航控制,由此构成了四旋翼无人机的基本控制思路。本文设计无干扰实验和有干扰实验(风力干扰实验),如图 12 所示。

(a) 无干扰测试　　　　　　　　　　　　　(b) 有干扰测试

图 12　实验测试图

扫码查看图 8～图 10 彩图。

图 8　　　　　　　　　图 9　　　　　　　　　图 10

（1）无干扰情况下的悬停测试

在没有外部干扰的情况下，分别使用 PID 算法和 ADRC 算法对四旋翼无人机进行无人机悬停测试，两种算法的位置曲线如图 13 所示。

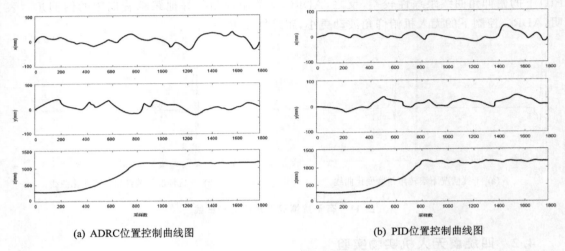

(a) ADRC位置控制曲线图　　　　　　(b) PID位置控制曲线图

图 13　无人机定点悬停控制图

采样数为 1 800。可以得出以下结论，无人机在没有干扰的情况下，ADRC 控制和 PID 控制方法都具有良好的稳定性和跟踪性。在 x,y 方向上，两者的波动值都在 100 mm 以内。但是在 z 方向上，在到达了期望目标值之后，ADRC 控制方法的稳定性更强，波动值相对于 PID 而言更小。

（2）加入干扰时的悬停测试

在进行无风环境实验后，再加入风扇的风力干扰，对结果进行进一步分析，测试两种控制方法在有干扰情况下的控制效果，并采集滚转角、俯仰角与偏航角三个姿态角的变化量来对 ADRC 与 PID 控制方法进行对比分析。ADRC 控制方法和 PID 控制方法的位置变化曲线如图 14 所示。

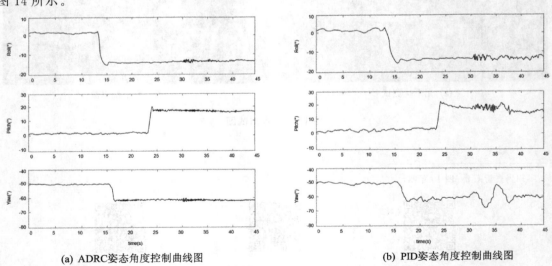

(a) ADRC姿态角度控制曲线图　　　　　　(b) PID姿态角度控制曲线图

图 14　有干扰情况下无人机定点悬停姿态控制图

由图 14 可知,自抗扰控制的曲线要明显优于 PID 控制的曲线,跟踪时间更短,波动更小,稳定性及快速性更好。在加入干扰后,自抗扰控制的曲线波动更小,在三个角度的波动都小于 PID 曲线的波动,抗干扰能力要优于 PID 控制。

5   结   论

根据实验结果的定性与定量分析,本文设计的基于自抗扰控制技术的四旋翼无人机抗干扰算法在仿真测试中和实际抗风实验中都有着十分优越的表现,并且该方法提高了无人机悬停飞行中自身位姿控制的鲁棒性以及准确性。

参考文献

[1] RWANG J,LIU C,LI W F,et al. Heterogeneous multi-mode access in smart grid using BeiDou communication[J]. Microprocessors and Microsystems,2016,47(Part A):244-249

[2] 黎明,时海勇.基于北斗卫星的大型海洋浮标通信机制研究[J].海洋技术,2012,31(1):1-5.

[3] Harris C,Stephens M. A combined corner and edge detector[C]// Alvey Vision Conference,Manchester,1988:147-151.

[4] 张成,郭玉英,朱正为.基于线性自抗扰的四旋翼无人机轨迹跟踪控制[J].飞行力学,2021,5(03):3-5.

[5] 朱家远,徐浩,刘劲松.四旋翼无人机自抗扰飞行控制器研究[J].应用科技,2018,02(06):1-5.

基于混合式控制的无人机集群编队控制算法

张博恒[1]　柴栋栋[2]　孙明健[1]

（1. 哈尔滨工业大学（威海），山东·威海，264200；
2. 北京航天试验技术研究所，北京，100074）

摘要： 由于单架四旋翼无人机完成任务的能力有限，所以使用无人机集群编队能够极大地提高工作效率。针对无人机集群避障能力差、算法收敛速度慢等现象，本文利用基于人工势场的无人机路径规划算法和基于领航者-跟随者的无人机集群控制算法，通过引入目标点因子参数解决无人机编队目标不可达的现象，再通过采用三角形编队的形式设计人工势场路径规划器和跟随者领航者路径规划器，保证无人机集群按照设定的队形，从起始位置完全避障到达预定位置，并且用时较短。在无人机模型基础上，设计基于混合式控制的无人机集群编队控制器，通过仿真实验研究所提控制器模型应用于无人机集群时的特性。结果表明，设计的基于混合式控制的无人机集群编队控制器能够具备跟踪性能好、易于分散避障和编队收敛速度耗时少等特点，从而能够具备很好的实际应用前景。

关键词： 四旋翼无人机集群编队；人工势场法；路径规划；领航者-跟随者模型

1　引　言

无人机（Unmanned Aerial Vehicle，UAV）具有成本低、灵活性强、风险小、适应能力强等优点，在军事、民用、农业等方向的应用越来越广泛。但是单个无人机由于自身能力有限，无法完成大规模任务，随着科学技术的蓬勃发展，特别是计算机科学的发展，促使了无人机集群技术的发展成为无人机领域的研究热点。多架无人机集群编队相互合作，可以实现资源的充分利用，提高工作效率，完成更为复杂的任务。无人机集群编队控制相较于单个无人机控制，这对于无人机集群控制算法就提出了更高的要求和挑战。编队集群的无人机自身要具备一定的自主性和较强的综合协调性，这就使得无人机集群控制算法的开发十分重要。

无人机混合式控制主要涵盖了两部分内容：其一是无人机路径规划技术，另一个是无人机的集群编队控制技术。首先，路径规划技术是人工智能、无人驾驶等研究方向的核心技术之一，由于无人机编队执行任务时需要自动避障，自主飞行，所以不得不对路径规划技术进行开发。2009 年自治无人机路径规划与估计算法由加州大学伯克利分校的研究员提出，是一种高耦合的控制方法，使得传感器模型和估计的目标在实时的路径规划过程中能够同时被使用，使得无人机集群有了良好的自主搜索和定位能力。Roberge 等人在 2013 年利用遗传算法和粒子群优化算法对无人机路径规划算法进行了优化，验证了遗传算法的优越性。其次，无人机集群编队控制技术也是其中的重点技术之一。2018 年，匈牙利的学者提出了一种自治无人机机群在受约束环境中的优化集群算法，该集群模型的行为在真实的大规模和大速度条件下仍能保持稳定，而且在有障碍物的真实环境中也能保持稳定性。同时，研究人员在真实的硬件上进行了实验，基于该模型实现了 30 架无人机的自组织集群。这是迄今为止最大规模的去中心化控制的集群实验。2022 年,西安理工大学的研究人员提出了一种创新的无线紫外光协作无人机编队快速集结算法,该算法能够实现无人机编队在空间中的某处定点集结。

针对四旋翼无人机集群编队完成目标跟踪任务时编队控制问题,提出了基于改进人工势场法的路径规划算法,该算法用于解决无人机集群在完成任务时避障和路径规划准确性和效率的问题。进而采用基于领航者-跟随者编队算法控制各个无人机的运行轨迹,使得整体编队易于分散避障,收敛速度耗时少,计算参数少且复杂度低。最终,在 MATLAB 软件中实现四旋翼无人机集群变短控制路径规划的仿真全过程并给出测试结果。

2 基于人工势场法的四旋翼无人机路径规划算法

人工势场法是一种用来避障和实时路径规划的算法,该算法可以使得机器人在完全躲避障碍的情况下实现从初始位置到终点位置。人工势场法的基本理念是将终点位置看成引力源,障碍物位置看成斥力源,将这一个引力场和斥力场形成的合力场当作人工势场。建立好人工势场之后,规定人工势场的负梯度方向当作机器人的受力方向,势场的大小当作这个受力的大小,从而为机器人规划出一条从初始位置到达终点位置的运动路径。如图 1 所示为人工势场的示意图,其中蓝色箭头方向代表势场负梯度方向,蓝线长短表示收到势场负梯度大小,最终合成的合力为红色曲线构成的方向,就是其运动轨迹。

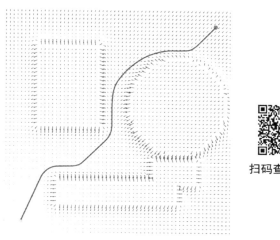

扫码查看彩图

图 1 二维人工势场简图

因为四旋翼无人机工作环境是一个三维空间,根据人工势场法原理,需要在三维空间中构造一个标量势函数 $U_{art}(\vec{r})$:

$$U_{art}(\vec{r}) = U_a(\vec{r}) + U_r(\vec{r}) \tag{1}$$

式中,$U_{art}(\vec{r})$ 为合力势场,$U_a(\vec{r})$ 为引力势场,$U_r(\vec{r})$ 为斥力势场。

然后根据四旋翼无人机在这种势场下所受力为势场的负梯度,可以用式(2)表示无人机所受合力,为

$$\vec{F}^* = \vec{F}_a^* + \vec{F}_r^* \tag{2}$$

式中,$\vec{F}^*$ 为四旋翼无人机所受合力,$\vec{F}_a^*$ 为四旋翼无人机所受引力,$\vec{F}_r^*$ 为四旋翼无人机所受斥力。其中:

$$\vec{F}_a^* = -\nabla U_a(\vec{r}) \tag{3}$$

$$\vec{F}_r^* = -\nabla U_r(\vec{r}) \tag{4}$$

根据有差控制的比例控制原理,将人工势场的引力场用下式表示:

$$U_a(\vec{r}) = \frac{1}{2}\zeta\rho_g^2 \tag{5}$$

式中,ζ 为引力参数,ρ_g^2 为当前位置和目标位置之间的欧氏距离。使用这样的方式可以在三维空间中创造一个引力场,且在这个引力场中每个点的引力会随该点和目标点之间的距离增大而增大。

然后,斥力场则用以下函数表示:

$$U_r(\vec{r}) = \begin{cases} \frac{1}{2}\eta\left(\frac{1}{\rho} - \frac{1}{\rho_{oi}}\right)\rho_g^2, & \rho \leqslant \rho_{0i} \\ 0, & \rho > \rho_{0i} \end{cases} \tag{6}$$

式中,η 为斥力参数;ρ 为当前位置到第 i 个障碍点的距离;ρ_{oi} 为第 i 个障碍物的最大作用距离。使用这样的方式可以在三维空间中创造一个斥力场,且在这个引力场中每个点的引力会随该点和目标点之间的距离增大而减小。这样就有效避免了陷入局部最小值的问题。

最后,根据构造的引力场和斥力场的共同作用得到四旋翼无人机在三维空间中所受合力的人工势场。在实际编程过程中,采用离散化的方法为每一个像素点赋予一个值,即在该点的势。再通过求取每一个像素点的梯度,建立一个离散化的梯度场。若以空间中的某一点作为起始点,则可以根据"梯度下降法",在人工势场中产生出一条从起点至终点的无障碍路径。最终实现基于人工势场的路径规划算法。

3 四旋翼无人机集群混合式协同路径跟踪控制

在基于人工势场的无人机路径规划算法的基础上,需要使得无人机集群进行协同编队来完成路径跟踪,需要在跟踪的过程中实现固定的队形。对于平面机器人来说,编队队形主要的基本形式有:行、列、三角形、圆形、楔形等。通常情况下,为了满足跟踪的快速性和准确性、避障的安全性和灵活性、编队收敛的快速性等特点,通常选用等边三角形作为集群的具体实现队形。

3.1 单架无人机轨迹跟踪控制器设计

四旋翼无人机的动力学模型是经典的非线性、强耦合、欠驱动的一个系统,所以需要在控制器中引入状态反馈。根据以上特征,采用含有内环和外环的串级控制的全驱动控制结构,如图 2 所示。其中,内环是姿态控制器,外环是位置控制器。这样的控制结构能把四旋翼无人机的位置控制和姿态控制这两个高度耦合的控制过程分离,而且即使位置控制器失效,内环姿态控制器也能够正常工作。由于已通过调整 PD 控制器的各项参数使得欧拉角变量处于稳定的状态,因此在这种情况下,四旋翼飞行器仍能保持自身姿态的稳定。因此这种控制结构能够有效提高整个被控对象的稳定性。

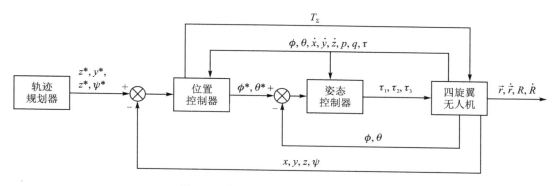

图 2   无人机内外环控制器结构示意图

内环为姿态控制器,为了提高内环控制效果的快速性并且能够保证无人机在小范围的扰动下依旧可以稳定姿态,所以采用 PD 控制。其控制律的表现形式如下:

$$
\begin{cases}
u_1 = k_p(\phi - \phi^*) + k_d(p - p^*) \\
u_2 = k_p(\theta - \theta^*) + k_d(q - q^*) \\
u_3 = k_p(\varphi - \varphi^*) + k_d(r - r^*)
\end{cases}
\tag{7}
$$

外环为位置控制器,需要以实际位置和参考位置的差值作为控制器的输入,给定滚转角和俯仰角作为控制器的输出,也是内环控制器的输入,由此可以得到整个外环的控制律:

$$
\begin{cases}
\phi = \arctan k_1 \\
\theta = \arctan k_2 \\
T_{\sum} = m\sqrt{u_1^2 + u_2^2 + (u_3 + g)^2} \\
\vec{u}_{eq} = -A\tanh(Ke_1 + Le_2) - B\tanh(Le_2) + \vec{r}^*
\end{cases}
\tag{8}
$$

以上是单架四旋翼无人机的内外环轨迹跟踪控制器设计。

3.2   领航者–跟随者四旋翼无人机的路径规划器设计

领航者无人机利用人工势场法规划的“主路径”是完全避障的,因此领航者不需要考虑避障问题,只需要控制其跟踪“主路径”即可。然而,利用“主路径”解算出的跟随者的“次路径”则不一定完全避障,甚至可能与障碍物直接相交。因此,若跟随者仅执行跟踪“次路径”的指令,则可能发生撞击障碍物的危险。

针对这一问题,本课题中解决的方法是:定义一个临界条件,并且为跟随者设置两套路径规划器:跟随者路径规划器和势场路径规划器。在本课题的处理中,将跟随者无人机切换路径规划期的临界条件定义为“是否受到斥力势场的影响”。即若跟随者四旋翼无人机所处位置的斥力为 0,则使用跟随者路径规划器;否则使用和领航者无人机相同的势场路径规划器。这样跟随者四旋翼无人机在飞行过程中也能够做到完全避障,并在避障过程结束后能够继续执行编队过程,快速形成给定的编队队形。

4　实验结果及分析

4.1　单架四旋翼无人机位置姿态控制仿真实验

利用 MATLAB 软件中的 Simulink 软件搭建四旋翼无人机模型,同时对内外环串级控制器进行参数调整和搭建,输入起始位置和终点位置,最后得到仿真的可视化路径曲线,分别如图 3 和图 4 所示。

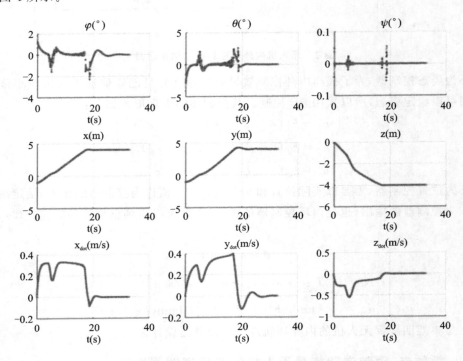

图 3　单架四旋翼无人机飞行位置姿态变化曲线

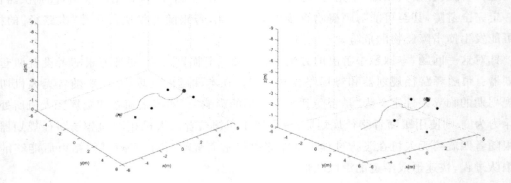

图 4　无人机起始状态和终止状态仿真图

　　四旋翼无人机不仅规划出了一条能够到达指定目标点的无障碍路径,而且在飞行过程能始终保持对这条预定路径的跟踪。在整个四旋翼无人机的飞行过程中,偏航角的值始终处在0.1°之内,最大滚转角约为2°,最大俯仰角约为3°,基本在小范围内摆动。

4.2　四旋翼无人机集群编队控制仿真实验

　　使用 MATLAB 软件对四旋翼无人机集群编队及其轨迹跟踪控制过程进行仿真。对于跟随者无人机,则将领航者无人机的当前飞行高度、当前水平位置以及水平方向速度、编队角以及编队距离作为输入项传入跟随者无人机中,实现领航者与跟随者的通信。跟随者四旋翼无人机能够利用上述输入,计算出其给定的空间位置与姿态,并向给定点运动。仿真结果如图 5～图 8 所示。图中所示的红色轨迹,为四旋翼无人机集群编队的"主轨迹"。分析四旋翼无人机集群仿真结果,四旋翼无人机集群在仿真开始后,能够从随机的给定初始位置迅速按预定要求组成集群编队,并在集群飞行的过程中保持给定的队形。在行进过程中,领航者四旋翼无人机能够通过跟踪无障碍的规划路径,在避开障碍物的同时朝目标位置移动。而跟随者无人机则执行跟随命令,并在受到势场作用时短暂脱离队形进行避障,在避障过程结束后再次收敛到队形中。仿真结果表明,领航者四旋翼无人机最终收敛到目标位置,跟随者无人机则根据领航者无人机的位置保持编队队形,最终在到达目标点时仍然保持给定的三角形编队队形,并维持队形在目标点处不变。

扫码查看彩图

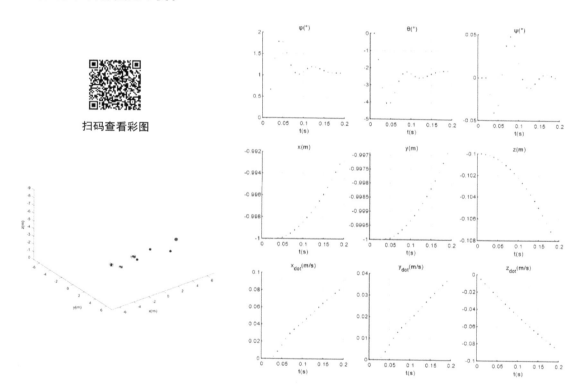

图 5　无人机集群初始状态及位置姿态

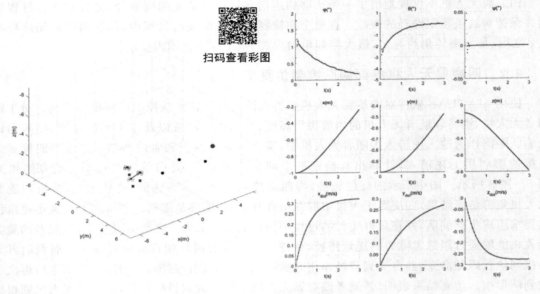

扫码查看彩图

图 6 无人机集群编队形成及位置姿态

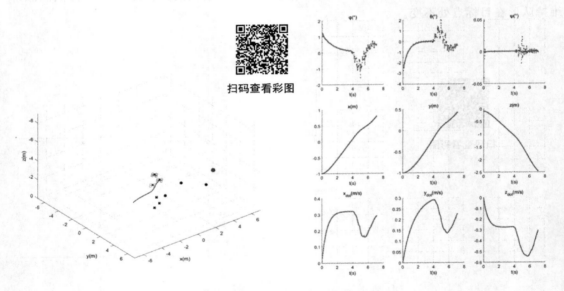

扫码查看彩图

图 7 无人机集群编队避障及位置姿态

5 结 论

针对无人机集群避障能力差、算法收敛速度慢等现象。通过引入人工势场法作为四旋翼无人机的路径规划算法,并设计了基于串级内外环控制的无人机位置姿态控制器用来稳定无人机的飞行,接着通过仿真测试实现了单架无人机的准确避障和路径规划。在无人集群编队控制时,采用混合式集群控制技术,利用人工势场法实现领航者的避障和导航,同时采用领航者-跟随者的编队模型,实现从起始位置到终点位置的编队控制,具有参数计算量少、避障准确、收敛迅速等优点,该集群控制算法最终解决了编队避障时队形保持的问题。

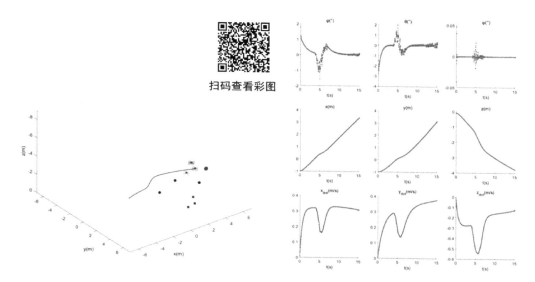

扫码查看彩图

图 8　无人机集群编队到达位置及位置姿态

参考文献

[1] KARIMODDINI A，LIN H，CHEN B M，et al. Hybrid three-dimensional formation control for unmanned helicopters[J]. Automatica，2013，49(2)：424-433.

[2] Tisdale J，Kim Z，Hedrick J K. Autonomous UAV path planning and estimation[J]. IEEE Robotics & Automation Magazine，2009，16(2)：35-42.

[3] Roberge V，Tarbouchi M，Labonte G. Comparison of Parallel Genetic Algorithm and Particle Swarm Optimization for Real-Time UAV Path Planning[J]. IEEE Transactions on Industrial Informatics，2013，9 (1)：132-141

[4] 张成，郭玉英，朱正为. 基于线性自抗扰的四旋翼无人机轨迹跟踪控制[J]. 飞行力学，2021，5(03)：3-5.

[5] 朱家远，徐浩，刘劲松. 四旋翼无人机自抗扰飞行控制器研究[J]. 应用科技，2018，02(06)：1-5.

参考文献

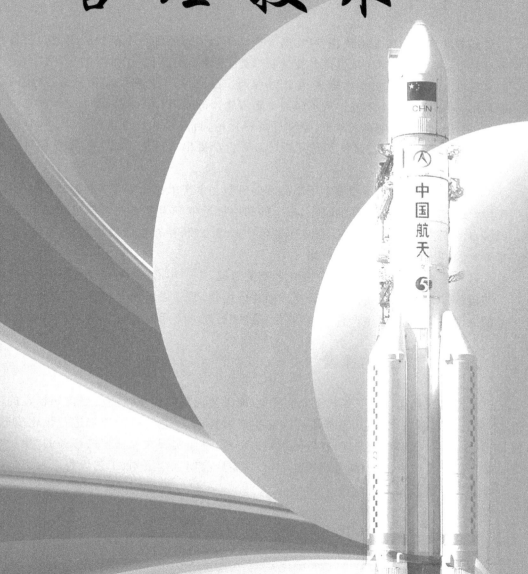

2022
管理技术

多品种、小批量生产模式的探索及应用

冯本成　张铮　蒋佩圻　姜山　郭传家

(山东航天电子技术研究所,山东·烟台,264000)

摘要：随着宇航、武器生产任务的增多以及低成本、快速生产的要求,传统军工产品的生产模式已无法满足产品需求,亟待进行产业化转型。为了适应目前军工领域的产业化转型,急需探索出一种符合"多品种、小批量"任务的生产管理模式,在保证生产任务"质量、进度"的前提下降低生产成本,提高生产效益。

关键词：产业化转型;多品种;小批量

1　引　言

随着我国空间事业的快速发展,航天产品研制工作面临着由研制应用型向装备和业务服务型转变、由单机研制向批生产转变的新形势,呈现出多品种、小批量的生产特点。产品种类的多样性,批量较少,且批次较多,生产过程因产品而异,工艺路线交错复杂,这些因素使得制造费用、辅助生产成本等间接成本较高。随着生产的发展和科学技术的进步,制造成本在全部成本、费用中的比重将越来越小,据统计资料显示,目前平均比重已低于55％,有些高科技企业已低于10％。现代科研技术的发展对科研生产提出了低成本、优质、高效和对变批量生产快速反应的要求。

我所作为宇航、武器领域电子产品重要研制和生产单位面临着多种型号产品与批产、多种阶段(预研、试样)交叉并举的状态,以单件和小批量生产为主要生产单元,产品的生产只能按照各自的工艺流程进行,交叉、往返于各生产班组之间,存在生产周期长、成本高、生产管理困难等难题,科研生产形势十分严峻。

针对这些问题我所提出了产业化转型的思路,生产中心为了适应产业化转型通过对产品工艺流程、工艺方法及生产线布局等方面进行优化,希望探索出一种符合"多品种、小批量"任务的生产模式,在保证生产任务的"质量、进度"前提下降低生产成本,提高生产效益。

2　生产模式的探索

生产模式优化归根于工艺流程的优化,而工艺流程的优化核心就是按照精益的理念和方法,通过梳理制造主流程,重新审视产品生产过程,对工艺与生产流程进行优化改进,消除缺陷,减少浪费,加强知识管理,有效使用制造资源,进而实现在保证生产任务的"质量、进度"的前提下降低生产成本,提高生产效益,本文主要从前期生产策划、工艺流程以及工位布局优化三个角度进行研究。

2.1 生产策划

2.1.1 组件划分

按照结构及功能可以将工艺人员划分为各个部组件,产品生产时必须对各个部组件的工序进行合理划分,将产品拆解成不同的部组件,产品生产时根据部组件的装配关系优化生产流程,减少因工序划分不清而造成的无效装配,提高生产效率。例如:某型号武器复杂机箱类产品,通过对产品结构进行分析,本着将传统的串行生产模式最大化地改为并行生产模式的思想,将产品划分为 12 个一级部组件及 8 个二级部组件,具体如图 1 所示。

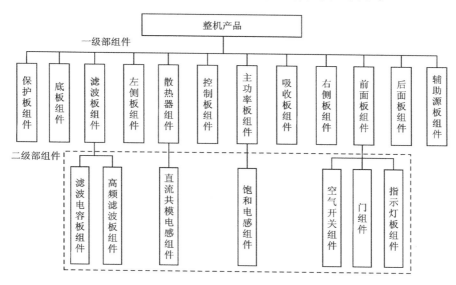

图 1 某型号产品部组件划分图

同时,检验合格的二级部组件作为一级部组件的"元器件"进行管理,检验合格的一级部组件作为整机的"元器件"进行管理;将串行生产改为部组件并行生产、具备投产条件的部组件进行先期投产,可有效解决生产任务集中的问题,并分散生产难度,有效降低"延期物料"对生产节点影响的风险。

2.1.2 最大程度自动化焊接

针对目前我所电子产品单模块主要为电子装联,在前期生产策划阶段最大程度采用自动化生产模式。对于武器和部分宇航产品的电子装联采用"回流焊+波峰焊"的生产模式,工艺流程示意图见图 2 所示。

后续电装人员只须对个别无法采用回流焊和波峰焊的器件进行手工焊接即可,可有效保证产品的质量和一致性,提高生产效率。

2.2 工艺流程及工位布局优化

2.2.1 工艺流程优化

将零件特征法、作业步骤法这两种"防错机制"融入工艺流程、工艺文件工序设置,工序设置实现下道工序操作为上道工序的检验工作;同时采取"图示化"工艺、操作人员固定工位的方式保证产品质量,提高生产效率,"图示化"工艺如图 3 和图 4 所示。

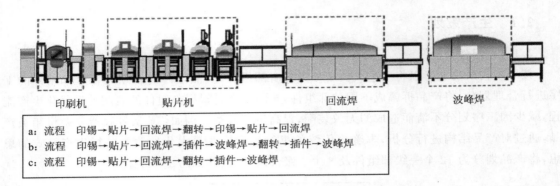

印刷机　　　　　贴片机　　　　　　　　回流焊　　　　　　波峰焊

```
a: 流程  印锡→贴片→回流焊→翻转→印锡→贴片→回流焊
b: 流程  印锡→贴片→回流焊→插件→波峰焊→翻转→插件→波峰焊
c: 流程  印锡→贴片→回流焊→翻转→插件→波峰焊
```

图2　SMT＋波峰焊工艺流程示意图

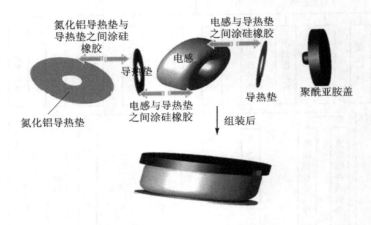

图3　某产品电感安装"图示化"工艺

工 序 号	2					试样		V1.1		审 核	徐延东	20150504
						生产过程图示				批 准	林克欢	20150504
设备、工装明细												
序号	名称		型号	数量	备注							
1												
2												
引用文件												
序号	名称		代号	备注								
1				指导装配								
2				指导装配								
3				指导点胶								
4												
5												

一. 使用工具/辅助材料
防静电手环、手套、力矩螺丝刀、DG-4环氧胶
二. 作业步骤

序号	作业内容	备注
1.3	装配把手	
1.3.1	用4组沉头螺钉M5×12紧固把手， 螺纹副涂DG-4环氧胶；	

把手

M5×12

图4　某产品组件"图示化"工艺

2.2.2　生产线布局优化

在生产车间现场管理中,生产线上工位的设置是否恰当,在很大程度上影响着车间的正常

运作。不合理的工位设置会导致生产线布局缺乏整体性和柔性,车间物流路线不顺畅。因此,针对小批量、多品种的产品特点,我们将生产线进行了合理规划,以消除无效劳动,提高工作效率,便于科学管理。

生产线在布局过程中坚持模块化原则,将有关联的工序按生产流程分布,缩短产品流转路程,减少产品转运过程中发生风险的概率。同时在整机生产布局时将调试/测试融入组装生产线、元器件和标准件等物料储备到工位以减少产品流转环节时间,提高生产效率,生产线布局图如图5和图6所示。

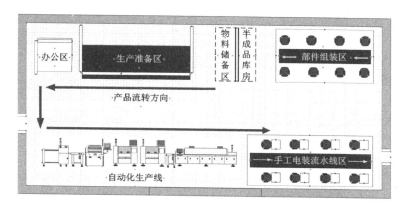

图 5　组件生产线布局示意图

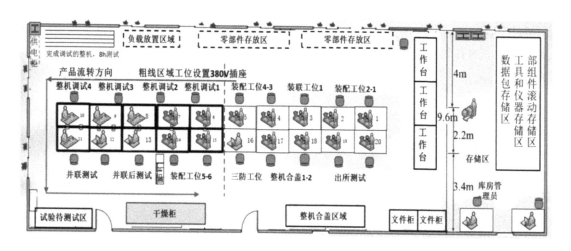

图 6　整机生产线布局示意图

2.3　首件验证及改进

为了验证上述生产策划、工艺流程以及工位布局优化的合理性,将上述思想、措施在某型号武器复杂机箱产品首件上进行验证,机箱结构示意图如图7所示。

通过首件生产收集产品实际照片为编制正式"图示化"工艺提供素材,通过首件试制发现存在如下几个制约生产效率因素:生产准备不到位,影响后续流水生产;回流焊接、AOI检查以及波峰焊之间工序不协调,造成贴片机、波峰焊设备存在利用率低的问题;组件排产顺序不合理,导致后续工序等待时间较长,严重影响流水线效率。

首件试制完成后,针对暴露出的问题,对生产策划思路进行重新优化,将"准备最大化""工序协调""组件排产"要素融入策划,进而将"多品种、小批量"产品生产策划要素补充为:"部组件划分""准备最大化""工序协调""流水作业布局""组件排产"五个主要因素,同时根据产品特点以及实际,确定是否需要编制"图示化"工艺文件,简单概括为"五主一辅"生产模式。

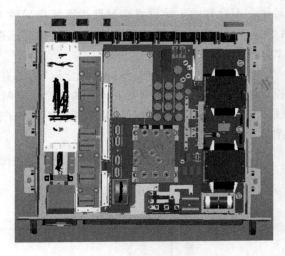

图 7　机箱结构示意图

3　实施验证

为了进一步验证上述生产模式的有效性及合理性,将"五主一辅"生产模式应用于上文首件验证后的正式产品,在人员数量不变的情况下生产部门将产能从原有 2 台/月提升为 8 台/月,生产效率提升了 4 倍,并且通过图示化工艺、自动化生产有效提高了产品的一致性。同时,在某小批量宇航任务产品上采用"五主一辅"生产模式中"五主"生产模式,成功在 15 h 内完成 9 种 90 个部组件(共涉及元器件约 5.5 万只,零件及标准件 1.1 万个)的全部生产工作,并且一次交检合格率达 100%。

通过上述两个小批量产品的验证,验证了"五主一辅"生产模式在保证产品质量的前提下提高生产效率的有效性和可行性。

4　总　结

本文结合某型号武器复杂机箱类产品成功探索出适用于多品种、小批量任务的"五主一辅"生产管理模式,在保证产品质量、一致性的前提下,有效地提高了产品的生产效率,通过具体型号任务的应用验证了新生产模式的可行性及有效性,为后续产业化转型奠定了一定的基础。

参考文献

[1] 候东亮,何桂浩.电子产品生产线物流工位器具的改善与设计[J].工业工程与管理,2013,6(18):30-35.

以 D 企业为例浅谈中国航空航天
零部件制造行业数字化转型前景

牛绍函

(东方蓝天钛金科技有限公司,山东·烟台,264035)

摘要：在全球范围内,数字化转型在制造业正迅速普及,不同赛道的先行者相继出现。航空航天产业在一定程度上代表着国家制造业的最高水平,近年来成果丰硕,发展迅速,同时由于终端产品智能化水平极高,且对生态链协作、产业链上游的敏捷反应及交付能力的要求越来越高,因此全产业链的智能化建设迫在眉睫。我国航空航天产业目前已将智能制造列入战略规划,但由于产业链较长,体系复杂,且相当数量的配套企业依赖于成熟的传统生产管理模式,导致上游零部件供应企业数字化转型面临重重困难,具体表现为大量企业设备自动化基础薄弱,无法完成有效的数据收集及以此为基础的关键工序量化建模工作;信息化建设初期没有全方位的统筹规划导致系统混乱,无法互联互通,各部门之间形成信息孤岛,且数据的利用率低,所收集的信息没有真正为企业创造价值;部分企业对数字化转型的意义尚未有充足的认识,在回答如何转型的问题之前,仍在讨论要不要转型的问题。本文以航空航天产业链上游信息化水平较高、转型基础较好的航空航天紧固件生产企业 D 企业为例,通过分析企业内外部数字化转型的优劣势和机遇威胁,结合当前制造业灯塔工厂先进经验及既有理论成果,试图对该企业进行数字化转型的前景进行探讨,并为同类型企业提供思路。

关键词：数字化转型;智能制造;先进制造业;航空航天

1 引 言

全球工业及我国制造业从传统制造向数字化智能制造转型已成大势。2018 年,全球经济论坛与麦肯锡咨询公司共同遴选全球数字化转型引领者,选拔标准为规模化实施工业 4.0 技术,已开始落地人工智能,并实现了至少一项工业人工智能成熟应用的企业,即所谓"灯塔工厂",到 2022 年已有 103 位成员,约占全球制造业的 1%,其中中国入选企业(工厂)共 37 家。

根据麦肯锡 2019 年对当时全球 26 家灯塔工厂的调研结果,通过对数字化核心 ABCD 技术(人工智能(Artificial Intelligence)、区块链(Block Chain)、云计算(Cloud)和大数据(Data))的应用,实现了工厂产出平均提升 7%～10%,生产效率增加 4%～17%,产品质量提升至少 10%,并减少了至少 50% 的延迟交付和 2%～4% 的能源消耗(侯文皓、尤晨,2019)。由此可见,智能制造成功转型为制造业企业全面优化成本、效率、质量及敏捷性做出重大贡献。根据麦肯锡全球研究院对工业人工智能赛道的分析预测,智能制造的竞争不存在后来居上的奇迹,其发展趋势为先行者获胜,亦步亦趋者苟活,落后者淘汰(Michael Chui, Sankalp Malhotra, 2019)。在我国,先进制造业正面临着创新放缓的成熟市场,终端客户需求日趋动态化、碎片化,这意味着制造业企业须更加迅速地适应及参与数字化、先进技术和其他形式的技术突破中(沈恺等,2019)。

航空航天制造业是典型的高新技术产业,在一定程度上代表着国家制造业的最高水平。

目前,我国航空航天产业链下游已逐渐意识到数字化转型的必要性并进行了积极的尝试。在航天领域,航天科技集团全面推进数字化转型探索与实践,启动了"管理信息化提升工程三年行动计划""数字一院""宇航智造工程"等一系列重点工程,MBSE的建设已初步取得成效,航天科工集团于2015年组建航天云网,构建基于INDICS+CMSS的工业互联网公共服务平台,对云制造产业集群生态建设已完成初步设想;在航空领域,2021年航空工业集团对数字航空建设进行了战略部署,提出1+6+N的数字化建设构想,包括建设覆盖全行业的航空基础云,构建体系仿真、协同设计、智能制造、柔性保障、敏捷管理和通用支撑6大云平台以及N项高度自主数字应用能力。

但与此同时,由于航空航天产业链较长,体系复杂,位于产业链上游的零部件生产企业众多,且较多企业依靠"技术能力"及"管人能力"的传统管理战略及依靠经验的加工模式已趋成熟,进而形成的对既往模式的依赖性导致对全产业链数字化转型的响应力度并不明显。在航空航天事业高速发展,对上游企业敏捷响应、快速交付的需求迅速提升的当下,航空航天配套企业提升智能制造水平的需求已日趋迫切。

2 航空航天制造业数字化转型的机遇与挑战:以D企业为例

D企业位于山东省,成立于2010年,为一家以航空航天钛合金紧固件、结构件制造为主营业务的国有企业,服务于航天事业多项重要工程,并为多个航空主机厂提供产品。该企业产品具有多品种、小批量、定制化等航空航天配套企业典型特点,在整个生产交付过程中呈现以型号(项目)为管理核心,面临着客户定制要求高,生产计划安排难度大,设计变更多,物料状态多,物料齐套难等行业共性问题。而同时,该企业信息化程度在紧固件行业处于领先地位,两化融合程度已达较高水平,处于信息化建设已具规模、数字化进程初现雏形的状态,拥有较好的数字化转型基础,可作为探讨航空航天制造业提升智能制造水平的良好范本。

2.1 D企业进行数字化转型的优势

2.1.1 内部优势及当前成果

经过多年的信息化部署,该企业已具备紧固件行业领先的信息化水平,目前已完成面向全流程的信息化顶层设计,建成以ERP、MES、PDM、OA、BPM等为核心的企业信息化系统,在企业内部信息流渠道建设方面已有成效,车间及班组已设置展示实时信息、生产全流程追溯、体现生产现状的电子看板,管理透明化较高程度地得以实现;由于企业相对年轻,且在进行信息化建设时相关技术已趋成熟,在建设过程中有清晰明确的计划与统筹,各职能部门之间、现场与公司之间信息较为畅通,因此尚未形成同类企业常见的由单点系统构成的信息孤岛,为未来的转型打造了良好的基础。

该企业"工业数字化紧固件智能生产制造工厂"为省级离散型智能工厂,拥有国内紧固件行业较高的机器人流程自动化水平。利用联通ERP系统的自动货柜机承担仓储管理职能,使用AGV智能机器人进行物料中转,部分工序已大规模使用自动或半自动数控设备,为核心工艺量化建模的数据采集提供物质前提。企业当前已有意识地对数控设备进行物联网建设,并于近年引入DNC系统,对基础数据进行收集管理,实现集中管理与控制。

应对多品种、小批量的产线特性,该企业开始实施柔性化生产模式以满足多品种混流排产的需求,通过使用人机协作的模式,尽可能提升设备利用率,减少调机、换线时间,为数字化转型做好管理模式的准备,在提升智能制造水平的过程中,将不会面临较大的管理方式转变的冲击。

2.1.2 外部机遇

如前所述,在产业链下游已形成数字化建设的主观能动性,大大降低了强调上下游联动、以敏捷反应和满足客户需求为核心的上游企业数字化转型的用户教育成本。此外,由于航空航天体系已经开始着手 MBSE 系统的构建,当该模式逐渐成熟时有望向上游企业延伸,完成三维模型的全行业穿透,进行统一语义的精准需求表达,可为企业信息系统整合提供强大助力。

其次,该企业位于山东省,省内制造业数字化转型水平整体较高,有充足的用例可供参考。如前文所述国内 37 家灯塔工厂中,有 3 家位于山东,包括海尔中央空调互联工厂(青岛)、青岛啤酒厂(青岛)以及潍柴动力(潍坊)。上述企业虽分属不同赛道,但在智能制造领域均有独到之处。如海尔在定制服务领域独占鳌头,作为本土第一家灯塔工厂,率先完成无人工厂的建设,并达成联合用户及生态方的大规模定制;青岛啤酒通过车间集中控制室(大中台)建设,利用智能化生产设备,将大批量生产及小批量定制高度统筹协调;潍柴动力则依靠高度发达的信息化水平建立智能生产管理系统,通过物联网技术进行全设备信息的互联互通,实现生产过程透明化、管理可视化、移动化、云化。在省内交流渠道畅通的前提下,该企业有较为充分的可供学习的范本,在立足自身行业特性及生产需求的基础上,结合在智能制造领域已取得显著成绩的企业经验,有望短时间内找准赛道,明确转型突破口。

2.2 D 企业在数字化转型过程面临的挑战

首先,航空航天企业数字化转型难度整体较大。航空航天企业强调生产一代,试制一代,研究一代,导致生产计划复杂,工艺变更及需求变更多,物料状态多样化,物料齐套性低,大大增加了管理难度;生产计划依赖调度,而由于从顶层型号计划起,到科研生产等计划,车间级计划、班组级计划,存在着多级计划、多车间计划协调难度大、变更范围广等问题,往往依赖调度进行计划调整,而调度又须对人、机、料、法、环等要素进行全盘考虑,因此科学调度的难度很大。此类问题既是航空航天企业亟须数字化转型的原因,又是在数字化转型过程中绕不开的难点。

其次,企业多品种、小批量、定制化的订单特点,使得完全自动化生产性价比低,在生产自动化方向不能与大批量、连续性生产策略相同,须走人机协作、柔性生产的离散型自动化建设路线,但从长远来看,产线将呈现各工序自动化水平参差不齐的态势,对班组间协作效率的影响须经过长时间的数据收集方能得出结论。

3 D 企业数字化转型的前景展望和建议

麦肯锡总结先进制造业数字化转型部署提出六大成功要素:中央转型办公室,人才动员及赋能,数字化和高级分析学院,敏捷,数字化和高级分析及技术基础设施以及重视转型的商业影响(沈恺等,2019)。结合 D 企业管理模式、设备基础、生产方式、信息化水平等维度的现状,从企业当前所处阶段及可行性角度分析,可得出该企业数字化转型战略应在统筹六要素进行整体部署的同时,将数字化和高级分析及技术基础设施、敏捷及转型的商业影响列为较高优先级。

3.1 深化数字化转型基础设施建设

信息化建设:企业算力的提升是重点,以高级分析驱动生产力及质量提升是制造业进行智能化生产的必由之路。如前文所述,信息化建设为 D 企业近年来战略重点,并已取得较高成效,为数字化转型过程中基础扎实的一环。以此为前提,企业须关注信息化与工业化融合过程中的闭环管理,使数据得以在管理、生产、交付等环节切实发挥指导作用,及不同信息系统间数据的互联互通,进一步促进各部门之间、公司与车间之间的信息流动,建立企业级的数据总成,避免形成烟囱式的信息孤岛。应在现有基础上继续夯实基础数据管理工作,包括但不限于BOM 数据、设备能力数据、工时数据等,适时引入高级计划与排程(Advanced Planning and Scheduling,APS)系统,实现多级计划的统筹策划和安排,及生产、物料配送、设备点检保养、质检等各类计划的联动,推动企业实现计划拉动的生产模式(而非调度式的模式)。

人机协作:虽然由于生产特点的缘故,制造业数字化转型过程中常见的完全自动化或"机器代人"很难成为 D 企业的发展方向,但在企业生产、质检直至交付过程中的部分环节,进行自动化和工业人工智能,例如机器学习和机器视觉等的部署有巨大发展潜力。以质检环节为例,当前 D 企业生产中的过程检验,大多依靠人工完成,且多道工序对于加工异常的产生无法形成有效的监测和报警,一旦在过程检验中发现异常,往往需要向前追溯同批次大量产品进行排查,影响加工效率和产品质量的稳定性。此类问题通过机器视觉的部署可以较好解决,且国内已经出现体系完善的相关技术支持,如华为云工业智能中枢的工业质检定制化解决方案,可提供零代码工业质检 AI 模型开发工作流,进行零部件分类、错漏反检测等,通过单分类异常检测技术,解决数据获取成本高、异常样本分布少的难题,从大量样本中快速筛选出少量异常样本,可显著提升良品率和生产效率。

3.2　重视敏捷和转型的商业影响建设

此前研究数字化转型的众多学者在战略管理角度达成共识,即数字化转型是手段而非目的,最终仍需为企业愿景的实现、核心业务的增长服务(韦影,宗小云,2021)。作为处于航空航天产业链上游的配套企业,最大限度满足下游需求是企业的立身之本,因此以客户为中心进行开发设计的数字化转型思维与企业需求不谋而合。以此为前提,敏捷组织的建立可以帮助企业适应当前生态位所呈现的商业环境,具体表现为:聚焦个体交互,而不仅是流程与工具;利用工作软件,而不仅是文件记录;与客户协作,而不仅是合同谈判;响应变化,而不仅是遵循计划(沈恺等,2019)。在敏捷组织中,对客户关系的关注程度与传统营销模式大不相同,组织须在基于数据收集及分析并对客户需求精准预测的基础上完成从被动接单到主动服务的转变,强调始终致力于满足用户的需求,将客户需求纳入研发体系,甚至建立直通下游的端到端的平台,由客户参与研发,强调开发过程中的边测试边学习,尽快发布对终端用户有一定价值的最小可行性产品(MVP),缩短交付周期。同时,对客户的快速响应及持续沟通可极大提升企业在整条产业链的影响力,尤其是在下游客户处建立的声誉,形成数据的闭环管理和良性循环。

参考文献

[1] 侯文皓,尤晨.工业人工智能:赋能未来制造业的全新引擎[C]//McKinsey Quartery——赢在当下:解锁大规模数字化转型.上海:上海交通大学出版社,2019:2-9.

[2] Michael Chui,Sankalp Malhotra.人工智能的发展与障碍[C]//McKinsey Quartery——赢在当下:解锁大规模数字化转型.上海:上海交通大学出版社,2019:10-18.

[3] 肖旭,戚聿东.产业数字化转型的价值维度与理论逻辑[J].国民经济,2019,306(8):61-70.

[4] 沈恺,李晓庐,朱涛,等."六脉神剑"引领先进制造业数字化转型取得成功[C]//McKinsey Quartery——赢在当下:解锁大规模数字化转型.上海:上海交通大学出版社,2019:94-105.

[5] 《中国制造 2025》重点领域技术创新绿皮书——技术路线图(2017)[Z].2018—02

[6] 韦影,宗小云.企业适应数字化转型研究框架:一个文献综述[J].科技进步与对策,2021,38(17):152-160.